高等学校教材

液压与气动技术

张利平　编著

化学工业出版社

·北京·

本书是高等学校机械工程类教材。内容包括：液压与气动技术的研究对象、基本原理、系统组成、图形符号、特点和应用发展概况；液压工作介质的主要物理性质、种类与特性、选用与维护，液体静力学和动力学、管道液流的能量损失计算、孔口和缝隙液流特性、液压冲击及气穴现象；液压元件（能源元件、执行元件、控制元件和辅助元件）的结构原理、特点与选用；液压基本回路的构成、原理及特点；典型液压系统的功能结构、系统组成、原理及特点；液压系统的设计、计算流程与实例；气压传动，包括气动工作介质及其力学基础、气动元件（能源元件及辅助元件、执行元件、控制元件和逻辑元件）、气动基本回路、典型气动系统分析、气动系统的设计方法等。各章末附有思考题、习题及习题参考答案。书末附录部分编入了液压气动技术中常用物理量单位换算及常用液压气动图形符号（GB/T 786.1—1993）。

本书可作为普通高等院校机械设计制造及其自动化、金属材料工程、材料成型及控制工程、过程装备与控制工程（化工机械）、机车车辆、工程机械、冶金机械、农林机械、轻纺机械等专业的通用教材（讲授50学时左右），也可作为高等职业教育、成人教育、自学考试、技术培训的基础教材，同时可作为工矿企业及科研院所相关工程技术人员的参考书。

图书在版编目（CIP）数据

液压与气动技术/张利平编著. —北京：化学工业出版社，2007.4（2018.3重印）
普通高等教育“十一五”规划教材
ISBN 978-7-122-00190-0

Ⅰ.液… Ⅱ.张… Ⅲ.①液压传动-高等学校-教材②气压传动-高等学校-教材 Ⅳ.TH137 TH138

中国版本图书馆CIP数据核字（2007）第041886号

责任编辑：刘俊之 金玉连　　文字编辑：李玉峰
责任校对：陶燕华　　装帧设计：韩 飞

出版发行：化学工业出版社（北京市东城区青年湖南街13号 邮政编码100011）
印　　装：北京京华虎彩印刷有限公司
787mm×1092mm 1/16 印张15¾ 字数410千字 2018年3月北京第1版第4次印刷

购书咨询：010-64518888（传真：010-64519686） 售后服务：010-64518899
网　　址：http://www.cip.com.cn
凡购买本书，如有缺损质量问题，本社销售中心负责调换。

定　　价：38.00元

前　言

液压与气动技术是近半个多世纪以来机械学中发展极快的学科分支。由于液压与气动技术所具有的独特技术优势，使其在国民经济各领域获得了广泛应用，成为工业、农业、国防和科学技术现代化进程中不可替代的一项基础技术及现代传动与控制的重要手段，也是当代工程技术人员所应掌握的重要基础技术之一。

本书是作者对《液压传动与控制》教材在使用过程中存在的问题进行总结分析的基础上，进行了较大删改加工并增写气压传动内容而成，以使其更加有利于教学实际并满足高等学校人才培养的需要。

本书追求基础性、系统性、先进性和实用性的统一，以使读者学完本书后，能真正掌握液压气动技术的主要内容和设计方法，具备一定的工程应用能力和开发创造能力。为此，在选材、编排和论述中，着重于基本概念、原理和方法的介绍，贯彻少而精、理论联系实际的原则；在介绍传统内容的同时，注意反映液压与气动技术在元件及系统设计分析方法上的一些新发展和新成就，推进机-电-液（气）一体化技术的教学与应用。在内容编排上，以液压技术为主线，气动技术单独成章，以顾及气压传动内容的独立性及完整性。在体系结构上，液压与气动均按照基础理论—元件—基本回路—系统分析和设计的结构进行论述；对于液压与气动元件，则侧重于基本原理的介绍而不过多涉及其具体结构。对于典型系统，编入较多的实例，以满足机械类不同行业的需要；在叙述上，突出重点和共性问题，深入浅出，以便于自学。各章末附有相应思考题、习题及习题参考答案，以有利于学生复习巩固课堂所学内容，提高分析、解决实际问题的能力；书后附有液压气动技术中常用物理量的单位及换算、现行液压气动图形符号国家标准，以便于读者查阅使用。

本书主要作为普通高等院校机械设计制造及其自动化、机械电子工程、金属材料工程、材料成形及控制工程、过程装备与控制工程（化工机械）、机车车辆、工程机械、冶金机械、农林机械、轻纺机械等专业的通用教材（讲授50学时左右），也可作为高等职业教育、成人教育、自学考试、技术培训的基础教材，同时可作为工矿企业及科研院所相关工程技术人员的参考书。本书由张利平编著。编写过程中，参阅了国内外大量相关教材和文献，谨此向各位作者一并表示真诚的感谢。

由于水平所限，本书难免存在不妥之处，敬请广大读者指正。

编著者
2006年12月

前言

目　录

第 1 章　液压与气动技术概述

1.1　液压与气动技术的研究对象及课程目标

一部完备的机器都是由原动机、传动装置和工作机三部分组成。原动机（电动机或内燃机）是机器的动力源；工作机是机器直接对外做功的部分；而传动装置则是设置在原动机和工作机之间的部分，用于实现动力（或能量）的传递、转换与控制，以满足工作机对力（或转矩）、工作速度（或转速）及位置的要求。

按照传动件（或工作介质）的不同，传动有机械传动、电气传动、液压传动、气压传动及复合传动等类型。液压传动与气压传动，简称为液压与气动技术，是研究以有压流体（压力油或压缩空气）为工作介质，并以压力能实现各种机械的动力（或能量）的传递、转换与控制的学科。

液压与气动技术是高等学校机械类各专业的一门重要技术基础课程，其主要教学目标为，在介绍液压气动技术工作介质的基本物理性质及其力学特性基础上，使学生了解组成液压与气动系统的各类元件的基本构成、工作原理、性能以及由这些元件所组成的各种控制回路的性能和特点，从而进行液压与气动系统的分析及设计。

1.2　液压与气压传动的工作原理及组成部分

液压与气动的基本工作原理是相似的。本节首先以液压千斤顶为例，说明液压传动的工作原理及其三个主要特征，然后介绍液压与气动系统的组成部分及系统的图形符号。

1.2.1　工作原理

如图 1-1 所示，液压缸 1 与单向阀 3、4 一起构成手动液压泵，完成吸油与压油。当向上抬起杠杆时，手动液压泵的活塞 2 向上运动，活塞 2 的下部容腔 a 的容积增大形成局部真空，致使压油单向阀 3 关闭，油箱 8 中的油液在大气压作用下经吸油管 5 顶开吸油单向阀 4 进入 a 腔。当活塞 2 在力 F_1 作用下向下运动时，a 腔的容积减小，油液因受挤压，故压力升高，于是，被挤出的液体将吸油单向阀 4 关闭，而将压油单向阀 3 顶开，经油管 6 进入液压缸 10 的 b 腔，推动活塞 11 上移顶起重物（重力 F_2）。手摇泵的活塞 2 不断上下往复运动，重物逐渐被抬高。当重物上升到所需高度后，停止活塞 2 的运动，则液压缸 10 的 b 腔内油液压力将使压油单向阀 3 关闭，b 腔内的液体被封死，活塞 11 连同重物一起被闭锁不动。

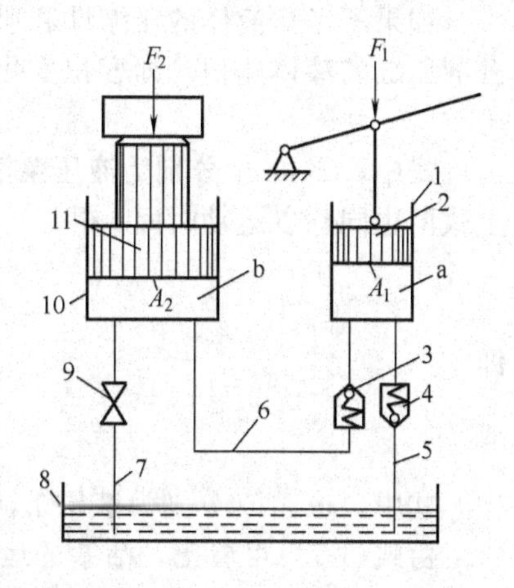

图 1-1　液压千斤顶工作原理图

1,10—液压缸；2,11—活塞；3—压油单向阀；4—吸油单向阀；5,6,7—油管；8—油箱；9—截止阀；a,b—油腔

此时，截止阀 9 关闭。如打开截止阀 9，则液压缸 10 的 b 腔内液体便经油管 7 排回油箱 8，于是活塞 11 将在自重作用下下移回复到原始位置。

气压传动与液压传动的主要差别为：前者的工作介质来自大气，工作完毕气体一般直接排向大气而不回收，通常工作压力较低（一般≤1MPa），而后者的工作压力较高（一般为几个兆帕甚至几十兆帕）。

1.2.2 工作特征

由上述液压千斤顶的工作原理可知，由液压缸 1 与单向阀 3、4 一起组成的手动液压泵，将杠杆的机械能转换为油液的压力能输出，完成吸油与压油；液压缸 10 将油液的压力能转换为机械能输出，举起重物，手动液压泵和举升重物的液压缸（简称举升液压缸）组成了最简单的液压传动系统，实现了动力（力和运动）的传递与转换。其工作特征如下。

① 力的传递靠液体压力实现，系统工作压力取决于负载。

现以 F_2 表示作用在活塞 11 上的负载力（其大小与输出力相等），A_2 表示活塞 11 的面积，p_2 表示力 F_2 在 b 腔中产生的液体压力；以 F_1 表示作用在活塞 2 上的输入力，A_1 表示活塞 2 的面积，p_1 表示力 F_1 在 a 腔中产生的液体压力（液压泵的排油压力），则活塞 11 与活塞 2 的静力平衡方程分别为

$$\left.\begin{aligned}F_2=p_2A_2\\F_1=p_1A_1\end{aligned}\right\}\tag{1-1}$$

如果不考虑管路的压力损失，则液压泵的排油压力（即油腔 a 内的液体压力）p_1 与油腔 b 内的液体压力 p_2 相等，即

$$p_2=p_1=p\tag{1-2}$$

于是，系统的输出力（即所能克服的负载）为

$$F_2=p_2A_2=p_1A_2=pA_2\tag{1-3}$$

由式(1-2) 可引出液压与气动的第一个工作特征为：在系统结构参数（此处为活塞面积 A_1 和 A_2）一定情况下，系统工作压力 p 决定于负载，负载越大，压力越大，而与流入的流体多少无关。

② 运动速度的传递靠容积变化相等原则实现，运动速度取决于流量。

如果不考虑液体的压缩性和泄漏损失等因素，则液压泵排出的液体体积必然等于进入举升液压缸的液体体积，即容积变化相等，可表示为

$$A_1x_1=A_2x_2\tag{1-4}$$

式中，x_1、x_2 分别为液压泵活塞和举升液压缸活塞的位移。

上式两边同除以运动时间 t 得

$$A_1\frac{x_1}{t}=A_2\frac{x_2}{t}\tag{1-5}$$

即

$$A_1v_1=A_2v_2\tag{1-6}$$

或

$$\frac{v_2}{v_1}=\frac{A_1}{A_2}\tag{1-7}$$

式中，v_1、v_2 分别为液压泵活塞和举升液压缸活塞的平均运动速度。

由式(1-7) 可看出，活塞的运动速度与活塞的作用面积成反比。

$A\dfrac{x}{t}$的意义是单位时间内液体流过截面积 A_1 和 A_2 的体积，称为流量 q，即

$$q=Av\tag{1-8}$$

若已知进入液压缸的流量 q，则活塞的运动速度为

$$v=q/A \tag{1-9}$$

综上可引出液压传动与气压传动的第二个工作特征为：在系统结构参数一定情况下，运动速度的传递是靠工作容积变化相等的原则实现的。活塞的运动速度取决于输入流量的大小，而与外负载无关。调节进入液压缸（气缸）的流量 q，即可调节活塞的运动速度 v。

③ 系统的动力传递符合能量守恒定律，压力与流量的乘积等于功率。

如果不计任何损失，则系统的输入功率 P_1 与输出功率 P_2 相等，即有

$$P_1=F_1v_1=P_2=F_2v_2 \tag{1-10}$$

考虑式(1-1) 和式(1-9)，则式(1-10) 可表示为

$$P=P_1=F_1v_1=pA_1\frac{q_1}{A_1}=P_2=F_2v_2=pA_2\frac{q_2}{A_2}=pq \tag{1-11}$$

由式(1-11) 可引出液压与气动的第三个工作特征为：液压和气动是以流体的压力能来传递动力的，并且符合能量守恒定律，压力与流量的乘积等于功率。

综上所述可看出：

a. 由于液压传动与气压传动中的工作介质是在受调节和控制下工作，故流体传动不仅能作为“传动”之用，而且还能作为“控制”之用，二者很难截然分开。

b. 与外负载力相对应的流体参数是压力，与运动速度相对应的流体参数是流量，故压力和流量是流体传动中两个最基本的参数。

c. 如果忽略各种损失，流体传动传递的力与速度彼此无关，故流体传动既可实现与负载无关的任何运动规律，也可借助各种控制机构实现与负载有关的各种运动规律。

d. 液压与气动可以省力但不省功。

1.2.3　液压与气动系统的组成部分

先来看两个例子。图 1-2 所示为一驱动机床工作台的液压传动系统，当液压泵 3 由电动机驱动旋转时，从油箱 1 经过滤器 2 吸油。当换向阀 7［有 P、T（T_1）、A、B 四个油口和三个工作位置］的阀芯处于图示工作位置时，压力油经管路 14、阀 5、阀 7（P→A）和管路 11 进入液压缸 9 的左腔，推动活塞（杆）及工作台 10 向右运动。液压缸 9 右腔的油液经管路 8、阀 7（B→T）和管路 6、4 排回油箱。如果扳动换向手柄 12 切换阀 7 的阀芯，使之处于左端工作位置，则液压缸活塞反向运动。如果切换阀 7 的阀芯，使之处于中间位置时，则液压缸 9 在任意位置停止运动。调节和改变流量控制阀 5 的开度大小，可以调节进入液压缸 9 的流量，从而控制液压缸活塞及工作台的运动速度。液压泵 3 排出的多余油液经管路 15、溢流阀 16 和管路 17 流回油箱。液压缸 9 的工作压力取决于负载。液压泵 3 的最大工作压力由溢流阀 16 调定，其调定值应为液压缸的最大工作压力及系统中油液流经各类阀和管路的压力损失之和。因此，系统的工作压力不会超过溢流阀的调定值，溢流阀对系统还起超载保护作用。如将图 1-2 中的液压缸 9 垂直安装，用于驱动起重设备即可实现升降运动控制；如将液压缸换为液压马达，即可实现回转运动的控制。

图 1-3 为用于铜管管端挤压胀形的胀管机气动系统，空压机 1 及储气罐 3 经过滤器 4 和油雾器 6 向合模气缸 13 和胀形气缸 9 提供压缩空气，两气缸的活塞杆在压缩空气作用下推动负载运动；气缸 9 和气缸 13 的动作方向变换分别由换向阀 7 和换向阀 11 控制。而气缸 9 的伸出速度可通过单向流量控制阀 8 的开度调节，气缸工作压力可以根据负载大小通过减压阀 5 调节；整个系统的最高压力由安全阀 2 限定。消声器 10 和 12 用于降低换向阀的排气噪声。如将图 1-3 中的气缸 9 垂直安装，则可用于实现升降运动控制；也可将气缸换为气马达用于回转运动的控制。

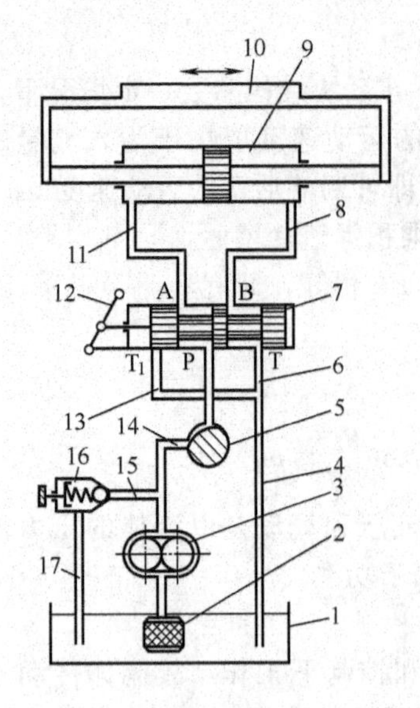

图 1-2　机床工作台液压系统原理结构示意图

1—油箱；2—过滤器；3—液压泵；4,6,8,11,13,14,15,17—管路；5—流量控制阀；7—换向阀；9—液压缸；10—工作台；12—换向手柄；16—溢流阀

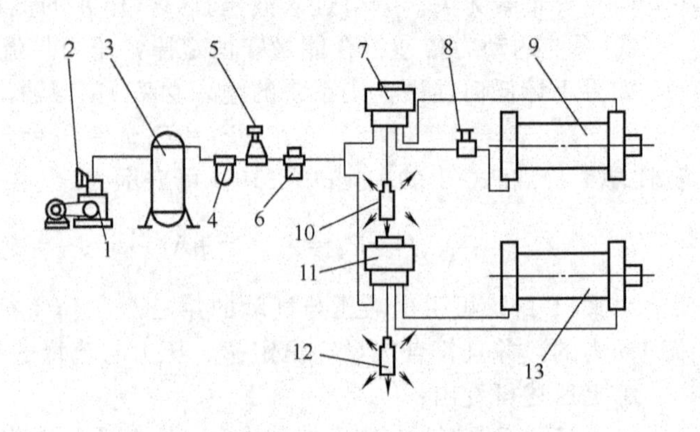

图 1-3　胀管机气动系统

1—空压机；2—安全阀；3—储气罐；4—过滤器；5—减压阀；6—油雾器；7,11—换向阀；8—单向流量控制阀；9—胀形气缸；10,12—消声器；13—合模气缸

由上述两例可以看出，液压与气动系统一般都是由能源元件、执行元件、控制调节元件、辅助元件四个部分组成，各部分的功用如表 1-1 所列。一般而言，能够实现某种特定功能的液压元件的组合，称为回路；为了实现对某一机器或装置的工作要求，将若干特定的基本功能回路按一定方式连接或复合而成的总体称为系统。

表 1-1　液压与气动系统的组成部分及功用

组成部分	液压系统	气动系统	功能作用
能源元件	液压泵	空气压缩机	将原动机(电动机或内燃机)供给的机械能转变为流体的压力能,输出具有一定压力的油液或空气
执行元件	液压缸、液压马达和摆动液压马达	气缸、摆动气缸和气马达	将工作介质(液体或气体)的压力能转变为机械能,用以驱动工作机构的负载做功,实现往复直线运动、连续回转运动或摆动
控制调节元件	各种压力、流量、方向控制阀及其它控制元件	各种压力、流量、方向控制阀,逻辑控制元件及其它控制元件	控制调节系统中从动力源到执行元件的流体压力、流量和方向,从而控制执行元件输出的力(转矩)、速度(转速)和方向以保证执行元件驱动的主机工作机构完成预定的运动规律
辅助元件	油箱、过滤器、管件、热交换器、蓄能器及指示仪表等	过滤器、管件、油雾器、消声器及指示仪表等	用来存放、提供和回收介质(液压油液);滤除介质中的杂质、保持系统正常工作所需的介质清洁度;实现元件之间的连接及传输载能介质;显示系统压力、温度等

1.2.4　液压与气动系统原理图及图形符号

描述液压系统或气动系统的基本组成、工作原理、功能、工作循环及控制方式的说明性原理图称为液压系统原理图或气动系统原理图。系统原理图有多种表示方法，但为了便于绘制和技术交流，一般采用标准图形符号绘制系统原理图，而不采用图 1-2 所示的半结构形式绘制。由于图形符号仅表示液压、气动元件的功能、操作（控制）方法及外部连接口，并不表示液压、气动元件的具体结构、性能参数、连接口的实际位置及元件的安装位置，因此，用来表达系统中各类元件的作用和整个系统的组成、油路联系和工作原理，简单明了，便于绘制。利用专门开发的计算机图形库软件，还可大大提高液压、气动系统原理图的设计、绘制效率及质量。

各国都有自己的液压、气动图形符号标准。我国迄今先后三次（分别于 1965 年、1976 年和 1993 年）颁布了液压与气动图形符号标准。目前执行的标准是 GB/T 786.1—93《液压气动图形符号》，该标准规定了液压、气动元件标准图形符号和绘制方法。在液压系统设计中，应严格执行这一标准。本书附录列出了常用液压、气动元件的标准图形符号备查。图 1-4 即为按 GB/T 786.1—93 绘制的图 1-2 所示的液压系统原理图；图 1-5 为用图形符号绘制的某胀管机的气动系统原理图。

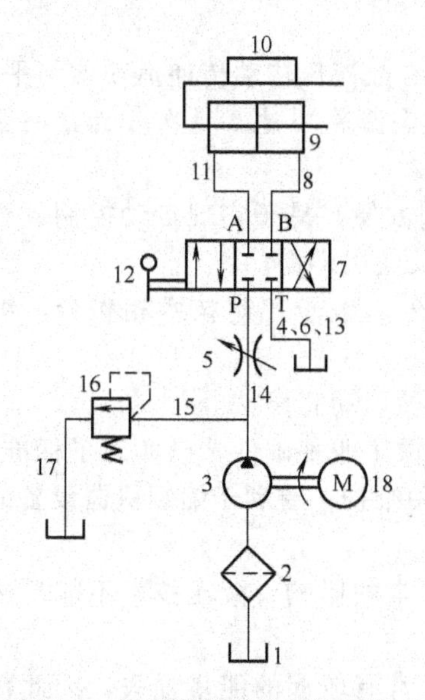

图 1-4　用图形符号绘制的机床工作台液压系统原理图

1—油箱；2—过滤器；3—液压泵；4,6,8,11,13,14,15,17—管路；5—流量控制阀；7—换向阀；9—液压缸；10—工作台；12—换向手柄；16—溢流阀；18—电动机

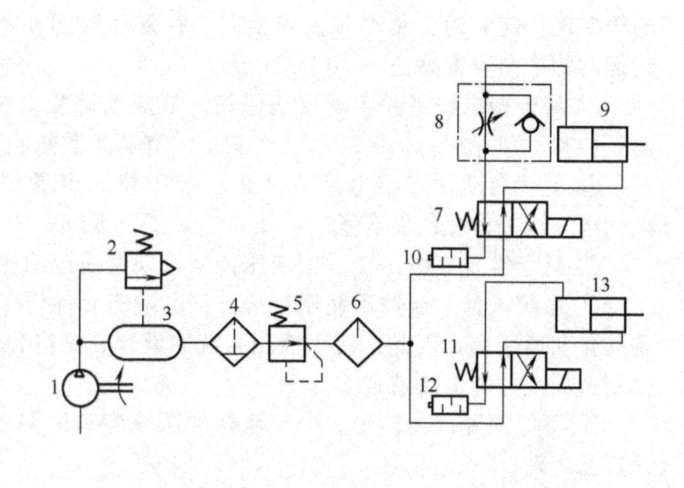

图 1-5　用图形符号绘制的胀管机气动系统原理图

1—空压机；2—安全阀；3—储气罐；4—过滤器；5—减压阀；6—油雾器；7,11—换向阀；8—单向流量控制阀；9—胀形气缸；10,12—消声器；13—合模气缸

绘制系统原理图时的注意事项为：

① 元件图形符号的大小可根据图纸幅面大小按适当比例增大或缩小绘制，以清晰美观为原则；

② 元件一般以静态或零位（例如电磁换向阀应为断电后的工作位置）画出；

③ 元件的方向可视具体情况进行水平、垂直或反转 180°绘制，但液压油箱必须水平绘制且开口向上。

1.3　液压与气动技术的特点及应用

1.3.1　液压与气动技术的特点

(1) 液压技术的特点

① 单位功率的重量轻（能以较轻的设备重量获得很大的输出力和转矩）。统计资料表

明，液压泵和液压马达单位功率的重量只有发电机和电动机的1/10，液压泵和液压马达可小至0.0025N/W，而同等功率的发电机和电动机则约为0.03N/W。至于尺寸，前者约为后者的12%～13%。就输出力而言，用泵很容易得到极高压力的液压油液，将此油液传送至液压执行元件后即可产生很大的输出力和转矩。所以液压技术具有重量轻、体积小和出力大的突出特点，有利于机械设备及其控制系统的微型化、小型化并进行大功率作业。

② 布局灵活方便。液压元件的布置不受严格的空间位置限制，容易按照机器的需要通过管道实现系统中各部分的连接，布局安装具有很大的柔性，能构成用其它方法难以组成的复杂系统。

③ 调速范围大。通过控制阀，液压传动可以在运行过程中实现液压执行元件大范围的无级调速，调速范围可达2000。

④ 工作平稳、快速性好。油液具有弹性，可吸收冲击，故液压传动传递运动均匀平稳；易于实现快速启动、制动和频繁换向。往复回转运动的换向频率可达500次/min，往复直线运动的换向频率高达1000次/min。

⑤ 易于操纵控制并实现过载保护。液压系统操纵控制方便，易于实现自动控制、远距离遥控和过载保护；运转时可自行润滑，有利于散热和延长使用寿命。

⑥ 易于自动化和机电液一体化。液压技术容易与电气、电子控制技术相整合，组成机—电—液一体化的复合系统，实现自动工作循环。

⑦ 易于实现直线运动。用液压传动实现直线运动比机械传动简便。

⑧ 系统设计、制造和使用维护方便。液压元件属于机械工业基础件，已实现了标准化、系列化和通用化，因此，便于液压系统的设计、制造和使用维护，有利于缩短机器设备的设计制造周期并降低制造成本。

⑨ 不能保证定比传动。由于液体的压缩性和泄漏等因素的影响，液压技术不能严格保证定比传动。

⑩ 传动效率偏低。传动过程中，需经两次能量转换，常有较多的能量损失，因此传动效率偏低。

⑪ 工作稳定性易受温度影响。液压系统的性能对温度较为敏感，不宜在过高或过低温度下工作，采用石油基液压油作传动介质时还需注意防火问题。

⑫ 造价较高。液压元件制造精度要求较高，以防止和减少泄漏，所以造价较高。

⑬ 故障诊断困难。液压元件与系统容易因液压油液污染等原因造成系统故障，且发生故障不易诊断。

(2) 气动技术的特点

① 介质提取处理便利。空气容易从大气中提取，无介质费用和供应上的困难，用后的气体排入大气，处理方便，一般不需回收管道和容器，介质清洁，不会污染环境，管道不宜阻塞，不存在介质变质及补充等问题。

② 能源可储存。压缩空气可储存在储气罐中，突然断电等情况时，主机及其工艺流程不致突然中断。

③ 动作迅速，反应灵敏。一般只需0.02～0.3s即可建立起所需压力和速度。能实现过载保护，便于自动控制。

④ 阻力损失和泄漏小。压缩空气传输过程中的阻力损失一般仅为油路的千分之一，空气便于集中供应和远距离输送。外泄漏不会像液压传动那样造成压力明显降低和环境污染。

⑤ 成本低廉。工作压力低，气动元件的材料和制造精度低，制造容易，成本较低。

⑥ 工作环境适应性好。气动元件可以根据不同场合，采用相应材料，使元件能够在强

振动、强冲击、多尘埃、强腐蚀和强辐射等恶劣的环境下进行正常工作，不会因温度变化影响其传动控制性能。

⑦ 维护简单，使用安全。无油的气动控制系统特别适用于无线电元器件的生产过程及食品或医药生产过程。

⑧ 输出力和转矩小。因工作压力较低，且结构尺寸不宜过大，故气动系统输出力或转矩较小，且传动效率低。

⑨ 动作稳定性稍差。空气的压缩性远大于液压油的压缩性，故在动作的响应能力、工作速度的平稳性方面不如液压传动，但若采用气-液复合传动装置即可取得满意效果。

⑩ 工作频率和响应速度远不如电子装置。气压传动装置的信号传递速度限制在声速（约 340ms）范围内，故其工作频率和响应速度远不如电子装置，且信号要产生较大的失真和延滞，也不便于构成较复杂的控制回路，但这一缺点对工业生产过程不会造成困难。

1.3.2 液压与气动技术的应用

由于液压与气动独特的技术优势，使其成为现代机械工程的基本技术构成和现代控制工程的基本技术要素，并在国民经济各行业得到了广泛应用，表 1-2 列举了近年来液压与气动技术的一些应用实例。

表 1-2 液压与气动技术的应用

应用领域	采用液压技术的机器设备和装置	采用气动技术的机器设备和装置
机械制造	离心铸造机、液压机、焊接机、淬火机、金属切削机床及数控加工中心、机械手及机器人等	造型机、压力机、组合机床、动力头、真空吸附工作台、工业机械手和机器人等
能源与冶金工业	电站锅炉、煤矿液压支架及钻机、海洋石油钻井平台及石油钻机、高炉液压泥炮、轧机及板坯连铸机等、铝型材连续挤压生产线等	热电站锅炉房通风设备、核电站的燃料和吸收器进给装置、露天和地下矿场的矿石开采的辅助设备、轧钢机、捆绑机、熔炉辅助设备、切断机和锯机的夹紧和驱动装置、卷线机、打标机等
铁路和公路交通	铺轨机、隧道工程衬砌台车、汽车维修举升机、架桥机等	公共交通车门启闭、喷砂控制、紧急制动锁、十字门控制和驱动器；入口门控制；路标装置等；车轮防空转装置
建材、建筑、工程机械及农林牧机械	陶瓷高压注浆成形机、钢筋弯箍机及校直切断机、混凝土泵、液压锤、碎石器、打桩机、越野起重机、各类挖掘机械、联合收割机、球果采集机器人、饲草打包机及压块机等	砖块、毛坯石和瓷砖的成形机、吹型机、喷漆装置、挖掘机、推土机、穿孔器、田间作业设备的倾斜、提升和旋转装置、农作物保护和杂草控制设备、动物饲养饲料计量和传送装置、粪便收集和清除装置、蛋类分选系统、通风设备、剪羊毛和屠宰设备、收割机、水果和蔬菜分选设备等
家用电器与五金制造	显像管玻壳剪切机、电冰箱压缩机的电机转子叠片机、冰箱箱体折弯机、电冰箱内胆热成形机、制冷热交换器管件成型机、制钉机、门锁成形压机等	印刷电路板自动上料机、阴极套筒切口机、显像管转运机械手、穿芯电容测试仪、钢制家具的装配辅助设备、冲压机、切断机、压边机等
轻工、纺织及化工	表壳热冲压成型机、皮革熨平机、人造板热压机、木家具多向压机、纸张复卷机、骨肉分割机、纺丝机、印花机、卷染机、轧光机、注塑机、吹塑机、橡胶硫化机、乳化炸药装药机等	伐木机、家具制造机及试验机、造纸机、印刷机、皮革加工机、制鞋机、纺纱机和编织机、混合器和硫化压机中的关闭装置、测试设备等
航空航天工程、河海工程及武器装备	大型客机、飞机场地面设备、卫星发射等航空航天设备、河流穿越设备、舵机、水下机器人及钻孔机、波浪补偿起重机、炮塔仰俯装置、地空导弹发射装置等	飞机供油车气动联锁装置、飞行体主推力喷嘴摆角控制系统、船舶前进倒车的转换装置，导弹自动爬行气动系统、气动布雷装置及鱼雷发射管系统
计量质检、装置、特种设备及公共设施	万能试验机、电梯、纯水灭火机、客运索道、剧院升降舞台、游艺机、捆钞机、医用牵引床、垃圾破碎机和压榨机、污泥自卸车、万吨高层建筑物的整体平移工程等	计量和称量控制、供水系统水位控制；教育、广告策划可视系统、投影屏幕和黑板操作、示范及训练模型；包装灌装机和挤压机、废金属打包机、眼玻璃体注吸切割器等

1.4　液压与气动技术的发展概况

公元前，希腊人发明的螺旋提水工具、埃及人用热空气-水力驱动的寺庙大门、用风箱产生压缩空气助燃和中国的水轮等，可以说是液压与气动技术最古老的应用。

1648 年法国的 B. 帕斯卡（B. Pascal）提出的液体静压力传递的基本定律及 1850～1851 年德国的克劳修斯（R. Clausius）和英国人开尔文（Kelvin）分别独立提出的热力学第二定律等为 20 世纪液压与气动技术的发展提供了科学基础。尽管早在 1795 年英国人约瑟夫·布瑞玛（Joseph Bramah）就登记了第一台液压机的英国专利，在 18 世纪，伦敦就出现了液压印刷机，艾菲尔铁塔就利用水压千斤顶来调节，然而由于早期无成熟的液压元件等原因，直到 20 世纪初液压技术的理论和工程实际应用才基本成熟。第二次世界大战期间，由于军事上的需要，出现了以电液伺服系统为代表的响应快、精度高的液压元件和控制系统，从而使液压技术得到了迅猛发展。战后液压技术很快转入民用工业，在机械制造、起重运输机械及各类施工机械、船舶、航空等领域得到了广泛发展和应用。20 世纪 60 年代以来，随着原子能、航空航天技术、微电子技术的发展，液压技术在更深、更广阔的领域得到了发展。

气动技术的发展比液压要晚。在 19 世纪后期才出现了利用压缩空气输送信件的气动邮政，并将气动技术用于舞台灯光设备驱动、印刷机械、木材、石料与金属加工设备、牙医钻具和缝纫机械等。第二次世界大战后，为了解决宇航、原子能等领域中电子技术难于解决的高温、巨震、强辐射等难题，加速了气压传动与控制技术的研究。自 20 世纪 50 年代末，美军 Harry　Diamond 实验室首次公开了某些射流控制的技术内容后，气动技术作为工业自动化的廉价、有效手段受到人们的普遍重视，各国竞相研制、推广。60 年代中期，法国LECO 等公司首先研制成功了对气源要求低、动作灵敏可靠的第二代气动元件，继之各工业发达国家在气动元件及系统的研究、应用方面都取得了很大进展，各种结构新颖的气缸、新型气源处理装置等新型气动元件、辅件也不断涌现。随着工业技术的发展和生产自动化要求的提高，气动控制元件也有不少改进，气动逻辑元件和真空元件的研究和应用也取得了很大进展。随之，气动技术的应用领域也得到迅猛扩展，涵盖了机械、汽车、电子、冶金、化工、轻工、食品、军事各行业。

液压气动行业具有小产品、大市场、技术密集、制造精细、投资强度大、回报时间长等特点。根据各类相关主机产品朝着节能、环保、高效、自动、安全、可靠等方向发展，液压与气动技术及其产品要求向节能化、智能化、电子化、高压化、小型化、集成化、复合化、个性化、长寿命、高可靠性、绿色化（低污染、低噪声、低振动、无泄漏）等方向发展。创新与发展，为装备制造业提供动力传动与控制技术全面解决方案已成为近代液压与气动技术的重要主题。

我国的液压与气动技术是随着新中国建立、发展而发展起来的。1952 年试制出我国第一只液压齿轮泵，1959 年国内建立了首家专业化液压元件厂，1967 年开始建立气动元件专业厂。经过半个世纪的发展，我国液压气动行业已形成了一个门类比较齐全，有一定生产能力和技术水平的工业体系，现有数以百计的各类液压、气动元件厂（公司），形成了国内自行开发、引进技术制造、合资生产、仿制消化的多元化格局。目前，我国的液压气动元件制造业已能为国民经济多种部门提供较为齐全的液压气动元件产品，已基本能适应各类主机产品的一般需要。在液压气动行业的标准化方面，截止到 2004 年 5 月，国内共有液压气动标准 145 项，这些标准多数与国际标准化组织（ISO）所颁布的同类标准相一致，从而为提高我国液压气动元件的标准化、系列化、通用化程度，组织专业化生产，提高产品的性能，发展新品种和互换性，以及国际间的技术交流及机电产品配套出口贸易提供了有利条件。在教育、科研和学术交流及技术合作方面，目前全国有百余所科研院所和大学在进行着普及教育和产品研发；全国通过《液压与气动》、《机床与液压》、《液压气动与密封》等科技期刊，中国液压气动密封工业网等网站，以及各级学术团体、学术会议、展览会，与国内外学术界和制造业界进行着广泛的学术交流及技术合作。总之，目前我国的液压气动工业与其他国家基本保持同步，某些成果还走在了世界同行前列。但是也应指出，我国的液压气动工业尚与主机发展需求及世界先进水平存在不少差距，亟待开发研制技术含量高且质量稳定的高档产品，以满足国民经济发展及各类主机行业的需求。

思考题与习题

1-1　试述液压传动与气压传动的定义，并分述其主要优点。

1-2　液压系统与气动系统通常由哪几部分组成？各组成部分的功用是什么？

1-3　气压传动与液压传动相比，主要差别是什么？

1-4　液压传动与气压传动有何工作特征？

1-5　液压气动行业具有哪些特点？液压与气动技术及其产品的发展方向如何？

第 2 章　液压工作介质及其力学基础

本章是液压技术的理论基础，将在介绍液压工作介质的主要物理性质及要求、种类和选用的基础上，着重叙述液体力学的基本内容，其中包括液体静力学、液体动力学及液体流经管道及孔口缝隙时的力学特性等。

2.1　液压工作介质

液压工作介质（液压油或合成液体等）在系统中的主要功用是传递能量和信号，同时还起着润滑、防锈、冲洗污染物质及带走热量等重要作用。液压系统运转的可靠性、准确性和灵活性，在很大程度上取决于所使用的工作介质。

2.1.1　液压工作介质的物理性质

(1) 密度

单位体积内所包含液体的质量称为密度，用 ρ 表示，即

$$\rho=m/V \tag{2-1}$$

式中，m 和 V 分别为液体的质量和体积。

液体的密度会随着温度的增加而略有减小，随着压力的增加略有增大，从工程使用角度可认为液压工作液体的密度不受温度和压力变化的影响。通常，矿物型液压油的密度为 $900\mathrm{kg/m^3}$。

(2) 可压缩性

在温度不变的条件下，液体在压力（压强）改变时改变自身体积的性质，称为液体的可压缩性。可压缩性用体积压缩系数（单位压力变化下引起的体积相对变化量）k 或体积弹性模量 K_e 表示，即

$$k=-\frac{1}{\Delta p}\frac{\Delta V}{V} \tag{2-2}$$

$$K_e=1/k \tag{2-3}$$

式中，Δp 为压力的增量；ΔV 为体积的变化量。

由于压力增加时液体体积减小，故式(2-2) 须加一负号，以使 k 为正值。

k 值越小，亦即 K_e 值越大，则液体的可压缩性越小。液压油液的体积弹性模量为 $K_e=(1.2\sim20)\times10^3\mathrm{MPa}$，数值很大，因此对于一般液压系统，可以认为液体不可压缩。只有在液体中混入空气、高压液压系统或考虑液压系统的动态特性时，才计及液体的可压缩性。

(3) 黏性

① 黏性的定义　液体在外力作用下流动（或有流动趋势）时，液体分子间内聚力会阻碍分子相对运动而产生一种内摩擦力，这种特性称为液体的黏性。显然，静止液体不呈显黏性。

现观察图 2-1 所示的黏性平板实验，设在两个平行平板之间充满液体，当上平板以速度

u_0 相对于静止的下平板向右移动时，在附着力的作用下，紧贴于下平板的液体层速度为 0，上平板的液体层速度为 u_0，而中间各层液体的速度则从下到上近似呈线性递增的规律分布，这是因为在相邻两液体层间存在有内摩擦力的缘故，该力对上层液体起阻滞作用，而对下层液体则起拖曳作用。实验结果表明，液体流动时相邻液层间的内摩擦力 F，与两液层接触面积 A、液层间的速度梯度 $\mathrm{d}u/\mathrm{d}y$ 成正比，这就是牛顿液体内摩擦定律，即

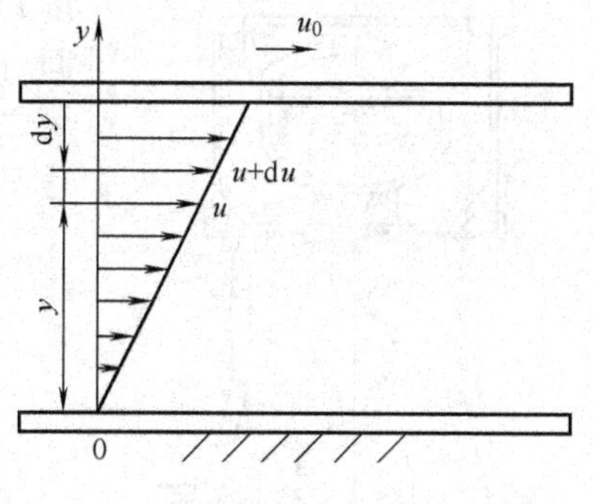

图 2-1　黏性平板实验

$$F=\eta A\frac{\mathrm{d}u}{\mathrm{d}y} \tag{2-4}$$

式中，η 为液体的动力黏度。

用 τ 表示液层间单位面积上的内摩擦力（简称摩擦应力），则式（2-4）可写为

$$\tau=\frac{F}{A}=\eta\frac{\mathrm{d}u}{\mathrm{d}y} \tag{2-5}$$

② 黏性的表示　液体的黏性大小用黏度表示，常用的黏度有三种，即动力黏度、运动黏度和相对黏度。

a. 动力黏度 η　它是表征液体黏度的内摩擦系数，由式(2-5) 可知，其物理意义为：单位速度梯度下单位面积上产生的内摩擦力。动力黏度又称绝对黏度。η 值越大，液体的黏性越大。

η 之所以称为动力黏度，是因其单位中含有动力学量纲（力、长度和时间）。动力黏度 η 的法定计量单位是 Pa・s（帕・秒）或用 N・s/m^2（牛・秒/米^2）表示。以前沿用的 CGS（厘米克秒）单位制中，η 的单位为 dgn・s/cm^2（达因・秒/厘米^2），又称为 P（泊）。P 的百分之一称为 cP（厘泊）。两种单位制的换算关系为

$$1\mathrm{Pa\cdot s}=10\mathrm{P}=10^3\mathrm{cP}$$

b. 运动黏度 ν

动力黏度 η 和该液体密度 ρ 的比值，称为运动黏度，即

$$\nu=\eta/\rho \tag{2-6}$$

与动力黏度不同，运动黏度 ν 没有明确的物理意义。因为在其单位中只含运动学量纲（长度和时间），故称为运动黏度。运动黏度的法定计量单位是 m^2/s（米^2/秒）。在 CGS 制中，ν 的单位是 cm^2/s（厘米^2/秒），通常称为 St（斯）。1St（斯）＝100cSt（厘斯）。两种单位制的换算关系为

$$1\mathrm{m^2/s}=10^4\mathrm{St}=10^6\mathrm{cSt}$$

尽管就物理意义而言，ν 并不是一个黏度的量，但工程中常用它来标志液体的黏度。例如，液压油的牌号，就是这种油液在 40℃时的运动黏度（mm^2/s）的平均值。如 L-HL32 液压油就是指这种液压油在 40℃时的运动黏度的平均值为 32mm^2/s。

c. 相对黏度　相对黏度又称条件黏度，它是采用特定的黏度计在规定的条件下测得的液体黏度。按照测量条件的不同，世界各国采用的相对黏度的单位也不同。例如，我国、俄罗斯和德国等国采用恩氏黏度（°E），而美国则采用国际赛氏秒（SSU），英国采用雷氏黏度（R），等等。

恩氏黏度由恩氏黏度计（图 2-2）测定。恩氏黏度计的底部带有锥管 3（出口小孔 4 的直径为 ϕ2.8mm）的储液器 1 放置在水槽 2 中，被测液体自储液器小孔引出。在某一特定温

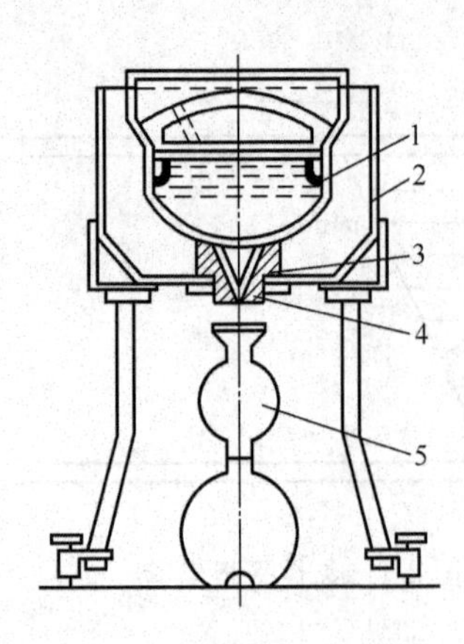

图 2-2 恩氏黏度计

1—储液器；2—水槽；3—锥管；4—出口小孔；5—量筒

度 t℃下，200cm³ 的被测液体在自重作用下流过小孔所需的时间 t_1，与同体积的蒸馏水在 20℃时流过上述小孔所需的时间 t_2 之比值，便是该液体在 t℃时的恩氏黏度。恩氏黏度用符号°E 表示，它是一个无量纲数。

$$°E = t_1/t_2 \tag{2-7}$$

恩氏黏度°E 和运动黏度 ν 可用下面的经验公式进行换算

$$\nu = \left(7.31°E - \frac{6.31}{°E}\right) \times 10^{-6} \ (m^2/s) \tag{2-8}$$

通常，压力不高时，压力对黏度的影响很小，而高压时液体黏度会随压力增大而增大，但增大数值很小，可以忽略不计。温度对液体的黏度影响很大，温度升高，黏度降低，液体的流动性增高。

一般以 20℃、50℃、100℃作为测定恩氏黏度的标准温度，由此而得来的恩氏黏度分别用$°E_{20}$、$°E_{50}$和$°E_{100}$表示。

d. 其它性质　工作介质还有诸如抗燃性、抗氧化性、抗凝性、抗泡沫性、抗乳化性、防锈性、润滑性、导热性、稳定性以及相容性（主要指对密封材料、软管等不侵蚀、不溶胀的性质）等其它一些物理化学性质，这些性质对液压系统的工作性能有重要影响。对于不同品种的工作介质，这些性质的指标互不相同，具体应用时可查阅相关手册。

2.1.2 对工作介质的要求

不同的工作机械设备和系统，对工作介质的要求不同。通常，对工作介质有如下要求。

① 合适的黏度，受温度的变化影响小。

② 良好的润滑性。即油液润滑时产生的油膜强度高，以免产生干摩擦。

③ 质地纯净，不含有腐蚀性物质等杂质。

④ 良好的化学稳定性。油液不易氧化、不易变质，以防产生黏质沉淀物影响系统工作，防止氧化后油液变为酸性，对金属表面起腐蚀作用。

⑤ 抗泡沫性和抗乳化性好，对金属和密封件有良好的相容性。

⑥ 体积膨胀系数低，比热容和传热系数高；流动点和凝固点低，闪点和燃点高。

⑦ 对人体无害，价廉。

⑧ 可滤性好。即工作介质中的颗粒污染物等，容易通过滤网过滤，以保证较高的清洁度。

2.1.3 工作介质的种类及特性

我国的液压工作介质品种繁多，按照国家标准 GB/T 7631.2—87 润滑剂和有关产品（L 类）的规定，通用液压油（液）分为矿物油型和合成烃型液压油以及难燃液压液两大组，其它品种及长期形成并沿用至今的专用液压油为第三组。液压油（液）的代号含义及命名表示方法如下。

符号意义：

L-HL　32

　　　牌号。黏度等级 VC32(40℃ 时的运动黏度为 32mm²/s)

　　品种。H—液压油(液) 组；L—防锈抗氧型

类别。润滑剂类

命名：32 号防锈抗氧型液压油

简号：

HL-32

简名：32 号 HL 油，32 号普通液压油

国家标准GB/T 11118.1—1994矿物油型和合成烃型液压油，将我国通用液压油类零散而繁多的产品品种集中在一个国家标准内，形成了液压油品种系列，基本满足了各种液压工程需要，并与国际上液压油品种相当，我国绝大部分液压系统用油均属此系列。难燃液压液适用于高温环境下或临近火源、有易燃品等易引起火灾的危险场合，广泛用于矿山、冶金、电力、石油、钢铁、船舶与航空等领域。按照GB/T 7631.2—87，难燃液压液可分为乳化型[包括水包油（O/W）和油包水（W/O）]、水-乙二醇型（包括水或水-乙二醇型）、合成型（包括各种化学制品）三类。矿物油型和合成烃型液压油、难燃液压液及专用液压油（液）的组成、特性和适用场合见表2-1。

表2-1 矿物油型和合成烃型液压油、难燃液压液及专用液压油（液）的产品组成、特性和主要应用场合（摘自GB/ T 11118.1—1994和GB/T 7631.2—87）

分类		名称	产品代号	组成、特性和适用场合
矿物油型和合成烃型液压油		精制矿物油	L-HH	本产品无(或含有少量)抗氧剂。适用于一般循环润滑系统、低压液压系统等
		普通液压油	L-HL	本产品为L-HH油并改善其防锈和抗氧性的液压油。适用于低压液压系统
		抗磨液压油	L-HM	本产品为在L-HL油基础上改善其抗磨性的液压油。适用于低、中、高压液压系统
		低温液压油	L-HV	本产品为在L-HM油基础上改善其黏温性的液压油。适用于环境温度变化较大和工作条件恶劣的(野外工程和远洋船舶等)低、中、高压液压系统
		高黏度指数液压油	L-HR	本产品为在L-HL油基础上改善其黏温性的液压油。适用于数控机床液压系统和伺服系统
		液压导轨油	L-HG	本产品为在L-HM油基础上改善其黏滑性的液压油。适用于液压和导轨润滑系统合用的机床,也适用于其他要求油有良好黏附性的机械润滑部位
难燃液压液	乳化型	水包油型(O/W)乳化液	L-HFAE	本产品为水包油型高水基液,通常含水80%以上,难燃性好,价格便宜。适用于煤矿液压支架静压液压系统和其它不要求回收废液和不要求拥有良好润滑性,但要求有良好难燃性液体的其它液压系统
		油包水型(W/O)乳化液	L-HFB	常含油60%以上,其余为水和添加剂。适用于冶金、煤矿等行业的中压和高压,高温和易燃场合的液压系统
	水-乙二醇型	水-乙二醇液	L-HFC	本产品通常为水-乙二醇或其它聚合物的水溶液,其难燃性好。适用于冶金、煤矿等行业的低压和中压液压系统
	合成型	磷酸酯液	L-HFDR	本产品通常为无水的各种磷酸酯作基础油加入各种添加剂而制得,难燃性较好。适用于冶金、火力发电、燃气轮机等高温高压下操作的液压系统
专用液压油(液)		专用液压油有航空液压油、航空难燃液压液、舰用液压油、炮用液压油、汽车制动液等品种,主要针对一些专门领域的工作条件经过添加一些添加剂制得。专用液压油(液)适用于各种特定工作条件,其产品品种和性能等请见有关手册		

2.1.4 液压工作介质的选用

正确选用液压油（液），对于液压系统适应各种工作环境条件和工作状况的能力、延长系统和元件的寿命、提高主机设备的可靠性、防止事故发生等方面，都有重要意义。液压油（液）的选用原则见表2-2。黏度是液压油液选用中最重要的考虑因素，因为黏度过大，将增大液压系统的压力损失和发热，导致系统效率下降；反之，将会使泄漏增大也使系统效率下降。由于液压泵的工作条件最为恶劣，因此一般可按液压泵的类型、额定压力和系统工作温度范围选用液压油的黏度及品种，见表2-3。

表 2-2 液压油（液）的选用原则

选用原则	考虑因素
液压系统的环境条件	室内、露天、水上、地下 热带、寒区、严寒区 固定式、移动式 高温热源、火源、旺火等
液压系统的工作条件	使用压力范围(润滑性、承载能力) 使用温度范围(黏度、黏-温特性、热氧化安定性、低温流动性) 液压泵类型(抗磨性、防腐蚀性) 水、空气进入状况(水解安定性、抗乳化性、抗泡性、空气释放性) 转速(气蚀、对轴承面浸润力)
工作液体的质量	物理化学指标 对金属和密封件的适应性 防锈、防腐蚀能力 抗氧化安定性 剪切安定性
技术经济性	价格及使用寿命 维护保养的难易程度

表 2-3 按液压泵选用液压油（液）的黏度及品种

液压泵类型	压力	运动黏度 $\nu/(mm^2/s)$		适用品种
		5～40℃	40～80℃	
齿轮泵		30～70	65～165	HL 油
叶片泵	7MPa 以下 7MPa 以上	30～50 50～70	40～75 55～90	HM 油
径向柱塞泵		30～50	65～240	HL 油
轴向柱塞泵		40	70～150	

2.1.5 工作介质的使用和污染控制

工作介质选定之后，若使用不当，将会因液体的性质变化导致液压系统工作失常。另外，国内外统计资料表明，液压系统的故障大约有 70％是由于工作介质的污染所引起。因此在液压油（液）使用中，一方面要注意工作条件的变化对其性能的影响，另一方面要特别注意防止液体被污染（油液中的污染物主要有固体颗粒、水、空气及各种化学物质；高水基液体中的微生物也是一种污染物）。一定要克服新油没有污染的观念，因为新油也往往含有许多污染物颗粒，比高性能液压系统所允许的要多 10 倍，故在工作介质储藏、搬运及加注过程中以及液压系统设计、制造中，应采取一定的防护、过滤措施防止油液被污染，使油液的清洁度符合相关标准的规定（见第 6 章 6.1 节）；对使用中的油液，应定期抽样检验并定期换油。

2.2 液体静力学

液体静力学研究静止液体平衡规律以及这些规律的应用，主要内容包括液体静压力的概念、液体静压力的产生、分布（液体静压力基本方程）、传播及对固体壁面（简称固壁）的作用力。此处所谓“静止液体”，是指液体内部质点之间没有相对运动而言，至于液体整体，完全可以像刚体一样作各种运动。

2.2.1　液体静压力及其特性

静止液体单位面积上所受的法向力称为静压力，简称压力 p（即物理学中的压强），即

$$p=F/A \tag{2-9}$$

式中，F 为作用在液体上的法向力；A 为液体承受法向力的面积。

压力具有以下两个特性：

① 液体压力垂直于其承压面，其方向和该面的内法线方向一致；

② 静止液体内任一点所受到的压力在各个方向上都相等。

2.2.2　静压力的分布

(1) 静压力基本方程

重力场作用下的静止液体所受的力，除了液体重力，还有液面上的压力和固壁作用在液体上的压力，其受力情况如图 2-3(a)所示。如要计算离液面深度为 h 的某一点压力，可以从液体内取出一个底面包含该点的微小垂直液柱作为研究分离体，如图 2-3(b)所示，设液柱横截面积为 ΔA，高为 h，其体积为 ΔAh，则液柱的重力为 $\rho gh\Delta A$，并作用于液柱的重心上，由于液柱处于平衡状态，故液柱在垂直方向所受各力存在如下关系

$$p\Delta A=p_0\Delta A+\rho gh\Delta A$$

上式两边同除以 ΔA，即可得到液体静压力基本方程式

$$p=p_0+\rho gh \tag{2-10}$$

由式(2-10)可知，重力作用下的静止液体，其压力分布有如下特征。

① 静止液体内任一点处的压力由两部分组成：一部分是液面上的压力 p_0，另一部分是该点以上液体自重所形成的压力，即 ρg 与该点离液面深度 h 的乘积。当液面上只受大气压 p_a 作用时，则液体内任一点处的压力为

$$p=p_a+\rho gh \tag{2-11}$$

② 静止液体内的压力随液体深度按线性规律递增［图 2-3(c)］。

③ 离液面深度相同处各点的压力均相等；压力相等的所有点组成的面叫做等压面。可以证明：重力场作用下的静止液体中的等压面为水平面，而与大气接触的自由表面也是等压

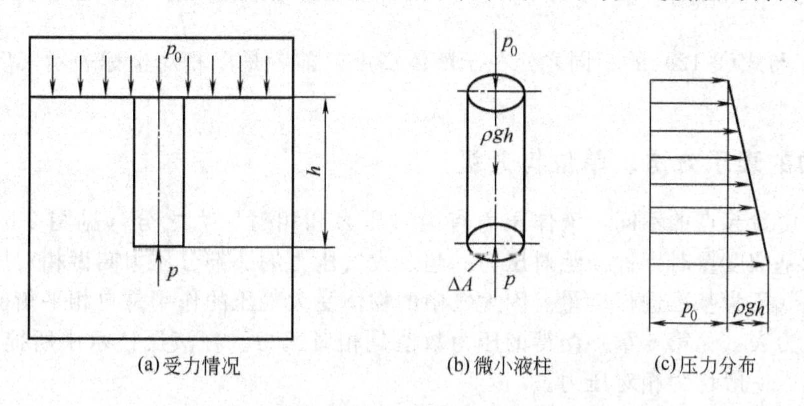

图 2-3　重力场作用下的液体静压力分布规律

面；两种密度不同且不相掺混的静止液体的分界面必然是等压面。

(2) 静压力基本方程的物理意义及几何意义

将盛有静止液体的密闭容器置于水平基准面 Ox 与 z 轴构成的坐标系中（见图 2-4），液面与基准面间的距离为 z_0，液面压力为 p_0。根据静压力基本方程可确定距液面深度 h 处 A 点（与基准面间的距离为 z）的压力 p 为

$$p=p_0+\rho gh=p_0+\rho g(z_0-z)$$

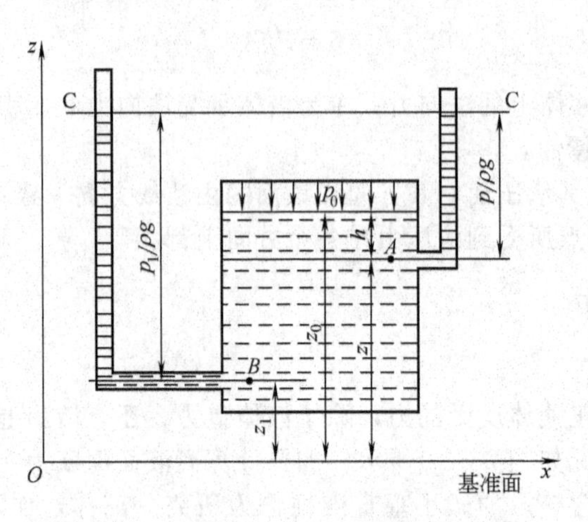

图 2-4　静压力基本方程的物理意义与几何意义

整理后得静压力基本方程的另一种形式

$$z+\frac{p}{\rho g}=z_0+\frac{p_0}{\rho g}=\text{const} \tag{2-12}$$

式中，z 表示 A 点单位质量液体的位置势能（比位能），$p/\rho g$ 表示单位质量液体的压力能（比压能），比位能与比压能之和称为总比能。所以，公式(2-12)的物理意义为：静止液体中一切点相对于选定的基准面，总比能为一常数，比位能和比压能可以互相转换，但其总和保持不变，即能量守恒。

另外，由于 z 表示液体距基准面的高度，故称之为位置水头，量纲为长度；$p/\rho g$ 表示液体在压力 p 作用下液体沿上端封闭并抽去空气的玻璃管上升的高度，故称之为压力水头，量纲为长度。位置水头和压力水头之和称为总水头。因此公式(2-12)的几何意义为：静止液体中各点相对于选定的基准面，位置水头和压力水头可以互相转换，但各点总水头却永远相等，即总水头线为水平线（见图 2-4 中的 C—C 线）。以上关系对静止液体中一切点均相同（例如 B 点）。

式(2-10) 与式(2-12) 的不同之处在于液体高度，前者是以相对坐标表示，后者则是以绝对坐标表示。

2.2.3　压力的表示方法、单位与分级

根据压力度量起点的不同，液体压力有绝对压力和相对压力之分（见图 2-5）。当压力以绝对真空为基准度量时，称为绝对压力。超过大气压力的那部分压力叫做相对压力或表压力，其值以大气压为基准进行度量。因大气中的物体受大气压的作用是自相平衡的，所以用液压系统中压力表（见第 6 章）测得的压力数值是相对压力。在液压技术中所提到的压力，如不特别指明，一般均为相对压力。

当绝对压力低于大气压时，绝对压力不足于大气压力的那部分压力值，称为真空度。此

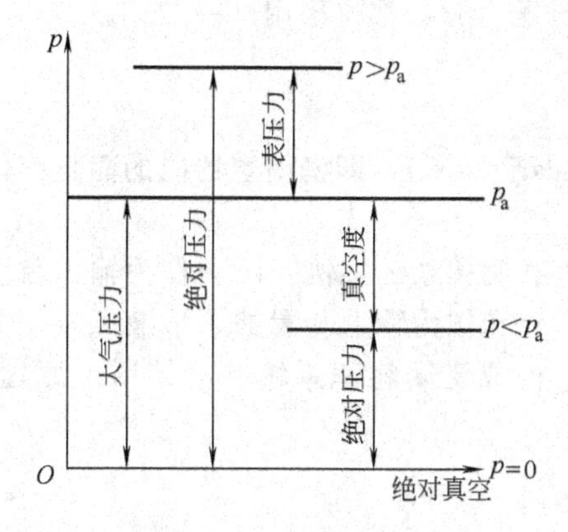

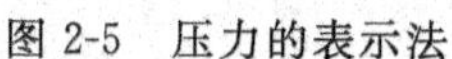
图 2-5　压力的表示法

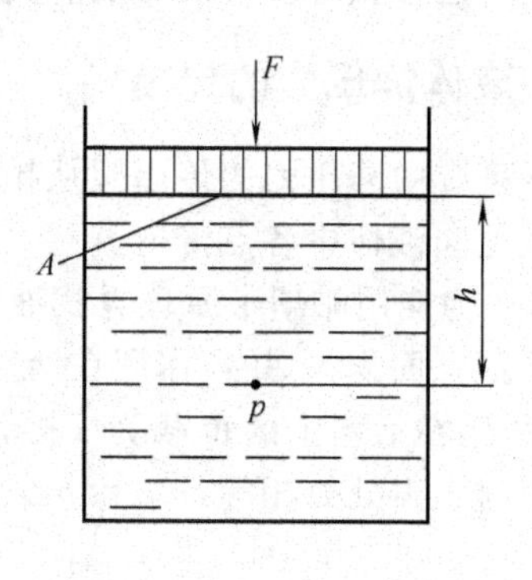

图 2-6　液体压力计算

时相对压力为负值。由图 2-5 可知，以大气压为基准计算压力时，基准以上的正值是表压力，基准以下的负值就是真空度。

压力的法定计量单位是 Pa（帕，N/m^2），也可用 MPa 表示。

$$1\text{MPa}=10^6\text{Pa}$$

我国以前曾用的压力单位有工程大气压 at，kgf/cm^2（公斤力/厘米²），水柱高或汞柱高等，美国则一直采用 lb/in^2（磅力/英寸²），各种压力单位之间的换算关系请见本书附录Ⅰ。

液压系统所需的压力因用途不同而异。为了便于液压元件的设计、生产及使用，工程上通常将压力分为低压（≤2.5MPa）、中压（>2.5～8MPa）、中高压（>8～16MPa）、高压（>16～32MPa）和超高压（>32MPa）等几个等级。

例 2-1　图 2-6 所示的容器内充满密度 $\rho=900\text{kg/m}^3$ 的液压油液，活塞上的作用力 $F=1000\text{N}$，活塞面积 $A=1\times10^{-3}\text{m}^2$，忽略活塞的质量，试计算活塞下方深度为 $h=0.5\text{m}$ 处的静压力 p。

解　根据式(2-9)、式(2-10)，活塞与油液接触面上的压力

$$p_0=\frac{F}{A}=1000/(1\times10^{-3})\ \text{N/m}^2=10^6\text{Pa}$$

则深度为 $h=0.5\text{m}$ 处的液体压力为

$$p=p_0+\rho gh=(10^6+900\times9.8\times0.5)\text{N/m}^2=1.0044\times10^6\text{N/m}^2\approx10^6\text{N/m}^2=1\text{MPa}$$

这一问题也可采用式(2-12）进行分析计算，即以活塞与油液接触面为基准水平面，列出绝对坐标形式的静压力基本方程

$$z_0+\frac{p_0}{\rho g}=z+\frac{p}{\rho g}$$

因活塞与油液接触面为基准水平面，故 $z_0=0$，$z=-h=-0.5$，代入上式整理后得

$$\begin{aligned}p&=p_0+\rho g(z_0-z)=\frac{F}{A}+\rho g(0+h)=\frac{F}{A}+\rho gh\\&=\frac{1000}{1\times10^{-3}}+900\times9.8\times0.5\\&=(10^6+900\times9.8\times0.5)\text{N/m}^2\\&=1.0044\times10^6\text{N/m}^2\approx10^6\text{N/m}^2=1\text{MPa}\end{aligned}$$

由此例可看到，液体在外界力作用下，液体自重所产生的静压力 ρgh 与液压系统几个、几十个乃至上百个兆帕的工作压力相比很小，计算中可以忽略不计，因而认为整个静止液体

内部的压力近乎相等。在以后的有关章节中分析计算压力时，都将采用这一结论。

2.2.4　液体静压力的传递

液压系统中静压力的传递服从帕斯卡原理（Pascal's low），即密闭容器内的静止液体的压力等值地向液体中各点传递。

图 2-7 为应用帕斯卡原理寻找液压系统推力和负载间关系的实例。图中作为输出装置的垂直液压缸（面积为 A_2，作用在活塞上的负载为 F_2）和作为输入装置的水平液压缸（面积为 A_1，作用在活塞上的负载为 F_1），由连通管相连构成密闭容积系统。由帕斯卡原理知，密闭容积内压力处处相等，$p_2=p_1$，即

$$p_2=\frac{F_2}{A_2}=\frac{F_1}{A_1}=p_1 \tag{2-13}$$

或改写为

$$F_2=F_1\frac{A_2}{A_1} \tag{2-14}$$

由上式可知：

① 由于 $A_2/A_1>1$，所以用一个很小的输入力 F_1，即可推动一个比较大的负载 F_2。所以，液压系统可视为一个力的放大机构，利用这个放大了的力 F_2 举升重物，就做成了液压千斤顶；用来进行压力加工，就做成了液压机；用于车辆刹车，就做成了液压制动闸，等等。

② 当负载 $F_2=0$ 时，不计活塞自重及其它阻力，则不论怎样推动水平液压缸的活塞，也不能在液体中产生压力，这说明液压系统中的压力是由外界负载决定的；反之，只有外界负载 F_2 的作用，而没有小活塞的输入力 F_1，液体中也不会产生压力。总之，液压系统中的压力是在所谓“前阻后推”条件下产生的。

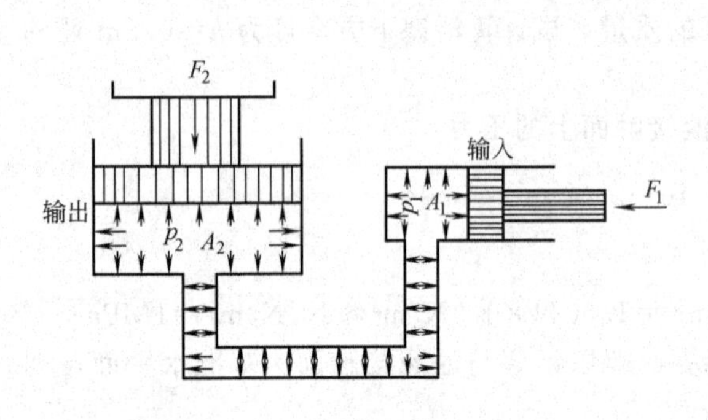

图 2-7　帕斯卡原理应用实例

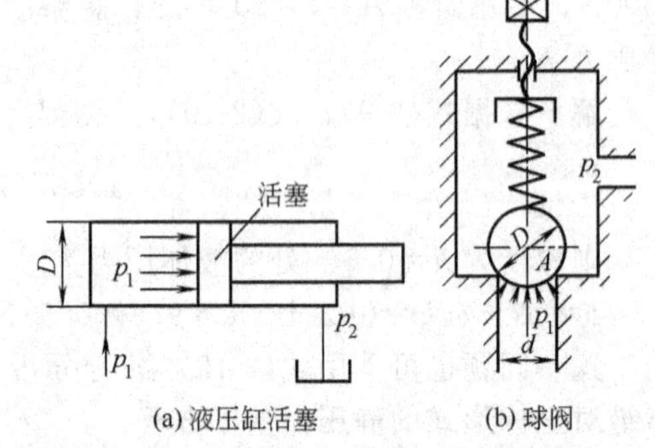

图 2-8　油压作用在平面和曲面上的作用力

2.2.5　静压力对固体壁面的作用力

静止液体和固体壁面接触时，固体壁面上各点在某一方向上受到的液体静压作用力的总和，即为液体在该方向上作用于固体壁面上的力。

当固体壁面为一平面时，不计重力作用，则平面上各点的静压力大小相等，静压力在该平面上的总作用力 F 等于液体压力 p 与该平面面积 A 的乘积，其作用方向与该平面垂直，即

$$F=pA \tag{2-15}$$

当固体壁面为一曲面时，液体压力在该曲面某 x 方向上的分力 F_x，等于液体静压力 p

与曲面在该方向投影面积 A_x 的乘积，即

$$F_x = pA_x \tag{2-16}$$

式(2-16) 适用于任何曲面。

例 2-2　试求油压对图 2-8 所示的液压缸活塞和球阀部分球面 A 的作用力。液压缸的活塞直径为 D，球阀进口直径为 d。进油压力为 p_1，回油压力（称为背压力）$p_2 \approx 0$。

解　图 2-8(a)所示的液压缸活塞属于平面固壁，故可按式(2-15)求出油压作用在活塞上的总作用力为

$$F = p_1 A = p_1 \frac{\pi}{4} D^2$$

图 2-8(b)所示的球阀，属于曲面固壁，因为 A 面对垂直轴是对称的，所以油压对球面的总作用力的水平分力为零。总作用力等于垂直方向的分力，按式(2-16)其大小等于油压与部分球面 A 在水平方向的投影面积 $A_z = \pi d^2/4$ 的乘积，即

$$F_z = p_1 A_z = p_1 \frac{\pi}{4} d^2$$

该力的作用点通过投影圆的圆心，方向垂直向上。

2.3　液体动力学

液体动力学的主要内容是研究液体流动时流速和压力的变化规律。流动液体的连续性方程、伯努利方程、动量方程是描述流动液体力学规律的三个基本方程式。前两个方程式反映压力、流速与流量之间的关系，而动量方程用来解决流动液体与固体壁面间的作用力问题。这些内容是液压技术中分析问题和设计计算的理论依据。

2.3.1　基本概念

(1) 实际液体和理想液体

实际液体具有黏性和可压缩性。因液体中的黏性问题非常复杂，故为了便于分析和计算问题，在液体动力学中开始分析时可假设液体没有黏性，建立流体整体平均参数间的基本规律，然后再考虑黏性的影响，并通过实验验证等办法对已得出的结果予以补充或修正，以得出实际液体流动的基本规律。对于液体的可压缩性问题，也可采用同样方法来处理。通常把假设的既无黏性又不可压缩的液体称为理想液体。

(2) 定常流动和非定常流动

液体流动时，流动空间（流场）中每一点上液体的全部运动参数（如压力 p、速度 u、密度 ρ）都不随时间而变化，即 $p=p(x,y,z)$，$u=u(x,y,z)$，$\rho=\rho(x,y,z)$，这样的流动称为定常流动（又称恒定流动）。这些参数中只要有一个是时间 t 的函数，如 $p=(x,y,z,t)$，则这样的流动就称为非定常流动（又称非恒定流动或时变流动）。非定常流动情况复杂，本节主要讨论定常流动问题。

(3) 流线、流管、流束、通流截面、流量和平均流速

流线是指某瞬时流场中不同液体质点组成的一条光滑曲线（图 2-9），曲线上各点的切线方向即为该点的速度方向，并指向液体流动的方向。流线的形状与液体的流动状态（定常流动或非定常流动）有关，定常流动时，流线的形状不随时间变化；由于任一瞬时液体质点的方向只有一个，因此流线既不能相交又不能转折。

在流场中任画一封闭的非流线之曲线 C，经过曲线上每一点做出流线，这些流线组成的

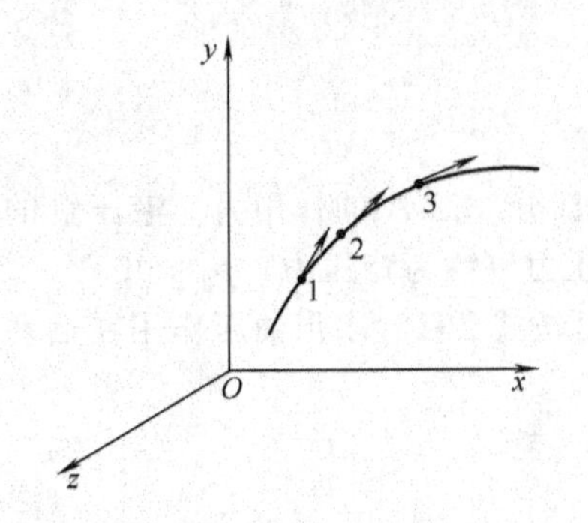

图 2-9 流线

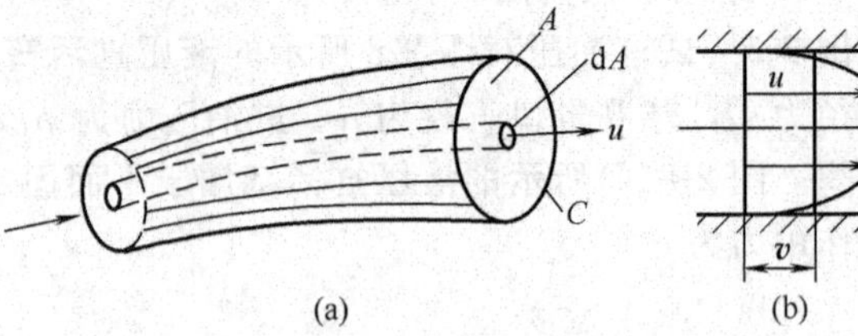

图 2-10 流束、通流截面、流量和平均流速

管状表面称为流管［见图 2-10(a)］。流管内许多流线组成的一束液体称为流束。封闭曲线的面积 $A \to 0$，即面积为 $\mathrm{d}A$ 的流束称为微小流束。

与流束中所有流线正交的截面称为通流截面（过流断面）。通流截面可能是平面，也可能是曲面。由于微小流束的通流截面很小，可以认为该通流截面上各点的运动参数（压力 p、速度 u、密度 ρ 等）相同。

单位时间内流过通流截面的流体的体积称为流量，用 q 表示，其单位是 $\mathrm{m^3/s}$ 或 L/min。

由于液体具有黏性，在通流截面上各点的流速 u 一般互不相同，如图 2-10(b)所示。在计算整个通流截面的流量时，可从通流截面上取一微小面积 $\mathrm{d}A$，通过该微小断面 $\mathrm{d}A$ 的流量为 $u\mathrm{d}A$，则流过整个通流截面的流量 q 为

$$q = \int_A u\,\mathrm{d}A \tag{2-17}$$

对于实际液体流动，其速度 u 的分布规律很复杂［见图 2-10(b)］，因此按式(2-17) 计算流量 q 比较困难，为此提出平均流速的概念。即假设通流截面上各点的流速均匀分布，液体以此均布流速 v 流过通流截面的流量等于以实际流速流过的流量，即

$$q = \int_A u\,\mathrm{d}A = vA \tag{2-18}$$

由此可得出通流截面上的平均流速为

$$v = q/A \tag{2-19}$$

在工程计算中，平均流速才具有应用价值。若未加声明，v 一般指平均流速。

流量也可以用液体质量表示，即 $q_m = \int_A \rho u\,\mathrm{d}A$，$q_m$ 称为质量流量。

2.3.2 连续性方程

连续性方程是质量守恒定律在流体力学中的一种表达形式。

图 2-11 所示的非等截面管中液体作定常流动，两任意通流截面的面积、平均流速、液体密度分别为 A_1、v_1、ρ_1 及 A_2、v_2、ρ_2（设 $A_1 > A_2$），根据质量守恒定律，流过两个截面的液体质量流量相等，即

$$\rho_1 v_1 A_1 = \rho_2 v_2 A_2 \tag{2-20}$$

上式即为可压缩液体定常流动时的连续性方程。若不考虑液体的可压缩性，有 $\rho_1 = \rho_2$，则得不可压缩液体定常流动的连续性方程

$$v_1 A_1 = v_2 A_2 \tag{2-21}$$

或写为

$$q = vA = \text{const}(常数) \tag{2-22}$$

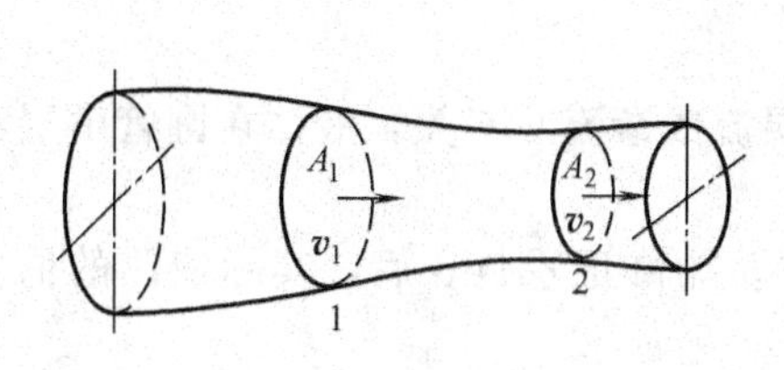

图 2-11　管中液体连续流动

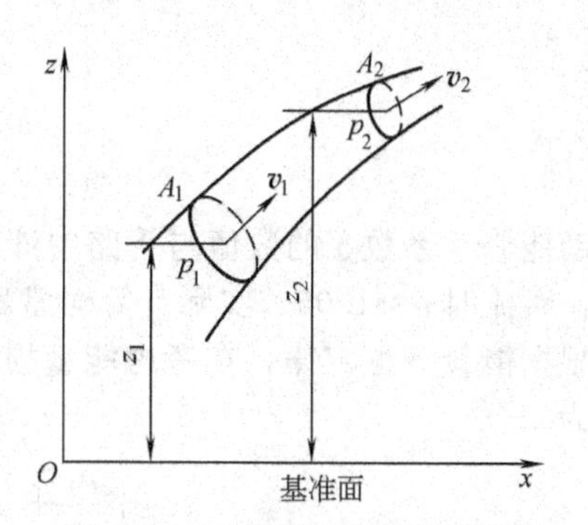

图 2-12　伯努利方程推导简图

它说明不可压缩液体定常流动时，所有通流截面上流量相同；在流量一定时，流速与通流截面面积成反比，面积越小，速度越大。

2.3.3　伯努利方程

伯努利方程是能量守恒定律在流体力学中的一种表达形式。

(1) 理想液体的伯努利方程

理想液体既无黏性又不可压缩，故在管内作定常流动时没有能量损失。根据能量守恒定律，同一管道每一截面的总能量都是相等的。

对于静止液体，由式(2-12)可知，单位质量液体的总能量为单位质量液体的位能 z（比位能）与压能 $p/\rho g$（比压能）之和；显然，对于流动液体，除以上两种能量外，还有因液体流动产生的动能，即单位质量液体的动能 $u^2/2g$（比动能）。

从管路中任取两个通流截面 A_1 和 A_2（图 2-12），它们距基准水平面的距离分别为 z_1 和 z_2。截面平均流速分别为 v_1 和 v_2，压力分别为 p_1 和 p_2。根据能量守恒定律即可得到理想液体的伯努利方程

$$z_1+\frac{p_1}{\rho g}+\frac{v_1^2}{2g}=z_2+\frac{p_2}{\rho g}+\frac{v_2^2}{2g} \tag{2-23}$$

或写为

$$z+\frac{p}{\rho g}+\frac{v^2}{2g}=\text{const}(常数) \tag{2-24}$$

理想液体的伯努利方程的物理意义为：管内定常流动的理想液体的总比能（单位质量液体的总能量）由比位能 z、比压能$\frac{p}{\rho g}$和比动能$\frac{v^2}{2g}$三种形式的能量组成，在任一通流截面上三者之和为一定值，但三者可以相互转换，即能量守恒。

上述伯努利方程中，z、$\frac{p}{\rho g}$和$\frac{v^2}{2g}$都具有长度的量纲。此伯努利方程只适用于同一管路上仅受重力场作用、定常流动的理想液体。

(2) 实际液体的伯努利方程

实际液体在管道内流动时，因液体黏性，会使液体与固壁间及液体质点间产生摩擦力而损耗能量；管道形状和尺寸的变化会对液流产生扰动而消耗能量。所以实际液体流动时存在能量损失，设单位质量液体在管路两截面之间流动的能量损失为 h_w。此外，用平均流速 v 代替实际流速 u 来计算动能将产生误差。为此，引入动能修正系数 α，它等于单位时间内某截面处的实际动能与按平均流速计算的动能之比，其表达式为

$$\alpha=\frac{\frac{1}{2}\int_A u^2\rho u\,\mathrm{d}A}{\frac{1}{2}\rho v A v^2} \tag{2-25}$$

动能修正系数 α 的数值与管路中液体的流态（层流或紊流）有关，液体在圆管中层流时 $\alpha=2$，紊流时 $\alpha\approx1.05$，实际计算时常取 $\alpha=1$。

根据能量守恒定律，在考虑能量损失 h_ω 并引进动能修正系数 α 后，实际液体的伯努利方程为

$$z_1+\frac{p_1}{\rho g}+\frac{\alpha_1 v_1^2}{2g}=z_2+\frac{p_2}{\rho g}+\frac{\alpha_2 v_2^2}{2g}+h_\omega \tag{2-26}$$

对式(2-26)的说明如下。

① 通流截面 1、2 应顺流向选取，且选在流动平缓变化的截面上，但两截面之间不一定要求平缓流动。

② 由于在管路缓变截面上各点的比位能与比压能之和 $z+\frac{p}{\rho g}$ 等于常数，因此，在工程计算中一般将截面几何中心处的 z 和 p 作为计算参数。

③ 利用式(2-26)进行计算时，可选取与大气相通的截面为基准面，以便于简化计算；两个截面的压力表示方法应一致（例如截面 1 的压力采用绝对压力表示，则截面 2 也应采用绝对压力表示而不能用相对压力表示），以免引起混乱和错误。

例 2-3 图 2-13 所示液压泵从油箱中吸油，油箱液面与大气接触（即压力为大气压 p_a），泵吸油口至油箱液面高度为 H_s。试用伯努利方程分析计算液压泵正常吸油的条件。

解 选取油箱液面为基准面，油箱液面 1—1 和泵的吸油口处截面 2—2 为所研究通流截面，并设两截面间的液流能量损失为 h_ω，且以绝对压力表示两截面的压力 p_1 和 p_2。

列出两截面伯努利方程（动能修正系数取 $\alpha_1=\alpha_2=1$）

$$z_1+\frac{p_1}{\rho g}+\frac{v_1^2}{2g}=z_2+\frac{p_2}{\rho g}+\frac{v_2^2}{2g}+h_\omega$$

由于油箱液面面积比液压泵吸油管截面积大得多，故油箱液面流速 $v_1\ll v_2$（液压泵吸油口处流速），可视 v_1 为零；又由于 $z_1=0$，$z_2-z_1=H_s$，$p_1=p_a$，代入上式经整理可得到液压泵吸油口处的真空度为

$$p_a-p_2=\rho g\left(H_s+\frac{v_2^2}{2g}+h_\omega\right)=\rho g H_s+\frac{\rho v_2^2}{2}+\Delta p$$

由此可看出，液压泵吸油口产生的真空度由把油液提升到高度 H_s 所需的压力、产生一定流速 v_2 所需的压力和吸油管的压力损失 Δp 三部分组成。

为保证液压泵正常工作，液压泵吸油口的真空度不能太大，否则在绝对压力低于油液的空气分离压 p_g 时，将使溶于油液中的空气分离析出形成气泡，产生气穴现象，引起振动和噪声。因此必须限制液压泵吸油口的真空度，使其小于 0.03MPa。限制液压泵吸油口真空度的措施除增大吸油管直径、缩短吸油管长度、减少局部阻力使 $\frac{\rho v_2^2}{2}$ 和 Δp 两项降低外，要对液压泵的吸油高度 H_s 进行限制，各类液压泵的吸油高度不同，通常取 $H_s\leqslant0.5$m。若将液压泵安装在油箱液面以下形成倒灌（此时 H_s 为负值），对降低液压泵吸油口的真空度更为有利。

2.3.4 动量方程

动量方程是刚体力学动量定理在流体力学中的具体应用及其表达形式，可以用来计算流

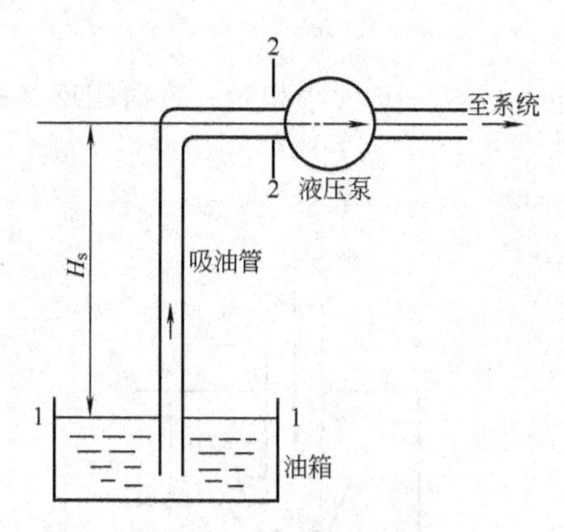

图 2-13　液压泵吸油装置

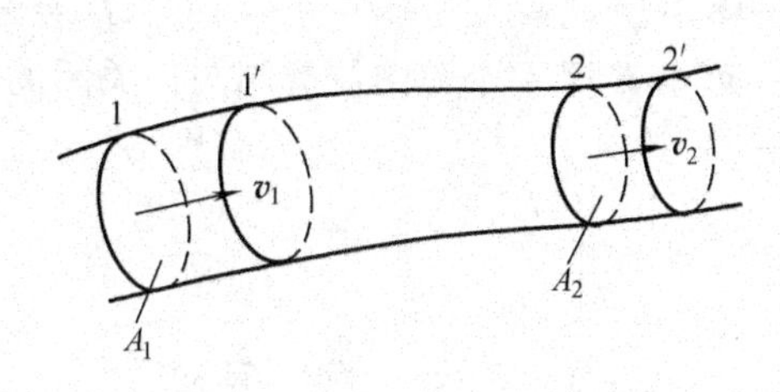

图 2-14　动量方程推导简图

动液体作用于限制其流动的固体壁面上的作用力。

刚体力学动量定理指出：作用在物体上全部外力的矢量和等于物体在力的作用方向上的动量的变化率，即

$$\sum \boldsymbol{F}=\frac{\mathrm{d}(m\boldsymbol{v})}{\mathrm{d}t} \tag{2-27}$$

为建立液体作定常流动的动量方程，如图 2-14 所示，任取通流截面 1、2 间被管壁限制的液体体积（称为控制体积），截面 1、2 的通流面积分别为 A_1、A_2，平均流速分别为 $\boldsymbol{v}_1$、$\boldsymbol{v}_2$。设该段液体在时刻 t 的动量为 $(m\boldsymbol{v})_{1-2}$。经 Δt 时间后，该段液体移动到 $1'$、$2'$ 截面间，此时液体的动量为 $(m\boldsymbol{v})_{1'-2'}$。在 Δt 时间内液体动量的变化为

$$\Delta(m\boldsymbol{v})=(m\boldsymbol{v})_{1'-2'}-(m\boldsymbol{v})_{1-2} \tag{2-28}$$

由于液体作定常流动，因此 $1'$—2 截面间液体的动量没有发生变化，式(2-28) 可以改写为

$$\Delta(m\boldsymbol{v})=(m\boldsymbol{v})_{2-2'}-(m\boldsymbol{v})_{1-1'}=\beta_2\rho q\Delta t\,\boldsymbol{v}_2-\beta_1\rho q\Delta t\,\boldsymbol{v}_1$$

于是有

$$\sum \boldsymbol{F}=\frac{\mathrm{d}(m\boldsymbol{v})}{\mathrm{d}t}=\rho q(\beta_2\boldsymbol{v}_2-\beta_1\boldsymbol{v}_1) \tag{2-29}$$

式中，q 为流量；β_1、β_2 为修正以平均流速代替实际流速计算动量带来的误差而引入的系数，称为动量修正系数，它与液体在管路中的流动状态（层流或紊流）有关，液体在圆管中层流时 $\beta=4/3$，紊流时 $\beta=1$，实际计算时常取 $\beta=1$。

式(2-29) 为液体作定常流动时的动量方程，它表明：作用在液体控制体积上的全部外力之和 $\sum\boldsymbol{F}$ 等于单位时间内流出控制表面与流入控制表面的液体的动量之差。应当强调的是动量方程为矢量表达式，在计算时可根据具体要求，向指定方向投影，求得该方向的分量。根据作用力与反作用力大小相等、方向相反原理，经常利用动量方程计算流动液体对固体壁面的作用力。

例 2-4　图 2-15 所示圆柱滑阀为液压阀中一种常见的结构，液体流入阀口的流速为 $\boldsymbol{v}_1$，方向角为 θ，流量为 q，流出阀口的流速为 $\boldsymbol{v}_2$。试计算液流通过滑阀时，液流对阀芯的轴向作用力。

解　取阀进出口之间的液体为控制体积，设液流作定常流动，动量修正系数 $\beta_1=\beta_2=1$，按式(2-29) 列出滑阀轴向的动量方程

$$\boldsymbol{F}=\rho q(\boldsymbol{v}_2-\boldsymbol{v}_1)=\rho q(\boldsymbol{v}_2\cos 90^\circ-\boldsymbol{v}_1\cos\theta)=\rho q(0-\boldsymbol{v}_1\cos\theta)=-\rho q\boldsymbol{v}_1\cos\theta$$

式中，$\boldsymbol{F}$ 为阀芯对控制体液流的轴向作用力，负号表示该力的方向与速度的投影方向相

反，即该力方向向左。

液流对阀芯的轴向作用力 $\boldsymbol{F}'$（常称为稳态液动力）与力 $\boldsymbol{F}$ 大小相等、方向相反（即 $\boldsymbol{F}$ 的方向向右），即

$$\boldsymbol{F}'=-\boldsymbol{F}=\rho q\boldsymbol{v}_1\cos\theta \tag{2-30}$$

可见 $\boldsymbol{F}'$ 是一个力图使滑阀阀口关闭的力。

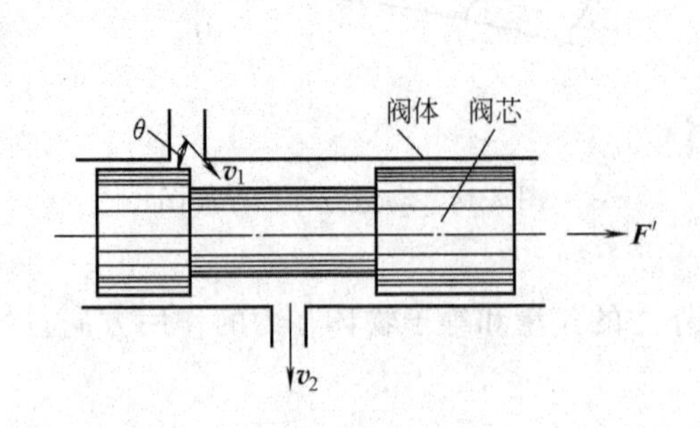

图 2-15　圆柱滑阀的稳态液动力

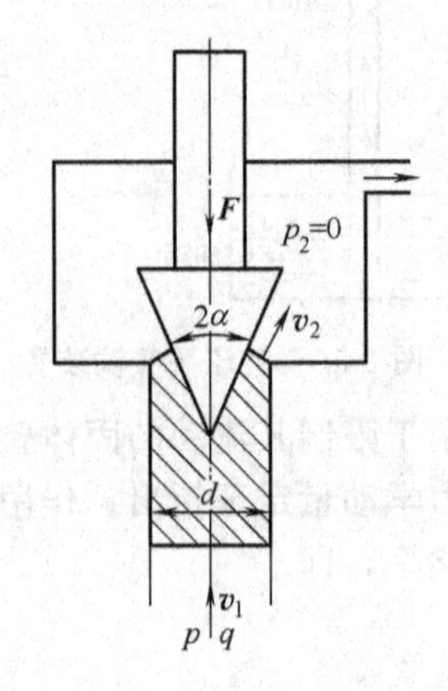

图 2-16　锥阀的稳态液动力

例 2-5　图 2-16 所示的常见外流式锥阀，其锥角为 2α，阀座孔直径为 d。液体在压力 p 的作用下以流量 q 流经锥阀，流入、流出速度为 $\boldsymbol{v}_1$、$\boldsymbol{v}_2$，设流出压力 $p_2=0$。试求作用在锥阀阀芯上的轴向力。

解　设阀芯对控制体的作用力为 $\boldsymbol{F}$，取动量修正系数 $\beta_1=\beta_2=1$。

控制体取在阀口下方（图中阴影部分），列出垂直方向的动量方程

$$p\frac{\pi d^2}{4}-F=\rho q(\boldsymbol{v}_2\cos\theta_2-\boldsymbol{v}_1\cos\theta_1)$$

通常锥阀开口很小，$\boldsymbol{v}_2\gg\boldsymbol{v}_1$，因此可忽略 $\boldsymbol{v}_1$，而 $\theta_2=\alpha$，$\theta_1=0$，则代入整理后得锥阀阀芯对控制体内液体的轴向作用力

$$\boldsymbol{F}=p\frac{\pi d^2}{4}-\rho q\boldsymbol{v}_2\cos\alpha$$

液流对锥阀阀芯的轴向作用力 $\boldsymbol{F}'$ 与 $\boldsymbol{F}$ 等值反向，即方向向上。稳态液动力 $\rho q\boldsymbol{v}_2\cos\alpha$ 使阀芯趋于关闭，与液压力 $p\frac{\pi d^2}{4}$ 反向。

2.4　管道中液流的能量损失

在应用伯努利方程进行液压系统的工程计算时，首先要解决由于流动液体的黏性及液流经过突然转弯和通过阀口因相互撞击和出现旋涡等所产生的能量损失 h_ω 的计算问题。在液压技术中这种能量损失主要表现为压力损失 Δp。它由沿程压力损失和局部压力损失两部分组成，它们与液流的流态有关。本节首先介绍液流的两种流态，然后分析沿程压力损失和局部压力的计算问题。

2.4.1　液体的两种流态及雷诺判据

19 世纪，英国物理学家雷诺（Reynolds）通过大量实验发现，液体在管道中流动时存在层流和紊流两种流动状态。层流时，液体质点沿管轴呈线状或层状流动［图 2-17(a)］，而

没有横向运动，互不掺混和干扰。紊流时，液体质点除了沿管轴流动外，还有横向运动、强烈搅混、质点之间相互碰撞、作混杂紊乱状态的流动［图 2-17(b)］。液体的这两种流态，可用雷诺数来判别。

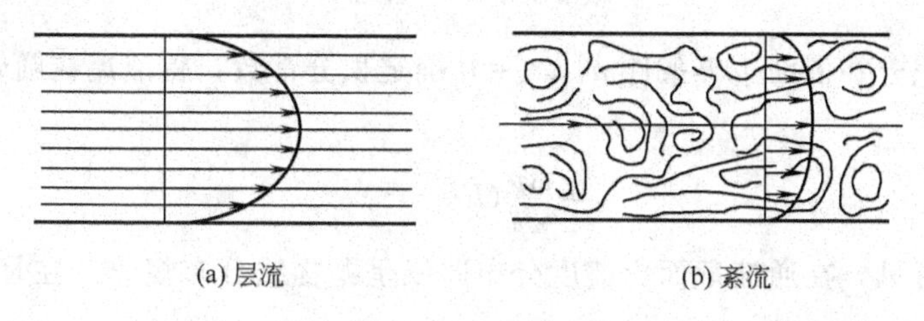
(a) 层流　　(b) 紊流

图 2-17　液体的层流和紊流

实验结果证明，液体在圆管中的流动状态不仅与管内的平均流速 v 有关，还和管道（或流道）的水力直径 d_H、液体的运动黏度 ν 有关。即决定流动状态的是由这三个参数所组成的一个无因次数——雷诺数 Re

$$Re = vd_H/\nu \tag{2-31}$$

式中，$d_H=4A/x$；A 为液体通流截面面积；x 为通流截面的湿周长度。

如果液流的雷诺数相同，则流动状态亦相同。

水力直径的大小反映了管道或流道的通流能力，水力直径大，意味着液流和管壁的接触面积小，阻力小，通流能力大，不易阻塞，摩擦损失和发热小。在通流截面面积相同但形状各异的所有流道中，圆形截面管道的水力直径最大。

实验表明：Re 小时，黏性力起主导作用，液体质点受黏性的约束，不能随意运动，只能沿着流层作层次分明的轴向运动而呈层流；Re 大时，惯性力起主导作用，液体高速流动时液体质点间的黏性不能再约束质点，液体质点具有速度脉动，能冲出流层而呈紊流。液体由层流转变为紊流时的雷诺数和由紊流转变为层流时的雷诺数是不相同的，前者大，后者小，所以一般都用后者作为判别液流状态的依据，称为临界雷诺数 Re_c。当 $Re \leqslant Re_c$ 时，流态为层流；当 $Re > Re_c$ 时，流态为紊流。光滑金属圆管的临界雷诺数 $Re_c=2300$，橡胶软管的临界雷诺数 $Re_c=1600$。

2.4.2　等直径圆管中的沿程压力损失

液体在等直径圆管中流动一段距离，因黏性摩擦而产生的压力损失称为沿程压力损失。沿程压力损失的大小与液体在圆管中的流态有关。

(1) 等直径圆管中层流的沿程压力损失

如图 2-18 所示，假设液体在半径为 R（直径为 d）的等直径圆管中作定常层流流动，在图中取一与管子同轴、半径为 r 的微小液柱，柱长 l，作用在两端面的压力分别为 p_1 和 p_2，在液柱侧面作用的黏性摩擦应力为 τ，液体在作匀速运动时，作用在液柱上的力平衡方程为

$$(p_1 - p_2)\pi r^2 - 2\pi r\tau l = 0 \tag{2-32}$$

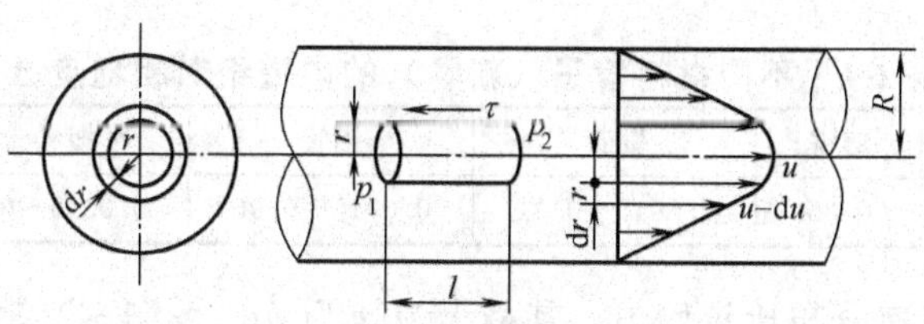

图 2-18　等直径圆管中的层流

根据内摩擦定律，即式(2-5)，$2\pi r\tau l=-2\pi r l\eta \mathrm{d}u/\mathrm{d}r$（因流速 u 随 r 增大而减小，故速度梯度 $\mathrm{d}u/\mathrm{d}r$ 为负值）。令 $p_1-p_2=\Delta p$，代入式(2-32) 整理后得

$$\mathrm{d}u=-\frac{\Delta p}{2\eta l}r\,\mathrm{d}r \tag{2-33}$$

对式(2-33) 积分并借助边界条件 $u|_{r=R}=0$ 确定积分常数，得液流在圆管截面上的速度分布表达式

$$u=\frac{\Delta p}{4\eta l}(R^2-r^2) \tag{2-34}$$

由式(2-34) 可见，在通流截面上速度分布曲线呈抛物线分布规律。在管轴 $r=0$ 时，有最大流速

$$u_{\max}=\Delta pR^2/4\eta l=\Delta pd^2/16\eta l \tag{2-35}$$

流经等径管的流量

$$q=\int_A u\,\mathrm{d}A=\int_0^R 2\pi ru\,\mathrm{d}r=\frac{\pi\Delta p}{2\eta l}\int_0^R(R^2-r^2)r\mathrm{d}r=\frac{R^2}{8\eta l}\Delta p=\frac{\pi d^4}{128\eta l}\Delta p \tag{2-36}$$

此即著名的哈根-泊肃叶（Hagen-Poseulle）公式。它表明圆管层流流量 q 与管径 d 的四次方成正比。引入平均速度 v

$$v=\frac{q}{A}=\frac{q}{\pi d^2/4}=\frac{\Delta pd^2}{32\eta l}=\frac{1}{2}\times\frac{\Delta pd^2}{16\eta l}=\frac{u_{\max}}{2} \tag{2-37}$$

即平均速度是最大流速的一半。变换式(2-36) 可得沿程压力损失为

$$\Delta p_\lambda=\frac{32\eta lv}{d^2}=\frac{64}{Re}\frac{l}{d}\frac{\rho v^2}{2}=\lambda\frac{l}{d}\frac{\rho v^2}{2} \tag{2-38}$$

式中，λ 为沿程阻力系数，$\lambda=64/Re$，实际计算中考虑温度变化不匀等，对光滑金属管常采用 $\lambda=75/Re$；对橡胶软管取 $\lambda=(80\sim108)/Re$（较大的值对应于曲率较大的软管）。

式(2-38) 即为著名的达西（Darcy）公式。它表明液体在等径管中作层流流动时的沿程压力损失与管长 l、平均流速 v、液体密度 ρ、黏度 η 成正比，而与管径 d 的平方反正比。这是一个普遍性结论，对于不同边界条件下的层流也是符合的。

此外，由式(2-25) 容易求出层流时的动能修正系数 $\alpha=2$。

(2) 等直径圆管中紊流的沿程压力损失

液体在等直径圆管中紊流时的沿程压力损失公式与层流时的相同，即

$$\Delta p=\lambda\frac{l}{d}\frac{\rho v^2}{2}$$

但式中的沿程阻力系数 λ 除与雷诺数 Re 有关外，还与管壁的相对粗糙度 Δ/d 有关（Δ 为管内壁的绝对粗糙度，Δ 的数值与管道材质有关，请参见表 2-4），即 $\lambda=\lambda(Re,\ \Delta/d)$。$\lambda$ 的数值可以根据 Re 值及 Δ/d 值按表 2-5 相应的公式进行计算，也可以从有关液压手册的线图中查得。

表 2-4 不同材料管子（新管）的内壁绝对粗糙度 Δ

材料	钢管	铸铁	铜管	铝管	塑料管	带钢丝层的橡胶管
绝对粗糙度 Δ	0.04	0.25	0.0015～0.01	0.0015～0.06	0.0015～0.01	0.3～0.4

此外，紊流中的流速分布比较均匀，其最大流速为 $u_{\max}\approx(1\sim1.3)v$；紊流时的动能修正系数 $\alpha=1.05$，故可近似地取 1。

表 2-5　圆管紊流时的沿程阻力系数 λ 的计算公式

Re	λ 的计算公式
$4000<Re<10^5$	$\lambda=0.3164Re^{-0.25}$
$10^5<Re<3\times10^6$	$\lambda=0.032+0.221Re^{-0.237}$
$Re>900\Delta/d$	$\lambda=[2\lg(\Delta/d)+1.74]^{-2}$

2.4.3　局部压力损失

液体在液压系统中经常要流经一些局部阻力装置（管道的弯头、管接头、突然扩大或缩小的截面以及阀口等的统称），液体在流过这些局部阻力装置时，流速的大小和方向将急剧发生变化，因此会使局部形成旋涡，质点间相互碰撞，造成以动能为主的压力损失，称为局部压力损失。

由于液流流过上述局部装置时的流动状态很复杂，影响的因素也很多，局部压力损失值除少数情况（如液体流经突然扩大截面）能从理论上分析和计算外，一般都依靠实验测得各类局部阻力装置的阻力系数，然后进行计算。

局部压力损失 Δp_ζ 一般按下式进行计算

$$\Delta p_\zeta=\zeta\frac{\rho v^2}{2} \tag{2-39}$$

式中，ζ 为局部阻力系数，其具体数值可根据局部阻力装置的类型从有关手册查得；ρ 为液体密度，kg/m^3；v 为液体的平均流速，m/s。

液体流经液压系统中各种控制阀的局部压力损失，可按下式进行计算

$$\Delta p_\zeta=\Delta p_s(q/q_s)^2 \tag{2-40}$$

式中，q 为阀的实际流量；q_s 为阀的额定流量（从产品样本或手册中查得）；Δp_s 为阀在额定流量 q_s 下的压力损失（从产品样本或手册中查得）。

2.4.4　管路系统总的压力损失

整个管路系统总的压力损失应为所有沿程压力损失和所有局部压力损失之和，即

$$\sum\Delta p=\sum\Delta p_\lambda+\sum\Delta p_\zeta=\sum\lambda\frac{l}{d}\frac{\rho v^2}{2}+\sum\zeta\frac{\rho v^2}{2} \tag{2-41}$$

式(2-41) 适用于两相邻局部阻力装置间的距离大于管道内径 10～20 倍的场合，否则计算出来的压力损失值比实际数值小。其原因是若局部障碍距离太小，通过第一个局部阻力装置后的液体尚未稳定就进入第二个局部阻力装置，这时的液流扰动更强烈，阻力系数要高于正常值的 2～3 倍。

液压系统中的压力损失不仅耗费功率，还将使系统油温增高，工况恶化。因此，在液压系统设计中应设法减小压力损失，其措施包括采用合适黏度的液体及流速，力求管子内壁光滑，尽量减少连接管的长度和局部阻力装置，选用压降小的控制阀等。

2.5　孔口和缝隙液流特性

孔口及缝隙是液压元件和系统中的常见结构，可以用来完成流量调节等功能，但有时又会造成泄漏而降低系统效率。本节所介绍的液体流经孔口及缝隙的流量公式，是研究节流调速和分析计算液压元件泄漏的重要理论基础。

2.5.1 孔口压力流量特性

薄壁小孔、细长孔和短孔是常见的三种孔口形式。

(1) 薄壁小孔

当小孔的通流长度与直径之比 $l/d \leqslant 0.5$ 时，称为薄壁小孔（见图 2-19）。薄壁小孔的孔口边缘都做成刃口形式。

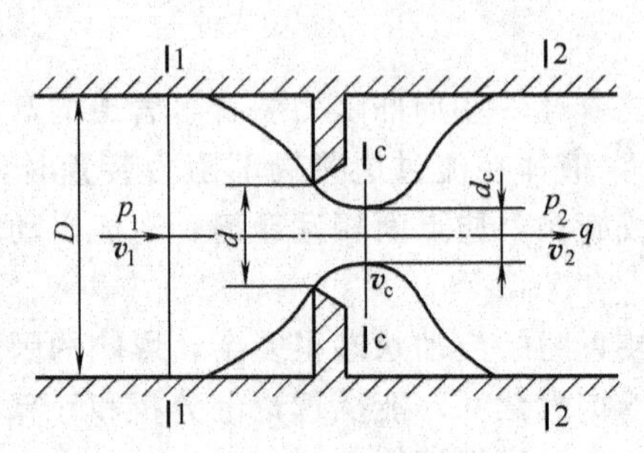

图 2-19　薄壁小孔

为了建立薄壁小孔的流量方程，现列出小孔前、后通道断面 1—1 和 2—2 的伯努利方程，并取动能修正系数 $\alpha=1$，则有

$$\frac{p_1}{\rho g}+\frac{v_1^2}{2g}=\frac{p_2}{\rho g}+\frac{v_2^2}{2g}+\sum h_\zeta$$

式中，$\sum h_\zeta$ 为液体流经小孔的局部能量损失，它由液体流经截面突然缩小时的 $h_{\zeta1}$ 和突然扩大时的 $h_{\zeta2}$ 组成：$h_{\zeta1}=\zeta v_c^2/(2g)$，查液压手册得 $h_{\zeta2}=(1-A_c/A_2)^2 v_c^2/(2g)$。因为 $A_c \ll A_2$，所以 $\sum h_\zeta=h_{\zeta1}+h_{\zeta2}=(\zeta+1)v_c^2/(2g)$。同时注意到 $A_1=A_2$ 时，$v_1=v_2$，则得

$$v_c=\frac{1}{\sqrt{\zeta+1}}\sqrt{\frac{2}{\rho}(p_1-p_2)}=C_v\sqrt{\frac{2\Delta p}{\rho}} \tag{2-42}$$

式中，C_v 为流速系数，$C_v=\frac{1}{\sqrt{\zeta+1}}$；$\Delta p$ 为小孔前后压力差，$\Delta p=p_1-p_2$。

由此得液体流经薄壁小孔的流量为

$$q=A_c v_c=C_c C_v A_0\sqrt{\frac{2\Delta p}{\rho}}=C_d A_0\sqrt{\frac{2\Delta p}{\rho}} \tag{2-43}$$

式中，A_0 为小孔截面积；$A_0=\pi d^2/4$；C_c 为截面收缩系数，$C_c=A_c/A_0$；C_d 为流量系数，$C_d=C_c C_v$。

说明：

① 流量系数 C_d 通常由实验确定，在管道直径与小孔直径比 $D/d \geqslant 7$ 时，液流收缩作用不受孔前内壁影响，称为完全收缩，$Re \leqslant 10^5$ 时，C_d 可由下式计算

$$C_d=-0.964Re^{-0.05} \tag{2-44}$$

当 $Re>10^5$ 时，可以认为 C_d 为常数，$C_d=0.60\sim0.61$。

在管道直径与小孔直径比 $D/d<7$ 时，孔前通道对液流进入小孔起导向作用，液流为不完全收缩，C_d 可按表 2-6 查取。此时，C_d 可增大到 0.7～0.8。

表 2-6　液流不完全收缩时流量系数 C_d 的值

A_0/A	0.1	0.2	0.3	0.4	0.5	0.6	0.7
C_d	0.602	0.615	0.634	0.661	0.696	0.742	0.804

② 薄壁小孔因其沿程压力损失很小，通过小孔的流量对油温的变化不敏感，因此薄壁小孔常用来作液压元件及系统的节流器使用。

③ 液体在流经常见的滑阀、锥阀等阀口时的流量也可用薄壁小孔流量公式(2-43)计算，只是流量系数 C_d 及阀口通流截面面积因孔口不同而异。

对于图 2-20(a) 所示的圆柱滑阀阀口，其流量系数可以根据雷诺数 Re 由图 2-20(b)(图中，虚线 1、2 分别表示 $x_v=C_r$、$x_v \geqslant C_r$ 时的理论曲线，实线则表示实验曲线）查得。从图可看出，当雷诺数 $Re>10^3$，阀口为尖锐棱边时，$C_d=0.67\sim0.74$；阀口为棱边圆滑或有小圆角时，$C_d=0.8\sim0.9$。

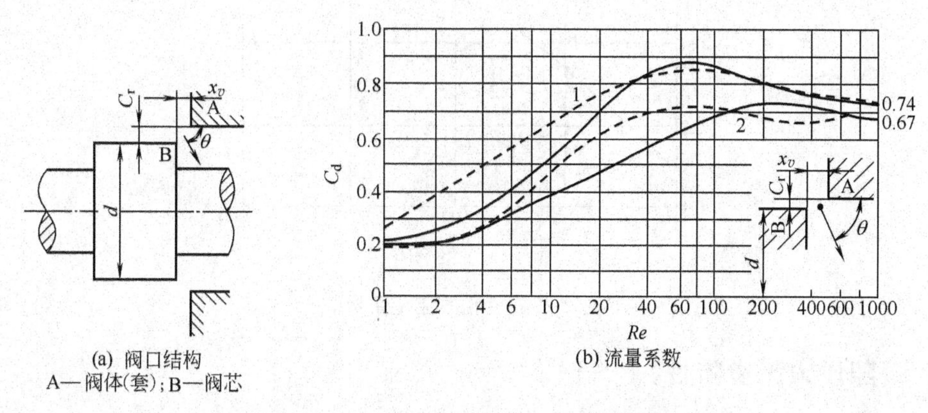

(a) 阀口结构
A—阀体(套)；B—阀芯

(b) 流量系数

图 2-20 圆柱滑阀阀口结构及其流量系数

对于图 2-21(a) 所示的锥阀阀口，其流量系数可以根据雷诺数 Re 由图 2-21(b) 查得。从图可看出，当雷诺数 $Re>10^3$ 时，$C_d=0.77\sim0.82$。

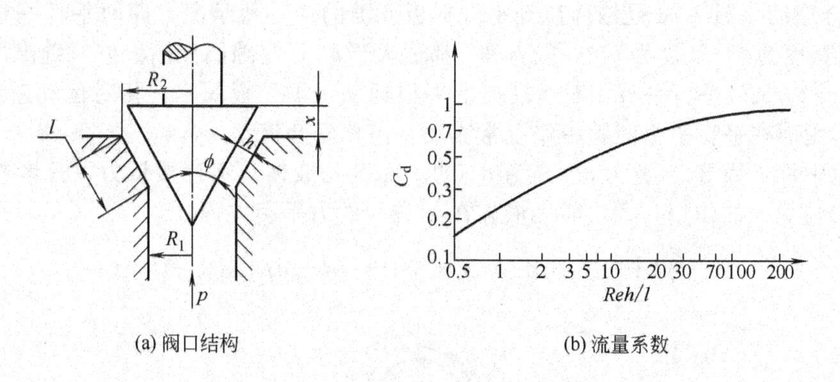

(a) 阀口结构

(b) 流量系数

图 2-21 锥阀阀口的结构及其流量系数

(2) 细长孔

当孔口的长径比 $l/d>4$ 时，称为细长孔。通过细长孔液流通常为层流，故细长孔的流量的计算可用前述哈根-泊肃叶公式(2-36) 计算，即

$$q=\frac{\pi d^4}{128\eta l}\Delta p$$

可见，液体流经细长孔的流量与小孔前后的压差 Δp 成正比，并受油液黏度 η 变化的影响。当油温升高时，油液的黏度下降，在相同压差作用下，流经小孔的流量增加。

(3) 短孔

当孔口的长径比 $0.5 \leqslant l/d \leqslant 4$ 时，称为短孔。液流流经短孔的流量公式与薄壁孔口的流量公式(2-44) 相同，即

$$q=C_d A_0\sqrt{\frac{2\Delta p}{\rho}}$$

但流量系数 C_d 不同，C_d 可按图 2-22 所示的曲线查取。由图可知，当 $Re>10^5$ 时，C_d 基本稳定在 0.8 左右。

由于短孔较薄壁孔加工容易得多，所以短孔常用作固定节流器。

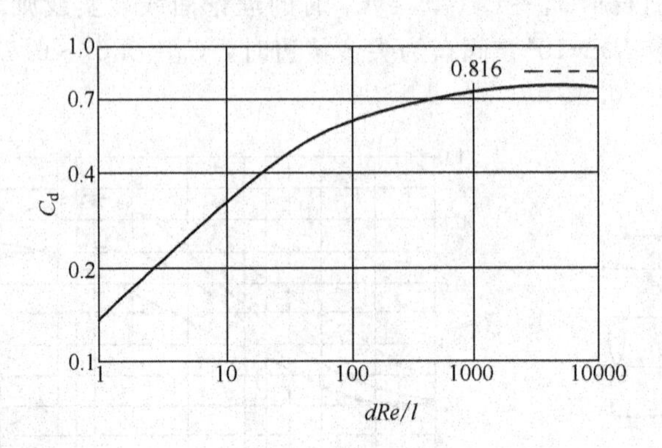

图 2-22 短孔的流量系数

2.5.2 缝隙压力流量特性

液压技术中常见的缝隙有平行平板缝隙及环形缝隙两种，且缝隙高度（间隙）相对其长度和宽度（或直径）要小得多。液体在缝隙中的流动常属于层流。

(1) 平行平板缝隙

① 联合流动 图 2-23 是液体流经平行平板缝隙的最一般情况，即两平行平板缝隙高度为 h，缝隙宽度为 b，长度为 l（一般 b 和 l 都远大于 h），缝隙间充满液体，缝隙两端受到压差 $\Delta p=p_1-p_2$ 及两平行平板相对运动（上平板运动，下平板固定，相对运动速度为 v）的剪切联合作用而在平行平板间隙中作定常流动，简称联合流动。

在缝隙中取长为 $\mathrm{d}x$、宽为 b、高为 $\mathrm{d}y$ 的六面微元液体。不计质量力，只考虑表面力即压力 p 及切应力 τ 的作用，列出微元液体在 x 方向的力平衡方程

$$pb\mathrm{d}y+(\tau+\mathrm{d}\tau)b\mathrm{d}x-\tau b\mathrm{d}x-(p+\mathrm{d}p)b\mathrm{d}y=0$$

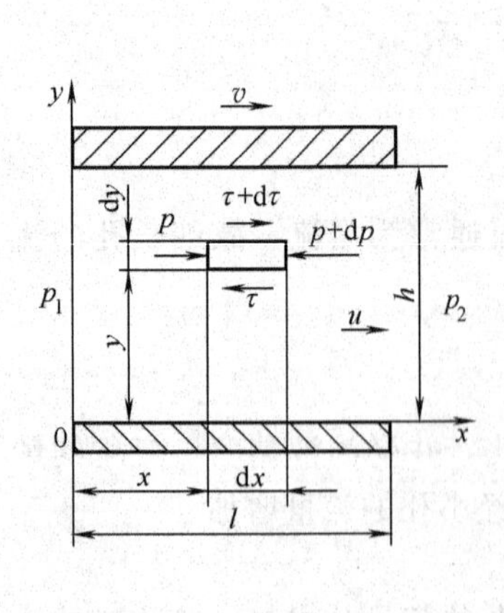

图 2-23 平行平板缝隙的液流

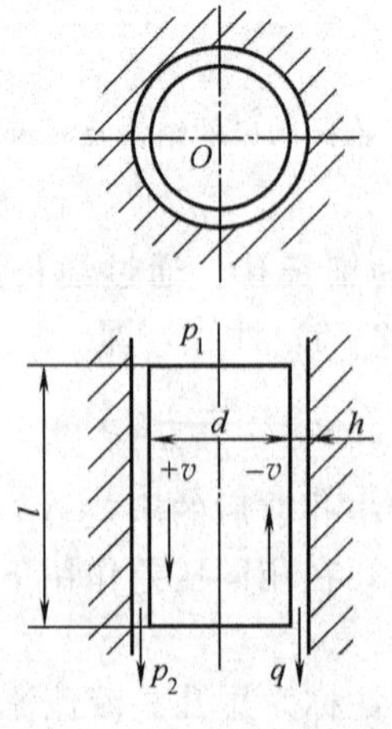

图 2-24 同心环形缝隙流动

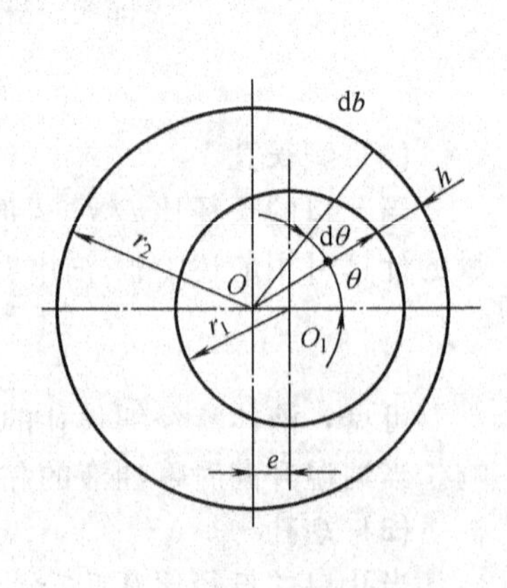

图 2-25 偏心环形缝隙流动

整理上式得

$$\frac{d\tau}{dy}=\frac{dp}{dx}$$

利用液体内摩擦定律 $\tau=\eta du/dy$，上式可变为

$$\frac{d^2u}{dy^2}=\frac{1}{\eta}\frac{dp}{dx}$$

上式对 y 进行两次积分并利用边界条件：$u|_{y=0}=0$ 和 $u|_{y=h}=v$ 定出积分常数，同时考虑到层流时 p 仅是 x 的线性函数，即 $dp/dx=-\Delta p/l$，则可得平行平板缝隙中的液流速度分布规律

$$u=\frac{y(h-y)}{2\eta l}\Delta p+\frac{v}{h}y \tag{2-45}$$

由此可得平行平板缝隙的流量为

$$q=\int_0^h ub\,dy=\int_0^h\left[\frac{y(h-y)}{2\eta l}\Delta p+\frac{v}{h}y\right]b\,dy=\frac{bh^3}{12\eta l}\Delta p+\frac{bh}{2}v \tag{2-46}$$

② 压差流动　如果平行板间无相对运动，即 $v=0$，通过的液流纯由压差 $\Delta p=p_1-p_2$ 作用引起，则称为压差流动，其流量公式为

$$q=\frac{bh^3}{12\eta l}\Delta p \tag{2-47}$$

③ 剪切流动　如果两平板之间两端无压差 Δp 存在，通过的液流纯由平行平板的相对运动作用引起，则称为剪切流动，其流量公式为

$$q=\frac{bh}{2}v \tag{2-48}$$

由式(2-46) 和式(2-47) 可看出，在压差作用下，流经平行平板缝隙的流量与缝隙高度的三次方成正比。如果视上述流量 q 为泄漏量，可见液压元件内零件间缝隙（间隙）大小对泄漏量的影响相当之大。

(2) 环形缝隙

液压元件中存在着大量的环形缝隙流动，如液体在柱塞泵的柱塞与柱塞孔的配合间隙、圆柱滑阀阀芯与阀体（套）孔的配合间隙、液压缸的活塞与缸筒的配合间隙中的流动等。环形缝隙流动有圆柱环形缝隙流动、圆锥环形缝隙流动等。根据相对运动的两个耦合件是否同心，又分为同心环形缝隙和偏心环形缝隙。

① 圆柱环形缝隙流动

a. 同心环形缝隙　图 2-24 所示为同心环形缝隙流动。设缝隙长度为 l，当缝隙高 h 与圆柱体直径 d 之比 $h/d\ll1$ 时，可将同心环形缝隙视作平行平板缝隙流动，即将环形缝隙沿圆周方向展开，并使缝隙宽度 $b=\pi d$ 代入式(2-46)，可得同心圆环缝隙的流量公式

$$q=\frac{\pi dh^3}{12\eta l}\Delta p\pm\frac{\pi dh}{2}v \tag{2-49}$$

式中，v 为两柱面轴向相对运动速度。“±”号取法：当圆柱体移动方向与压差 Δp 方向相同时，取“+”；反之则取“−”。两圆柱若无相对运动，$v=0$，则流量为

$$q=\frac{\pi dh^3}{12\eta l}\Delta p \tag{2-50}$$

b. 偏心环形缝隙　偏心环形缝隙如图 2-25 所示。设内、外圆柱的偏心量为 e，在任意角度 θ 处的缝隙为 h，因缝隙很小，$r_1\approx r_2=r_3$，可将微小圆弧 db 所对应的环形缝隙流动视

为平行平板缝隙流动。将 $b=r\mathrm{d}\theta$ 代入式(2-46) 得微分流量

$$\mathrm{d}q=\frac{r\mathrm{d}\theta h^3}{12\eta l}\Delta p\pm\frac{r\mathrm{d}\theta h}{2}v$$

由图中几何关系可知

$$h\approx h_0-e\cos\theta\approx h_0(1-\varepsilon\cos\theta)$$

式中，h_0 为内、外圆柱同心时半径方向的缝隙值；ε 为相对偏心率，$\varepsilon=e/h_0$，其最大值 $\varepsilon_{max}=1$。

将 h 值代入上式积分之可得偏心圆柱环形缝隙的流量公式为

$$q=\frac{\pi dh_0^3}{12\eta l}\Delta p(1\pm1.5\varepsilon^2)\pm\frac{\pi dh_0}{2}v \tag{2-51}$$

式中，"±" 取法同前。两圆柱若无相对运动，$v=0$，则流量为

$$q=\frac{\pi dh_0^3}{12\eta l}\Delta p(1\pm1.5\varepsilon^2) \tag{2-52}$$

比较式(2-49) 与式(2-52) 可看到，当相对偏心率为最大值 $\varepsilon_{max}=1$（即 $e=h_0$）时，通过偏心圆柱环形缝隙的流量（不考虑相对运动时）是通过同心环形缝隙时的 2.5 倍。因此，为了减少泄漏量，必须尽量保证圆柱配合副处于同心配合状态。

② 圆锥环形缝隙流动及液压卡紧现象　当圆柱配合副因加工误差带有一定锥度时，两相对运动零件间的间隙为圆锥环形间隙，其间隙大小沿轴线方向变化。

a. 同心圆锥环形缝隙　如图 2-26 所示，阀芯与内孔轴线同心，图 2-26(a) 所示的阀芯锥部大端为高压腔，液体由大端流向小端，称为倒锥；图 2-26(b) 所示的阀芯锥部小端为高压腔，液体由小端流向大端，称为顺锥。

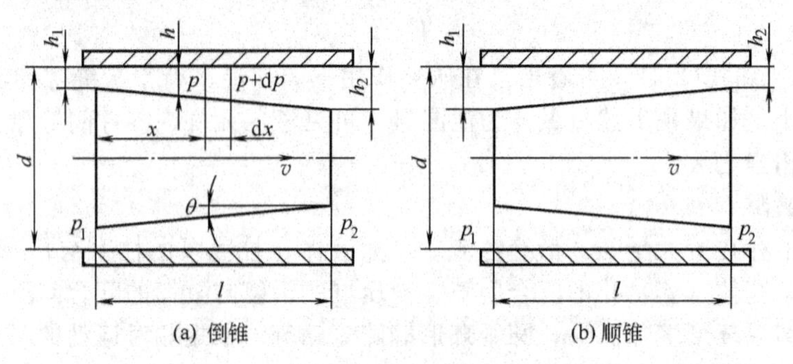

图 2-26　液体在同心圆锥形环缝隙中的流动

设圆锥半角为 θ，进、出口处的缝隙高度和压力分别为 h_1、p_1 和 h_2、p_2，阀芯的轴向相对速度为 v，距入口端面为 x 处的缝隙高度和压力分别为 h 和 p，则在微小单元 $\mathrm{d}x$ 处的流动，因 $\mathrm{d}x$ 很小，可视 $\mathrm{d}x$ 段内的缝隙高度不变。

对于图 2-26(a) 所示的倒锥流动，将 $-\Delta p/l=\mathrm{d}p/\mathrm{d}x$ 代入同心圆环缝隙流量公式(2-49) 可得

$$q=-\frac{\pi dh^3}{12\eta}\frac{\mathrm{d}p}{\mathrm{d}x}+\frac{\pi dh}{2}v$$

由图可知，$h=h_1+x\tan\theta$，$\mathrm{d}x=\mathrm{d}h/\tan\theta$，代入前式整理后可得

$$\mathrm{d}p=-\frac{12\eta q}{\pi d\tan\theta}\frac{\mathrm{d}h}{h^3}+\frac{6\eta v}{\tan\theta}+\frac{\mathrm{d}h}{h^2} \tag{2-53}$$

积分之并代入

$$\tan\theta=\frac{h_2-h_1}{l} \tag{2-54}$$

$$\Delta p=p_1-p_1=\frac{6\eta l(h_1+h_2)}{\pi d(h_1h_2)^2}q-\frac{6\eta l}{h_1h_2}v$$

移项整理得通过圆锥环形缝隙的流量公式为

$$q=\frac{\pi d}{6\eta l}\frac{(h_1h_2)^2}{(h_1+h_2)^2}\Delta p+\frac{\pi dh_1h_2}{h_1+h_2}v \tag{2-55}$$

如果阀芯没有运动，$v=0$，则流量公式为

$$q=\frac{\pi d}{6\eta l}\frac{(h_1h_2)^2}{(h_1+h_2)^2}\Delta p \tag{2-56}$$

对式(2-53) 积分并将边界条件 $p|_{h=h_1}=p_1$ 及式(2-54) 和式(2-55) 一并代入，可得环形圆锥缝隙中的压力分布公式

$$p=p_1-\frac{1-(h_1/h)^2}{1-(h_1/h_2)^2}\Delta p-\frac{6\eta v(h_2-h)}{h_2(h_1+h_2)}x \tag{2-57}$$

如果阀芯没有运动，$v=0$，则压力分布为

$$p=p_1-\frac{1-(h_1/h)^2}{1-(h_1/h_2)^2}\Delta p \tag{2-58}$$

对于图 2-26(b) 所示的顺锥流动，其流量公式与倒锥流动的相同，当阀芯没有相对运动时的压力分布为

$$p=p_1-\frac{(h_1/h)-1}{(h_1/h_2)^2-1}\Delta p \tag{2-59}$$

b. 偏心圆锥环形缝隙及液压卡紧现象　如图 2-27 所示，阀芯与内孔轴线平行但出现偏心距 e，图 2-27(a) 为倒锥；图 2-27(b) 为顺锥。由式(2-58) 和式(2-59) 可知，作用在阀芯一侧缝隙的压力将大于另一侧的压力，压力不平衡致使阀芯受到一个液压侧向力（径向力）的作用，对于图 2-27(a) 所示的倒锥，液压侧向力使偏心距 e 增大，可能使阀芯紧贴于孔的内壁上，产生液压卡紧现象。对于图 2-27(b) 所示的顺锥，液压侧向力使偏心距 e 减小，阀芯自动定心，而不会出现液压卡紧现象。

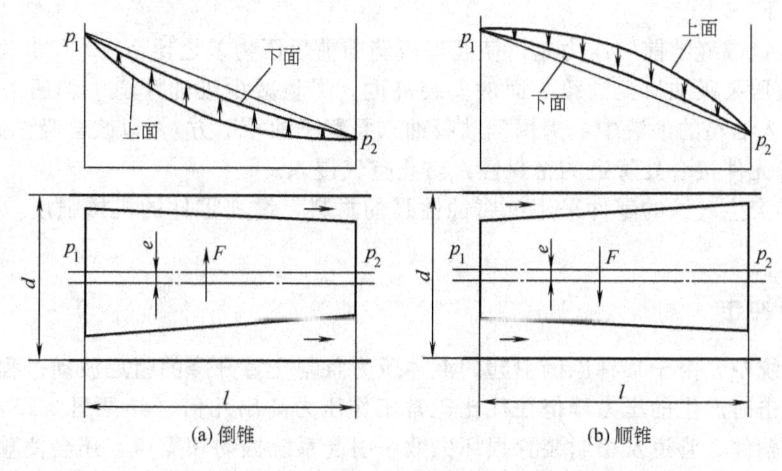

图 2-27　液体在偏心圆锥环形缝隙中的流动

液压侧向力引起阀芯移动时的轴向摩擦阻力称为液压卡紧力，液压卡紧力可用下式估算

$$F=0.27ld\Delta pf \tag{2-60}$$

式中 l——间隙配合长度；

d——配合副名义直径；

Δp——配合副两端压差；

f——摩擦系数，一般可取 $f=0.02\sim0.08$。

液压卡紧的原因除了污物进入缝隙使移动困难或由温度过高致使阀芯膨胀等外，主要是由于圆柱配合副几何形状误差、同心度变化引起的卡紧力。液压卡紧现象将增大移动件的驱动力、引起动作失常故障、加大滑动副的磨损、降低元件的使用寿命。

除了提高圆柱配合副的制造精度外，减小液压卡紧力的一般措施是在阀芯或圆柱表面开径向均压槽，使槽内液体压力在圆周方向处处相等。均压槽位置尽可能靠近高压端，均压槽的宽度和深度一般为0.3～1.0mm，槽距1～5mm。实践表明，开3个等距离的均压槽可使液压卡紧力减小到无均压槽时的6%。

2.6 气穴现象及液压冲击

2.6.1 气穴现象

(1) 气穴现象产生的原因及危害

在液压系统中，由于绝对压力降低至油液所在温度下的空气分离压 p_g（小于一个大气压）时，使原溶入液体中的空气分离出来形成气泡的现象，称为气穴现象。

气穴现象的产生破坏了液流的连续状态，造成流量和压力的不稳定。当带有气泡的液体进入高压区时，气穴将急速缩小或溃灭，从而在瞬间产生局部液压冲击和温度，并引起强烈的振动及噪声。过高的温度将加速工作液的氧化变质。如果这个局部液压冲击作用在金属表面上，金属壁面在反复液压冲击、高温及游离出来的空气中氧的侵蚀下将产生剥蚀，这种现象通常称作气蚀。有时，气穴现象中分离出来的气泡还会随着液流聚集在管道的最高处或流道狭窄处而形成气塞，破坏系统的正常工作。

(2) 气穴及气蚀的预防措施

气穴现象多发生在压力和流速变化剧烈的液压泵吸油口和液压阀的阀口处。气穴及气蚀的预防措施如下。

① 减小孔口或缝隙前后压力差，使孔口或缝隙前后压力差之比 $p_1/p_2<3.5$。

② 限制液压泵吸油口至油箱油面的安装高度，尽量减少吸油管道中的压力损失；必要时将液压泵浸入油箱的油液中或采用倒灌吸油（泵置于油箱下方），以改善吸油条件。

③ 提高各元件接合处管道的密封性，防止空气侵入。

④ 对于易产生气蚀的零件采用抗腐蚀性强的材料，增加零件的机械强度，并降低其表面粗糙度。

2.6.2 液压冲击

在液压系统中，由于某种原因引起的液体压力急剧交替升降的阻尼波动过程，称为液压冲击。液压冲击时产生的压力峰值往往比正常工作压力高出几倍（参见图2-28），液压冲击常使液压元、辅件、管道及密封装置损坏失效，引起系统振动和噪声，还会使顺序阀、压力继电器等压力控制元件产生误动作，造成人身及设备事故。

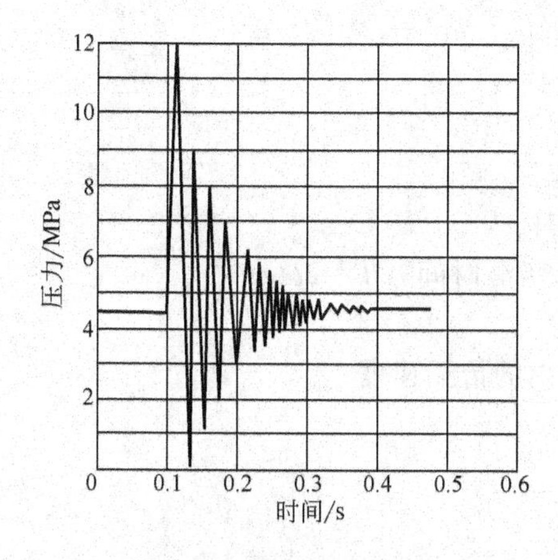

图 2-28　液压冲击波形图

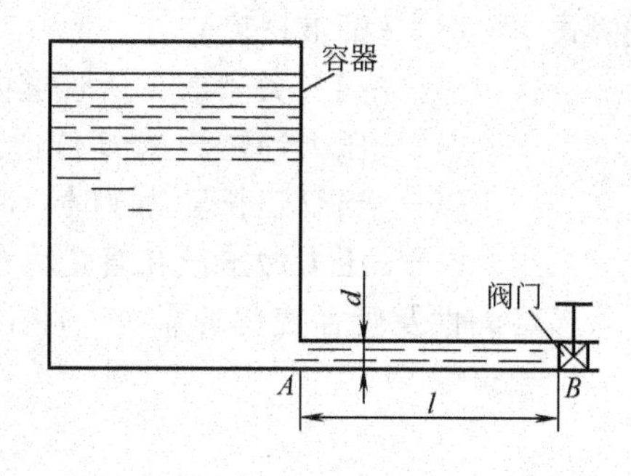

图 2-29　管道中阀门关闭的液压冲击

(1) 液压冲击的类型

按产生的原因，液压冲击的类型有三种类型。

① 阀门骤然关闭或开启，液流惯性引起的液压冲击。

当液体在管道中流动时，如果阀门骤然关闭，液体流速将随之骤然降低到零，在这一瞬间液体的动能转化为压力能，使液体压力突然升高，并形成压力冲击波。反之，当阀门骤然开启时，则会出现压力降低。

② 运动部件的惯性力引起的液压冲击。

高速运动的液压执行元件等运动部件的惯性力也会引起系统中的液压冲击。例如，工业机械手、液压挖掘机转台的回转马达在制动和换向时，因排油管突然关闭，但是，回转机构由于惯性还在继续转动，将会引起压力急剧升高的液压冲击。

③ 液压元件反应动作不灵敏引起的液压冲击。

如限压式变量液压泵，当压力升高时不能及时减小排量而造成压力冲击；溢流阀不能迅速开启而造成过大压力超调等。

上述三种类型液压冲击，前两种较为常见。

(2) 液压冲击值的计算公式

液压冲击属于管道中液体非定常流动问题，是一种动态过程。由于其影响因素甚多，故很难准确计算。一般是采用估算或通过试验确定。

① 管流阀门突然关闭产生的液压冲击。

如图 2-29 所示，具有一定容积的容器（蓄能器或液压缸），液体沿内径为 d、长度为 l 的管道经阀门以速度 v_0 流出。若阀门突然关闭，则靠近阀门处 B 点的液体首先立即停止运动，液体的动能转换成压力能，B 点的压力升高 Δp（即冲击压力），接着后面相邻的液体逐层依次停止运动，动能也依次转换成压力能，压力升高形成压力波。这个压力波以速度 c 由 B 向 A 传递，到 A 点后，又反向传递至 B 点。于是，压力波以速度 c 在管道内的 A、B 间往复传递，在系统中形成压力振荡。由于液体黏性摩擦及管道变形消耗能量，故上述压力波动是一个衰减振荡过程，直至趋于稳定。

阀门迅速关闭引起的液压冲击的计算方法如下。

完全冲击，即 $t \leqslant T = 2l/c$ 时，管道内最大压力增高值

$$\Delta p = c\rho v_0 \quad 或 \quad \Delta p = c\rho(v_0 - v_1) \tag{2-61}$$

前者用于完全关闭，后者用于不完全关闭。

非完全冲击，即 $t > T = 2l/c$ 时，管道内压力的增大值

$$\Delta p = c\rho v T/t \quad 或 \quad \Delta p = c\rho(T/t)(v_0 - v_1) = c\rho(T/t)\Delta v \tag{2-62}$$

前者用于完全关闭，后者用于不完全关闭。

以上两式中 ρ——油液密度；

v_0，v_1——阀门关闭前、后管道内液流速度；

t——压力冲击波从 B 传递到 A 的时间；

T——当管道长度为 l 时，冲击波往返所需时间，$T=2l/c$；

c——压力冲击波在管道内的传播速度。

若忽略黏性及管径变化的影响，冲击波在管道内的传播速度

$$c = \frac{\sqrt{\dfrac{K_e}{\rho}}}{\sqrt{1+\dfrac{K_e d}{E\delta}}} \tag{2-63}$$

式中 K_e——液压油液的体积弹性模量；

δ，d——管道的壁厚、内径；

E——管道材料的弹性模量。

出现液压冲击时，管道中的最大压力等于稳态工作压力 p 与最大压力增高值之和，即

$$p_{max} = p + \Delta p \tag{2-64}$$

显然，通过延长时间 t 和缩短冲击波传播反射的时间 T 或降低冲击波的传播速度 c 等措施均可避免或减小因液流通道迅速启闭引起的液压冲击。

② 运动部件被制动时产生的冲击压力。

根据动量定理，可求得液压缸驱动的运动部件在制动时的冲击压力近似值为

$$\Delta p = \frac{m\Delta v}{A\Delta t} \tag{2-65}$$

式中 m——被制动部件的质量；

Δv——运动部件速度的变化量（减小值）；

A——液压缸有效作用面积；

Δt——运动部件制动所需时间（减速时间）。

由上式看出，为了减小运动部件制动时产生的液压冲击，应延长制动时所需的时间 Δt，或减小运动部件速度的变化量 Δv。

(3) 减小液压冲击的措施

① 通过采用换向时间可调的换向阀延长阀门或运动部件的换向制动时间。

② 限制管道中的液流速度。

③ 在冲击源近旁附设安全阀或蓄能器。

④ 在液压元件（如液压缸）中设置缓冲装置。

⑤ 采用橡胶软管吸收液压冲击能量。

思考题与习题

2-1 液体黏性的物理实质是什么？可以采用哪些方法来量度液体的黏性？

2-2 选用液压油液应考虑哪些因素？

2-3 在液压系统使用中，为何要特别注意防止液压工作介质被污染？应如何控制工作介质的污染？

2-4 什么是绝对压力、相对压力和真空度？它们的关系如何？设液体中某处的表压力为 10MPa，其绝对压力为多少？某处绝对压力为 0.03MPa，其真空度为多少？(答：10.1MPa；0.07MPa)

2-5 工程上通常将液压系统的压力分成几级？液压系统的工作压力与外负载的关系如何？

2-6　在应用液体静压力基本方程时，等压面应如何选取？

2-7　解释下列概念：理想液体、定常流动、流线、通流截面、流量、平均流速？

2-8　说明伯努利方程的物理意义，并指出理想液体伯努利方程和实际液体伯努利方程的区别。

2-9　在应用伯努利方程时，压力取绝对压力还是相对压力，为什么？

2-10　如何判别液体的层流和紊流？

2-11　何谓气穴现象？它有哪些危害？通常采取哪些措施防止气穴及气蚀？

2-12　何谓液压冲击？可采取哪些措施来减小液压冲击？

2-13　20℃时 200mL 的蒸馏水从恩氏黏度计中流尽的时间为 51s，如果 200mL 的液压油液（密度为ρ=900kg/m^3）在 50℃时从恩氏黏度计中流尽的时间为 229.5s，试求液压油液的°E、ν及η的值。（答：°E= 4.5；$\nu=31.5\times10^{-6}$m^2/s；η=0.028Pa·s）

2-14　图 2-30 所示油箱通大气，油液（密度为 900kg/m^3）中插入一玻璃管，管中气体的绝对压力为 0.06MPa；求玻璃管中的液面上升的高度 h=？（答：h=4.31m）

2-15　图 2-31 所示容器 A、B 中液体的密度分别为 ρ_A=900kg/m^3、ρ_B=1200kg/m^3。Z_A=20cm，Z_B=18cm，h=6cm，U 形计测压介质的密度为 ρ_C=13600kg/m^3，试计算 A、B 之间的压差。（答：p_A-p_B=8520Pa）

2-16　图 2-32 所示水平截面为圆形的容器（内装水），上端开口，求作用在容器底部的作用力。若在开口端加一活塞，作用力为 30kN（含活塞重量），问容器底部的总作用力是多少？（答：15394N；135394N）

2-17　图 2-33 中所示的压力阀，当 p_1=6MPa 时，液压阀动作。若 d_1=10mm，d_2=15mm，p_2=0.5MPa，试求：①弹簧的预紧力 F_s；②当弹簧刚度 k=10N/mm 时的弹簧预压缩量 x_0。（答：F_s=431.97N；x_0=4.32mm）

2-18　图 2-34 所示的管端喷嘴直径 d=50mm，管道直径 100mm，不计损失，试求：水从喷嘴的出流速度及流量；E 处的流速和压力。（答：28m/s；0.55m^3/s；7m/s；73500Pa 表压）

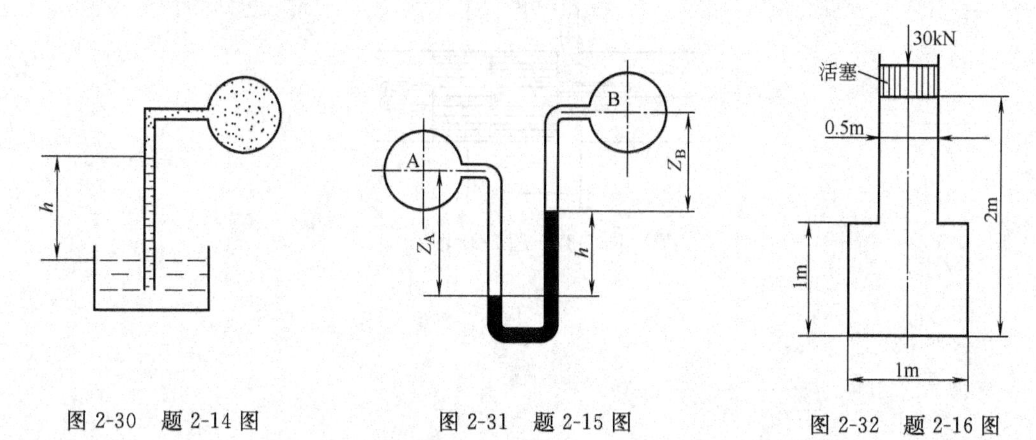

图 2-30　题 2-14 图　　图 2-31　题 2-15 图　　图 2-32　题 2-16 图

2-19　已知管道直径 d=50mm，油液的运动黏度为 ν=0.2cm^2/s，若液流处于层流状态，问通过的最大流量 q=？（答：q=109.3L/min）

2-20　流量为 q=25L/min 的液压泵，泵吸油口距油箱液面高度为 h=400mm，吸油管内径 d=25mm，油液密度 ρ=900kg/m^3，运动黏度为 $\nu=30\times10^{-2}$cm^2/s。若只计吸油管中的沿程压力损失，问液压泵吸油口处的真空度为多少？（答：4279Pa）

2-21　流量 q=16L/min 的液压泵从高架式油箱中吸油，油液的密度 ρ=900kg/m^3，运动黏度 $\nu=20\times10^{-6}$m^2/s，其余尺寸如图 2-35 所示，不计局部压力损失，试计算液压泵入口处的绝对压力。（答：0.1MPa，大气压取 0.098MPa）

2-22　如图 2-36 所示，已知液压源的供油压力 p=3.2MPa，薄壁小孔型节流阀 1 和 2 的面积分别为 A_1=0.02cm^2 和 A_2=0.01cm^2，阀口的流量系数 C_d=0.6；液压缸活塞面积 A=100cm^2，负载 F=16kN，油液密度 ρ=900kg/m^3，试求活塞向右运动的速度 v。（答：v=0.358cm/s）

2-23 圆柱形滑阀如图 2-37 所示，已知阀芯直径 d=2cm，进口处油液压力 p_1=9.8MPa，出口处压力 p_2=9.5MPa，油液密度 ρ=900kg/m^3，阀口的流量系数 C_d=0.65；阀口开度 x=0.2cm，计算通过阀口的流量 q。（答：q=1.96L/s）

2-24 液压缸的活塞直径 d=50mm，长 l=40mm，半径缝隙 h=0.05mm，油液动力黏度 $\eta=45\times10^{-3}$ Pa·s，缸两腔压力差 Δp=10MPa，求：①活塞静止，缸筒与活塞同心；②活塞静止，缸筒与活塞有偏心 e=0.03mm；③缸筒固定，活塞与缸筒同心，活塞以速度 v=10cm/s 向右运动时的泄漏流量。（答：9.1×10^{-6}m^3/s；14×10^{-6}m^3/s；9.49×10^{-6}m^3/s）

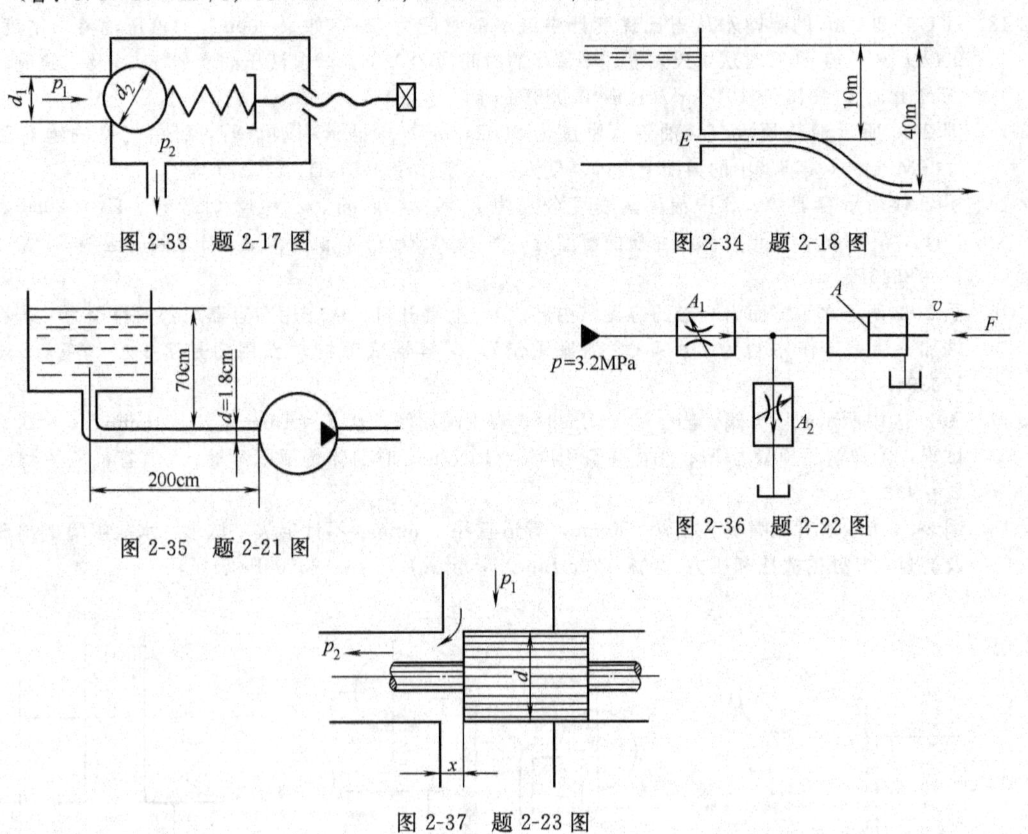

图 2-33 题 2-17 图

图 2-34 题 2-18 图

图 2-35 题 2-21 图

图 2-36 题 2-22 图

图 2-37 题 2-23 图

第 3 章　液压能源元件

液压系统的能源元件指各类液压泵，其功用是将原动机（电动机或内燃机）的机械能转变为液体的压力能，输出具有一定压力的流量。

3.1　液压泵的基本工作原理与类型

3.1.1　液压泵的基本工作原理

液压系统中使用的液压泵都是容积式的。现以图 3-1 所示的单柱塞泵说明容积式液压泵的基本工作原理，图中点划线内为泵的组成部分。带有偏心 e 的传动轴 1（转子）由原动机带动旋转时，柱塞 2（挤子）受传动轴和弹簧 4 的联合作用在缸体 3（定子）中往复移动。图示转动方向，当传动轴转角在 $0\sim\pi$ 范围内时，柱塞右移，缸体中的密封工作腔 5 的容积变大，产生真空，油箱 8 中的油液在大气压作用下顶开吸油阀 7 进入工作容腔，为吸油过程；传动轴转角在 $\pi\sim2\pi$ 范围内时，柱塞被压缩左移，工作腔的容积减小，腔内已有的油液受压缩而压力增大，通过压油阀 6 输出到系统，为压油过程。偏心传动轴转动一周，泵吸、压油各一次。原动机驱动偏心传动轴不断旋转，液压泵就不断吸油和压油。

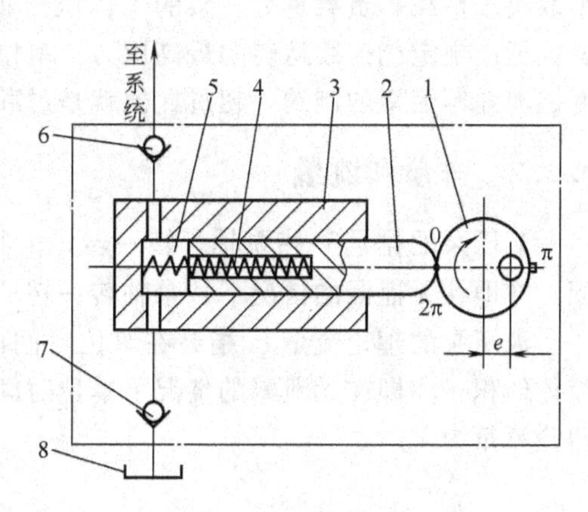

图 3-1　液压泵的基本工作原理

1—传动轴；2—柱塞；3—缸体；4—弹簧；5—密封工作腔；6—压油阀；7—吸油阀；8—油箱

上述单柱塞液压泵具有容积式液压泵的基本结构原理特征。

① 具有定子、转子和挤子，它们因液压泵的结构不同而异。

② 具有若干个密封且又可周期性变化的空间；泵的排油量与此空间的容积变化量和单位时间内变化的次数成正比，而与其它因素无关。

③ 具有相应的配油机构，将吸油腔和压油腔隔开，保证泵有规律地吸压液体。配油机构也因液压泵的结构不同而异。图示单柱塞液压泵中的配油机构为吸油阀 7 和压油阀 6。

④ 油箱内液体的绝对压力必须恒等于或大于大气压力。为保证泵正常吸油，油箱必须与大气相通或采用密闭的充气油箱。

3.1.2　液压泵的类型及图形符号

按挤子结构形式的不同，液压泵有齿轮式、叶片式和柱塞式等类型；按其在单位时间内所能输出油液体积可否调节分为定量泵和变量泵两类；按可以输出油液的方向，又有单向泵和双向泵之分。此外，还有为了满足系统对流量的不同需求的双联泵甚至多联泵，它们是由两个或多个单级泵安装在一个泵体内，在油路上并联而成的液压泵。表3-1为常用液压泵的图形符号。

表3-1 常用液压泵的图形符号

名 称	单向定量泵	双向定量泵	单向变量泵	双向变量泵	双联液压泵
图形符号					

3.2 液压泵的主要性能参数

3.2.1 工作压力和额定压力

液压泵的工作压力 p，指泵实际工作时的输出压力，单位为Pa或MPa，工作压力的大小取决于负载，负载越大，泵的工作压力越大。额定压力 p_n，是指泵在正常工作条件下按试验标准规定能连续运转的最高压力，单位为Pa或MPa，泵的额定压力受泵本身的结构强度、泄漏等因素的制约，超过此值就是过载。

3.2.2 排量和流量

液压泵的排量 V 指泵轴每转一转，由其密封容腔几何尺寸变化所算得的排出液体的体积，亦即在无泄漏的情况下，泵轴转一转所能排出的液体体积，单位为 m^3/r。

液压泵的理论流量 q_t 指泵在单位时间内由其密封容腔几何尺寸变化计算而得的排出的液体体积，亦即在无泄漏的情况下单位时间内所能排出的液体体积。泵的转速为 n 时，泵的理论流量为

$$q_t = Vn \tag{3-1}$$

液压泵的实际流量 q 指泵工作时的输出流量，单位为 m^3/s。

液压泵的额定流量 q_n 指在正常工作条件下，按试验标准规定必须保证的流量，亦即在额定转速和额定压力下由泵输出的流量，单位为 m^3/s。因泵存在内泄漏，所以额定流量和实际流量的值都小于理论流量。实际流量可表为

$$q = q_t - q_l = Vn - k_l p \tag{3-2}$$

式中，q_l 为液压泵的泄漏流量；k_l 为泵的泄漏系数。

由式(3-2)可知，q_l 和 q 都与泵的工作压力 p 有关，工作压力增大时，泄漏量 q_l 增大，而实际输出的流量 q 减小。

3.2.3 功率及效率

(1) 液压泵的功率

液压泵由原动机驱动，输入的是机械能，表现为转矩 T 和转速 n（角速度 Ω）；输出的是压力能，表现为液体的压力 p 和流量 q。如果不考虑液压泵在能量转换过程中的损失，则输出功率等于输入功率，即理论功率为

$$P_t = pq_t = pVn = T_t\Omega = 2\pi T_t n \tag{3-3}$$

式中，T_t为液压泵的理论转矩；Ω 为液压泵的角速度。

由于液压泵有泄漏和机械摩擦，所以泵在能量转换过程中是有损失的，即输出功率小于输入功率，两者之间的差值即为功率损失，功率损失表现为流量损失和转矩损失两部分。功率损失的大小可用效率来表示。

(2) 液压泵的效率

液压泵的实际流量与理论流量之比称为泵的容积效率，用 η_V 来表示

$$\eta_V = \frac{q}{q_t} \tag{3-4}$$

将式(3-2) 代入式(3-4) 有

$$\eta_V = \frac{q_t - q_l}{q_t} = 1 - \frac{k_l p}{q_t} = 1 - \frac{k_l p}{Vn} \tag{3-5}$$

上式表明，液压泵的容积效率与泵的排量、转速成正比，而与输出压力、泄漏系数成反比。

驱动泵的实际输入转矩总是大于其理论上需要的转矩的，理论转矩 T_t 与实际输入转矩 T 之比称为机械效率，用 η_m 表示

$$\eta_m = \frac{T_t}{T} \tag{3-6}$$

由式(3-3) 可得 $T_t = pV/2\pi$，代入式(3-6) 得

$$\eta_m = \frac{pV}{2\pi T} \tag{3-7}$$

液压泵的输出功率 P_o 与输入功率 P_i 之比为泵的总效率，用 η 表示

$$\eta = \frac{P_o}{P_i} = \frac{pq}{2\pi n T} = \frac{q}{Vn}\frac{pV}{2\pi T} = \eta_V \eta_m \tag{3-8}$$

即液压泵的总效率等于容积效率与机械效率的乘积。

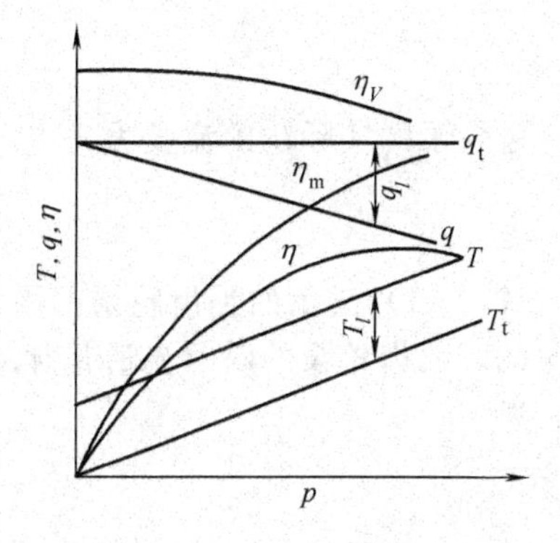

图 3-2 液压泵的特性曲线

通过实验得出的液压泵的流量、转矩、效率等性能参数与工作压力之间的关系如图 3-2 所示。可见，在不同的工作压力下液压泵的这些参数值都是不同的；液压泵应工作在总效率的最大值附近。

3.3 齿轮泵

齿轮泵是以成对齿轮啮合运动完成吸、压油动作的一种定量液压泵，是液压系统中常用的液压泵。在结构上可分为外啮合式和内啮合式两类。

3.3.1 外啮合齿轮泵

(1) 工作原理

外啮合齿轮泵通常为泵体及前、后端盖组成的分离三片式结构，图 3-3 为其剖面图。泵

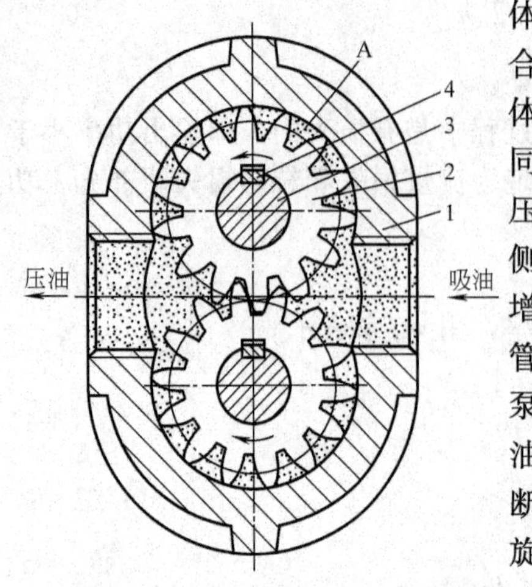

图 3-3 外啮合齿轮泵的工作原理
1—泵体；2—齿轮；3—传动轴；
4—键；A—密封工作腔

体1的内孔装有一对宽度与泵体相等、齿数相同、互相啮合的渐开线齿轮2。传动轴3通过键4与齿轮相连接。泵体、端盖和齿轮的各个齿间槽组成了许多密封工作腔A，同时轮齿的啮合线又将左右两腔隔开，形成了吸油腔和压油腔。当传动轴带动主动齿轮按图示方向旋转时，右侧吸油腔内的轮齿逐渐脱开啮合，密封工作腔容积逐渐增大，形成真空，油箱中的油液在大气压作用下经吸油管进入泵内，补充增大的容积以将齿间槽充满，并随着泵轴及齿轮的旋转，把油液携带到左侧压油腔去。在压油区一侧，由于轮齿逐渐进入啮合，密封工作腔容积不断减小，油液便被挤压经压油口输出到系统中去。泵轴旋转一周，每个工作腔吸、压油各一次。

(2) 排量与流量计算

外啮合齿轮泵的排量可近似为两个齿轮的齿间槽容积之和。假设齿间槽的容积等于轮齿的体积，则当一个齿轮的齿数为 z、节圆直径为 D、齿高为 h、模数为 m、齿宽为 b 时，泵的排量为

$$V=\pi Dhb=2\pi zm^2b \tag{3-9}$$

考虑到近似计算的误差（实际上齿间槽容积比轮齿的体积稍大），通常以3.33代替 π，则

$$V=6.66zm^2b \tag{3-10}$$

齿轮泵的实际输出流量为

$$q=6.66zm^2bn\eta_V \tag{3-11}$$

式(3-11)表示的是齿轮泵的平均流量。由于齿轮啮合过程中压油腔的容积变化率是不均匀的，故齿轮泵的瞬时流量是脉动的。设 q_{max}、q_{min} 为最大、最小瞬时流量，则流量脉动率 σ 为

$$\sigma=\frac{q_{max}-q_{min}}{q} \tag{3-12}$$

流量脉动引起压力脉动，随之产生振动和噪声，故精度要求高的液压系统不宜采用齿轮泵。

3.3.2 外啮合齿轮泵的结构要点与性能特点

(1) 结构要点

① 困油问题 外啮合齿轮泵要连续平稳工作，齿轮啮合的重叠系数就必须大于1，即同时至少要有两对轮齿啮合。因此，就有一部分油液被围困在两对轮齿所形成的封闭腔之间，该封闭腔又称困油区，它与泵的高、低压油腔均不相通，且随齿轮的转动而变化，如图3-4所示。从图3-4(a)到图3-4(b)，困油区容积逐渐减小；从图3-4(b)到图3-4(c)，困油区容积逐渐增大。困油区容积的减小会使被困油液受挤压经缝隙溢出，这不仅产生很高压力，使泵的轴承受到额外的周期性负载，且导致油液发热；而困油区容积由小变大时，又因无油液

补充而形成局部真空和气穴，引起气蚀及强烈振动和噪声。上述即为齿轮泵的困油问题。

解决困油问题的常用办法，是在泵的前、后两端盖内表面上开设与困油区相对应的卸荷槽。卸荷槽有双矩形、双圆形、双斜切等结构形式，其特点各异，但卸荷原理均相同，即在保证高、低压腔互不串通前提下，设法使困油区与高压腔或低压腔相通。例如，图 3-4 中所示双矩形卸荷槽，当困油区容积减小时通过左边的卸荷槽与压油腔相通［图 3-4(a)］，容积增大时通过右边的卸荷槽与吸油腔相通［图 3-4(c)］。

② 泄漏问题　齿轮泵高压化的主要障碍是泄漏途径较多，且不易通过密封措施解决。外啮合齿轮泵工作时有三个主要泄漏途径：齿轮两侧面与端盖间的轴向间隙、泵体内孔和齿轮外圆间的径向间隙以及两个齿轮的齿面啮合间隙。其中对泄漏量影响最大的是轴向间隙，因为这里泄漏面积大，泄漏途径短，其泄漏量可占总泄漏量的 75%～80%。轴向间隙越大，泄漏量越大，会使容积效率过低；间隙过小，齿轮端面与泵的端盖间的机械摩擦损失增大，会使泵的机械效率降低。

解决泄漏问题的对策是选用适当的间隙进行控制：通常轴向间隙控制在 0.03～0.04mm；径向间隙控制在 0.13～0.16mm。高压齿轮泵往往还通过在泵的前、后端盖间增设浮动轴套或浮动侧板的结构措施，以实现轴向间隙的自动补偿。图 3-5 所示为轴向间隙的自动补偿原理：它利用特制的通道把泵内压油腔的压力油引到浮动轴套的外侧，产生液压作用力（此力必须大于齿轮端面作用在轴套内侧的作用力），使轴套始终自动贴紧齿轮端面，从而减小泵内通过端面的泄漏，达到提高压力之目的。而浮动轴套磨损后可随时更换。

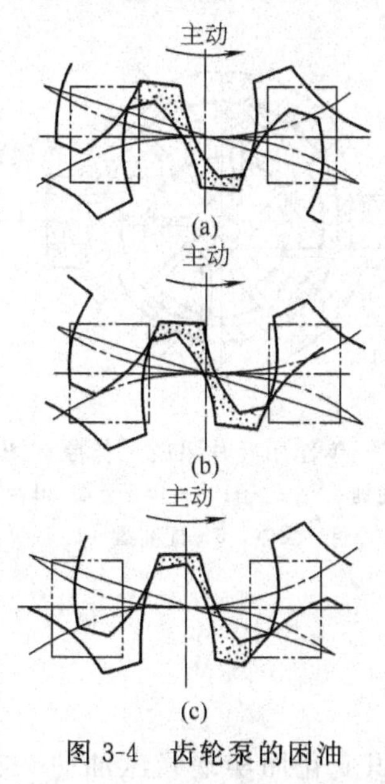

图 3-4　齿轮泵的困油

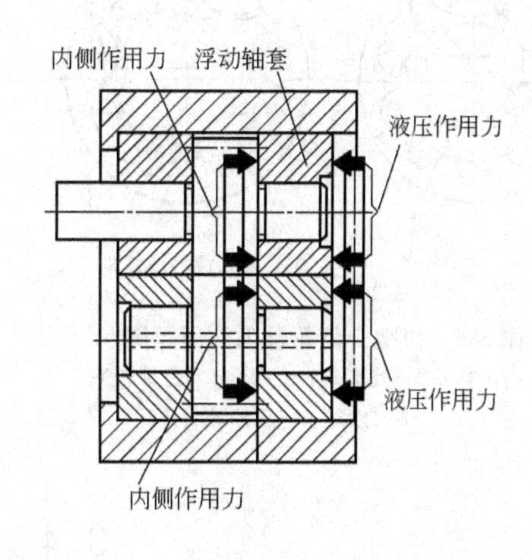

图 3-5　齿轮泵轴向间隙的自动补偿原理

③ 径向不平衡力问题　齿轮泵工作时，在齿轮和泵体内孔的径向间隙中，从吸油腔到压油腔的液体压力分布是逐渐分级增大的，从而使齿轮和传动轴及轴承受到径向不平衡力的作用。工作压力越高，径向不平衡力越大。严重时，能使齿轮轴变形，泵体的吸油口一侧被轮齿刮伤，同时加速轴承的磨损，降低泵的寿命。减小径向不平衡力的常用方法是通过缩小泵的压油口尺寸，使压力油仅作用在一个齿到两个齿的范围内。有的高压齿轮泵，还采用端盖上开设平衡槽的办法来减小径向不平衡力。

(2) 性能特点

外啮合齿轮泵的优点是结构简单，制造方便，价格低廉，体积小，重量轻，自吸能力强

(容许的吸油真空度大)，对油液污染不敏感，工作可靠，维护方便；有单联、双联和多联等多种可选结构，以满足液压系统对不同流量的需求。因此是一种常用的液压泵。其缺点是传动轴及轴承受径向不平衡力，磨损严重，使容积效率低，工作压力的提高受到限制。此外，还存在流量脉动大、噪声较大等不足之处。

3.3.3 内啮合齿轮泵简介

按齿形不同，内啮合齿轮泵分为渐开线齿轮泵和摆线齿轮泵（又名转子泵）两种。它们的工作原理与外啮合齿轮泵完全相同，也是利用齿间的密闭容积的变化来实现吸油和压油的。

在渐开线齿形的内啮合齿轮泵［见图 3-6(a)］中，一个主动齿轮 1 与一个较大的从动齿轮（内齿环）2 构成啮合副，二者同向旋转，月牙板 3 将吸油腔 4 与压油腔 5 相隔开。在吸油腔，正在脱离啮合的齿间容积增大，形成真空而吸入油液；在压油腔，两齿轮进入啮合时将油液压出。

摆线齿形的内啮合齿轮泵［图 3-6(b)］的外齿轮 2 和内齿轮 1（主动轮）只相差一个齿，因而不需设置隔板。由于是多齿啮合，在内、外齿轮的各相对齿洼间就形成了几个独立的密封腔。随着齿轮的旋转，各密封腔的容积将相应发生变化，从而完成吸、压油动作。

内啮合齿轮泵的优点是结构紧凑，尺寸小，重量轻，噪声小，运转平稳，流量脉动较小，在高转速下可获得较大的容积效率。缺点是齿形复杂，加工精度高，难度大，价格昂贵。

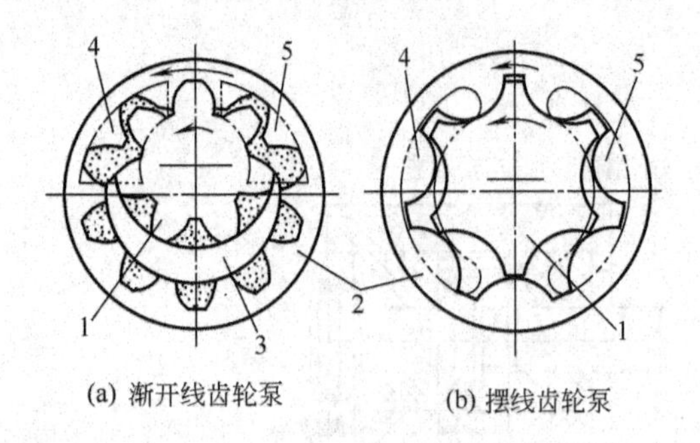

图 3-6 内啮合齿轮泵工作原理图
1—内齿轮；2—外齿轮；3—隔板（月牙板）；4—吸油腔；5—压油腔

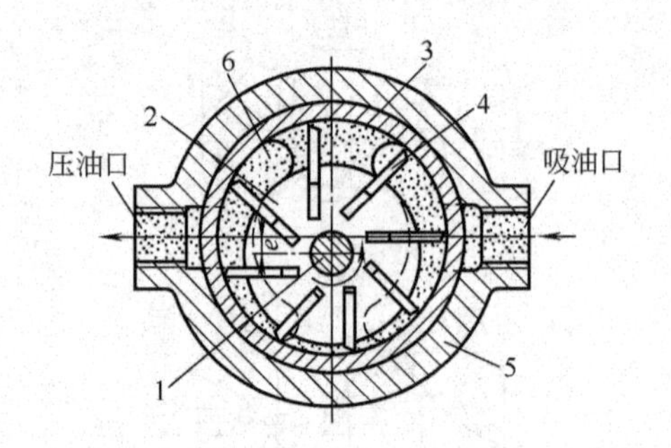

图 3-7 单作用叶片泵的工作原理图
1—传动轴；2—转子；3—定子；4—叶片；5—泵体；6—配油盘

3.4 叶片泵

叶片泵是靠叶片、定子和转子间构成的密闭工作腔容积变化而实现吸压油的一类液压泵。按每转吸压油次数，分为单作用式叶片泵和双作用式叶片泵，前者通常制成变量泵，后者通常为定量泵并可制成双联泵。叶片泵具有结构紧凑、运转平稳、流量脉动小、噪声低的优点，在机床及塑料机械等机械设备的中高压系统中得到了广泛的应用。缺点是结构较复杂，抗污染能力差。

3.4.1 单作用叶片泵及限压式变量叶片泵

(1) 单作用叶片泵

① 工作原理　如图 3-7 所示，单作用叶片泵由传动轴 1、转子 2、定子 3、叶片 4、配

油盘 6、泵体 5 和端盖（图中未画出）等组成。定子的内表面为圆柱形，转子和定子之间具有偏心距 e。转子上开有均匀分布的径向槽，叶片装在转子的槽内并可灵活滑动，在转子转动时的离心力以及通入叶片根部压力油的作用下，叶片顶部贴紧在定子内表面上，于是两相邻叶片、配油盘、定子和转子间，便形成了与叶片的数量 z 相同的 z 个密封工作腔。当转子按图示方向旋转时，右侧的叶片向外伸出，工作腔容积逐渐增大，通过右侧的吸油口和配油盘上的腰形窗口吸油。而图中左侧的叶片向里缩进，工作腔容积逐渐缩小，通过左侧配油盘的窗口和压油口排油。转子每转一转，吸、压油各一次，故称单作用叶片泵。

由图 3-7 可知，单作用叶片泵的转子上受有径向不平衡液压力作用，故又称非平衡式叶片泵。由于存在径向不平衡液压力，传动轴及轴承负载较大，容易磨损，影响了泵的高压化。

② 流量计算　单作用叶片泵的实际流量用下式计算

$$q=Vn\eta_V=2\pi beDn\eta_V \tag{3-13}$$

式中，b 为叶片宽度；e 为转子与定子间的偏心距；D 为定子内径；其余符号意义同前。

单作用叶片泵的流量也有一定脉动，但叶片数为奇数时脉动率相对小些。一般叶片数为 $z=13$ 或 $z=15$。

③ 结构要点

a. 定子和转子之间偏心安装。当偏心距 e 不可调时为定量泵，反之为变量泵。偏心反向布置，则吸、压油方向也相反。

b. 转子、传动轴及轴承等机件承受径向不平衡作用力。因此单作用叶片泵一般不宜用于高压。

c. 叶片后倾。为使叶片顶部可靠地和定子内表面相接触，压油腔一侧的叶片底部和压油腔相通，吸油腔一侧的叶片底部和吸油腔相通。吸油腔一侧的叶片仅靠离心力的作用顶在定子内表面上。为了使叶片能在离心力的作用下顺利甩出，叶片应后倾一个角度安放，后倾角一般为 24°。

(2) 限压式变量叶片泵

变量叶片泵一般为单作用式结构，且有限压式、稳流量式等多种控制方式。其中限压式泵的技术较成熟，应用较普遍。

① 工作原理　限压式变量叶片泵能够借助输出压力的大小自动改变转子与定子间的偏心距 e 的大小来改变泵的输出流量，其工作原理如图 3-8 所示。图中，转子 1 的中心 O 固定不动，以 O_1 为中心的定子 4 可左右移动。转子下部为吸油腔，上部为压油腔。压油腔向系统排油的同时，经流道 5 与定子右侧的变量反馈柱塞缸（其柱塞 6 的受压面积为 A）相通。调压螺钉 3 用于调节作用在定子上的弹簧力 F_s，即调节泵的限定压力。流量调节螺钉 7 用于调节定子和转子的偏心距 e_0，而 e_0 决定了泵的最大流量 q_{max}。所以这种泵是利用压油口压力油在柱塞缸上产生的作用力与限压弹簧 2 的弹簧力的平衡关系进行工作的。

当泵未运转时，定子 4 在限压弹簧 2 的作用下，紧靠柱塞 6，并使柱塞 6 靠在螺钉 7 上。此时，定子和转子有一初始偏心距 e_0。当泵按图示方向运转时，若泵的出口压力 p 较小，使柱塞 6 上的反馈液压力 pA 小于作用在定子左侧的弹簧力 F_s 时，即 $pA<F_s$ 时，则弹簧把定子推向最右边，此时定子相对于转子的偏心距达到预调初始值 e_0，泵的输出流量最大。当泵的压力随外负载增大而升高，使柱塞 6 上的反馈液压力 pA 大于作用在定子左侧的弹簧

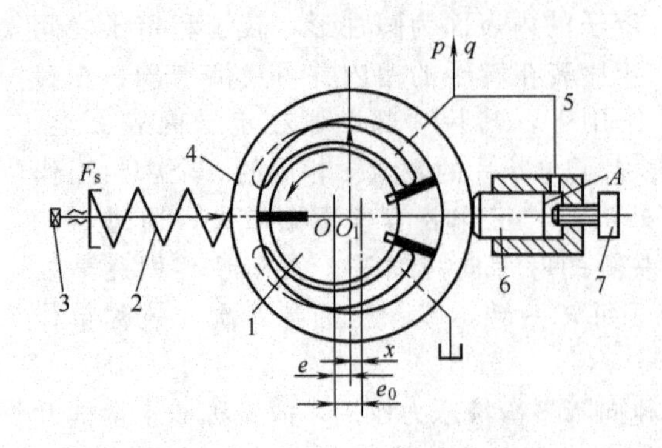

图 3-8 限压式变量叶片泵工作原理图

1—转子；2—限压弹簧；3—调压螺钉；4—定子；
5—流道；6—反馈柱塞；7—流量调节螺钉

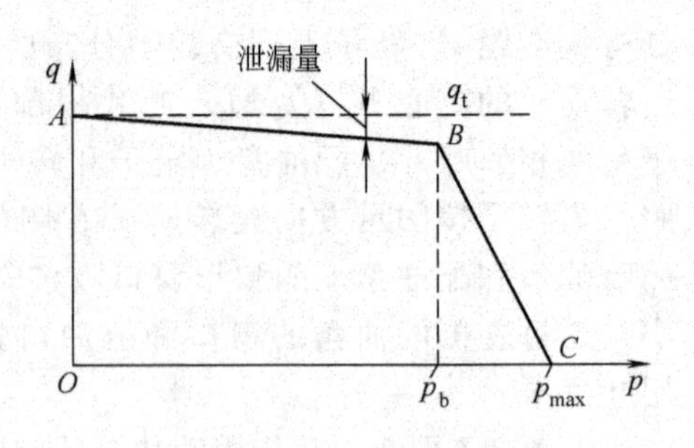

图 3-9 限压式变量叶片泵的
流量-压力特性曲线

力 F_s 时，即 $pA>F_s$ 时，则反馈力克服弹簧预紧力推动定子左移 x 距离，偏心距减小为 $e=e_0-x$，泵输出流量随之减小。压力愈高，偏心距就愈小，输出流量也愈小。当压力大到泵内偏心所产生的流量全部用于补偿泄漏时，泵的输出流量为零，不论外负载再怎样加大，泵的输出压力不会再升高，故这种泵称为限压式变量叶片泵。

② 流量-压力特性　为了对泵的流量-压力特性进行分析，现设预调弹簧力 F_s 为

$$F_s=k_s x_0 \tag{3-14}$$

泵的输出流量为

$$q=k_q e-k_l p \tag{3-15}$$

式中，k_s、x_0 为限压弹簧的刚度和预压缩量；e 为转子与定子间的偏心距；k_q 为泵的流量系数，$k_q=2\pi bDn\eta_V$；k_l 为泵的泄漏系数。

当泵的压力 $p=0$ 时，反馈液压力 $pA=0$，则输出流量 $q=k_q e_0$。

当泵的压力 $p>0$ 时，反馈液压力小于预调弹簧力即 $pA<k_s x_0$ 时，则输出流量由于泄漏而减少到 $q=k_q e_0-k_l p$。

当泵的压力 $p>0$，且 $p=p_b$（p_b 称为拐点压力）时，反馈液压力与预调弹簧力平衡，即 $p_b A=k_s x_0$，泵处在拐点（临界变量点），输出流量为 $q=k_q e_0-k_l p_b$。

当泵的压力 $p>0$，且 $p>p_b$ 时，反馈液压力大于预调弹簧力，即 $pA>k_s x_0$，定子左移 x，偏心距减小为 $e=e_0-x$。x 的值由力平衡关系 $pA=k_s(x_0+x)$ 求得

$$x=\frac{pA-k_s x_0}{k_s} \tag{3-16}$$

此时，泵的输出流量为

$$q=k_q e-k_l p=k_q(e_0-x)-k_l p=k_q\left(e_0-\frac{pA-k_s x_0}{k_s}\right)-k_l p$$

整理后即得限压式变量叶片泵的流量-压力特性方程

$$q=k_q(e_0+x_0)-\frac{k_q}{k_s}\left(A+\frac{k_s k_l}{k_q}\right)p \tag{3-17}$$

当外负载为∞时，泵的输出压力达最大值 $p=p_{max}$，定子在变量柱塞推动下快速左移，定子与转子同心，使泵的输出流量 $q=0$，故又称 p_{max} 为截止压力。令式(3-17) 中 $q=0$，可得

$$p_{max}=\frac{k_s(e_0+x_0)}{A+\frac{k_s k_l}{k_q}} \tag{3-18}$$

由方程式(3-17) 画出的流量-压力特性曲线如图 3-9 所示，它反映了泵工作时流量随压力变化的关系。图中一些特征点和线段的意义如下。

a. A 点流量为泵的空载流量，亦即由流量螺钉限定的最大流量。

b. B 点流量为泵的拐点（临界变量点）流量，即负载压力达到 p_b 时，泵欲变量但还未变量的临界点流量。

c. C 点流量是负载压力达到最大值时对应的流量（截止流量），C 点流量为零。

d. 线段 AB 为泵的定量段，即泵工作在 AB 线段时不变量，但泵的输出流量随压力增大而内泄漏增大，实际输出流量呈线性减小。

e. 线段 BC 是变量段，泵工作在此段时，输出的流量随压力增大而自动减小，以适应大负载对小流量的要求。

f. 调节流量螺钉可使线段 AB 上下平移，即改变空载流量；调节调压螺钉可使线段 BC 左右平移，即可改变弹簧预紧力，从而改变 p_b 和 p_{max} 的值。更换不同刚度的弹簧，线段 BC 的斜率将发生变化，k_s 越小，线段 BC 越陡，p_{max}越接近拐点压力 p_b 值。

限压式变量叶片泵适用于执行元件需要有快慢速交替工作的液压系统。快速行程时需要大的流量，负载压力较低，正好使用特性曲线的 AB 线段；工作进给时负载压力升高，需要流量减少，正好使用特性曲线的 BC 线段。在实现节能的同时，避免了由于采用定量泵而使油路系统复杂化。

3.4.2　双作用叶片泵

(1) 工作原理

双作用叶片泵的工作原理如图 3-10 所示，它由定子 1、转子 2、叶片 3、配油盘 4、泵体 5 和传动轴 6 等组成，定子和转子同心安装。定子内表面形似椭圆形，由四段圆弧和四段过渡曲线共八个部分所组成。定子、转子、可滑动叶片、配油盘构成多个容积可变的密封工作腔。配油盘上开设的 4 个配油窗口分别与吸、压油口相通。如图 3-10 所示，传动轴 6 带动转子顺时针方向旋转，密封工作腔的容积在左上角和右下角处逐渐增大，为吸油区；在左下角和右上角处逐渐减小，为压油区；吸油区和压油区之间有一段封油区把它们隔开。转子每转一转，每一叶片往复滑动两次，每个密封工作腔完成吸油和压油动作各两次，故称这种泵为双作用叶片泵。泵的两个吸、压油区是径向对称的，不存在径向不平衡力，故又称为平衡式叶片泵。

(2) 流量计算

由图 3-10 可知，当叶片每伸缩一次时，每相邻叶片间油液的排出量等于长半径圆弧段的容积与短半径圆弧段的容积之差。若叶片数为 z，则每转排油量应等于上述容积差的 $2z$ 倍。双作用叶片泵的实际输出流量公式为

$$q=Vn\eta_V=2b\left[\pi(R^2-r^2)-\frac{R-r}{\cos\theta}sz\right]n\eta_V \tag{3-19}$$

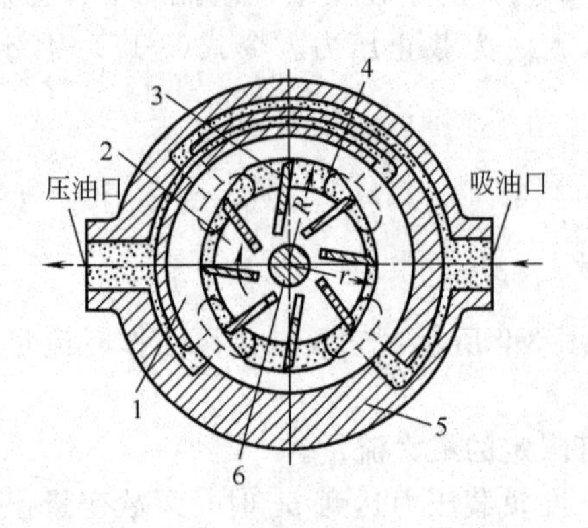

图 3-10 双作用叶片泵工作原理图

1—定子；2—转子；3—叶片；4—配油盘；5—泵体；6—传动轴

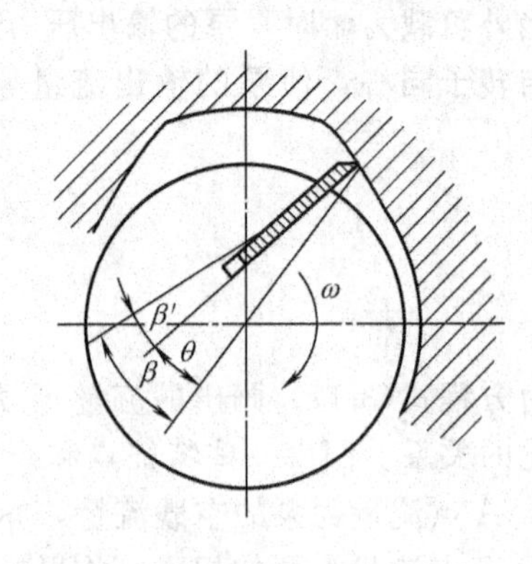

图 3-11 双作用叶片泵的叶片倾斜角

式中，b 为叶片宽度；R 和 r 分别为定子圆弧部分的长、短半径；θ 为叶片的安放角；s 为叶片厚度；z 为叶片数；其余符号意义同前。

双作用式叶片泵的流量脉动较小。流量脉动率在叶片数为 4 的倍数且大于 8 时最小，故双作用式叶片泵一般叶片数为 $z=12$ 或 $z=16$。

(3) 双作用叶片泵的结构要点

① 定子内表面过渡曲线　定子内表面是由两段长半径圆弧、两段短半径圆弧和四段过渡曲线所组成。关键是过渡曲线。理想的过渡曲线不仅应使叶片在槽中滑动时的径向速度和加速度变化均匀，而且应使叶片转到过渡曲线和圆弧交连接处无死点，以减小冲击和噪声。双作用叶片泵一般都使用综合性能较好的等加速和等减速曲线作为过渡曲线。有些高性能泵的过渡曲线则采用高次曲线。

② 叶片安放角　为了使泵工作中，叶片能在其槽内滑动自如而不致因摩擦力过大等被卡住甚至折断，叶片不作径向安装，而是顺转向前倾一个角度 θ 安放，以减小定子内表面对叶片作用力的方向与转子半径的方向（叶片径向安装时的方向）所成的压力角 β，这时的压力角为 $\beta'=\beta-\theta$（见图 3-11）。双作用叶片泵转子的叶片槽常向前倾斜 $\theta=10°\sim20°$。

③ 高压化措施　如前所述，为保证叶片和定子内表面紧密接触，叶片底部都是通压油腔的。当叶片处在吸油腔时，叶片底、顶部就出现了吸、压油腔的压力差，这一压力差使叶片以很大的力压向定子内表面，加速了定子内表面的磨损，严重影响泵的寿命，使进一步提高叶片泵压力受到了限制。当叶片处于吸油区时，叶片根部压力油作用力 F 的大小为

$$F=psB \tag{3-20}$$

式中，p 为叶片根部的油液压力；s 为叶片厚度；B 为叶片根部承受压力油作用的宽度。

要提高双作用叶片泵的压力就必须减小叶片对定子的作用力 F，即必须减小 p、s、B 中的任一值。常用的措施如下。

a. 通过自身减压阀降低供给叶片底部的油液压力。

b. 采用特殊的叶片结构以减小吸油区叶片根部的有效作用面积。例如，图 3-12 为双叶片结构，在转子 1 的槽中安装两个叶片 3，它们之间可以相对自由滑动，利用双叶片之间的

油槽（图中虚线所示）将叶片底部压力油引至叶片顶部，使作用在叶片底部和顶部的液压力保持平衡。图 3-13 为子母叶片式结构，母叶片 3 和子叶片 4 能相对滑动，它们之间的油室 f 始终经槽 e、d、a 和压力油相通，而母叶片的底腔 g 则经转子 2 上的孔 b 和所在油腔相通。这样叶片处于吸油腔时，母叶片只有在油室 f 的高压油作用下压向定子 1 内表面，减小了宽度 B，从而使作用力不致过大。

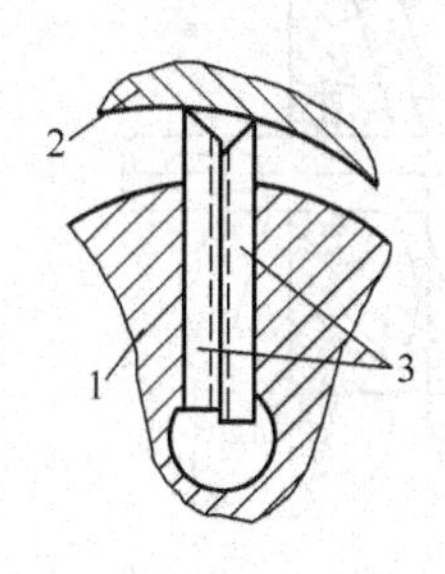

图 3-12 双叶片结构

1—转子；2—定子；3—双叶片

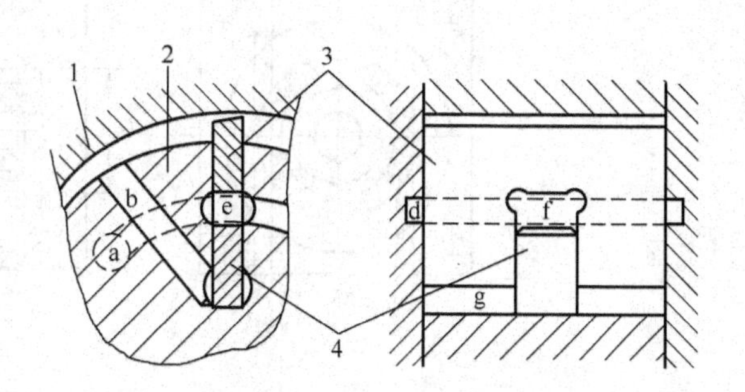

图 3-13 子母叶片式结构

1—定子；2—转子；3—母叶片；4—子叶片；

a,d,e—槽；b—孔；f—油室；g—底腔

双作用叶片泵在结构上也有双联泵，两泵的排量可以相等或不相等，两泵输出的流量可以单独使用，也可以合并使用。双联叶片泵常用于快、慢速交替动作的工况类型：快速轻载时，两泵同时供给低压油；慢速重载时，通过控制阀使大流量泵卸荷，小流量泵单独供油。从而可节省功率消耗，减少油液发热。双联叶片泵也常应用于液压系统需要有两个互不干扰的独立油路中。

3.5 柱 塞 泵

柱塞泵是依靠柱塞在缸体中往复运动进行吸油和压油的一类液压泵。由于其密封工作腔的构件为圆柱形的柱塞和缸体，故加工方便，配合精度较高，泄漏小，容积效率高，工作压力高，适用于重型机床、液压机、工程机械等机械设备的高压、大流量液压系统。柱塞泵的缺点是结构比较复杂，价昂，抗污染能力较差。

按柱塞与传动轴的位置关系，柱塞泵分为轴向柱塞式和径向柱塞式两大类，并都有定量泵和变量泵之分。

3.5.1 轴向柱塞泵

轴向柱塞泵的柱塞中心线平行于缸体轴线，有斜盘式和斜轴式两类。斜盘式泵的传动轴中心线与缸体中心线重合，斜盘与传动轴倾斜一定角度。斜轴式泵的传动轴相对于缸体中心线倾斜一个角度。

(1) 斜盘式轴向柱塞泵

① 工作原理 图 3 14 所示为斜盘式轴向柱塞泵的工作原理图，泵由传动轴 1、泵体 2、斜盘 3、柱塞 4、缸体 5、弹簧 6、轴承 7、配油盘 8 等组成。柱塞沿圆周均匀分布在缸体内。斜盘与缸体轴线间有一倾角 γ，柱塞靠机械装置或低压油作用始终压紧在斜盘上（图中为弹簧），配油盘和斜盘固定不转，当原动机通过传动轴带动缸体旋转时，斜盘迫使柱塞在缸体内作往复运动，并通过配油盘的吸油窗口和压油窗口进行吸油和压油。图示回转方向，当缸

体转角在 $\pi \sim 2\pi$ 范围内，柱塞向外伸出，柱塞底部的密封工作腔容积增大，经吸油窗口吸油；在 $0 \sim \pi$ 范围内，柱塞被斜盘推入缸体，使密封容积减小，经压油窗口压油。缸体每转一周，每个柱塞各完成吸、压油一次。

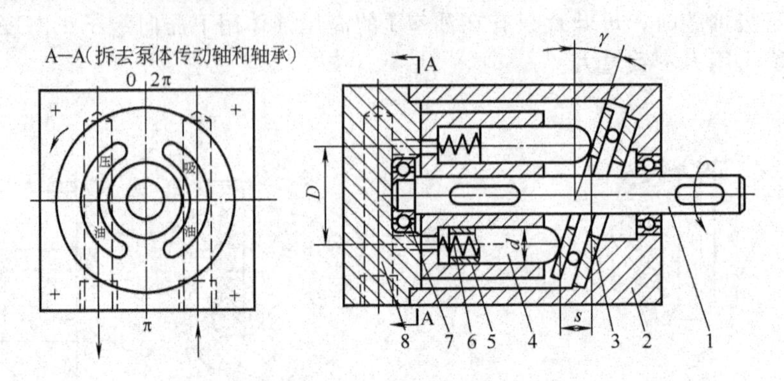

图 3-14 斜盘式轴向柱塞泵工作原理图

1—传动轴；2—泵体；3—斜盘；4—柱塞；5—缸体；6—弹簧；7—轴承；8—配油盘

② 流量计算 斜盘式轴向柱塞泵的实际输出流量公式为

$$q = Vn\eta_V = \frac{\pi}{4}d^2 D\tan\gamma zn\eta_V \tag{3-21}$$

式中，z 为柱塞数；d 为柱塞直径；D 为柱塞分布圆直径；γ 为斜盘轴线与缸体轴线间的夹角；其余符号意义同前。

由式(3-21) 可知，当斜盘倾角 γ 不可调时为定量泵，当 γ 可调时，就能改变柱塞行程的长度 s，即为变量泵。改变 γ 的方向，就能改变吸油和压油的方向，即成为双向变量泵。

斜盘式轴向柱塞泵的输出流量也具有一定脉动，奇数柱塞时脉动较小，通常柱塞数取 $z=7\sim9$。

③ 结构要点

a. 摩擦副结构。斜盘式轴向柱塞泵有三对典型摩擦副：柱塞头部与斜盘；柱塞与缸体孔；缸体端面与配油盘。由于组成这些摩擦副的关键零件均处于高相对速度、高接触比压的摩擦工况，它们的摩擦、磨损情况直接影响泵的容积效率、机械效率、工作压力高低以及使用寿命。

b. 斜盘式轴向柱塞泵的柱塞头部与斜盘有点接触和面接触两种接触方式。图 3-14 所示柱塞泵为球头形点接触，其结构简单，但柱塞头部与斜盘接触点受到很大挤压应力，不宜在高压下工作。为此，出现了滑履型面接触式柱塞泵，如图 3-15 所示，由于在柱塞 9 头部加装了滑履（又称滑靴）12，且缸孔中的压力油可经柱塞和滑履中间的小孔通至滑履和斜盘 14 的接触平面间，形成一液体静压支承，使得柱塞和斜盘之间变为有润滑的面接触，大大降低了柱塞与斜盘的磨损及摩擦损失，工作压力可达 32MPa。但其结构也较复杂。

c. 柱塞在缸体孔中往复运动是柱塞泵改变密封工作容积、进行吸油和压油的根本。点接触式泵的柱塞靠图 3-14 所示分散布置在每个柱塞底部的弹簧或利用辅助泵补油使柱塞伸出，靠斜盘作用缩回，自吸能力较差，而且因弹簧高频工作极易引起疲劳破坏，故此种结构已很少采用。而面接触式泵将分散布置在柱塞底部的弹簧改为集中弹簧 3，并靠此弹簧力作用在回程盘上（见图 3-15），使每个柱塞保持外伸状态，而靠斜盘强迫缩回，自吸能力较强，并且因弹簧受静载荷不会产生疲劳破坏，故此种结构被广泛采用。另外，为了减小柱塞与缸体孔之间的环形缝隙泄漏，柱塞孔间隙一般控制在 0.02～0.04mm。

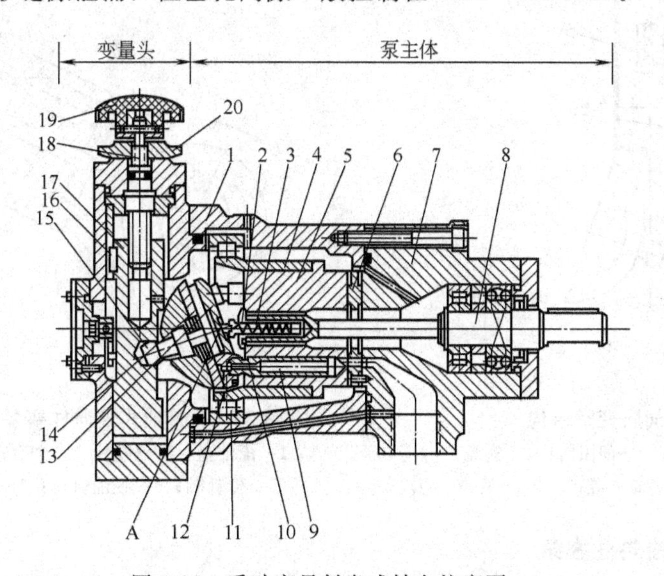

图 3-15 手动变量斜盘式轴向柱塞泵

1—中间泵体；2—内套；3—弹簧；4—钢套；5—缸体；6—配油盘；7—前泵体；8—传动轴；9—柱塞；10—外套；11—滚子轴承；12—滑履；13—回程盘；14—斜盘；15—轴销；16—导向键；17—变量活塞；18—丝杆；19—手轮；20—锁紧螺钉；A—钢球

d. 缸体端面与配流盘的间隙过大将加大泄漏而降低容积效率；反之，则配流盘磨损加剧。缸体悬浮在配油盘上是二者的理想接触状态，通常靠弹簧力和滑履上的静压支承力补偿间隙来解决。

e. 变量控制机构。变量控制机构是调节变量柱塞泵斜盘倾角的机构。变量控制机构有手动控制、液压控制、电气控制等多种类型，主体结构相同的柱塞泵，只要更换不同的变量头，即可构成另一种变量泵。

图 3-15 所示手动变量轴向柱塞泵的变量头由变量活塞 17、丝杆 18 和手轮 19 等组成。变量时，人力转动手轮使丝杆旋转，带动作为螺母的变量活塞 17 作上、下轴向移动（由导向键 16 防止转动）。通过轴销 15 使斜盘 14 绕钢球 A 的中心转动，从而改变了斜盘的倾角，也就改变了泵的排量和流量。这种变量机构结构较为简单，但操纵不轻便，且不能在工作过程中变量。

图 3-16 所示为伺服控制变量结构的工作原理图。它由缸筒 1、活塞 2、伺服阀 3 和斜盘 4 等组成。活塞内腔构成伺服阀的阀体，并有 c、d、e 三个孔道分别沟通缸筒下腔 a、上腔 b 和油箱。泵的斜盘通过锥销与活塞下端相连，活塞上下移动可改变斜盘的倾角。当用手动、机械或电动方式使伺服阀阀芯向下移动时，上面的阀口打开，a 腔中的压力油经孔道 c 通向 b 腔，活塞因上腔有效作用面积大于下腔而向下移动，活塞移动时又使伺服阀上的阀口关闭，最终使活塞自身停止运动。同理，当使伺服阀阀芯向上移动时，下面的阀口打开，b 腔经孔道 d 和 e 接通油箱，活塞在 a 腔压力油的作用下向上移动，并在该阀口关闭时自动停下来。该变量结构是通过操纵液压伺服阀动作利用泵输出的压力油推动变量活塞来实现变量的。因此加在拉杆上的力很小，控制灵敏，并可在工作过程中实现变量。

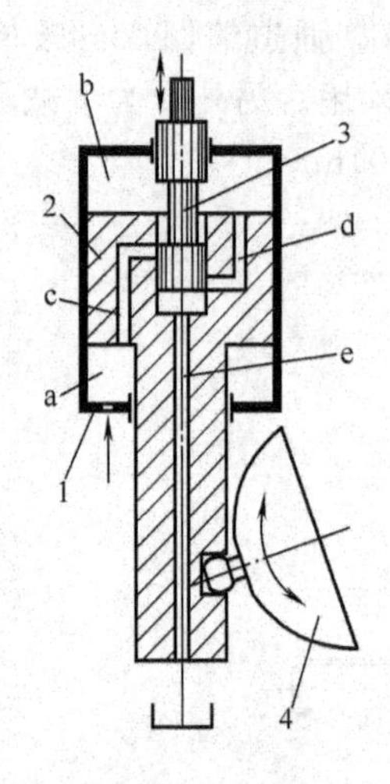

图 3-16 伺服变量结构

1—缸筒；2—活塞；3—伺服阀；4—斜盘；

a—缸筒下腔；b—缸筒上腔；c,d,e—孔道

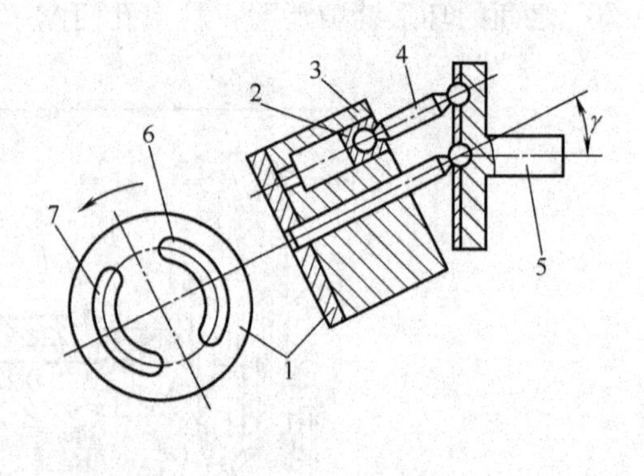

图 3-17 斜轴式轴向柱塞泵工作原理

1—配油盘；2—柱塞；3—缸套；4—连杆；

5—传动轴；6—吸油窗口；7—压油窗口

(2) 斜轴式轴向柱塞泵

图 3-17 所示为斜轴式轴向柱塞泵的工作原理图，其传动轴 5 相对于缸体中心线有一倾角 γ，柱塞 2 通过连杆 4 与传动轴的圆盘相连。当传动轴转动时，连杆就带动缸体和柱塞一起绕缸体中心线转动，柱塞同时在缸体孔中作往复运动，使缸体孔中的密封腔容积不断发生变化，从而通过配油盘 1 上的吸油窗口 6 和压油窗口 7 实现吸油和压油。改变传动轴和缸体间的夹角 γ，就可改变泵的排量。

斜轴式轴向柱塞泵变量范围大，但外形尺寸较大，结构也较复杂，适用于要求排量大的场合。

3.5.2 径向柱塞泵

(1) 工作原理

径向柱塞泵的柱塞与传动轴相互垂直。轴配油式径向柱塞泵的工作原理如图 3-18 所示，泵的定子 2 与缸体（转子）3 间偏心安装，柱塞 1 径向安置于缸体 3 中。与缸体内孔紧配的衬套 4 套装在固定不动的配油轴 5 上。当缸体 3 在原动机带动下顺时针方向旋转时，柱塞 1 在离心力（或低压油）作用下压紧在定子 2 的内壁上。由于偏心 e 的存在，故处于上半周的各柱塞底部的密封腔容积将逐渐增大，于是通过配油轴上的窗口 a 吸油。而处于下半周的各柱塞底部的密封腔容积将逐渐减小，通过配油轴上的窗口 b 压油。缸体每转一周，每个柱塞腔各吸、压油一次。配油轴内钻有轴向油孔，通窗口 a 和 b，引至液压泵的吸、压油口。

(2) 流量计算

径向柱塞泵的实际输出流量公式为

$$q=Vn\eta_V=\frac{\pi}{4}d^2 2ezn\eta_V=\frac{\pi}{2}d^2 ezn\eta_V \tag{3-22}$$

式中，符号意义同前。由式(3-22) 可知，当偏心距 e 不可调时为定量泵；当 e 可调时，即为变量泵。通过移动定子改变偏心 e 的方向，则吸、压油也变向。

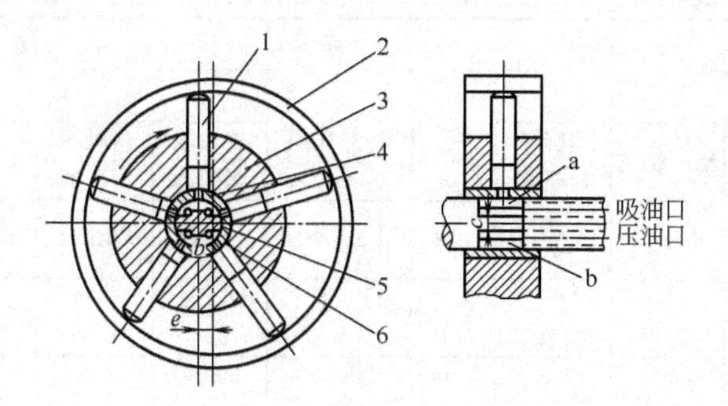

图 3-18　径向柱塞泵工作原理图
1—柱塞；2—定子；3—缸体；4—衬套；
5—配油轴；6—输油孔；a，b—窗口

由于柱塞在缸体中移动的速度不均匀，故径向柱塞泵的流量也是脉动的。柱塞数为奇数时流量脉动较小。

(3) 结构要点

① 轴配油式径向柱塞泵的配油轴与衬套之间的配合间隙要适当，过小易造成咬死或损伤，过大会引起严重泄漏。

② 轴配油式径向柱塞泵径向尺寸大、结构较复杂、自吸能力差，且配油轴受有径向不平衡力，故工作压力不高。

③ 采用单向阀担当配油机构可构成阀配油径向柱塞泵。图 3-1 为阀配油单柱塞径向柱塞泵。实际上阀配油径向柱塞泵是由 3～5 个柱塞径向均布而成。密封性能良好的单向阀组成的阀配油径向柱塞泵，容积效率和压力很高，最高压力可达 100MPa 以上，但由于原动机功率的限制，这种泵的流量较小。

④ 径向柱塞泵上也可以安装各种变量控制机构，其情况与轴向柱塞泵类似。

3.6　各类液压泵的性能比较及选择

对前述各类液压泵的性能进行比较，有利于在实际工作中的选用。按目前的技术水平及统计资料，各类常用液压泵的主要性能比较及应用范围如表 3-2 所列。

在设计液压系统时，应根据所要求的工作情况合理地选择液压泵。通常首先是根据主机工况、功率大小和系统对其性能的要求来确定泵的形式，然后根据系统计算得出的最大工作压力和最大流量等确定其具体规格。同时还要考虑定量或变量、原动机类型、转速、容积效率、总效率、自吸特性、噪声等因素。这些因素通常在产品样本或手册中均有反映，应逐一仔细研究，不明之处应向货源单位或制造厂咨询。液压泵的最大工作压力和最大流量的计算方法详见第 9 章。液压泵产品样本中，标明了额定压力值和最高压力值，应按额定压力值来选择液压泵。只有在使用中有短暂超载场合，或样本中特殊说明的范围，才允许按最高压力值选取液压泵，否则将影响液压泵的效率和寿命。在液压泵产品样本中，标明了每种泵的额定流量（或排量）的数值。选择液压泵时，必须保证该泵对应于额定流量的规定转速，否则将得不到所需的流量。要尽量避免通过任意改变转速来实现液压泵输油量的增减；否则保证不了足够的容积效率，还会加快泵的磨损。

表 3-2 各类常用液压泵的主要性能比较与应用范围

类型 性能参数	齿轮泵			叶片泵		柱塞泵				
	外啮合	内啮合		单作用	双作用	轴向			径向轴配油	卧式轴配油
		渐开线式	摆线转子式			直轴端面配油	斜轴端面配油	阀配油		
压力范围/MPa	≤25.0	≤30.0	1.6～16.0	≤6.3	6.3～32	≤10.0	≤40.0	≤70.0	10.0～20.0	≤40.0
排量范围/(mL/r)	0.3～650	0.8～300	2.5～150	1～320	0.5～480	0.2～560	0.2～3600	≤420	20～720	1～250
转速范围/(r/min)	300～7000	1500～2000	1000～4500	500～2000	500～4000	600～2200	600～1800	≤1800	700～1800	200～2200
最大功率/kW	120	350	120	30	320	730	2660	750	250	260
容积效率/%	70～95	≤96	80～90	85～92	80～94	88～93	88～93	90～95	80～90	90～95
总效率/%	63～87	≤90	65～80	64～81	65～82	81～88	81～88	83～88	81～83	83～88
功率质量比/(kW/kg)	中	大	中	小	中	大			中	
最高自吸能力/kPa	50	40	40	33.5	33.5	16.5	16.5	16.5	16.5	16.5
流量脉动/%	11～27	1～3	≤3	≤1	≤1	1～5	1～5	<14	<2	≤14
噪声	中	小		中		大			中	
污染敏感度	小	中	中	中	中	大	中大	小	中	小
流量调节	不能			能	不能	能				
价格	最低	中	低	中	中低	高				
应用范围	机床、工程机械、农业机械、航空、船舶、一般机械			机床、注塑机、液压机、起重运输机械、工程机械、飞机		工程机械、锻压机械、运输机械、矿山机械、冶金机械、船舶、飞机等				

思考题与习题

3-1 容积式液压泵有哪些基本结构原理特征？

3-2 一个运行中的液压泵，其工作压力是否与铭牌上的压力相同？为什么？

3-3 如何计算液压泵的输出功率和输入功率？液压泵在工作过程中会产生哪些能量损失？产生损失的原因何在？

3-4 何谓困油现象？齿轮泵的困油现象是怎样形成的？如何消除？叶片泵和轴向柱塞泵有无困油现象？

3-5 外啮合齿轮泵工作时有哪三个泄漏途径？

3-6 齿轮泵高压化主要受哪些因素的影响？可以采取哪些措施来提高齿轮泵的压力？

3-7 说明叶片泵的工作原理。双作用叶片泵和单作用叶片泵各有什么优缺点？

3-8 限压式变量叶片泵的拐点压力和最大流量如何调节？调节时泵的流量-压力特性曲线如何变化？

3-9 斜盘式轴向柱塞泵有哪三对典型摩擦副，简要分析它们对泵的工作性能的影响。

3-10 简述斜轴式轴向柱塞泵的工作原理和结构特点。

3-11 从能量利用角度，双联泵和变量泵为何比单定量泵节能？

3-12 在实际中应如何选用液压泵？

3-13 外啮合齿轮泵和双作用叶片泵可否设计成变量泵？

3-14 某液压泵的输出油压 p=10MPa，转速 n=1450r/min，排量 V=100mL/r，容积效率 η_V=0.95，总效率 η=0.9，试求泵的输出功率和电动机的驱动功率。（答：22.96kW；25.51kW）

3-15　设计理论流量为 $q_t=0.67\times10^{-3}m^3/s$ 的外啮合齿轮泵。齿轮宽度 $b=20mm$，齿数 $z=17$，转速 $n=1450r/min$，求齿轮模数 $m=$？（答：3.5mm）

3-16　设液压泵转速为 950r/min，排量为 168mL/r，在额定压力 29.5MPa 和同样转速下，测得的实际流量为 150L/min，额定工况下的总效率为 0.87，求：①泵的理论流量 q_t；②泵的容积效率 η_V；③泵的机械效率 η_m；④泵在额定工况下，所需电动机驱动功率 P；⑤驱动泵的转矩 T。（答：①$q_t=159.6$ L/min；② $\eta_V=0.94$；③ $\eta_m=0.925$；④ $P=84.771kW$；⑤$T=852.1N\cdot m$）

3-17　某动力滑台液压系统如图 3-19 所示，采用双联叶片泵 YB40/6 供油（大泵流量为 40L/min，小泵流量为 6L/min）。快速进给时两泵同时供油，工作压力为 1MPa；慢速工作进给时，大泵卸荷，其卸荷压力 0.3MPa，此时小流量泵单独向系统供油，其供油压力为 4.5MPa。设泵的总效率为 $\eta=0.8$，试求驱动双联泵的电动机功率 P。（答：$P_{快进}=0.961kW$；$P_{工作}=0.812kW$；圆整后为 1kW 的电动机）

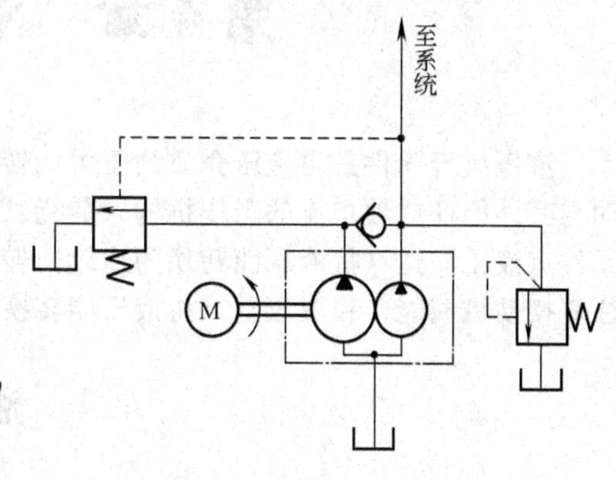

图 3-19　题 3-17 图

第 4 章　液压执行元件

液压执行元件是将液压介质的压力能转换为机械能的能量转换装置，它依靠压力油液驱动与其外伸杆或轴相连的工作机构（装置）运动而做功，按输出运动形式的不同，液压执行元件有液压马达（将液压能转换为连续回转运动机械能）、摆动液压马达（将液压能转换为往复摆动机械能）和液压缸（将液压能转换为往复直线运动机械能）三类。

4.1　液压马达

液压马达与第 3 章介绍的液压泵在结构上基本相同，从工作原理而言，都是依靠密封工作腔容积的变化而工作的，故二者是互逆的。但由于二者的任务和要求有所不同，因此在实际结构上存在某些差异，使之不能通用，只有少数泵能作液压马达使用。

4.1.1　基本工作原理

此处以图 4-1 所示斜盘式轴向柱塞液压马达为例说明液压马达的工作原理。其主要工作部件与斜盘式轴向柱塞泵基本相同。当进油口输入压力油液时，与配油盘 4 的进油窗口相对应的工作柱塞就被液压力推出而压在斜盘 1 上。斜盘对柱塞产生一个法向反力 F，其水平分力为 $F_x=\Delta p\ \frac{\pi}{4}d^2$，垂直分力为 $F_y=F_x\tan\gamma=\Delta p\ \frac{\pi}{4}d^2\tan\gamma$。$F_x$ 与作用在柱塞底部的液压力相平衡；而 F_y 通过柱塞传至缸体 2 上，对传动轴 5 产生转矩，任一个工作柱塞产生的转矩为

$$T_i=F_yR\sin\theta=\Delta p\ \frac{\pi d^2}{4}\tan\gamma\cdot R\sin\theta \tag{4-1}$$

式中，γ 为斜盘倾角；R 为工作柱塞在缸体中的分布圆半径；d 为工作柱塞直径；θ 为工作柱塞的轴线与传动轴垂直平分线的瞬时夹角；Δp 为马达的进、出口压力差。

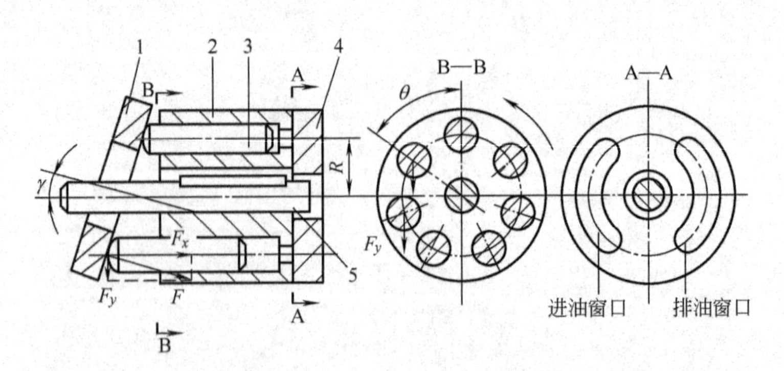

图 4-1　轴向柱塞式液压马达工作原理

1—斜盘；2—缸体；3—柱塞；4—配油盘；5—传动轴

由式(4-1) 可知，每个工作柱塞产生的转矩大小因所处的位置不同而异，液压马达的输出转矩为同时处于进油窗口的柱塞瞬时对传动轴产生的转矩之和，即

$$T=\sum T_i=\sum \Delta p\ \frac{\pi d^2}{4}\tan\gamma\cdot R\sin\theta \tag{4-2}$$

4.1.2　类型及图形符号

按额定转速的不同，液压马达可分为高速（转速高于 500r/min）小转矩（仅几十牛·米至几百牛·米）和低速（转速低于 500r/min）大转矩（可达几千牛·米至几万牛·米）两类。

高速液压马达的基本形式有齿轮式、螺杆式、叶片式和轴向柱塞式等，它们的结构与同类型的液压泵类同，工作原理可逆，但因两者使用目的不同，结构上存在许多差异，一般不能直接互逆通用。高速液压马达具有转速高、转动惯量小、便于启动与制动、调节灵敏度高等优点；但输出转矩较小，拖动低速负载时需加设减速装置。

低速液压马达的基本形式一般为径向柱塞式，有单作用连杆型和多作用内曲线型等。低速液压马达具有排量大、转速低、输出转矩大的优点，可直接与其拖动的工作机构连接而不需要减速装置；但其体积较大。

按排量是否可变还可分为单向定量、双向定量、单向变量、双向变量等类型，其图形符号如表 4-1 所列。

表 4-1　液压马达的图形符号

液压马达类型	单向定量	双向定量	单向变量	双向变量
图形符号				

4.1.3　主要性能参数

(1) 工作压力和额定压力

液压马达输入油液的实际压力称为工作压力，与液压泵一样，工作压力取决于负载。液压马达进口压力与出口压力的差值称为工作压差。当液压马达出口直接通油箱时，液压马达的工作压力就近似等于工作压差 Δp。额定压力 p_n 是指液压马达在正常工作条件下，按试验标准规定连续运转的最高压力。

(2) 排量、转速和流量及容积效率

液压马达的排量 V 是指在无泄漏情况下，使液压马达轴转一转所需要的液体体积，排量取决于密封工作腔的几何尺寸，而与转速 n 无关。

液压马达入口处的流量称为马达的实际流量 q。由于液压马达内部存在泄漏，因此实际输入液压马达的流量 q 大于理论流量 q_t，实际流量 q 与理论流量 q_t 之差即为液压马达的泄漏量 Δq。液压马达理论流量与实际流量之比称为液压马达的容积效率 η_V，即

$$\eta_V=\frac{q_t}{q}=\frac{q-\Delta q}{q}=1-\frac{\Delta q}{q} \tag{4-3}$$

液压马达的转速 n、排量 V、流量（理论流量 q_t 及实际流量 q）及容积效率 η_V 之间的

关系式为

$$n=\frac{q_t}{V}=\frac{q\eta_V}{V} \tag{4-4}$$

(3) 转矩与机械效率

液压马达输出转矩称为实际输出转矩 T，由于液压马达内部存在各种摩擦损失，使实际输出的转矩 T 小于理论转矩 T_t，理论转矩 T_t 与实际输出转矩 T 之差即为损失转矩 ΔT。实际输出转矩 T 与理论转矩 T_t 之比称为液压马达的机械效率 η_m

$$\eta_m=\frac{T}{T_t} \tag{4-5}$$

(4) 功率与总效率

液压马达的实际输入功率 P_i 为

$$P_i=\Delta pq \tag{4-6}$$

液压马达的输出功率 P_o 为

$$P_o=T\cdot 2\pi n \tag{4-7}$$

马达的输出功率与输入功率之比即为液压马达的总效率，考虑式(4-3)与式(4-4)，得总效率 η 的表达式为

$$\eta=\frac{P_o}{P_i}=\frac{2\pi nT}{\Delta pq}=\frac{2\pi nT_t\eta_m}{\Delta p\frac{q_t}{\eta_V}}=\frac{2\pi nT_t}{\Delta pq_t}\eta_V\eta_m=\eta_V\eta_m \tag{4-8}$$

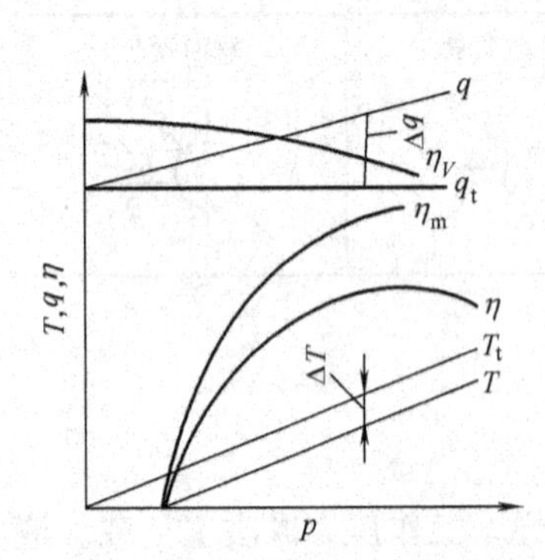

图 4-2 液压马达的特性曲线

即液压马达的总效率 η 等于容积效率 η_V 与机械效率 η_m 的乘积，这一点与液压泵相同。图 4-2 是液压马达的特性曲线。

液压马达的输出功率、转矩可用以下两式计算

$$P_o=\Delta pq\eta \tag{4-9}$$

$$T=\frac{\Delta pq}{2\pi n}\eta=\frac{\Delta pV}{2\pi}\eta_m \tag{4-10}$$

由式(4-4)、式(4-10) 可看出，对于定量液压马达，V 为定值，在 q 和 Δp 不变的情况下，输出转速 n 和转矩 T 皆不可变；而对于变量液压马达，V 的大小可以调节，因此其输出转速 n 和转矩 T 是可以改变的，在 q 和 Δp 不变的情况下，若使 V 增大，则 n 减小、T 增大。

4.2 摆动液压马达

摆动液压马达（又称摆动液压缸）是实现往复旋转运动的一种执行元件，其输入为压力和流量，输出为转矩和角速度。摆动液压马达的结构比连续旋转型液压马达的结构简单。摆动液压马达的突出优点是输出轴直接驱动负载回转摆动，其间不需任何变速机构，故已广泛用于船舶舵机驱动、雷达天线平台操纵、声呐基体摆动、汽车与冰箱生产线、各类机械手及机床和矿山石油机械中的回转摆动。随着技术的进步及结构、材料和密封的改进，摆动液压马达的使用压力已达 25MPa，输出转矩可达数万牛·米，最低稳定转速达 0.001rad/s。摆动液压马达通常分为叶片式和活塞式两大类，而叶片式摆动液压马达使用居多。

图 4-3(a) 所示为单叶片式摆动液压马达，其摆动角度较大，可达 300°。图 4-3(b) 所示为双叶片式摆动液压马达，其摆动角度较小，可达 150°。

叶片马达的输出转矩 T 和角速度 ω 分别为

$$T=\frac{zb}{8}(D^2-d^2)(p_1-p_2)\eta_m \tag{4-11}$$

$$\omega=2\pi n=\frac{8q\eta_V}{zb(D^2-d^2)} \tag{4-12}$$

式中，z 为叶片数；b 为叶片宽度；D 为缸筒直径；d 为摆动轴直径；其余符号意义同前。

由上述公式可知，双叶片式摆动液压马达的输出转矩是单叶片式的两倍，而角速度则是单叶片式的一半。

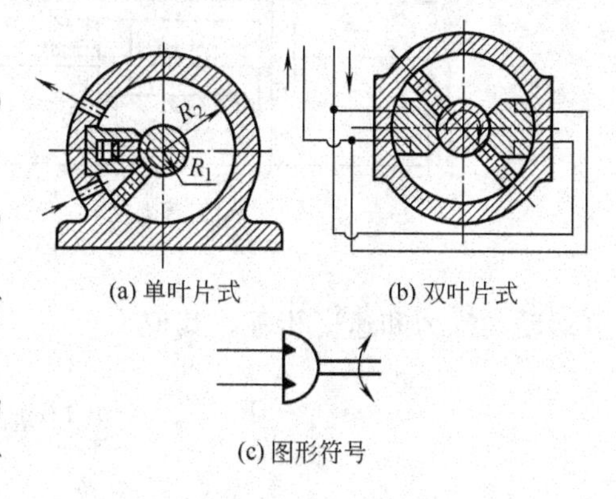

(a) 单叶片式　(b) 双叶片式

(c) 图形符号

图 4-3　摆动液压马达

摆动液压马达的图形符号如图 4-3(c) 所示。

摆动液压马达最重要的结构要素是密封装置，用以保持压力、保证传递动力。

4.3　液　压　缸

4.3.1　类型及工作参数

液压缸种类繁多，一般按其结构特点分为活塞式、柱塞式和组合式三类。按作用方式又可分为单作用式和双作用式。常用液压缸的图形符号见表 4-2。

表 4-2　常用液压缸的图形符号

类型	活塞缸		柱塞缸	组合缸	
	双杆活塞缸	单杆活塞缸		增压缸	双作用伸缩缸
图形符号					

(1) 活塞式液压缸

活塞式液压缸有双杆式和单杆式两种形式。

① 双杆活塞缸　双杆活塞缸属于双作用缸，活塞两侧都有一根直径为 d 的活塞杆伸出，其固定方式有缸筒固定和活塞杆固定两种。图 4-4(a)所示为缸筒固定的双杆活塞缸，直径为 D 的活塞将缸分为左、右两个工作腔，其进、出油口布置在缸筒的两端，向左、右腔交替输入压力油时，液压缸可左、右往复移动。这种固定方式使工作台的移动范围约为活塞有效行程 L 的 3 倍，占地面积大，宜用于小型设备中。图 4-4(b)所示为活塞杆固定的双杆活塞缸，使用软管连接时，进、出油口可布置在缸筒两端；使用硬管连接时，其进、出油口可布置在活塞杆两端，油液经活塞杆内的通道输入液压缸；这种固定方式使工作台的移动范围为缸筒有效行程 L 的 2 倍，故可用于较大型的设备中。

通常，双杆活塞缸左、右两腔有效作用面积相等，若输入油液的压力和流量不变，则往

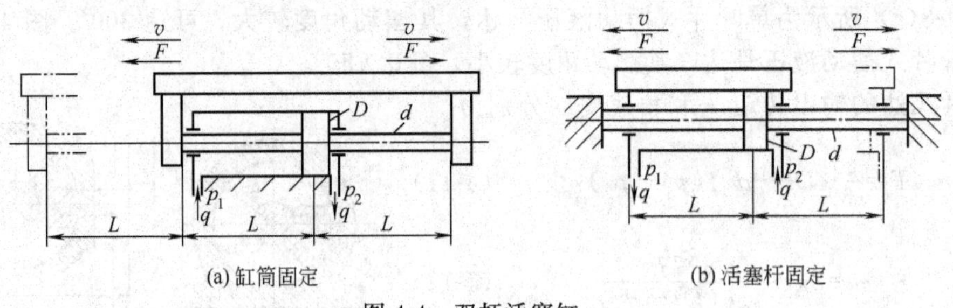

(a) 缸筒固定　　(b) 活塞杆固定

图 4-4　双杆活塞缸

复运动的推力和速度相等。其值为

$$F=(p_1-p_2)A\eta_m=(p_1-p_2)\frac{\pi}{4}(D^2-d^2)\eta_m \tag{4-13}$$

$$v=\frac{q}{A}\eta_V=\frac{4q\eta_V}{\pi(D^2-d^2)} \tag{4-14}$$

式中，A 为活塞的有效工作面积；D、d 为活塞、活塞杆直径；q 为液压缸的输入流量；p_1 为缸的进口压力；p_2 为缸的出口压力（背压力）；η_m 和 η_V 分别为缸的机械效率和容积效率。

双杆活塞缸常用于要求往返运动速度相同的场合。

② 单杆活塞缸　单杆活塞缸只有一端带活塞杆，既可单作用也可双作用。单杆缸结构简单，应用相当广泛。

双作用式单杆活塞缸如图 4-5 所示，也有缸筒固定和活塞杆固定两种方式，其工作台的移动范围都是活塞（或缸筒）有效行程 L 的 2 倍，其进、出油口的布置视安装方式而定。

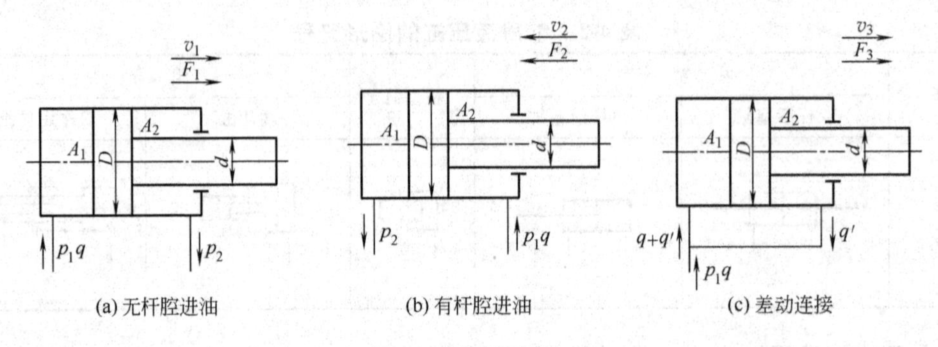

(a) 无杆腔进油　　(b) 有杆腔进油　　(c) 差动连接

图 4-5　单杆活塞缸

单杆活塞缸因无杆腔和有杆腔的有效面积不相等，因此当以相同流量的压力油分别供入两腔时，缸在两个方向的运动速度和推力都不相等。

无杆腔进油时［见图 4-5(a)］，活塞的推力 F_1 和运动速度 v_1 分别为

$$F_1=(p_1A_1-p_2A_2)\eta_m=\frac{\pi}{4}[(p_1-p_2)D^2+p_2d^2]\eta_m \tag{4-15}$$

$$v_1=\frac{q}{A_1}\eta_V=\frac{4q\eta_V}{\pi D^2} \tag{4-16}$$

有杆腔进油时［见图 4-5(b)］，活塞的推力 F_2 和运动速度 v_2 分别为

$$F_2=(p_1A_2-p_2A_1)\eta_m=\frac{\pi}{4}[(p_1-p_2)D^2-p_1d^2]\eta_m \tag{4-17}$$

$$v_2=\frac{q}{A_2}\eta_V=\frac{4q\eta_V}{\pi(D^2-d^2)} \tag{4-18}$$

式中，A_1 和 A_2 分别为液压缸无杆腔和有杆腔的有效工作面积；其余符号意义同前。

由于 $A_1>A_2$，所以 $v_1<v_2$，$F_1>F_2$。

两个方向上的速度比 λ_v 为

$$\lambda_v=\frac{v_2}{v_1}=\frac{1}{1-\left(\frac{d}{D}\right)^2} \tag{4-19}$$

于是有

$$d=D\sqrt{\frac{\lambda_v-1}{\lambda_v}} \tag{4-20}$$

在已知 D 和 λ_v 时，即可由此式确定 d 值。

如果单杆活塞缸的左、右两腔同时接通压力油［见图 4-5(c)］，称为差动连接，作差动连接的液压缸称为差动缸。忽略连接差动缸两腔间管段的压力损失，差动缸两腔压力相同，但由于无杆腔的有效工作面积大于有杆腔，故活塞杆向右伸出，并将有杆腔的油液挤出（流量为 q'），反馈流入无杆腔，加大了进入无杆腔的流量（$q+q'$），从而加快了活塞的运动速度。差动缸输出的推力 F_3 和速度 v_3 为

$$F_3=p_1(A_1-A_2)\eta_m=p_1\frac{\pi}{4}d^2\eta_m \tag{4-21}$$

$$v_3=\frac{q+q'}{A_1}=\frac{q+\frac{\pi}{4}(D^2-d^2)v_3}{\frac{\pi}{4}D^2}$$

即

$$v_3=\frac{q\eta_V}{\frac{\pi d^2}{4}}=\frac{q\eta_V}{A_1-A_2}=\frac{4q\eta_V}{\pi d^2} \tag{4-22}$$

综上所述可知：①在不加大油源流量前提下，单杆缸可获得两种不同伸出速度 v_1、v_3 和一种快速退回速度 v_2，比较式(4-15) 及式(4-21) 和式(4-16) 及式(4-22)，差动进给时液压缸的推力比非差动进给时小，而速度比非差动时的大。②若要求缸的快速往复运动速度相等，即 $v_2=v_3$，则由式(4-18)、式(4-22) 可得 $D=\sqrt{2}d$。③单杆缸的非差动与差动连接方式的变换，通常是利用换向阀工作位置的切换来实现的（请参见第 5 章）。

(2) 柱塞缸

柱塞缸属于单作用缸。图 4-6(a)所示为柱塞缸的工作原理，缸筒固定在主机上，柱塞与

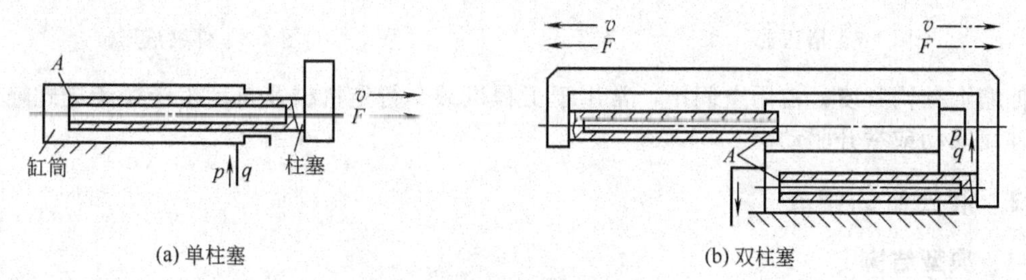

图 4-6　柱塞缸

工作机构相连。当压力油进入缸筒时，推动柱塞带动工作机构向右运动，但反向退回时要靠外力（如弹簧力）或自重等驱动。为了得到双向运动，柱塞缸通常成对反向布置使用，如图4-6(b)所示。

柱塞缸输出的推力 F 和速度 v 为

$$F=pA\eta_m=p\frac{\pi}{4}d^2\eta_m \tag{4-23}$$

$$v=\frac{q\eta_V}{A}=\frac{4q\eta_V}{\pi d^2} \tag{4-24}$$

式中，p、q 为油液压力、流量；A、d 为柱塞有效作用面积、直径；其余符号意义同前。

柱塞缸中的柱塞和缸筒不接触，运动时由缸盖上的导向套来导向，故缸筒内壁不需精加工，特别适用于行程较长的场合。

(3) 组合式液压缸

① 增压缸（增压器） 增压缸能将输入的低压油转变为高压油供液压系统中的高压支路使用。如图4-7所示，增压缸由活塞缸和柱塞缸串联组合而成，利用活塞和柱塞有效作用面积的不同使液压系统中的局部区域获得高压。当活塞直径为 D、柱塞直径为 d、输入活塞缸的液体压力为 p_1 时，柱塞缸输出的液体压力为需要的高压 p_3。列出力的平衡方程

$$\frac{\pi}{4}d^2p_3=\frac{\pi}{4}D^2p_1 \tag{4-25}$$

整理并考虑机械效率，得

$$p_3=p_1\left(\frac{D}{d}\right)^2\eta_m=p_1K\eta_m \tag{4-26}$$

式中，η_m 为增压缸的机械效率；$K=\left(\frac{D}{d}\right)^2$ 称为增压比，它代表缸的增压能力。

② 伸缩缸（多级液压缸） 伸缩液压缸由两级或多级活塞缸套装而成，前一级活塞缸的活塞是后一级活塞缸的缸筒，伸出时可获得很长的工作行程，缩回时可保持很小的结构尺寸。图4-8所示为双作用伸缩缸，通入压力油伸出时，各级活塞按有效面积大小逐级动作，输出推力逐级减小，速度逐级加大；退回时情况相反。所以，应逐级计算其推力和速度。

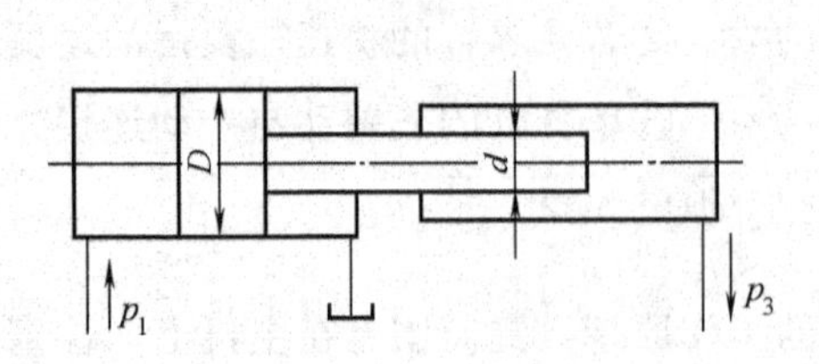

图 4-7 增压缸

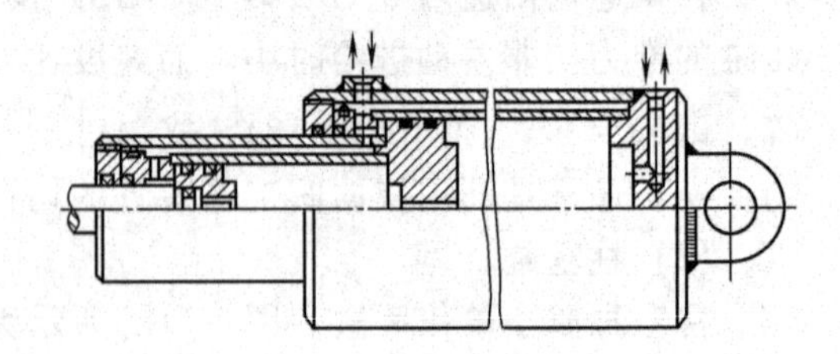

图 4-8 伸缩液压缸

伸缩缸结构紧凑，占用空间小，常用于工程机械、行走机械及自动生产线步进式输送装置的伸缩驱动或举升驱动。

4.3.2 液压缸的组成

(1) 典型结构

图4-9所示为一空心双杆活塞式液压缸（驱动机床工作台用）的结构。它由缸筒10、活

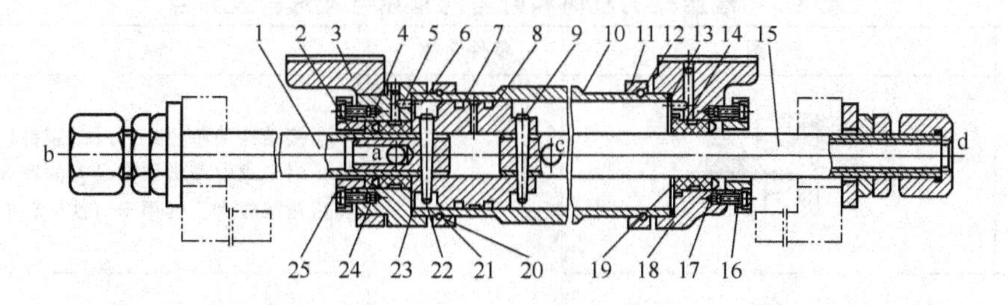

图 4-9　双杆液压缸的典型结构

1,15—空心活塞杆；2—堵头；3—托架；4,7,17—密封圈；5,14—排气孔；6,19—导向套；
8—活塞；9,22—锥销；10—缸筒；11,20—压板；12,21—钢丝环；13,23—纸垫；
16,25—压盖；18,24—缸盖；a,c—径向孔；b,d—油口

塞 8、两空心活塞杆 1 和 15、缸盖 18 和 24、托架 3、导向套 6 和 19、压盖 16 和 25 以及密封圈 4、7、17 等零件组成。由图可见，活塞杆固定在机床床身上，缸筒固定在工作台上。两缸盖通过螺钉（图中未画出）与压板相连，并经钢丝环 12 和 21 固定在缸筒上。由于液压缸工作中要发热伸长，它只以右缸盖与工作台固定相连，左缸盖空套在托架的孔内，使之可以自由伸缩。活塞杆的一端用堵头 2 堵死，并通过锥销 9 和 22 与活塞相连。活塞与缸筒之间、缸盖与活塞杆之间以及缸盖与缸筒之间分别用“O”形圈、“Y”形圈及纸垫 13 和 23 进行密封，以防止油液的内、外泄漏。液压缸的左、右两腔是通过油口 b 和 d 经活塞杆中心孔与左、右径向孔 a 和 c 相通的。当径向孔 c 接通压力油，径向孔 a 接通回油时，液压缸带动工作台向右移动；反之则向左移动。缸筒在接近行程的左右终端时，径向孔 a 和 c 的开口逐渐减小，对移动部件起制动缓冲作用。为了排除液压缸中剩留的空气，缸盖上设置有排气孔 5 和 14，经导向套环槽的侧面孔道（图中未画出）连通排气阀排出。

(2) 液压缸的组成

从图 4-9 所示液压缸的典型结构中可以看到，任何类型的液压缸基本上由缸筒-缸盖组件、活塞-活塞杆组件、密封装置、缓冲装置和排气装置等部分组成。缓冲装置和排气装置视具体应用场合而定，其它装置则是必不可少的。密封装置将在第 6 章单独介绍，其它部分叙述如下。

① 缸筒-缸盖组件　缸筒和缸盖承受油液的压力，因此要有足够的强度和刚性、较高的表面精度和可靠的密封性，其具体的结构形式和使用的材料有关。工作压力小于 10MPa 时可使用铸铁；小于 20MPa 时使用无缝钢管；大于 20MPa 时使用铸钢或锻钢。缸筒和缸盖的常见连接形式及特点如表 4-3 所列。

② 活塞组件　活塞受油液的压力，并在缸筒内往复运动，因此，要有一定的强度和良好的耐磨性。活塞一般用耐磨铸铁制造。活塞杆是连接活塞和工作部件的传力零件，要求有足够的强度和刚度，其外圆表面与导向套接触，需要时可做耐磨和防锈处理。活塞杆不论空心与否，通常都用钢料制造。

按工作压力、安装方式和工作条件的不同，活塞组件有整体式、焊接式、锥销式（图 4-9）、螺纹式［图 4-10(a)］、和半环式［图 4-10(b)］等多种结构形式。整体式和焊接式连接结构简单，轴向尺寸紧凑，但损坏后需整体更换，只适用于尺寸较小的场合。锥销式连接工艺性好，但承载能力小。螺纹式连接结构简单，拆装方便，但在高压大负载下需备有螺母防松装置。半环式连接结构较复杂，拆装不便，但工作较可靠，适用于高压和振动较大的场合。

表 4-3　液压缸的缸筒和缸盖的常见连接形式及特点

连接形式	简　图	零件名称	特　　点
法兰式			连接结构简单，加工方便，装拆容易，连接可靠。但要求缸筒端部有足够的壁厚，外形尺寸和重量都较大。常用于铸铁材料的缸筒上
半环式			缸筒壁部因开了环形槽而削弱了强度，为此有时要加厚缸壁。它连接可靠，工艺性好，重量轻，结构紧凑，应用非常普遍。常用于无缝钢管或锻钢制的缸筒与缸盖的连接中
螺纹式		1—缸盖； 2—缸筒； 3—压板； 4—半环； 5—防松螺母； 6—拉杆	有外螺纹连接和内螺纹连接两种。它的缸筒端部结构复杂，外径加工时要求保证内、外径同心，装拆要使用专用工具，其外形尺寸和重量都较小。常用于无缝钢管或铸钢制的缸筒上
拉杆式			结构简单，工艺性好，通用性大。但外形尺寸和重量都较大，且拉杆受力后会拉伸变长，影响密封效果。只适用于长度不大的中低压缸
焊接式			结构简单，尺寸小，强度高，制造方便。但缸底处内径不易加工，且可能引起缸筒的变形

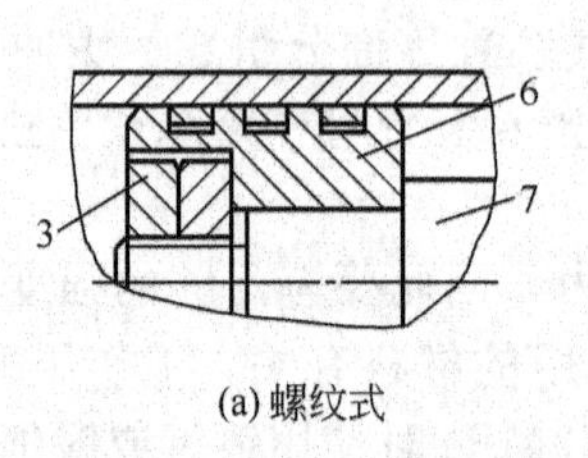

(a) 螺纹式

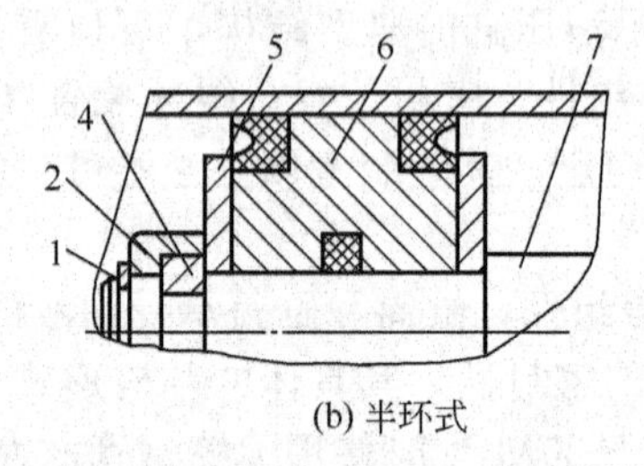

(b) 半环式

图 4-10　活塞组件的结构

1—弹簧卡圈；2—轴套；3—螺母；4—半环；5—压板；6—活塞；7—活塞杆

③ 缓冲装置　液压缸的缓冲装置用于防止活塞行程终了时，活塞与缸盖发生撞击，引起破坏性事故或严重影响机械精度。高速（>0.2m/s）液压缸必须设置缓冲装置。缓冲装置的工作原理是使缸内低压腔中油液（全部或部分）通过小孔或缝隙节流，把动能转换为热能，热能则由循环的油液带到缸外，即通过增大液压缸回油阻力，逐渐减慢运动速度，防止撞击。缓冲装置有可调式和不可调式两类。

图 4-11(a) 所示为圆柱形环隙式缓冲装置，当缓冲柱塞进入缸盖上的内孔时，缸盖和活塞间形成的油腔封住一部分油液，并使其从环形缝隙中排出，实现减速缓冲。这种装置节流面积不变，为不可调式缓冲装置，其结构简单、价格便宜，多用于液压缸系列产品中；其缺点是缓冲开始时产生的制动力很大，但很快就降低了，故缓冲效果较差。图 4-11(b)所示为

圆锥形环隙式缓冲装置，缓冲柱塞为圆锥形，所以环形间隙的通流面积随位移量而改变，即节流面积随缓冲行程的增大而减小，使机械能的吸收较均匀，缓冲效果较好。图 4-11(c)所示为节流口变化式缓冲装置，被封在活塞和缸盖间的油液经柱塞上的轴向三角节流槽流出，在缓冲过程中节流口的通流面积随着缓冲行程的增大而逐渐减小，缓冲腔压力变化小，制动位置精度高。图 4-11(d)所示为节流口可调式缓冲装置，被封在活塞和缸盖间的油液经可调节流阀的小孔排出，调节节流孔的大小，可控制缓冲腔内缓冲压力的大小，以适应液压缸不同的负载和速度时对缓冲的不同要求。图中的单向阀用于反向时快速启动。

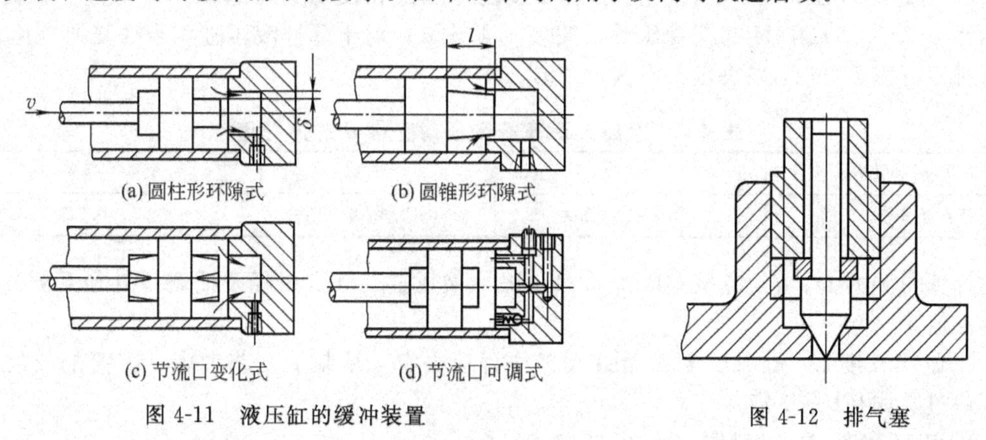

(a) 圆柱形环隙式　(b) 圆锥形环隙式

(c) 节流口变化式　(d) 节流口可调式

图 4-11　液压缸的缓冲装置

图 4-12　排气塞

④ 排气装置　在设计液压缸时应考虑能及时排出积留的空气，以免空气进入液压缸影响工作部件运动的平稳性，甚至导致其无法正常工作。一般要求的液压缸不设专门的排气装置，而是通过液压缸空载往复运动，将空气随回油带入油箱分离出来，直至运动平稳。对于特殊设备的液压缸，常需设专门的排气装置。例如，在缸盖最高部位安放图 4-12 所示的排气塞，排气时松开螺钉，使缸全行程往复移动数次直至可见油液排出，排气完毕后旋紧螺钉即可。

4.3.3　选型与设计要点

(1) 液压缸的选型

液压缸现有工程系列、冶金机械用系列、车辆用系列、重载系列、轻型拉杆式系列等多种标准系列产品（见有关手册）。一般应根据使用条件优先从现有液压缸标准系列产品中进行选型，仅当现有液压缸系列产品不能满足使用要求时，才按使用场合与条件进行液压缸的非标准设计。

(2) 液压缸的设计

在液压缸设计之前，必须对整个系统进行动力和运动分析并编制负载图及速度图，选定系统设计压力（详见第 9 章），然后确定液压缸的结构类型及与其驱动的工作部件的安装连接方式，按负载情况和运动要求、最大行程及选定的设计压力，决定缸筒的内径、长度及活塞杆的直径等主要尺寸，最后再进行结构设计。此处仅对主要尺寸的确定作简要介绍，详细设计计算可参阅相关设计手册。

① 液压缸主要尺寸的确定

a. 缸筒内径 D　如果液压缸驱动负载为主要目的，则液压缸的缸筒内径 D 应根据最大负载力 F 和选取的设计压力 p_1 及背压力 p_2 进行计算；如果强调速度，则缸筒内径 D 应根据运动速度 v 和已知流量 q 进行计算。

例如，单杆活塞缸，其无杆腔进油，有杆腔回油，设回油背压 $p_2=0$ 时，其缸筒内径 D

的计算公式为

$$D=\sqrt{\frac{4F}{\pi p_1}} \tag{4-27}$$

$$D=\sqrt{\frac{4q}{\pi v_1}} \tag{4-28}$$

b. 活塞杆直径 d　活塞杆的直径 d 可按设计压力和设备类型选取。活塞杆受拉时，可取 $d=(0.3\sim0.5)D$；活塞杆受压时，按表 4-4 选取；对于单杆液压缸，当往复速度比 λ_v 有要求时，可由 D 和 λ_v 来决定，见式(4-20)。

表 4-4　液压缸活塞杆受压时直径 *d* 的推荐值

设计压力 p_1/MPa	≤5	5～7	>7
活塞杆直径 d	$(0.5\sim0.55)D$	$(0.6\sim0.7)D$	$0.7D$

计算得到的 D、d，应按 GB/T 2348—93（液压缸、气缸内径及活塞杆外径系列）圆整为标准值。

c. 缸筒长度 L　缸筒长度 L 由最大工作行程决定。从制造工艺考虑，缸筒的长度 L 最好不超过其内径的 20 倍。

d. 活塞宽度 B　一般取 $B=(0.6\sim1.0)D$。

② 强度校核

a. 缸筒壁厚 δ　中低压系统中的液压缸，其缸筒壁厚 δ 可根据结构工艺要求来确定，其强度通常不必校核。但在高压系统中必须对其进行强度校核，强度验算分薄壁和厚壁两种情况。

当 $D/\delta\geqslant10$ 时，可按薄壁筒公式进行验算

$$\delta\geqslant\frac{p_y D}{2[\sigma]} \tag{4-29}$$

式中，D 为缸筒内径；p_y 为缸筒试验压力，当缸的额定压力 $p_n\leqslant16$MPa 时，取 $p_y=1.5p_n$；而当 $p_y>16$MPa 时，取 $p_y=1.25p_n$；$[\sigma]$为缸筒材料的许用应力，$[\sigma]=\sigma_b/n$，σ_b 为材料抗拉强度，n 为安全系数，一般取 $n=5$。

当 $D/\delta<10$ 时，应按如下厚壁筒公式进行校核

$$\delta\geqslant\frac{D}{2}\left(\sqrt{\frac{[\sigma]+0.4p_y}{[\sigma]-1.3p_y}}-1\right) \tag{4-30}$$

b. 活塞杆直径 d　活塞杆主要承受拉、压作用力，其校核公式为

$$d\geqslant\sqrt{\frac{4F}{\pi[\sigma]}} \tag{4-31}$$

式中，F 为活塞杆上的作用力；$[\sigma]$为活塞杆材料的许用应力，$[\sigma]=\sigma_b/n$，σ_b 为活塞杆材料的抗拉强度，n 为安全系数，一般取 $n\geqslant1.4$。

对于活塞杆受压且计算长度 $l\geqslant10d$ 的情况，为避免因活塞杆受到的压缩负载力 F 超过某一临界负载值而失去稳定性，需按材料力学中的有关公式并区别液压缸固定方式进行稳定性验算。

如果液压缸设置缓冲装置，则可根据有关手册对缓冲压力进行计算。

思考题与习题

4-1 液压执行元件有哪些类型？其功用分别是什么？

4-2 液压泵和液压马达在工作原理上是可逆的，那么是否任何液压泵都可以作为液压马达使用？

4-3 试述轴向柱塞式液压马达的工作原理，指出其性能特点和适用场合。

4-4 两单柱塞液压缸结构尺寸完全相同，其中一只为缸筒固定，另一只为柱塞固定。若向两者供油，压力和流量均相同，试比较运动部分的速度和推动的负载大小。

4-5 液压马达的排量为 $100\times10^{-6}\text{m}^3/\text{r}$，入口压力为 10MPa，出口压力为 0.5MPa，容积效率为 0.95，机械效率为 0.85，当输入流量为 $0.85\times10^{-3}\ \text{m}^3/\text{s}$ 时，求液压马达的输出转速、输出转矩、输出功率、输入功率。（答：484.8r/min；128.58N·m；6.52kW；8.08kW）

4-6 一液压马达排量为 80mL/r，负载转矩 50N·m 时，测得机械效率为 0.85，将此马达作泵使用，在工作压力为 4.62MPa 时，其扭矩机械损失与上述液压马达工况时相同，求此时泵的机械效率。（答：0.87）

4-7 一个双叶片摆动液压马达的内径 D=200mm，叶片宽度 b=100mm，摆动轴直径 d=40mm，供油压力 p=16MPa，供油流量 q=63 L/min，不计排油背压，求该摆动马达的输出转矩 T 和角速度 ω。（答：T=15360N·m；ω=1.091/s）

4-8 如双杆活塞缸两侧的活塞杆直径不相等，当两腔同时通入压力油时，活塞能否运动？如左、右侧杆径为 d_1、d_2（$d_1>d_2$），且杆固定，当输入压力油的压力为 p，流量为 q 时，问缸向哪个方向运动？试画出缸的简图并导出其速度 v、推力 F 的表达式？$\left[\text{答：向右；}v=\dfrac{4q}{\pi(d_1^2-d_2^2)}\text{；}F=p\dfrac{\pi}{4}(d_1^2-d_2^2)\right]$

4-9 已知单杆活塞缸缸筒内径 D=50mm，活塞杆直径 d=35mm，供油流量为 $q=0.13\times10^{-3}\text{m}^3/\text{s}$，供油压力为 2MPa，试求液压缸差动连接时的运动速度 v 和推力 F？（答：v=0.14m/s；F=2404.1N）

4-10 设计一单杆活塞液压缸，已知外负载 F=20kN，活塞和活塞杆处的摩擦力 F_f=1.2kN，进入液压缸的油液压力为 5MPa，计算缸的内径。若活塞最大速度 $v_{\max}$=4cm/s，系统的泄漏损失为 10%，应选多大流量的泵？若泵的总效率为 0.85，电动机的驱动功率应多大？（答：80mm；16 L/min；1.3kW）

4-11 一单杆液压缸快进时采用差动连接，快退时油液输入缸的有杆腔，设缸快进、快退的速度均为 0.1m/s，工进时杆受压，推力为 25kN。已知缸的输入流量 25L/min，背压 0.2MPa，求：①缸和活塞杆直径 D、d；②缸筒材料为 45 钢，缸筒的壁厚。（答：①D 取 100mm，d 取 70mm；②算得 1.89mm，取 2.5mm）

4-12 图 4-13 所示的两个单杆活塞缸串联连接，无杆腔和有杆腔的有效作用面积分别为 $A_1=0.01\text{m}^2$ 和 $A_2=0.008\text{m}^2$，缸 1 输入流量为 $q_1=0.2\times10^{-3}\text{m}^3/\text{s}$，压力为 p_1=0.9MPa，不计任何损失时，求：①两缸所承受负载相同（$F_1=F_2$）时，速度 v_1、v_2 和负载 F_1、F_2 各为多少？②缸 1 不承受负载（F_1=0）时，缸 2 承受负载 F_2 为多少？③缸 2 不承受负载（F_2=0）时，缸 F_1 承受负载为多少？（答：①v_1=0.02m/s；v_2=0.016m/s；$F_1=F_2$=5000N；②F_2=11250N；③F_1=9000N）

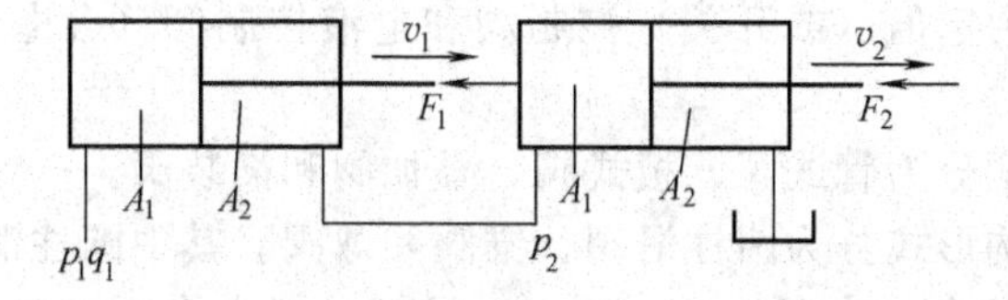

图 4-13 题 4-12 图

第5章　液压控制元件

液压系统中的控制元件指各类液压控制阀（简称液压阀），其功用是通过控制调节液压系统中油液的流向、压力和流量，使执行元件及其驱动的工作机构获得所需的运动方向、推力（转矩）及运动速度（转速）等，满足不同的动作要求。任何一个液压系统，不论其如何简单，都不能缺少液压阀；同一工艺目的的液压机械，通过液压阀的不同组合使用，可以组成油路结构截然不同的多种系统方案，因此，液压阀是液压技术中品种与规格最多、应用最广泛、最活跃的部分；一个液压系统的工作过程和品质，在很大程度上取决于其中所使用的各种液压阀。

5.1　液压阀概述

5.1.1　基本结构与原理

液压阀的基本结构主要包括阀芯、阀体和驱动阀芯在阀体内作相对运动的装置。阀芯的结构形式多样；阀体上有与阀芯配合的阀体（套）孔或阀座孔，还有外接油管的进、出油口；阀芯的驱动装置可以是手调（动）机构、机动机构，也可以是弹簧或电磁铁，有些场合还采用液压力驱动或电液驱动。

在工作原理上，液压阀是利用阀芯在阀体内的相对运动来控制阀口的通断及开度的大小，以实现方向、压力和流量控制。液压阀工作时，所有阀的阀口大小，阀的进、出油口间的压力差以及通过阀的流量之间的关系都符合孔口流量公式 $q=CA\Delta p\varphi$（C 为由阀口形状、油液性质等决定的系数，A 为阀口通流面积，φ 为由阀口形状决定的指数），仅是参数因阀的不同而异。

5.1.2　分类

液压阀的分类方法很多，以至于同一种阀在不同的场合，因其着眼点不同有不同的名称。

① 按功用分为方向控制阀、压力控制阀和流量控制阀三类。

② 按控制方式分为定值（或开关）控制阀和电液控制阀（含电液伺服阀、电液比例阀和电液数字阀）。

③ 按安装连接方式分为管式阀、板式阀、叠加阀和插装阀。

④ 根据阀芯的结构形式分为圆柱滑阀、锥阀和球阀。其中圆柱滑阀简称滑阀，如图 5-1(a)所示，其阀芯台肩的大、小直径为 D 和 d。滑阀可以有多个油口，与进、出油口对应的阀体（或阀套）上开有沉割槽，通常为全圆周。利用阀芯在阀体孔内的相对运动启、闭阀口，图中 x 表示阀口的开度。滑阀为间隙密封，因此，为保证工作中被封闭的油口的密封性，阀芯与阀体孔的径向配合间隙应尽可能小，同时还需要适当的轴向密封长度。这就使得阀口开启时阀芯需先位移一段距离（等于密封长度），所以滑阀运动存在一个“死区”。

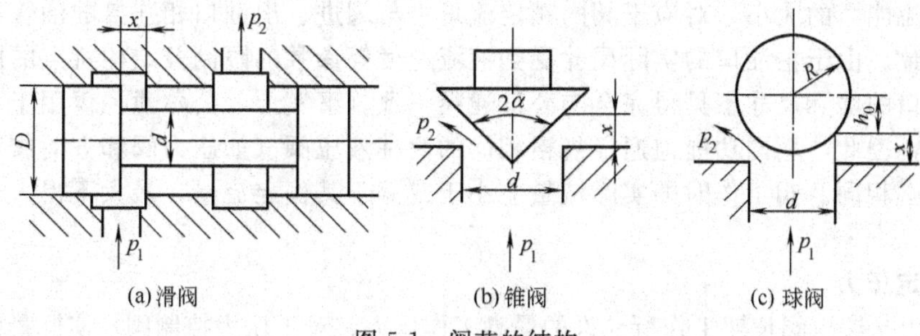

(a) 滑阀　(b) 锥阀　(c) 球阀

图 5-1　阀芯的结构

由第 2 章液体力学易得滑阀阀口的流量-压力方程和阀芯上的稳态液动力表达式分别为

$$q=C_{\mathrm{d}}\pi Dx\sqrt{\frac{2}{\rho}(p_1-p_2)} \tag{5-1}$$

$$F_{\mathrm{s}}=2C_{\mathrm{d}}\pi Dx\cos\theta(p_1-p_2) \tag{5-2}$$

为了减小液动力 F_{s} 对滑阀操纵力的影响，通常采取表 5-1 所列结构措施补偿或消除液动力。

表 5-1　补偿或消除稳态液动力的几种方法

结构措施	简　图	描　述
采用特种阀腔形状的负力窗口	阀套 阀芯	出流对阀芯造成一个与稳态液动力反向的作用力；但阀芯与阀体(套)形状复杂，不便加工
阀套上开斜孔	阀套 阀芯	使流出与流入阀腔的液体动量互相抵消，从而减小轴向液动力；但斜孔布置、加工不便
改变阀芯的颈部尺寸	阀套 阀芯	使液流流过阀芯时有较大的压降，以便在阀芯两端面上产生不平衡液压力，抵消轴向液动力；但流量较小时效果不佳

锥阀［图 5-1(b)］阀芯的半锥角 α 一般为 12°～40°。锥阀只能有进、出油口各一个，阀口关闭时为线密封，密封性能好，开启时无死区，动作灵敏，阀芯稍有位移即开启。锥阀阀口的流量-压力方程和阀芯上的稳态液动力表达式分别为

$$q=C_{\mathrm{d}}\pi dx\sin\alpha\sqrt{\frac{2}{\rho}(p_1-p_2)} \tag{5-3}$$

$$F_{\mathrm{s}}=2C_{\mathrm{d}}\pi dx\sin2\alpha(p_1-p_2) \tag{5-4}$$

球阀［图 5-1(c)］实质上属于锥阀类。其性能与锥阀相同，阀口的流量-压力方程为

$$q=C_{\mathrm{d}}\pi dh_0\frac{x}{R}\sqrt{\frac{2}{\rho}(p_1-p_2)} \tag{5-5}$$

式中，R 为阀芯（钢球）半径；$h_0=\sqrt{R^2-(d/2)^2}$。

此外，还有喷嘴挡板阀和射流管阀等，它们常用于电液控制阀中。

5.1.3　基本性能参数

(1) 公称通径

液压阀主油口（进、出口）的名义尺寸叫做公称通径，用 D_{g} 表示（单位 mm），它代表

了液压阀通流能力的大小，对应于阀的额定流量。与阀进、出油口相连接的油管规格应与阀的通径相一致。由于主油口的实际尺寸受到液流速度等参数的限制及结构特点的影响，所以液压阀主油口的实际尺寸不见得完全与公称通径一致。事实上，公称通径仅用于表示液压阀的规格大小，因此，不同功能但通径规格相同的两种液压阀（如压力阀和方向阀）的主油口实际尺寸未必相同。阀工作时的实际流量应小于或等于其额定流量，最大不得大于额定流量的 1.1 倍。

(2) 额定压力

额定压力是液压阀长期工作所允许的最高工作压力。对于压力控制阀，实际最高工作压力有时还与阀的调压范围有关；对于换向阀，实际最高工作压力还可能受其功率极限的限制。

5.1.4 对液压阀的基本要求

① 动作灵敏，使用可靠，工作时冲击和振动小，噪声小，使用寿命长。

② 阀口全开时，液体通过阀的压力损失小；阀口关闭时，密封性能好。

③ 被控参量（压力或流量）稳定，受外部干扰时变化量小。

④ 结构紧凑，安装调试及使用维护方便，通用性好。

5.2 方向控制阀

方向控制阀的功用是控制液压系统中液流方向，以满足执行元件启动、停止及运动方向的变换等工作要求。方向控制阀主要有单向阀、换向阀和多路阀三类。

5.2.1 单向阀

单向阀有普通单向阀和液控单向阀两类。

(1) 普通单向阀

① 工作原理及图形符号　普通单向阀的作用是只允许液流沿管道一个方向通过，另一个方向的流动则被截止。图 5-2(a)所示为常用的普通单向阀，其连接方式为管式，阀芯 2 为锥阀。阀芯由弹簧 3 作用压在阀座上，使阀口关闭。当液流从 P_1 口方向流入时，阀芯上的液压力克服作用在阀芯 2 上的出口液压力、弹簧作用力及阀芯与阀体 1 之间的摩擦阻力，顶开阀芯，并通过阀芯上的径向孔 a 和轴向孔 b 从 P_2 口流出，实现正向流动。当压力油从 P_2 口流入时，在液压力与弹簧力共同作用下，使阀芯紧紧压在阀体的阀座上，实现反向截止。图 5-2(b)所示为普通单向阀的图形符号。

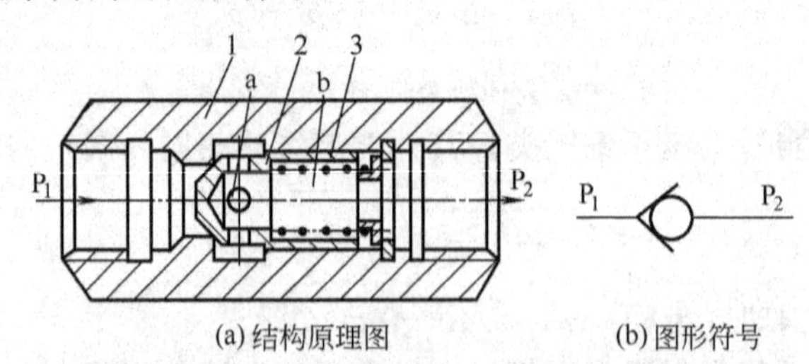

(a) 结构原理图　　(b) 图形符号

图 5-2　普通单向阀的工作原理及图形符号

1—阀体；2—阀芯；3—弹簧；a—径向孔；b—轴向孔

② 技术性能与要求　普通单向阀的主要性能有正向最小开启压力、正向流动压力损失和反向泄漏量。正向最小开启压力指使阀芯刚开启的入口最小压力，它因应用场合不同而

异。对于同一个单向阀，不同等级的开启压力可通过更换阀中的弹簧实现：若只作为控制液流单向流动，则弹簧刚度选得较小，其开启压力仅需 0.03～0.05MPa；若作背压阀使用，则需换上刚度较大的弹簧，使单向阀的开启压力达到 0.2～0.6MPa。压力损失指单向阀正向通过额定流量时所产生的压力降。反向泄漏量指液流反向进入时阀座孔处的泄漏量，性能良好的单向阀应反向无泄漏或泄漏量极微小。

对单向阀的基本要求是动作灵敏，正向流动时阻力损失小，反向截止时密封性好，工作时不应有振动与噪声。

③ 应用场合　普通单向阀可安装在液压泵出口，以防止系统的压力冲击影响泵的正常工作并防止泵检修及多泵合流系统停泵时油液倒灌；安装在多执行元件系统的不同油路之间，防止油路间压力及流量的不同而相互干扰；在系统中作背压阀用，提高执行元件的运动平稳性；与其它液压阀如节流阀、顺序阀等组合成单向节流阀、单向顺序阀等。

(2) 液控单向阀

① 工作原理及图形符号　液控单向阀除了能实现普通单向阀的功能外，还可按需要由外部油压控制，实现逆向流动。按照结构特点，液控单向阀有简式和复式两类。

简式液控单向阀的结构如图 5-3(a)所示，仍属管式阀，它比普通单向阀增加了一个控制活塞 1 及控制口 K。当 K 未通控制压力油时，其原理与普通单向阀完全相同，即油液从 P_1 口流向 P_2 口，为正向流动；当 K 中通入控制压力油时，使控制活塞顶开主阀芯 2，实现油液从 P_2 口到 P_1 口的流动，为反向开启状态。液控单向阀的图形符号如图 5-3(c)所示。图示形式的液控单向阀的控制压力 p_K 最小需主油路压力的 30%～50%。

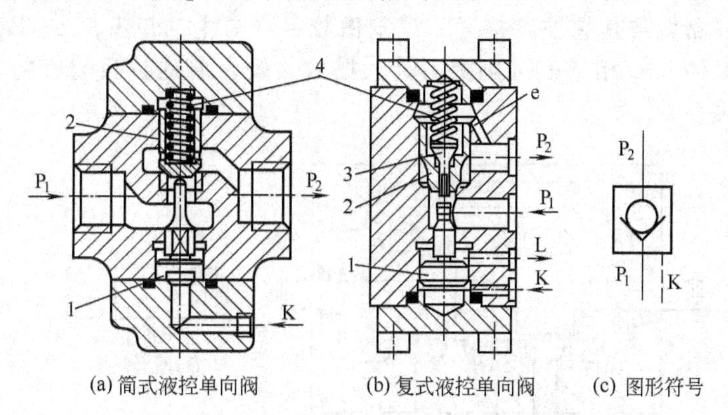

(a) 简式液控单向阀　(b) 复式液控单向阀　(c) 图形符号

图 5-3　液控单向阀的结构原理及图形符号

1—控制活塞；2—主阀芯；3—卸载阀芯；4—弹簧；e—油道

图 5-3(b)所示为复式液控单向阀的结构原理图，属于板式阀，它带有卸载阀芯 3。主阀芯（锥阀）2 下端开有一个轴向小孔，轴向小孔由卸载阀芯 3 封闭。当 P_2 口的高压油液需反向流过 P_1 口时（一般为液压缸保压结束后的工况），控制压力油通过控制活塞 1 将卸载阀芯向上顶起一较小的距离，使 P_2 口的高压油瞬即从油道 e 及轴向小孔与卸载阀芯下端之间的环形缝隙流出，P_2 口的油液压力随即降低，实现泄压；然后，主阀芯被控制活塞顶开，使反向油流顺利通过。由于卸载阀芯的控制面积较小，仅需要用较小的力即可顶开卸载阀芯，故大大降低了反向开启所需的控制压力，其控制压力仅约为工作压力的 5%，所以复式液控单向阀特别适用于高压大流量液压系统使用。图中油口 L 为外泄口。

② 技术性能　液控单向阀的主要技术性能包括正向最低开启压力、反向开启最低控制压力、反向泄漏量、压力损失等。正向最低开启压力与普通单向阀相同。反向开启最低控制压力指能使单向阀打开的控制口最低压力。一般复式比简式反向开启最低控制压力小。反向

泄漏量与普通单向阀相同。液控单向阀的压力损失有控制口不起作用时的和控制口起作用时的压力损失两种，前者为控制口压力为零时液控单向阀通过额定流量时所产生的压力降，与普通单向阀相同；后者，当液控单向阀是在控制活塞作用下打开时，不论此时是正向流动还是反向流动，其压力损失仅是由油液的流动阻力产生的，与弹簧力无关。故在相同流量下，它的压力损失要小于控制活塞不起作用时的正向流动压力损失。

③ 应用场合　通过两个单独的液控单向阀或两个液控单向阀复合为一体的液压锁构成锁紧回路，可将液压缸锁紧（固定）在任何位置；串联在立置液压缸的下行油路上，以防液压缸及其拖动的工作部件因自重自行下落；在执行元件低载高速及高载低速的液压系统中作充液阀，以减小液压泵的容量；用于液压系统保压与泄压。

5.2.2 换向阀

换向阀的作用是利用阀芯相对于阀体的相对运动，实现油路的通、断或改变液流的方向，从而实现液压执行元件的启动、停止或运动方向的变换。换向阀的种类繁多，主要有滑阀式、转阀式和球阀式三大类。此处着重介绍应用最为广泛的滑阀式换向阀。

(1) 工作原理及图形符号

图 5-4(a)是滑阀式换向阀的工作原理图，阀体 1 与圆柱形阀芯 2 为阀的结构主体。阀芯可在阀体孔内轴向滑动。阀体孔里的环形沉割槽与阀体底面上所开的相应的主油口（P、A、B、T）相通。阀芯的台肩将沉割槽遮盖（封油）时，此槽所通油路（口）即被切断，阀芯台肩不仅遮盖沉割槽，还将沉割槽旁侧的阀体内孔遮盖一段长度。当台肩不遮盖沉割槽（阀芯打开）时，此油路就与其它油路接通。沉割槽数目（与主油口 P、A、B、T 不相通的沉割槽或是专门与泄油口 L 相通的沉割槽不计入槽数）及台肩的数目与阀的功能、性能、体积和工艺有直接关系。

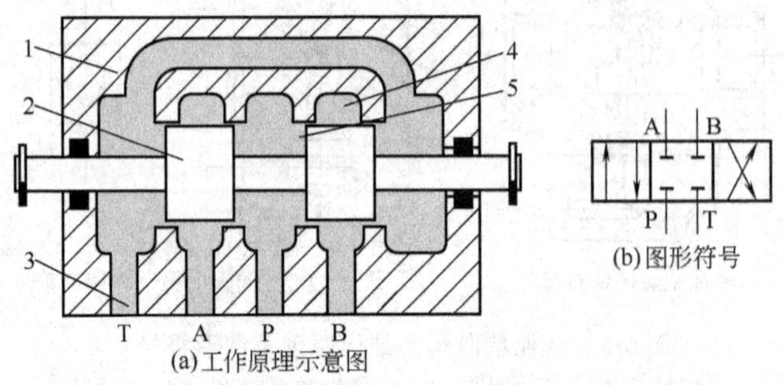

(a)工作原理示意图　(b)图形符号

图 5-4　滑阀式换向阀的工作原理与图形符号

1—阀体；2—滑动阀芯；3—主油口（通口）；4—沉割槽；5—台肩

由于阀芯可在阀体孔里作轴向运动，故依靠阀芯在阀孔中处于不同位置，便可以使一些油路接通而使另一些油路关闭。例如，图 5-4(a)所示，阀芯有左、中、右三个工作位置，当阀芯 2 处于图示位置时，四个油口 P、A、B、T 都关闭，互不相通；当阀芯移向左端时，油口 P 与 A 相通，油口 B 与 T 相通；当阀芯移向右端时，油口 P 与 B 相通，油口 A 与 T 相通。阀芯特别适合用电磁铁等机构操纵驱动。

滑阀式换向阀的图形符号由相互邻接的几个长方形构成。每一个长方形表示换向阀的一个工作位置，而长方形中的箭头表示阀所控制的液流方向及油路之间的连接情况，短横线表示油路封闭。整个长方形两端的符号则表示阀的操纵驱动机构及定位方式。字母 P、A、B、T 等分别表示主油口与液压系统相连接的油路名称，通常 P 表示接液压泵或压力源，A 和 B 分别表示接执行元件的进口和出口，T 表示接油箱。图 5-4(b)是图(a)所示换向阀的图形符号。

位数与通路数是滑阀式换向阀的两个重要参数，位数表示阀芯可能实现的工作位置数目；通路数表示换向阀的主油路通路数（不含控制油路和泄油路的通路数）。例如，图 5-4 所示的换向阀的位数为 3，通路数为 4，所以这是一个三位四通换向阀。

表 5-2 列出了滑阀式换向阀的一些常见的主体部分结构形式。

表 5-2　滑阀式换向阀一些常见的主体部分结构形式

名称	原理图	图形符号	适用场合		
二位二通阀	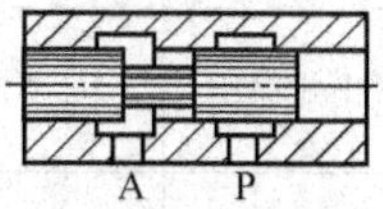	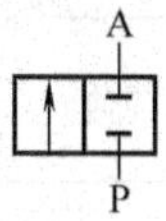	控制油路的接通与切断（相当于一个开关）		
二位三通阀	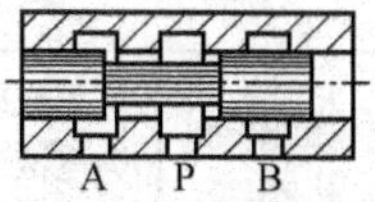	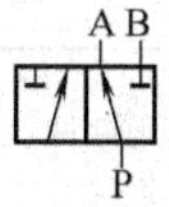	控制液流方向（从一个方向变换成另一个方向）		
二位四通阀	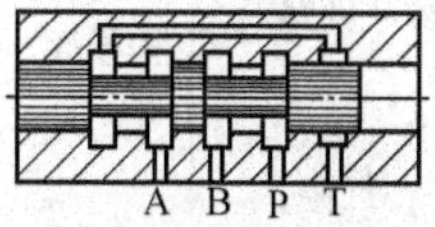	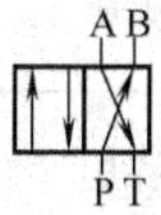	控制执行元件换向	不能使执行元件在任一位置上停止运动	执行元件正反向运动时回油方式相同
三位四通阀	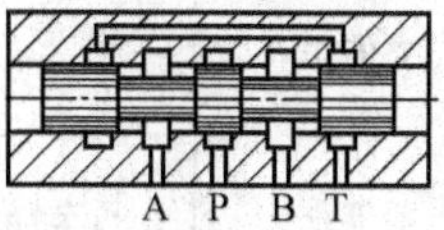	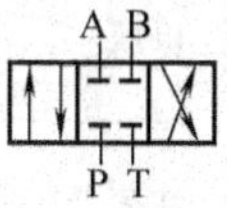		能使执行元件在任一位置上停止运动	
二位五通阀	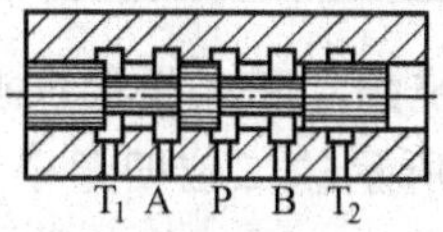			不能使执行元件在任一位置上停止运动	执行元件正反向运动时可以得到不同的回油方式
三位五通阀	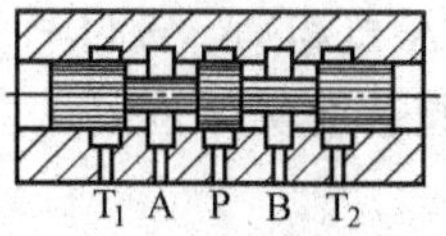	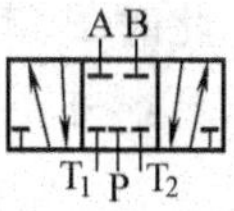		能使执行元件在任一位置上停止运动	

(2) 三位换向阀的中位机能

三位换向阀的阀芯处于中间位置（也称停车位置）时，各通口的连通方式称为阀的中位机能，通常用一个字母表示。滑阀的不同中位机能可满足不同的功能要求，不同的中位机能可通过改变阀芯形状和尺寸得到。

三位四通换向阀常见的中位机能、型号、图形符号及其特点等如表 5-3 所示。

(3) 操纵控制方式及工作位置的判定

滑阀式换向阀可用不同的操纵控制方式进行换向，手动、机动（行程）、电磁、液动和电液动等是常用的操纵控制方式，不同的操纵控制方式与具有不同机能的主体结构（表 5-2 和表 5-3）进行组合即可得到不同的换向阀，表 5-4 给出了常用操纵方式的符号及其构成的换向阀的完整图形符号。

绘制图形符号时，以图 5-5 所示弹簧复位的二位四通电磁换向阀为例，一般将控制源（此例为电磁铁）画在阀的通路机能同侧，复位弹簧或定位机构等画在阀的另一侧。

表 5-3 三位四通换向阀的中位机能、型号、图形符号及其特点

中位机能	图形符号	油口情况	液压泵状态	执行元件状态	应用
O	A B P T	P、T、A、B 互不连通	保压	停止	可组成并联系统
H		P、T、A、B 连通	卸荷	停止并浮动	可节能
M		P、T 连通，A 与 B 封闭	卸荷	停止并保压	可节能
U		P 与 T 封闭，A 与 B 连通	保压	停止或浮动	
P		P、A、B 连通，T 封闭	与执行元件两腔通	液压缸差动	组成差动回路，可作为电液动阀的先导阀
Y		P 封闭，T、A、B 连通	保压	停止并浮动	可作为电液动阀的先导阀
C		P、A 连通，B、T 封闭	保压	停止	
J		P、A 封闭，B、T 连通	保压	停止	
K		P、A、T 连通，B 封闭	卸荷	停止	可节能

有多个工作位置的换向阀，其实际工作位置应根据液压系统的实际工作状态来判别。一般将阀两端的操纵驱动元件的驱动力视为推力。例如，图 5-5 所示的二位四通电磁换向阀，若电磁铁没有通电，此时的图形符号称阀处于右位，四个油口互不相通；若电磁铁通电，则阀芯在电磁铁的作用下向右移动，称阀处于左位，此时 P 口与 A 口相通，B 口与 T 口相通。之所以称阀位于“左位”、“右位”是指图形符号而言，并不指阀芯的实际位置。

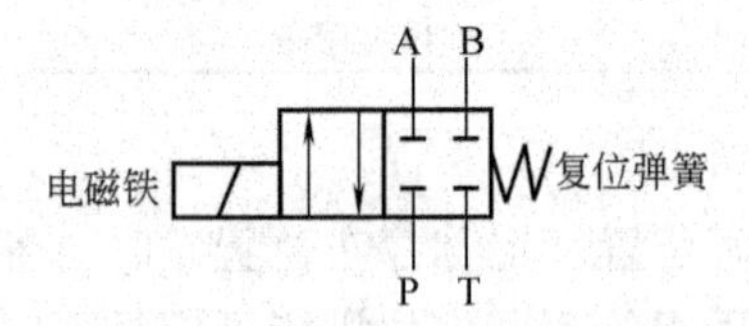

图 5-5 二位四通电磁换向阀

(4) 结构简介

滑阀式换向阀品种繁多，此处仅以电液动换向阀为例简介其结构，如图 5-6 所示。由图可见，电液动换向阀由电磁滑阀（先导阀）和液动滑阀（主阀）复合而成。先导阀用以改变控制压力油流的方向，从而改变主阀的工作位置，所以可将主阀视为先导阀的“负载”；主阀用以更换主油路压力油流的方向，从而改变执行元件的运动方向。具体工作过程为：当电磁先导阀的两个电磁铁都不通电时，先导阀阀芯在其对中弹簧作用下处于中位，来自主阀 P 口或外接油口的控制压力油不再进入主阀左右两端的弹簧腔，两弹簧腔的油液通过先导阀中位的 A、B 油口与先导阀 T 口相通，再经主阀 T 口或外接油口排回油箱。主阀芯在两端复

表 5-4　滑阀式换向阀的操纵方式及其完整图形符号

操纵方式	符　号	示例：名　称	示例：图形符号	说　明
手动		三位四通手动换向阀	A B / P T	O 形中位机能，手动操纵，弹簧复位
机动（滚轮式）		二位二通机动换向阀	A / P	常闭机能，滚轮式机械操纵，弹簧复位
电磁		二位三通电磁换向阀	A B / P	单电磁铁操纵，弹簧复位
		三位四通电磁换向阀	A B / P T	M 形中位机能，双电磁铁操纵，弹簧复位对中
液动		三位五通液动换向阀	A B / T_1PT_2	O 形中位机能，液压操纵，弹簧复位对中
电液动		三位四通电液动换向阀	详细：P A T B P T；简化：A B P T	O 形中位机能（主阀），电液联合操纵，弹簧复位对中，由阻尼节流器可调节换向时间解决换向冲击问题

位弹簧的作用下处于中位，主阀（即整个电液换向阀）的中位机能就由主阀芯的结构决定，图示为 O 形机能，故此时主阀的 P、A、B、T 口均不通。如果先导阀左端电磁铁通电，则先导阀阀芯右移，控制压力油经单向阀进入主阀芯左端弹簧腔，其右端弹簧腔的油经节流器和先导阀接通油箱，于是主阀芯右移（移动速度取决于节流器），从而使主阀的P→A相通，B→T 相通；同理，当右端电磁铁通电时，先导阀阀芯左移，主阀芯也左移，主阀的 P→B 相通，A→T 相通。

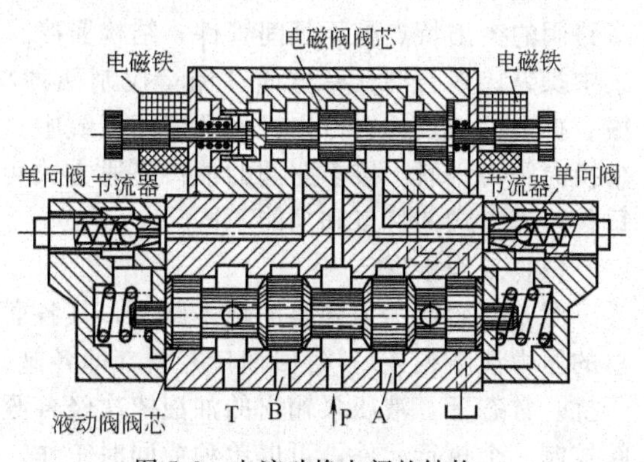

图 5-6　电液动换向阀的结构

弹簧对中式三位四通电液动换向阀的先导阀中位机能应为 Y 形或 H 形的，只有这样，当先导阀处于中位时，主阀芯两端弹簧腔压力为零，主阀芯才能在复位弹簧的作用下可靠地保持在中位。

(5) 技术性能

换向阀的性能以电磁换向阀的项目最多，主要有压力损失、换向和复位时间、换向频率和使用寿命等。

压力损失由流动损失和阀口节流损失两部分组成，但因电磁换向阀的开口量较小，故节流损失较大。

换向时间指从电磁铁通电到阀芯换向终止的时间；复位时间指从电磁铁断电到阀芯回复到初始位置的时间。减小换向和复位时间对提高工作效率有利，但会引起液压冲击。交流电磁阀的换向时间约 0.01～0.03s（动作较慢的一般也不超过 0.08s），换向冲击较大；直流电磁阀的换向时间约 0.02～0.07s（动作慢的约 0.1～0.2s），换向冲击较小。

单位时间内阀所允许的换向次数称换向频率。电磁换向阀的换向频率主要受电磁铁特性的限制。一般交流电磁铁的换向工作频率在 60 次/min 以下（性能好的可达 120 次/min）。湿式电磁铁的散热条件较好，所以换向频率比干式高些。直流电磁铁由于不受启动电流的限制，换向频率可达 250～300 次/min。换向频率不能超过阀的换向时间所规定的极限，否则无法完成完整的换向过程。

使用寿命指电磁阀用到它某一零件损坏，不能进行正常的换向和复位动作，或者到了其主要性能指标明显恶化且超过规定值时所具有的换向次数。换向阀的使用寿命主要取决于电磁铁的工作寿命。湿式交流电磁铁比干式交流电磁铁的使用寿命长，直流电磁铁比交流电磁铁的使用寿命长。交流电磁铁的寿命仅为数十万次到数百万次，而直流电磁铁的使用寿命一般在一千万次以上，有的高达四千万次。

(6) 应用场合

在上述各种滑阀式换向阀中，电磁阀的应用最为普遍，通过电磁铁的通断电直接控制阀芯位移，实现液压系统中液流的通断和方向变换，可以操纵各种执行元件的动作（如液压缸的往复、液压马达的回转），液压系统的卸荷、升压、多执行元件间的顺序动作控制等。使用电磁阀的液压系统及其主机设备，自动化程度高，操纵控制方便，布局美观大方。

5.2.3 多路换向阀

多路换向阀（简称多路阀）是一种以两个以上的滑阀式换向阀为主体，集换向阀、单向阀、安全溢流阀、补油阀、分流阀、制动阀等于一体的多功能集成阀。与其它液压阀相比，多路阀的突出特点是无阀间管件，结构紧凑，压力损失小、操纵阻力小、可对多个执行元件集中操纵。多路阀具有方向和流量控制两种功能。多路阀主要用于工程机械、起重运输机械、掘进机械及其它行走机械的液压系统中。一组多路换向阀通常由几个换向阀组成，每一个换向阀为一联。按多路阀的油口连通方式可分为并联、串联、串并联、复合油路等形式，每种连通方式的特点和功能不同。

(1) 工作原理

图 5-7(a)所示为并联油路多路阀，其各联换向阀之间的进油路并联（即各阀的进油口与总的压力油路相连），各回油口并联（即各阀的回油口与总的回油路相连），进油与回油互不干扰。常态下，液压泵输出的油液依次经各阀之中位卸荷回油箱，有利于节能。工作中每联阀控制一个执行元件，可以单独或同时工作。但是如果油源为单定量泵，则当同时操作各换向阀时，压力油总是首先进入压力较低（即负载较小）的执行元件，故只有各执行元件的负载（即进油腔的油液压力）相等时，它们才能同时动作。

串联油路多路阀如图 5-7(b)所示，常态下，液压泵卸荷。工作中，每联阀控制一个执行元件，可以单独或同时操纵。同时操纵时，可实现两个以上执行元件的复合动作，但其第一联阀的回油为下一联阀的进油，依次直到最后一联换向阀，液压泵的工作压力应为同时工作的各执行元件的负载压力总和。

串并联油路多路阀如图 5-7(c)所示，常态下，液压泵卸荷。其每一联换向阀的进油路与该阀之前的阀的中位回油路相连（进油路串联），各联阀的回油路与总的回油路相连（回油路并联），故称之为串并联油路。工作时，每联阀控制一个执行元件，即当一个执行元件工作时，后面的执行元件供油被切断，各执行元件只能按顺序动作，所以又称之为顺序单动油路。各执行元件能以最大能力工作，但不能实现复合动作。

复合油路多路换向阀是上述两种或三种油路的组合，组合的方式取决于系统及主机的作业方式。

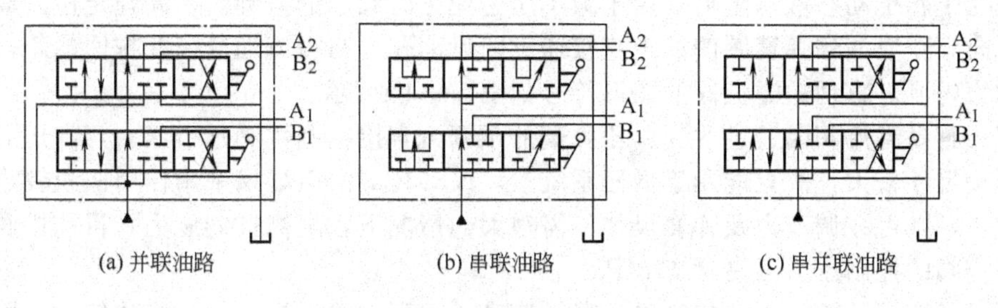

(a) 并联油路　(b) 串联油路　(c) 串并联油路

图 5-7　多路换向阀

(2) 结构特点

在结构上，多路阀有整体式和分片式两种结构。

整体式是将各联换向阀及一些辅助阀制成一体，具有固定数目的换向阀和机能。其优点是结构紧凑、重量轻，压力损失较小；缺点是通用性差，阀体的铸造工艺比分片式复杂；加工过程中只要有一个阀孔不合要求即整个阀体报废。适合工艺目的相对稳定及批量大的品种。

分片式多路阀是将每联换向阀做成一片再用螺栓连接起来。其优点是可用几种单元阀组合成多种不同功用的多路阀，扩展了阀的使用范围；加工中报废一片也不影响其它阀片，用坏的单元易于修复或更换。其缺点是体积和重量大，加工面多；各片之间需要密封，泄漏的可能性大；旋紧片间连接螺栓不当时，可能引起阀体孔道变形，导致阀杆卡阻。

5.3　压力控制阀

压力控制阀的功用是控制液压系统中的油液压力，以满足执行元件对输出力、输出转矩及运动状态的不同需求。压力控制阀主要有溢流阀、减压阀、顺序阀和压力继电器等，它们的共同特点是利用液压力和弹簧力的平衡原理进行工作，调节弹簧的预压缩量（预调力）即可获得不同的控制压力。

5.3.1　溢流阀

溢流阀的功用是通过阀口的溢流，实现调节、稳定或限定液压系统的工作压力。按照结构及工作原理的不同，溢流阀有直动式和先导式两类。

(1) 工作原理及图形符号

① 直动式溢流阀　直动式溢流阀是一个闭环自动控制元件，其输入量为弹簧预调力，输出量为被控压力（进口压力），被控压力反馈与弹簧力比较，自动调节溢流阀口的节流面积，使被控压力基本恒定。

图 5-8(a)所示为直动式溢流阀的结构原理图，它由阀体 2、阀芯（滑阀）3 及调压机构

(弹簧座 6、调压弹簧 7）等主要部分组成。阀体左、右两端开有溢流阀的进油口 P（接液压泵或被控压力油路）和出油口 T（接油箱），阀体中开有阻尼孔 1 和内泄油孔 8。作用在阀芯 3 上的液压力直接与弹簧力相平衡。图示状态，阀芯在弹簧力作用下关闭，油口 P 与 T 被隔开。当液压力大于弹簧预调力时，阀芯上升，阀口开启，压力油液经出油口 T 溢流。阀芯位置会因通过溢流阀的流量变化而变化，但因阀芯的移动量极小，故只要阀口开启有油液流经溢流阀，溢流阀入口压力 p 基本上就是恒定的。当入口压力降低时，则弹簧力使阀芯关闭。调节弹簧 7 的预调力即可调整溢流压力；改变弹簧的刚度，即可改变阀的调压范围。阻尼孔 1 属于动态液压阻尼，用于减小压力变化时阀芯的振动，提高稳定性。经阀芯与阀体孔径向间隙泄漏到弹簧腔的油液直接通过内泄油孔 8 与溢流油液一并排回油箱，此种泄油方式称为内泄。直动式溢流阀的图形符号如图 5-8(b)所示。

滑阀式直动溢流阀因通过改变调压弹簧的预调力直接控制主阀进口压力，高压时所需调节力及弹簧尺寸较大，故只能用于低压系统（≤2.5MPa）。但如果采用作用面积较小的锥阀和球阀阀芯，则可在调节力及弹簧尺寸不需很大的情况下，提高控制压力，目前锥阀和球阀式直动溢流阀的控制压力已高达 40MPa。

直动式溢流阀的特点是结构简单，灵敏度高，但压力受溢流流量的影响较大，即静态调压偏差（调定压力与开启压力差）较大，动态特性因结构形式而异。锥阀式和球阀式反应较快，动作灵敏，但稳定性差，噪声大，常作安全阀及压力阀的先导阀；而滑阀式动作反应慢，压力超调大，但稳定性好。

② 先导式溢流阀　图 5-9(a)所示为先导式溢流阀的结构原理图，它由先导阀（导阀芯 7 和调压弹簧 8）和主阀（主阀芯 2 和复位弹簧 4）两大部分构成。主阀体 1 上有两个主油口（进油口 P 和出油口 T）和一个远程控制口（又称遥控口）K，主阀内设有阻尼孔 3 和泄油孔 12，主阀与先导阀间设有阻尼孔 5。

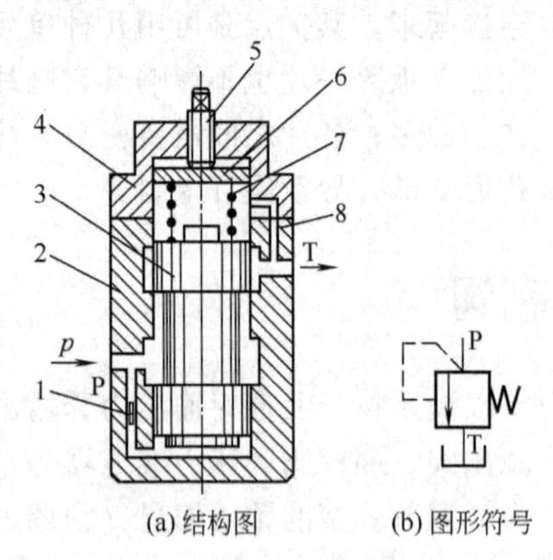

图 5-8　直动式溢流阀结构原理及图形符号

1—阻尼孔；2—阀体；3—阀芯；4—阀盖；5—调压螺钉；6—弹簧座；7—调压弹簧；8—内泄油孔

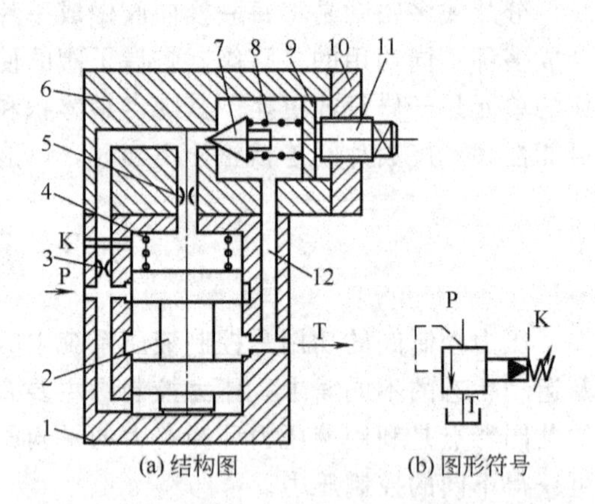

图 5-9　先导式溢流阀的结构原理及图形符号

1—主阀体；2—主阀芯（滑阀）；3,5—阻尼孔；4—复位弹簧；6—阀盖；7—导阀芯（锥阀）；8—调压弹簧；9—弹簧座；10—阀盖；11—调压螺钉；12—泄油孔

先导式溢流阀的主阀启、闭受控于先导阀。压力油从进油口 P 进入，通过阻尼孔 3 后作用在先导阀上。当进油口的压力较低，先导阀上的液压作用力不足以克服调压弹簧 8 的作用力时，先导阀关闭，没有油液流过阻尼孔 3，所以主阀芯两端的压力相等，在较软的复位弹簧 4 的作用下，主阀芯 2 处在最下端位置，溢流阀进油口 P 和回油口 T 隔断，没有溢流。当进油口压力升高到先导阀上的液压力大于调压弹簧 8 的预调力时，先导阀打开，压力油即

通过阻尼孔3、经先导阀和泄油孔12流回油箱。由于阻尼孔3的作用，使主阀芯上端的压力小于下端。当这个压力差作用在主阀芯上的力超过主阀弹簧力、摩擦力和主阀芯自重时，主阀芯打开，油液从进油口P流入，经主阀阀口由出油口T流回油箱，实现溢流作用。用调压螺钉调节导阀弹簧的预紧力，即可调节溢流阀的溢流压力。阻尼孔5起动态液压阻尼作用，以消除主阀芯的振动，提高其动作平稳性。

阀中远程控制口K的作用为：a. 通过油管接到另一个远程调压阀（远程调压阀的结构和溢流阀的先导控制部分一样），调节远程调压阀的弹簧力，即可调节溢流阀主阀芯上端的液压力，从而对溢流阀的溢流压力实行远程调压，但是，远程调压阀所能调节的最高压力不得超过溢流阀本身导阀的调整压力；b. 通过电磁换向阀外接多个远程调压阀，可实现多级调压；c. 通过电磁阀将远程控制口K接通油箱时，主阀芯上端的压力很低，系统的油液在低压下通过溢流阀流回油箱，实现卸荷。

先导式溢流阀的图形符号如图5-9(b)所示。

先导式溢流阀的导阀芯前端的孔道结构尺寸一般都较小，调压弹簧不必很强，因此压力调整比较轻便，控制压力较高，一般大于等于6.3MPa，有的则高达32MPa以上。但是先导式溢流阀只有导阀和主阀都动作后才能起控制作用，因此反应不如直动式溢流阀灵敏。

(2) 典型结构

溢流阀的结构类型繁杂，此处仅对直动式溢流阀和先导式溢流阀各介绍一例。

图5-10为国产P型滑阀式直动溢流阀的结构图，阀体5左右两侧开有进油口P和回油口T，通过管接头与系统连接，故属于管式阀。阀体中开有内泄孔道e，滑阀芯4下部开有相互连通的径向小孔f和轴向阻尼小孔g。受控压力油作用在阀芯下端面面积上产生的液压力与弹簧力相比较，当液压力大于弹簧预调力时滑阀开启，油液即从出油口T溢流回油箱。阻尼小孔g为动态液压阻尼，稳态时不起作用。孔道e用于将弹簧腔的泄漏油排回油箱（内泄）。如果将上阀盖3旋转180°，卸掉L处螺塞，可在泄油口L外接油管将泄漏油直接通油箱，此时阀变为外泄。外泄式溢流阀的图形符号应采用图5-10(b)表示。P型溢流阀的额定压力为2.5MPa。

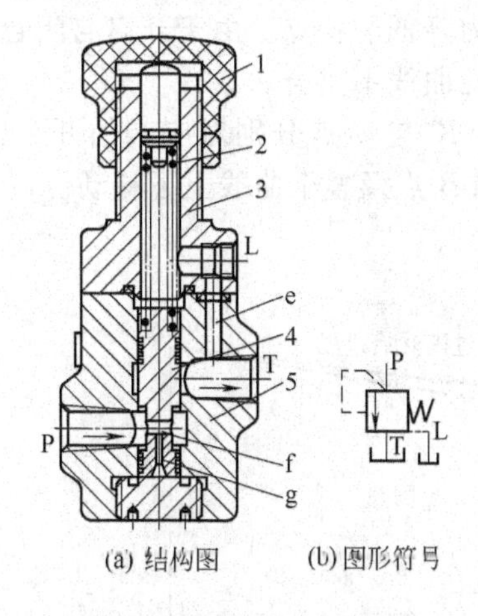

图5-10 滑阀式直动溢流阀的结构及外泄式溢流阀的图形符号

1—调压螺母；2—调压弹簧；3—上阀盖；4—滑阀芯；5—阀体；e—内泄孔道；f—径向小孔；g—阻尼小孔

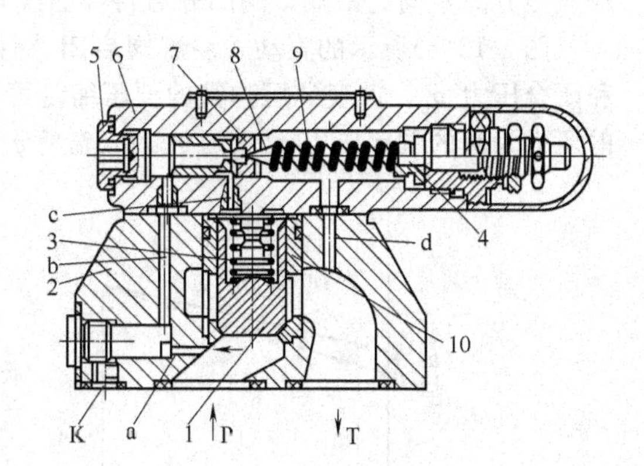

图5-11 二节同心式溢流阀

1—主阀芯；2—主阀体；3—复位弹簧；4—弹簧座及调节杆；5—螺堵；6—阀盖；7—锥阀座；8—锥阀（导）芯；9—调压弹簧；10—主阀套；a,c—小孔；b,d—流道

先导式溢流阀中的先导阀可以是滑阀、球阀和锥阀中的任何一种或它们的组合，但多采用锥阀结构。按照阀芯配合形式的不同，主阀有一节同心、二节同心和三节同心等形式，而二节同心和三节同心应用较多。图 5-11 为引进德国力士乐（Rexroth）公司生产的 DB 型溢流阀的结构图，其公称压力为 31.5MPa。该阀属板式阀，其先导阀为锥阀。主阀芯 1 为套装在主阀套 10 内孔的外流式锥阀，锥阀芯 8 的圆柱面与锥面两节同心。小孔 c 为动态液压阻尼，仅在动态过程中起减振作用，对稳态特性不起作用。工作时，溢流阀进油口 P 的压力油除了直接作用在主阀芯 1 下端面外，还经小孔 a、流道 b、小孔 c 进入主阀芯上端面的复位弹簧腔，并经锥阀座 7 的孔腔作用在锥阀芯 8 上。当作用在锥阀芯 8 上的液压力增大到高于调压弹簧 9 的预压力时，锥阀芯 8 开启，复位弹簧腔的油液经小孔 c、锥阀口和流道 d 流入阀的出油口 T 流回油箱，因小孔 a 的前后压差，主阀芯 1 开启，P→T，实现定压溢流。图中 K 为遥控口。二节同心溢流阀的结构工艺性好，加工装配精度容易保证，结构简单，通用性和互换性好。主阀为单向阀结构，过流面积大，流通能力强；相同流量下主阀的开度小，故启闭特性好。主阀为外流式锥阀，液流扩散流动，流速较小，故噪声小，且稳态液动力方向与液流方向相反，有助于阀的稳定。

(3) 主要性能及要求

溢流阀的性能有静态（稳态）特性和动态特性两类。前者指稳态情况下，溢流阀某些参数之间的关系；后者指溢流阀被控参数在工况瞬变情况下，某些参数之间的关系。简介如下。

① 静态特性

a. 调压范围　溢流阀进口压力的可调数值称为调压范围。在这个范围内使用溢流阀时，阀的被控压力能够平稳升、降，无压力突跳或迟滞现象。

b. 流量-压力特性　溢流阀的定压精度可用流量-压力特性的品质进行评价。溢流阀的流量-压力特性又称启闭特性，即开启特性与闭合特性的统称，它是溢流阀最重要的静态特性，用于评定溢流阀的定压精度。图 5-12 所示为溢流阀的典型启闭特性曲线。其中开启特性系指溢流阀从关闭状态逐渐开启过程中，阀的通过流量与被控压力之间的关系，具有流量增加时被控压力升高的特点；闭合特性系指溢流阀从全开状态逐渐关闭过程中，阀的通过流量减小时与被控压力之间的关系，具有流量减小时被控压力降低的特点。由于开启与闭合时阀芯摩擦力方向不同的影响，阀的开启特性曲线与闭合特性曲线不重合。

图 5-12(a)所示的直动式溢流阀启闭特性曲线中，K 与 B 点分别对应阀的开启压力 p_k 和闭合压力 p_b，改变调压弹簧的预压缩量可以使 K 与 B 点及整个曲线上下移动。N 点对应的压力为阀的调定压力 p_n（通过额定流量 q_n 时的压力）。

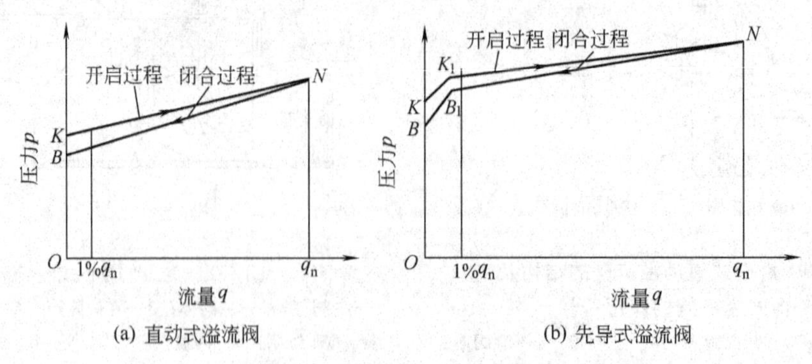

图 5-12　溢流阀的启闭特性曲线

先导式溢流阀工作中，开启时，先导阀开启后主阀才能开启，而闭合时正好与此相反，所以其启闭特性曲线中有两个开启点及两个闭合点。如图 5-12(b)所示的先导式溢流阀启闭特性曲线中，K 与 B 点分别对应先导阀的开启压力 p_k 和闭合压力 p_b，K_1 与 B_1 分别对应主阀的开启压力 p_{k1} 和闭合压力 p_{b1}。N 点对应的压力为阀的调定压力 p_n（通过主阀口机械限位前可能通过的最大流量 q_n 时的压力）。

由于溢流阀开启和关闭点零流量的压力很难测得，所以，目前规定通过 1%额定流量时的压力为溢流阀的开启压力和闭合压力。开启压力与调定压力之比（百分比）称为开启比；闭合压力与调定压力之比（百分比）称为闭合比。开启比和闭合比越大，溢流阀的调压偏差 $|p_n-p_k|$ 或 $|p_n-p_b|$ 越小，表明阀的定压精度越高。一般而言，溢流阀的开启比不应低于 85%，而闭合比不应低于 80%。由图 5-12 可以看出，在相同的调定压力和流量变化下，先导式溢流阀的启闭特性曲线比直动式溢流阀的平坦，说明先导式溢流阀的启闭特性要比直动式溢流阀的好，即定压精度远优于直动式溢流阀。

c. 卸荷压力　当溢流阀的遥控口 K 与油箱接通，阀在全开口工作使系统卸荷时，溢流阀的进、出油口的压力差，称为卸荷压力。卸荷压力越低，液流经过溢流阀的压力损失越小。

d. 最大允许流量和最小稳定流量　溢流阀的最大允许流量为其额定流量。溢流阀的最小稳定流量取决于对压力平稳性的要求，通常规定为额定流量的 15%。

② 动态特性　溢流阀的动态特性反映了阀在工况（流量或压力）发生突变时被控压力变化的过程，它可用关于力和流量的微分方程组描述，通常用时域性能指标进行评价。溢流阀的动态特性研究一般是采用微型计算机数字仿真技术和实物试验相结合的方法，因而具有周期短、费用低、便于修改和更改设计参数等显著特点。

输入信号（流量或压力）作阶跃变化时，试验获得的溢流阀典型响应特性曲线如图5-13所示。由图可见，当向阀输入一个阶跃信号时，阀迅即做出响应而使被控压力迅速升高到最大峰值压力 p_{max}，而后逐渐衰减波动至稳定的调压值 p_s，整个动态响应过程是一个过渡过程。时域特性反映了溢流阀的快速性、稳定性和准确性等，具体指标如下。

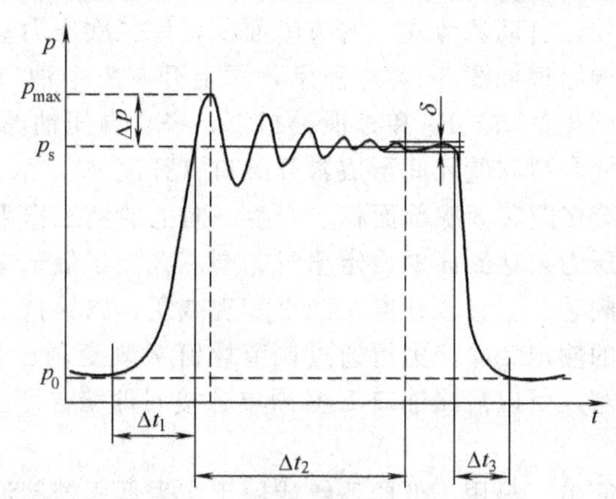

图 5-13　溢流阀的阶跃响应特性曲线

Δp—压力超调量，Δt_1—升压时间，Δt_2—压力回升时间；Δt_3—压力卸荷时间

a. 压力超调率 δ。最大峰值压力 p_{max} 和稳态调定压力 p_s 之差 Δp 与 p_s 的百分比，称为压力超调率 δ，即 $\delta=\dfrac{p_{max}-p_s}{p_s}\times100\%=\dfrac{\Delta p}{p_s}\times100\%$，它反映了溢流阀工作的相对稳定性。

超调率应尽可能小，否则有可能损坏管路系统及相关元件。优良溢流阀的压力超调率应小于30％。

b. 升压时间Δt_1。压力第一次上升到调定值p_s所需的时间Δt_1称为升压时间，它反映了溢流阀的响应快速性。优良溢流阀的升压时间应不大于0.10s。

c. 压力回升时间Δt_2(调整时间)。压力从开始上升到压力达到调定值处于稳定状态所需的时间Δt_2，它反映了溢流阀的响应快速性以及阻尼状况和稳定性。

d. 压力卸荷时间Δt_3。由调定压力降低到卸荷压力p_0所需的时间Δt_3称为压力卸荷时间，它也是一个快速性指标。通常此值应不大于数十毫秒。

总之，一个优良溢流阀的受控压力的阶跃响应特性应具有较小的压力超调量、较少的压力振荡以及达到稳态时较短的调整时间。

③ 对溢流阀的主要要求　要求是定压精度要高，灵敏度高，动态超调率小，过流能力大，工作平稳，振动和噪声小，阀关闭时密封要好。

(4) 应用场合

溢流阀可用于定量泵供油的串联节流调速液压系统的定压溢流、定量泵供油的并联节流调速系统及变量泵供油系统的安全保护，系统的远程调压、多级压力控制、卸荷及作背压阀用。

5.3.2 减压阀

减压阀的主要用途是减小液压系统中某一支路的压力，并使其保持恒定，此类减压阀称为定值减压阀。此外还有使一次压力（进口压力，下同）与二次压力之差能保持恒定的定差减压阀以及使二次压力与一次压力成固定比例的定比减压阀。这三类减压阀中应用最多的是定值减压阀，它也有直动式减压阀与先导式减压阀两类，并可与单向阀组合构成单向减压阀。

(1) 工作原理

① 直动式减压阀　直动式减压阀也是一个闭环自动控制元件，其输入弹簧预调力与输出二次压力的反馈相比较，自动调节阀口的节流面积，使二次压力基本恒定。

直动式减压阀的结构原理如图5-14(a)所示，阀上开有三个油口：一次压力油口（进油口）P_1、二次压力油口（出油口）P_2和外泄油口L。来自高压油路的一次压力油从P_1口，经滑阀阀芯3的下端圆柱台肩与阀孔间形成常开阀口（开度x），从二次油口P_2流向低压支路，同时通过流道a反馈在阀芯3底部面积上产生一向上的液压作用力，该力与调压弹簧的预调力相比较。当二次压力未达到阀的设定值时，阀芯3处于最下端，阀口全开；当二次压力达到阀的设定值时，阀芯3上移，开度x减小实现减压，以维持二次压力恒定，不随一次压力变化而变化。不同的输出二次压力可通过调节螺钉7改变调压弹簧4的预调力来设定。由于二次油口不接回油箱，所以泄漏油口L必须单独接回油箱。图5-14(b)为直动式减压阀的图形符号。

直动式减压阀结构简单，只用于低压系统或用于产生低压控制油液，其性能也不如先导式减压阀。

② 先导式减压阀　图5-15(a)为先导式减压阀的结构原理图。它由先导阀（导阀芯7及调压弹簧8）和主阀（主阀芯2及复位弹簧4）两大部分构成。主阀体1上开有两个主油口（入口P_1和出口P_2）、一个远程控制口K（遥控口）和一个外泄油孔L。主阀内设有阻尼孔3，主阀与先导阀之间设有阻尼孔5。先导式减压阀的主阀口常开，开度x大小受控于先导阀。通过控制主阀节流口的通流面积大小，从而控制二次压力，使之基本恒定。具体过

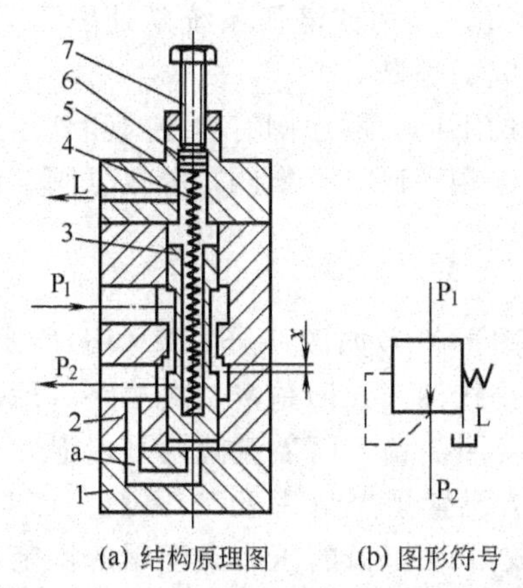

(a) 结构原理图　(b) 图形符号

图 5-14　直动式减压阀的原理及图形符号

1—下盖；2—阀体；3—阀芯；4—调压弹簧；5—上盖；6—弹簧座；7—调节螺钉；a—流道

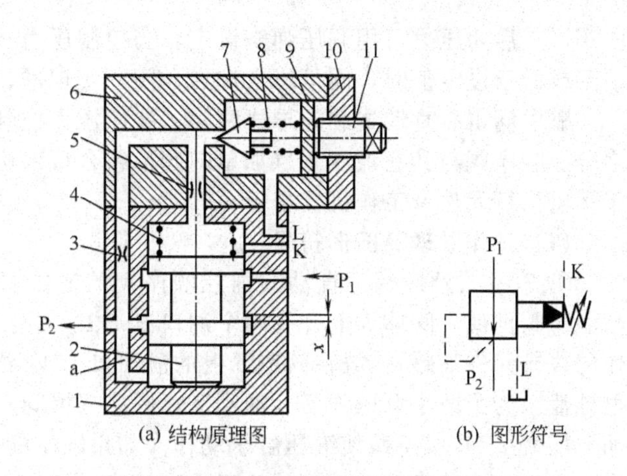

(a) 结构原理图　(b) 图形符号

图 5-15　先导式减压阀的原理及图形符号

1—主阀体；2—主阀芯（滑阀）；3,5—阻尼孔；4—复位弹簧；6,10—阀盖；7—导阀芯（锥阀）；8—调压弹簧；9—弹簧座；11—调压螺钉；a—流道

程如下。

压力油从 P_1 口进入，通过主阀口后经流道 a 进入主阀芯下腔，再经阻尼孔 3 进入主阀芯上腔，同时作用在先导阀阀芯 7 上。主阀芯上、下压力差与主阀弹簧力平衡，调节调压弹簧 8 便改变了主阀上腔压力，从而调节了二次压力。当二次压力未达到调压弹簧 8 的设定压力时，主阀芯 2 处在最下方，主阀口全开，即开度 x 最大，整个阀不工作，二次压力几乎与一次压力相等；当二次压力升高到先导阀上的液压力大于先导阀调压弹簧 8 的预调力时，先导阀打开，压力油就可通过阻尼孔 3、经先导阀和油孔 L 流回油箱。由于阻尼孔 3 的作用，使主阀芯上端的液体压力小于下端。当此压力差作用在主阀芯上的力超过主阀弹簧力、摩擦力和主阀芯自重时，主阀芯 2 上移，开度 x 减小，以维持二次压力基本恒定。此时，整个阀处于工作状态，如果出口压力减小，则主阀芯 2 下移，主阀口开度 x 增大，主阀口阻力减小，亦即压降减小，使二次压力回升到设定值上；反之，则主阀芯上移，主阀口开度 x 减小，主阀口阻力增大，亦即压降增大，使二次压力下降到设定值上；用调压螺钉调节先导阀弹簧的预紧力，就可调节减压阀的输出压力。阻尼孔 5 起动态液压阻尼作用，以消除主阀芯的振动，提高其动作平稳性。

阀中远程控制口 K 的作用为：a. 通过油管接到另一个远程调压阀（远程调压阀的结构和减压阀的先导控制部分一样），调节远程调压阀的弹簧力，即可调节减压阀主阀芯上端的液压力，从而对减压阀的二次压力实行远程调压，但是，远程调压阀所能调节的最高压力不得超过减压阀本身先导阀的调整压力；b. 通过电磁换向阀外接多个远程调压阀，便可实现多级减压。

图 5-15(b) 为先导式减压阀的图形符号。

先导式减压阀的导阀芯前端的孔道结构尺寸一般都较小，调压弹簧不必很强，因此压力调整比较轻便，可用于高压系统。但是先导式减压阀要在先导阀和主阀都动作后才能起减压控制作用，因此反应不如直动式减压阀灵敏。

(2) 应用场合

减压阀在液压系统中可用于减压稳压、多级减压等。

5.3.3　顺序阀

顺序阀的主要用途是控制多执行元件间的顺序动作。通常顺序阀可视为二位二通液动换向阀，其启闭压力可用调压弹簧设定，当控制压力（阀的进口压力或液压系统某处的压力）达到或低于设定值时，阀可以自动启、闭，实现进、出口间的通断。

顺序阀也有直动式和先导式两类；按照压力控制方式的不同，顺序阀有内控式和外控式之分。顺序阀与其它液压阀（如单向阀）组合可以构成单向顺序阀（平衡阀）等复合阀，用于平衡执行元件及工作机构自重。

(1) 工作原理及图形符号

① 直动式顺序阀　直动式内控顺序阀的工作原理和图形符号如图 5-16(a)、(b)所示。与溢流阀类似，阀体 3 上开有两个油口 P_1、P_2，但 P_2 不是接油箱，而是接二次油路（后动作的执行元件油路），故在阀盖 6 上的泄油口 L 必须单独接回油箱，而溢流阀既可内泄，也可外泄。为了减小调压弹簧 5 的刚度，阀芯（滑阀）4 下方设置了控制柱塞 2。系统工作时，油源压力 p_1 克服负载使液压缸Ⅰ动作。如果缸Ⅰ的负载较小，P_1 口的压力小于阀的调定压力，则阀芯 4 处于下方，阀口关闭。液压缸Ⅰ的活塞左行到达其极限位置时，系统压力(即一次压力) p_1 升高。当经内部流道 a 进入柱塞 2 下端面上油液的液压力超过弹簧预调力时，阀芯 4 便上移，使一次压力油口 P_1 与二次压力油口 P_2 接通。油源压力油经顺序阀阀口后克服液压缸Ⅱ的负载使其活塞向上运动，从而利用顺序阀实现了 P_1 口压力驱动液压缸Ⅰ和由 P_2 口压力驱动缸Ⅱ的顺序动作。顺序阀在阀开启后应尽可能减小阀口压力损失，力求使出口压力接近进口压力。这样，当驱动液压缸Ⅱ所需 P_2 口的压力大于阀的调定压力时，系统的压力略大于驱动液压缸Ⅱ的负载压力，因而压力损失较小。如果驱动液压缸Ⅱ所需 P_2 腔的压力小于阀的调定压力，则阀口开度较小，在阀口处造成一定的压差以保证阀的进口压力不小于调定压力，使阀打开，P_1 口与 P_2 口在一定的阻力下沟通。综上可知，内控式顺序阀开启与否，取决于其进口压力，只有在进口压力达到弹簧设定压力阀才开启；而进口压力可通过改变调压弹簧的预调力实现，更换调压弹簧即可得到不同的调压范围。

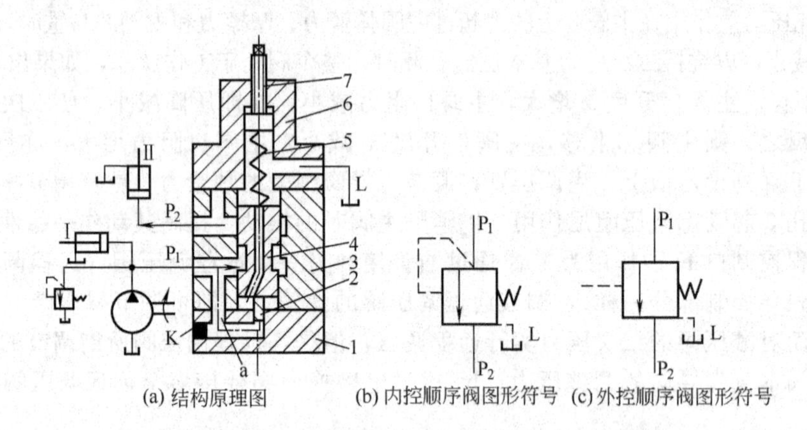

(a) 结构原理图　(b) 内控顺序阀图形符号　(c) 外控顺序阀图形符号

图 5-16　直动式内控顺序阀的工作原理及图形符号

1—端盖；2—柱塞；3—阀体；4—阀芯（滑阀）；5—调压弹簧；6—阀盖；7—调压螺钉；Ⅰ,Ⅱ—液压缸；a—流道

如果将端盖 1 转过 90°或 180°，并打开外控口螺堵 K，则上述内控式顺序阀就可变为外控式顺序阀，其图形符号如图 5-16(c)所示。外控式顺序阀是用液压系统其它部位的压力控制其启闭，阀启闭与否和一次压力油的压力无关，仅取决于外部控制压力的大小。因弹簧力只需克服阀芯摩擦副的摩擦力使阀芯复位，所以外控油压可以较低。

直动式顺序阀结构简单、动作灵敏，但由于弹簧设计的限制，尽管采用小直径控制活塞结构，弹簧刚度仍较大，故调压偏差大，限制了压力的提高，因此一般调压范围低于

8MPa，而压力较高时应采用先导式顺序阀。

② 先导式顺序阀　与先导式溢流阀相仿，先导式顺序阀也是由主阀和先导阀两部分组成，只要将直动式顺序阀的阀盖和调压弹簧去除，换上先导阀和主阀芯复位弹簧，即可组成先导式顺序阀。一般情况下，同样规格的先导式顺序阀与先导式减压阀的先导阀通用，用来调节阀的顺序动作压力。先导式顺序阀的工作原理与先导式溢流阀的工作原理基本相同，只是顺序阀的出油口接负载，而溢流阀的出油口要接油箱。图 5-17 是先导式顺序阀的图形符号。

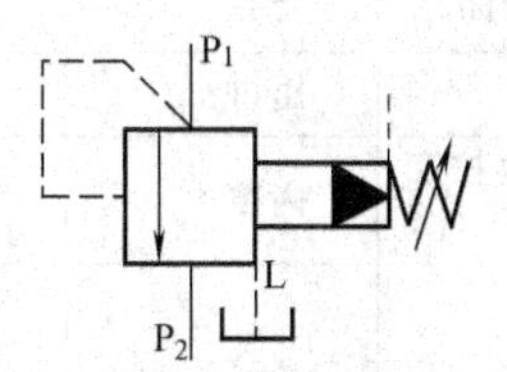

图 5-17　先导式顺序阀的图形符号

与直动式顺序阀相比，先导式顺序阀由于主阀弹簧刚度大为减小，故可省去直动式顺序阀中的控制活塞。主阀芯面积可增大，所以启闭特性显著改善，提高了工作压力。

应指出，顺序阀除了在泄油为外泄以及出油口接负载这两点与溢流阀不同外，工作压力也有不同：溢流阀的工作压力是调定不变的，而顺序阀在开启后系统工作压力还可随其出口负载进一步升高。对先导式顺序阀，这将使先导阀的通过流量随之增大，引起功率损失和油液发热。这是先导式顺序阀的一个缺点。先导式顺序阀不宜用于流量较小的系统，因为在负载压力很大时，先导阀流量也较大，这将降低系统的负载刚度，甚至导致执行元件爬行。

(2) 应用场合

顺序阀在液压系统中可用于多执行元件的顺序动作控制、系统保压、立置液压缸的平衡、系统卸荷、作背压阀等。

5.3.4　溢流阀、减压阀、顺序阀的综合比较

溢流阀、减压阀、顺序阀是液压技术中三类重要的压力控制元件，它们的结构原理与适用场合既有相近之处，又有很多不同之处，其综合比较见表 5-5。具体使用中应该特别注意加以区别，以正确有效地发挥其作用。

5.3.5　压力继电器

压力继电器又称压力开关，是利用液体压力与弹簧力的平衡关系来启闭电气微动开关触点的液压-电气转换元件，在液压系统的压力上升或下降到由弹簧力预先调定的启、闭压力时，使微动开关通、断，发出电信号，控制电气元件（如电动机、电磁铁、各类继电器等）动作，用以实现液压泵的加载或卸荷、执行元件的顺序动作或系统的安全保护和互锁等功能。

压力继电器可有柱塞式、膜片式、弹簧管式和波纹管式四种类型。

如图 5-18 所示为应用较为普遍的柱塞式压力继电器［图(a)为结构图，图(b)为图形符号］，属管式连接元件，主要由柱塞 2、顶杆 5、调压弹簧 6、调压螺杆 7 与微动开关 9 等组成。其工作原理是，当从控制油口 P 进入柱塞 2 下端的油液的压力达到调压弹簧 6 的预调力设定的开启压力时，顶杆 5 上移，使微动开关 9 接通常开点发出电信号，断开常闭点。当油液压力下降到闭合压力时，在弹簧力作用下，顶杆和微动开关复位。调节螺杆 7 可调节

表 5-5 溢流阀、减压阀、顺序阀的结构原理与适用场合的综合比较

比较内容	溢流阀		减压阀		顺序阀	
	直动式	先导式	直动式	先导式	直动式	先导式
阀芯结构	滑阀、锥阀、球阀	滑阀、锥阀、球阀式导阀；滑阀、锥阀式主阀	滑阀、锥阀、球阀	滑阀、锥阀、球阀式导阀；滑阀、锥阀式主阀	滑阀、锥阀、球阀	滑阀、锥阀、球阀式导阀；滑阀、锥阀式主阀
阀口状态	常闭	主阀常闭	常开	主阀常开	主阀常闭	主阀常闭
控制压力来源	入口	入口	出口	出口	入口	入口
控制方式	通常为内控	既可内控又可外控	内控	既可内控又可外控	既可内控又可外控	既可内控又可外控
二次油路	接油箱	接油箱	接次级负载	接次级负载	通常接负载；作背压阀或卸荷阀时接油箱	通常接负载；作背压阀或卸荷阀时接油箱
泄油方式	通常为内泄，可以外泄	通常为内泄，可以外泄	外泄	外泄	外泄	外泄
组成复合阀	可与电磁换向阀组成电磁溢流阀	可与电磁换向阀组成电磁溢流阀，或与单向阀组成卸荷溢流阀	可与单向阀组成单向减压阀	可与单向阀组成单向减压阀	可与单向阀组成单向顺序阀	可与单向阀组成单向顺序阀
适用场合	定压溢流、安全保护、系统卸荷、远程和多级调压、作背压阀		减压稳压	减压稳压、多级减压	顺序控制、系统保压、系统卸荷、作平衡阀、作背压阀	

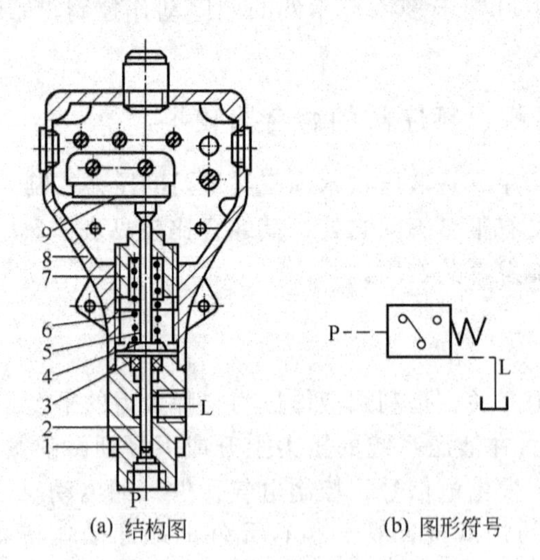

(a) 结构图　　(b) 图形符号

图 5-18 柱塞式压力继电器

1—底座；2—柱塞；3—密封圈；4—弹簧座；5—顶杆；
6—调压弹簧；7—调压螺杆；8—壳体；9—微动开关

弹簧预紧力即压力继电器的启、闭压力。图中 L 为外泄油口。

压力继电器的主要性能有调压范围（指压力继电器能发出电信号的最低工作压力和最高工作压力的范围），灵敏度，通断调节区间，重复精度和升、降压动作时间。压力升高时接通电信号的压力（开启压力），与压力下降时复位切断电信号的压力（闭合压力）之差称为

压力继电器的灵敏度。为避免压力波动时压力继电器频繁通、断，要求启、闭压力间有一可调的差值称为通断调节区间。在一定的设定压力下，多次升压和降压过程中，开启压力和闭合压力的差值称为重复精度。压力由卸荷压力升到设定压力，微动开关发出电信号的时间，称为升压动作时间，反之称为降压动作时间。这些性能中，最重要的是灵敏度和重复精度。一个性能优良的压力继电器，应具有较好的灵敏度和较高的重复精度。

上述柱塞式压力继电器结构简单，但灵敏度和动作可靠性较低。

5.4 流量控制阀

流量控制阀的功用是通过改变阀口通流面积的大小或通道长短来改变液阻，控制阀的通过流量，从而实现液压执行元件运动速度（或转速）的调节和控制。常用的流量控制阀有节流阀、调速阀和溢流节流阀等，其中节流阀是结构最简单却应用最广泛的流量阀。

5.4.1 节流阀

(1) 工作原理及图形符号

图 5-19(a)所示为普通节流阀的结构图，属于板式阀，阀体 5 底面上开有进油口 P_1 和出油口 P_2，阀芯 2 左端开有轴向三角槽式节流口 6，阀芯 2 在弹簧 1 的作用下始终贴紧在推杆 3 上。油液从进油口 P_1 流入，经孔道 a 和节流口 6 进入孔道 b，再从出油口 P_2 流出，通向执行元件或油箱。调节手把 4 通过推杆 3 使阀芯 2 作轴向移动，即可改变节流口的通流面积实现流量的调节。图 5-19(b)所示为普通节流阀的图形符号。

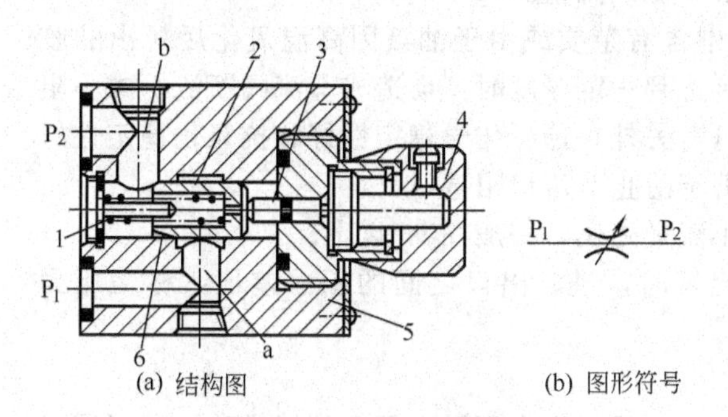

(a) 结构图　　(b) 图形符号

图 5-19　普通节流阀

1—弹簧；2—阀芯；3—推杆；4—调节手把；5—阀体；6—节流口；a,b—孔道

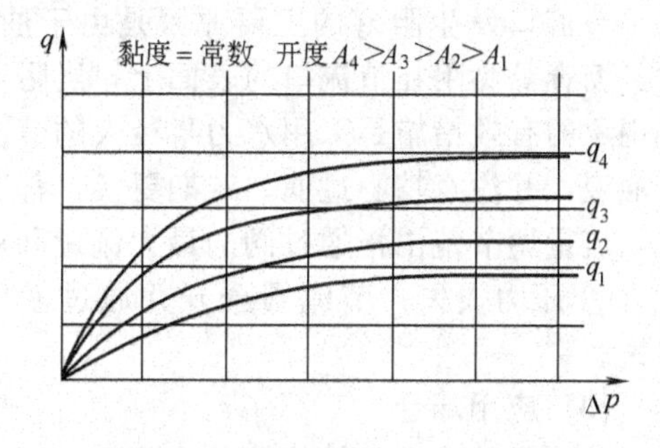

图 5-20　节流阀的流量-压差特性曲线

上述普通节流阀为手动操纵调节方式，此外，普通节流阀还有行程挡块或凸轮等机械运动部件操纵式行程节流阀等结构形式；节流阀还可以与单向阀等组成单向节流阀、单向行程节流阀等复合阀。

(2) 主要性能

① 流量-压差特性　节流阀的流量-压差特性决定于其节流口的形式。节流阀的流量-压差特性常用下式来描述

$$q=CA(p_1-p_2)^{\varphi}=CA\Delta p^{\varphi} \tag{5-6}$$

式中　C——由节流口形状、液体流态、油液性质等因素决定的系数，具体数值由实验得出；

A——节流口的通流面积；

Δp——节流阀口前、后压差，$\Delta p = p_1 - p_2$；

φ——由节流口形状决定的节流阀指数，其值在0.5～1.0之间，由实验求得。

由式(5-6)可知，通过节流阀的流量q是通过调节节流口的通流面积A获得，图5-20所示为节流阀在不同通流面积下的流量-压差特性曲线。在通流面积调毕后，流量能否稳定在所调出的流量上，则与节流口前后的压差、油温以及节流口形状等因素密切有关。

在使用中，由于节流阀出口压力（负载压力）p_2的变化，节流阀前后的压差亦在变化，使流量不稳定。节流阀流量抵抗压差变化的能力可用式(5-7)所列的节流阀刚性k反映，k越大，节流阀流量抵抗压差变化的能力越强，即阀的流量稳定性越好。

$$k = \frac{\partial \Delta p}{\partial q} = \frac{\Delta p^{1-\varphi}}{CA\varphi} \tag{5-7}$$

式(5-7)中的φ越大，k越小，Δp的变化对流量的影响亦越大，因此薄壁孔（$\varphi=0.5$）节流口比细长孔（$\varphi=1$）节流口好。

油液温度的变化引起黏度变化，从而对流量发生影响，这在细长孔式节流口上是十分明显的。对薄壁孔式节流口来说，当雷诺数大于临界值时，流量系数不受油温影响，但当压差小、通流截面积小时，流量系数与雷诺数有关，流量要受到油温变化的影响。

② 最小稳定流量和流量调节范围　当节流阀的通流截面积很小时，在保持所有因素都不变的情况下，通过节流口的流量会出现周期性的脉动，甚至造成断流，此即为节流阀的阻塞现象。节流口阻塞时，会使液压系统中执行元件的速度不均匀。因此每个节流阀都有一个能正常工作的最小流量限制，称为节流阀的最小稳定流量。

节流口发生阻塞的主要原因是由于油液中含有杂质或由于油液因高温氧化后析出的胶质、沥青等黏附在节流口的表面上，当附着层达到一定厚度时，会造成节流阀断流。减小阻塞现象的有效措施是采用水力半径大的节流口，另外，选择化学稳定性好和抗氧化稳定性好的油液，并注意精心过滤，定期更换，都有助于防止节流口阻塞。

流量调节范围指通过阀的最大流量和最小流量之比，一般在50以上。

③ 压力损失　节流阀全开并通过额定流量时，进、出口之间的压力差值，称为压力损失。

(3) 应用场合

节流阀的优点是结构简单、价格低廉、调节方便，但由于没有压力补偿措施，所以流量稳定性较差。常用于负载变化不大或对速度控制精度要求不高的定量泵供油节流调速液压系统中，有时也用于变量泵供油的容积节流调速液压系统中，有时还可用于起负载阻力或执行元件缓冲作用。

5.4.2 调速阀

调速阀是为了克服节流阀因前后压差变化影响流量稳定的缺陷而发展的一种流量阀。普通调速阀由节流阀与定差减压阀串联复合而成，前者用于调节通流面积，从而调节阀的通过流量；后者用于压力补偿（所以又称其为压力补偿器），以保证节流阀前后压差恒定，从而保证通过节流阀的流量亦即执行元件速度的恒定。通过增设温度补偿装置，可以形成温度补偿调速阀，它可使调速阀流量不受油温变化的影响。调速阀在结构上增加一个单向阀还可以组成单向调速阀，油液正向流动时起调速作用，反向流动时起单向阀作用。

(1) 工作原理及图形符号

调速阀由定差减压阀和节流阀串联而成，一般减压阀串接在节流阀之前。如图5-21(a)

中点划线所示，整个调速阀有两个外接油口。液压泵的供油压力亦即调速阀的进口压力 p_1，由溢流阀 4 调定后基本不变，p_1 经减压阀阀口降至 p_m，并分别经流道 f 和 e 进入 c 腔和 d 腔作用在减压阀阀芯下端；节流阀阀口又将 p_m 降至 p_2，在进入液压缸 3 的无杆腔驱动负载 F 的同时，通过流道 a 进入弹簧腔 b 作用在减压阀阀芯 1 上端，从而使反馈作用在减压阀阀芯上、下两端的液压力与阀芯上的弹簧力 F_s 相比较。若忽略减压阀阀芯的摩擦力、自重和液动力等的影响，则减压阀阀芯在其弹簧力 F_s 及油液压力 p_m、p_2 作用下处于某一平衡位置时有

$$p_m(A_1+A_2)=p_2A+F_s \tag{5-8}$$

式中，A、A_1 和 A_2 分别为 b 腔、c 腔和 d 腔中减压阀阀芯的有效作用面积，且 $A_1+A_2=A$，所以节流阀压差

$$p_m-p_2=\Delta p_2=F_s/A \tag{5-9}$$

由于弹簧刚度较低，且工作过程中减压阀阀芯位移很小，故可认为弹簧力 F_s 基本保持不变，所以节流阀压差 $\Delta p_2=p_m-p_2$ 也基本不变，从而保证了节流阀开口面积 A_j 一定时流量 q 的稳定。工作原理如下。

若 $p_2=F/A_c$（F 和 A_c 为液压缸 3 的负载和有效作用面积）随着 F 的增大而增大时，作用在减压阀阀芯上端的液压力也随之增大，使减压阀阀芯受力平衡破坏而下移，于是减压口 x 增大，液阻减小使减压阀的减压作用减弱，从而使 p_m 相应增大，直到 $\Delta p_2=p_m-p_2$ 恢复到原来值，减压阀阀芯达到新的平衡位置；p_2 随 F 的减小而减小时的情况可作类似分析。总之，由于定差减压阀的自动调节（压力补偿）作用，无论 p_2 随液压缸负载如何变化，节流阀压差 Δp_2 总能保持不变，从而保证了调速阀的流量 $q=CA_j\Delta p_n^{\varphi}=CA_j(p_1-p_2)^{\varphi}$ 基本为调定值，最终也就保证了所要求的液压缸输出速度 $v=q/A_c$ 的稳定，不受负载变化的影响。

图 5-21(b)、(c)分别为调速阀的详细和简化图形符号。

由图 5-21(d)所示的调速阀流量-压差特性曲线可见，调速阀在压差大于其最小值 Δp_{min}

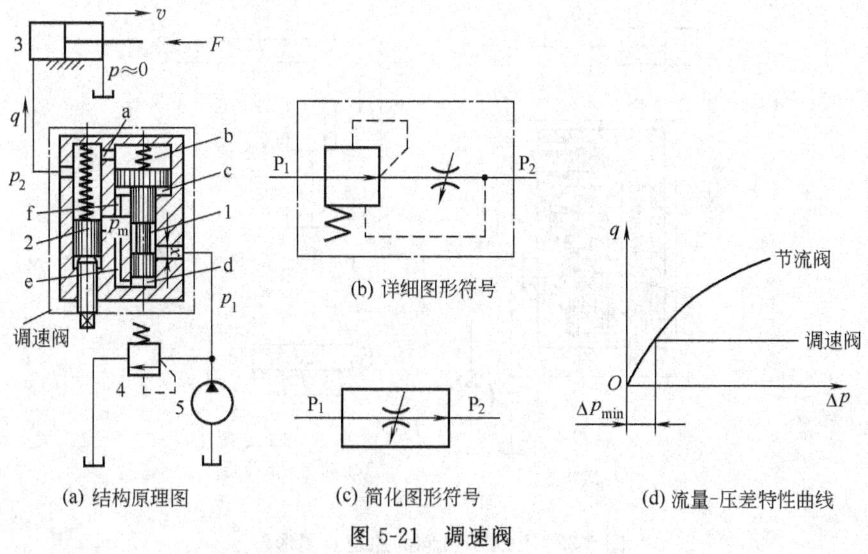

(a) 结构原理图　(b) 详细图形符号　(c) 简化图形符号　(d) 流量-压差特性曲线

图 5-21　调速阀

1—减压阀阀芯；2—节流阀；3—液压缸；4—溢流阀；5—液压泵；
a,e,f—流道；b—弹簧腔；c—环形腔；d—下腔

后，流量基本保持恒定。当压差 Δp 很小时，因减压阀阀芯被弹簧推至最下端，减压阀阀口全开，失去其减压稳压作用，故此时调速阀性能与节流阀相同（流量随压差变化较大），所以调速阀正常工作需有 0.5～1MPa 的最小压差。

(2) 特点及应用场合

调速阀的优点是流量稳定性好，但由于液流经过调速阀时，多经过一个液阻，压力损失较大。常用于负载变化大而对速度控制精度又要求较高的定量泵供油节流调速液压系统中，有时也用于变量泵供油的容积节流调速液压系统中。

5.4.3 溢流节流阀

溢流节流阀是另一种形式的带有压力补偿装置的流量控制阀，它是由节流阀与一个起稳压作用的溢流阀并联组合而成的复合阀，前者用于调节通流面积，从而调节阀的通过流量，后者用于压力补偿，以保证节流阀前后压差恒定，从而保证通过节流阀的流量亦即执行元件速度的恒定。多用于定量泵供油的进口节流调速系统或变量泵供油的联合调速系统。

(1) 工作原理及图形符号

图 5-22(a)是溢流节流阀的结构原理图，由图中点划线所围部分可见，整个溢流节流阀有三个外接油口。定差溢流阀 3 与节流阀 4 并联，从液压泵输出的压力油（压力为 p_1），一部分经节流阀 4 后，压力降为 p_2，通过出口进入液压缸 1 推动负载以速度 v 运动；另一部分经定差溢流阀 3 的阀口 x 溢回油箱。节流阀阀口两端压力 p_1 和 p_2 分别引到溢流阀阀芯的环形腔 b、下腔 c 和上腔 a，与作用在阀芯上的弹簧力相平衡。当负载压力 p_2 变化时，作为压力补偿器的定差溢流阀，自动调节阀口 x，使进口压力 p_1 相应变化，保持节流阀阀口的工作压差 $\Delta p=p_1-p_2$ 基本不变，从而使通过节流阀阀口的流量为恒定值，而与负载压力变化几乎无关。图中的小通径先导压力阀 2 起安全阀的作用，防止过载。图 5-22(b)、(c)分别为溢流节流阀的详细和简化图形符号。

(2) 特点及应用场合

溢流节流阀的进口压力 p_1 即为液压泵出口压力，因之能随负载变化，故功率损失小，

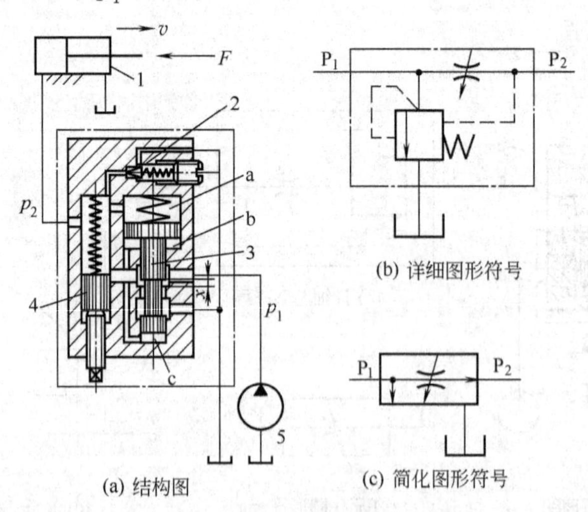

图 5-22 溢流节流阀的原理及图形符号

1—液压缸；2—先导压力阀；3—定差溢流阀；4—节流阀；5—液压泵；

a—上腔；b—环形腔；c—下腔

系统发热减小，具有节能意义。但通常溢流节流阀中压力补偿装置的弹簧较硬，故压力波动较大，流量稳定性较普通调速阀差，通过流量较小时更为明显，故溢流节流阀只适用于速度稳定性要求不太高而功率较大的节流调速系统。另外，由于溢流节流阀使泵的出口压力随负载压力变化而变化，且两者仅相差节流阀阀口压差，因此，使用中溢流节流阀只能布置在液压泵的出口。

5.5 叠加阀与插装阀

5.5.1 叠加阀

叠加阀是以叠加方式连接的液压阀，它是在板式阀集成化的基础上发展起来的一种新型液压元件。叠加阀在配置形式上和板式阀、插装阀截然不同。叠加阀是安装在板式换向阀和底板之间，由有关的压力、流量和单向控制阀组成的集成化控制回路。每个叠加阀除了具有液压阀功能外，还起油路通道的作用。因此，由叠加阀组成的液压系统，阀与阀之间不需要另外的连接体，而是以叠加阀阀体作为连接体，直接叠合再用螺栓结合而成。同一通径的各种叠加阀的油口和螺钉孔的大小、位置、数量都与相匹配的板式换向阀相同。因此，同一通径的叠加阀，只要按一定次序叠加起来，加上电磁控制换向阀，即可油路自行对接，组成各种典型液压系统。通常一组叠加阀的液压回路只控制一个执行元件（见图 5-23）。若将几个安装底板块（也都具有相互连通的通道）横向叠加在一起，即可组成控制几个执行元件的液压系统。

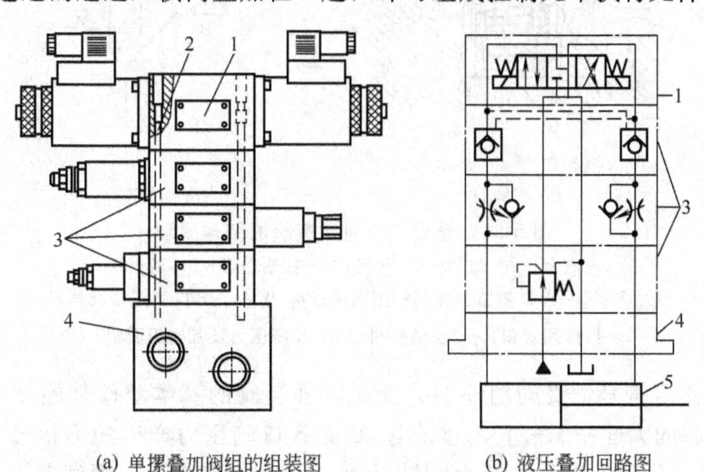

(a) 单摞叠加阀组的组装图　　(b) 液压叠加回路图

图 5-23　控制一个执行元件的叠加阀及其液压回路

1—板式电磁换向阀；2—螺栓；3—叠加阀；4—底板块；5—执行元件（液压缸）

由叠加阀组成的液压系统具有下列优点：标准化、通用化、集成化程度高，设计、加工及装配周期短；结构紧凑、体积小、重量轻、占地面积小；便于通过增减叠加阀实现液压系统原理的变更，系统重新组装方便迅速；叠加阀可集中配置在液压站上，也可分散安装在主机设备上，配置形式灵活；又是无管连接的结构，消除了因管件间连接引起的漏油、振动和噪声；叠加阀系统使用安全可靠，维修容易，外形整齐美观。主要缺点是回路形式较少，通径较小，不能满足较复杂和大功率的液压系统的需要。

5.5.2 插装阀

插装阀是近年发展起来的一种新型液压元件，其基本核心元件是插装元件。将一个或若干个插装元件进行不同组合，并配以相应的先导控制级，可以组成方向控制、压力控制、流量控制或复合控制等控制单元（阀）。插装阀的主流产品是二通盖板式插装阀（简称二通插装阀或插装阀），由于其基本构件标准化、通用化、模块化程度高，具有通流能力大、控制自动化等显著优势，因此成为高压大流量（流量可达 18000L/min）领域的主导控制阀品种。

(1) 工作原理

图 5-24(a)所示为盖板式二通插装阀的结构原理图，阀本身无阀体，其主要构件有插装元件、控制盖板、先导控制阀三部分。插装元件（含阀套 1、阀芯 2、弹簧 3 及密封件等）插装在通道块 5 标准化的腔孔内，并用螺栓固定的控制盖板 4 保持到位，以实现具有两个主油口 A 和 B 的完整液压阀的功能。控制盖板 4 安装在通道块上，并压住插装元件。通过装在控制盖板 4 的上端面不同的先导控制阀（图中未画出）发出的控制压力信号，可以用作方向、流量、压力控制阀或多功能阀。通道块中的钻孔通道，将两个主油口连到其它插装阀或者连接到工作液压系统；集成块中的控制油路钻孔通道也按希望连接到控制油口 X 或其它信号源。

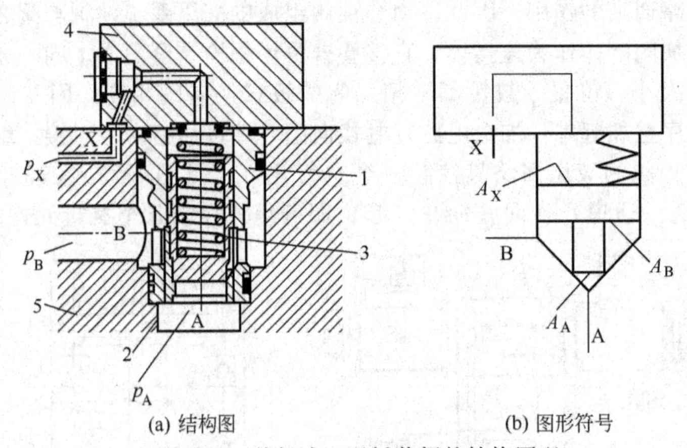

(a) 结构图　　(b) 图形符号

图 5-24　盖板式二通插装阀的结构原理

1—阀套；2—阀芯；3—弹簧；4—控制盖板；5—通道块；

p_A 及 A_A—A 口侧压力及其作用面积；p_B 及 A_B—B 口侧压力及其环形作用面积；p_X 及 A_X—控制口 X 侧压力及其作用面积

如图 5-25（文字符号意义同图 5-24）所示，插装阀的基本动作是施加于先导口 X 的先导压力作用于阀芯的大面积 A_X 上，通过与 A 及 B 口侧压力产生的力比较，实现阀的开关动作。设 F_s 和 F_Y 分别为复位弹簧力和液动力，并忽略摩擦力，则阀芯上、下两端的作用力 F_X、F_W 为

$$F_X = F_s + p_X A_X + F_Y \tag{5-10}$$

$$F_W = p_A A_A + p_B A_B \tag{5-11}$$

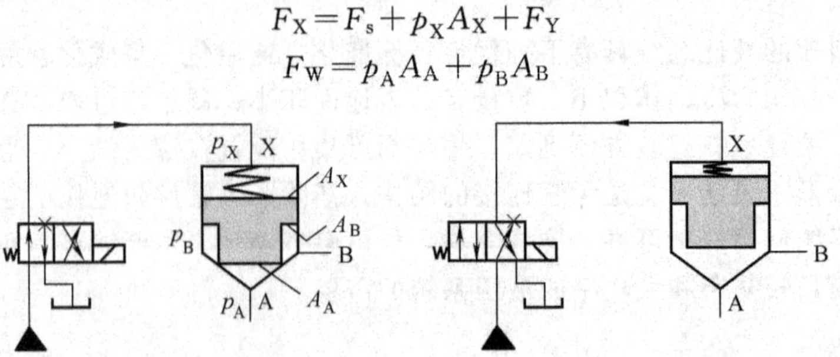

(a) 关闭状态　　(b) 开启状态

图 5-25　插装阀的工作原理

显然，当 $F_X>F_W$ 时，插装阀关闭［图 5-25(a)所示的二位四通电磁换向先导阀断电处于左位时的状态］；当 $F_X<F_W$ 时，插装阀开启［图 5-25(b)所示的先导阀通电切换至右位时的状态］。

(2) 组合及应用

由上分析可见，由盖板引出的控制压力信号 p_X 控制着插装阀阀口的启闭状态。因此，通过插装元件与不同的控制盖板、各种先导控制阀进行组合，改变 p_X 的连接方式即可改变阀的功能，即可构成方向插装阀，压力插装阀，流量插装阀，方向、压力、流量复合插装阀，以及由这些阀组成的插装阀回路或系统。

例如，图 5-26(a)为一个插装阀的方向、压力、流量复合控制回路。阀芯带阻尼孔的插装元件 CV_1 及 CV_2 分别与先导调压阀 1 及 4 组成溢流阀，用于液压缸 3 的双向调压。插装元件 CV_2 与插装元件 CV_3 的阀芯不带阻尼孔，CV_2 带有行程调节机构，可调节阀口开度，实现液压缸后退时的进口节流调速。四个插装元件 CV_1～CV_4 用一个三位四通电磁换向阀 2 进行集中控制。当电磁铁 1YA 和 2YA 均断电使阀 2 处于图示中位时，CV_1～CV_4 全部关闭，液压缸被锁紧，锁紧力分别由调压阀 1 和 4 的设定压力限制。当电磁铁 2YA 通电使换向阀 2 切换至右位时，CV_1 和 CV_3 开启，压力油经 CV_3 进入液压缸的无杆腔，而有杆腔回油，液压缸左行前进，当系统工作压力达到先导调压阀 4 的设定值时，阀 4 开启溢流，限制了液压缸前进时的最大工作压力。当电磁铁 1YA 通电使换向阀 2 切换至左位时，CV_2 和 CV_4 开启，液压缸右行后退，退回速度由 CV_2 调节，后退时的最大压力由先导调压阀 4 限制。图 5-25(b)为对应的传统阀回路。

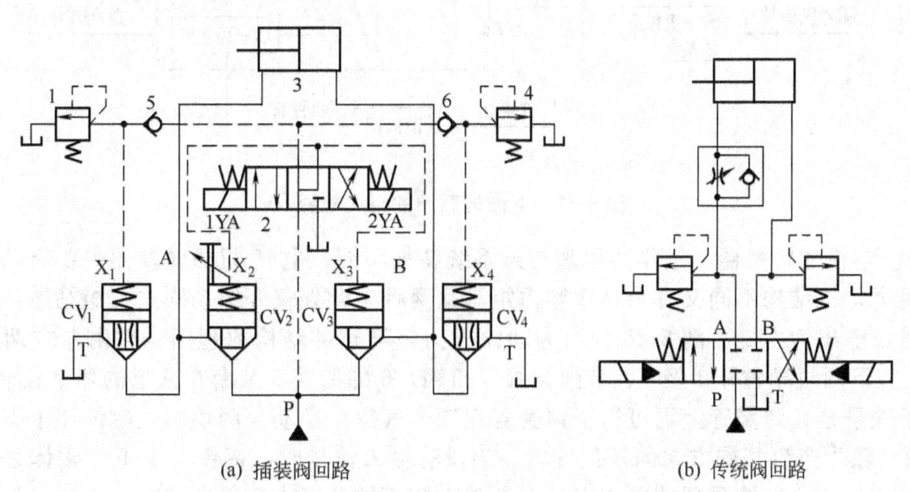

图 5-26　插装阀的方向、压力、流量复合控制回路

1,4—先导调压阀；2—电磁换向阀；3—液压缸；5,6—单向阀

5.6　电液控制阀

电液伺服阀、电液比例阀和电液数字阀统称为电液控制阀，是电子技术与液压技术相结合发展的一类液压阀。与前述各种普通液压阀相比，此类控制阀具有以下显著特点：①电液一体化，通过电液信号变换，可以实现液压系统流量或压力的连续自动控制；②功率放大系数高，既是电液转换元件，又是功率放大元件，用较小功率的输入信号即可获得较大功率的输出；③易于实现闭环控制，所构成的液压控制系统，动态响应速度快，控制精度高，结构

紧凑，易于实现远距离测量和遥控；④易于实现计算机控制，通过微型计算机容易构成以电子、电气为神经，以液压为筋肉的电液控制系统，具有很大的灵活性与广泛的适应性，是目前响应速度和控制精度最优的控制系统，并已在工程上普遍得到应用并成为液压控制中的主流系统。

5.6.1 电液伺服阀

电液伺服阀是一种自动控制阀，其功用是将小功率的电信号输入转换为大功率液压能（压力和流量）输出，从而实现对液压执行元件机械量（位移、速度和力等）的控制。

(1) 基本组成

如图5-27所示，电液伺服阀通常由电气-机械转换器（力马达或力矩马达）、液压放大器（先导级阀和功率级主阀）和检测反馈机构组成。若是单级阀，则无先导级阀；否则为多级阀。电气-机械转换器用于将输入电信号转换为力或力矩，以产生驱动先导级阀运动的位移或转角；先导级阀又称前置级（可以是滑阀、锥阀、喷嘴挡板阀等），用于接受电气-机械转换器输入的小功率位移或转角信号，将机械量转换为液压力驱动主阀；主阀（滑阀等）将先导级阀的液压力转换为流量或压力输出；设在阀内部的反馈机构（可以是液压或机械或电气反馈等）将先导阀或主阀控制口的压力、流量或阀芯的位移反馈到先导级阀的输入端或放大器的输入端，实现输入、输出的比较，从而提高阀的控制性能。

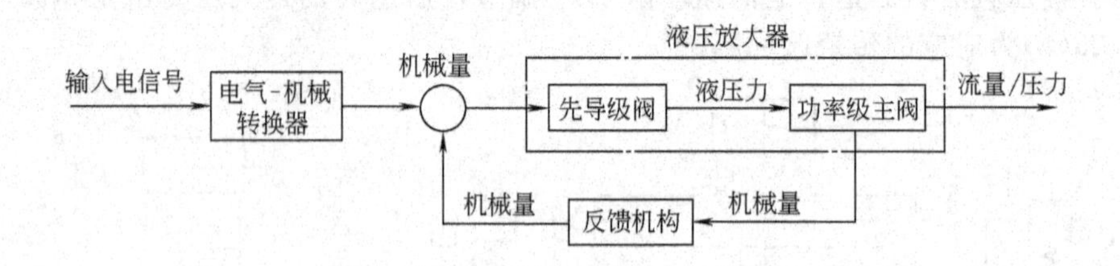

图5-27 电液伺服阀的组成框图

① 电气-机械转换器　按作用原理与磁系统特征不同，电气-机械转换器主要有动铁式和动圈式两类，按结构不同又有力马达和力矩马达两种。此处仅介绍动铁式力矩马达，其输入为电信号，输出为力矩。图5-28所示为动铁式力矩马达的结构原理图。它由左右两块永久磁铁2、上下两块导磁体1及4、带弹簧管（扭轴）6的衔铁5及套在其上的两个控制线圈3组成，衔铁悬挂在弹簧管上，可以绕弹簧管在四个气隙中摆动。两块永久磁铁使上下导磁体1及4的气隙中产生相同方向的极化磁场。当没有输入信号时，衔铁与上下导磁体之间的四个气隙距离相等，衔铁受到的电磁力相互抵消而使衔铁处于中间平衡状态。当输入控制电流时，产生相应的控制磁场，它在上下气隙中的方向相反，因此打破了原有的平衡，使衔铁产

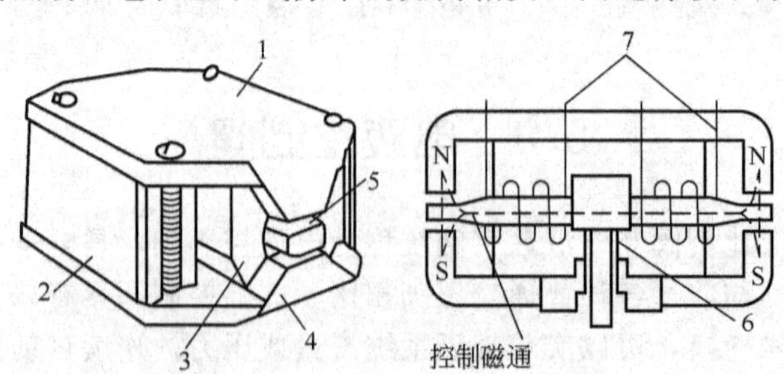

图5-28 动铁式力矩马达结构原理图

1—上导磁体；2—永久磁铁；3—控制线圈；4—下导磁体；5—衔铁；6—弹簧管；7—线圈引出线

生与控制电流的大小和方向相对应的转矩，并且使衔铁转动，直至电磁力矩与负载力矩和弹簧反力矩等相平衡。但转角很小，故可视为微小的直线位移（通常小于 0.2mm）。动铁式力矩马达输出力矩较小，动态响应快，功率重量比较大，抗加速度零漂性好，适合控制喷嘴挡板类的先导级阀。但限于气隙的形式，其转角和工作行程很小，材料性能及制造精度要求高，价格昂贵；此外，其控制电流较小（仅几十毫安），故抗干扰能力较差。

② 液压放大器

a. 先导级阀　电液伺服阀的先导级阀主要有喷嘴挡板式、射流管式等结构形式。

喷嘴挡板式先导级阀结构及组成原理如图 5-29 所示［图(a)为单喷嘴，图(b)为双喷嘴］，它是通过改变喷嘴与挡板之间的相对位移来改变液流通路开度的大小以实现控制，具有体积小、运动部件惯量小、无摩擦、所需驱动力小、灵敏度高等优点，特别适用于小信号工作，因此常用作二级伺服阀的前置放大级。其缺点主要是中位泄漏量大，负载刚性差，输出流量小，节流孔及喷嘴的间隙小（0.02～0.06mm）而易堵塞，抗污染能力差。

射流管式先导级阀有射流管式［图 5-30(a)］和偏转板射流式［图 5-30(b)］两种，都是根据动量原理工作。射流管式的优点是，射流管 1 的喷嘴（通常直径为 0.5～2mm）与接受器 2 之间的距离较大，不易堵塞，抗污染能力强，射流喷嘴有失效对中能力。缺点是结构较复杂，加工与调试较难，运动零件惯量较大；射流管的引压管刚性较低，易振动；特性较难预计。适用于对抗污染能力有特殊要求的场合，常用作两级伺服阀的前置放大级。偏转板射流式的优点是射流喷嘴、偏转板 4 与射流板 3 之间的间隙大，不易堵塞，抗污染能力强，运动零件惯量小。其缺点是性能在理论上不易精确计算，特性很难预测；在低温及高温时性能不稳定。常用作两级伺服阀的前置放大级，适用于对抗污染能力有特殊要求的场合。

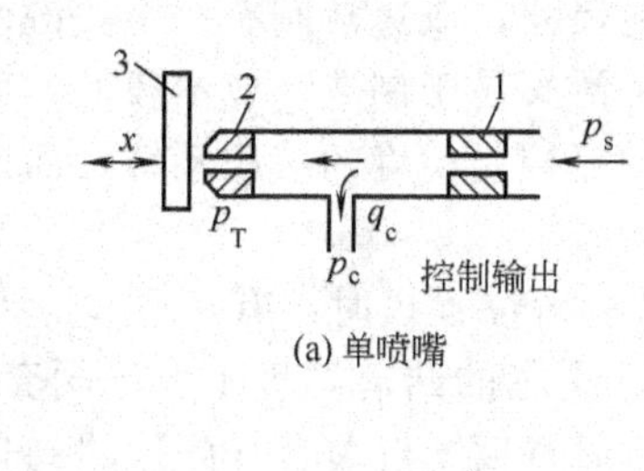

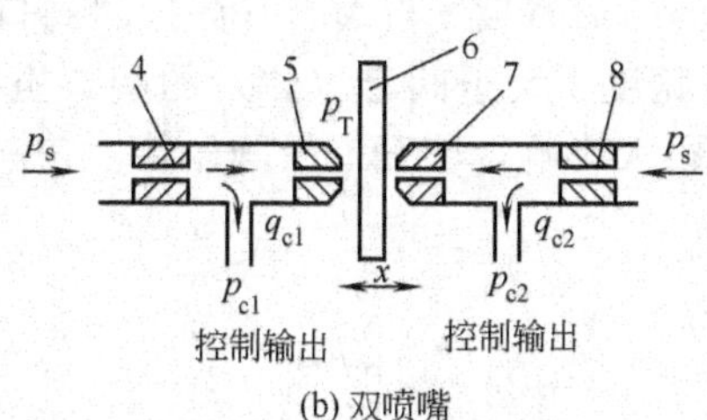

图 5-29　喷嘴挡板式先导级阀

1,4,8—固定节流孔；2,5,7—喷嘴；3,6—挡板；p_s—输入压力；p_T—喷嘴处油液压力；p_c,q_c—控制输出压力、流量

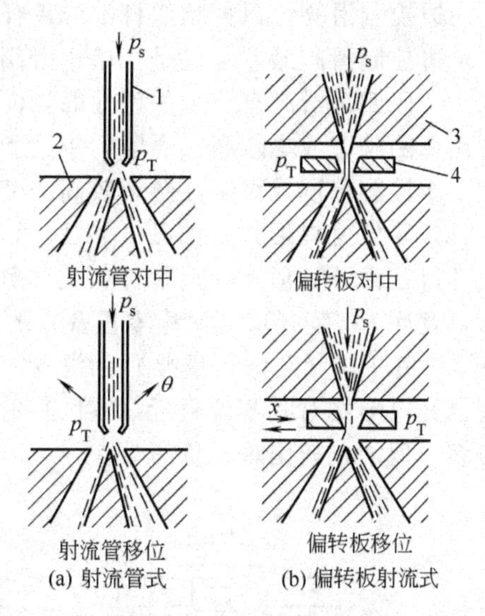

图 5-30　射流管式先导级阀

1—射流管；2—接受器；3—射流板；4—偏转板；p_s—输入压力；p_T—喷嘴处油液压力

b. 功率级主阀（滑阀）　电液伺服阀中的功率级主阀几乎均为滑阀，故这里从伺服阀角度介绍其结构形式及特点。

(a) 控制边数。根据控制边数的不同，滑阀有单边控制、双边控制和四边控制三种类型（图 5-31)。单边控制滑阀仅有一个控制边，控制边的开口量 x 控制了执行元件（此处为单

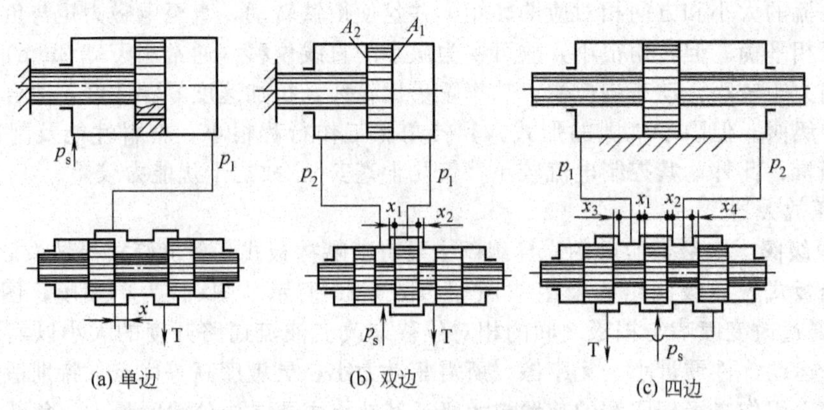

图 5-31　单边、双边和四边控制滑阀

杆液压缸）中的压力和流量，从而改变了缸的运动速度和方向。双边控制滑阀有两个控制边，压力油一路进入单杆液压缸有杆腔，另一路经滑阀控制边 x_1 的开口和无杆腔相通，并经控制边 x_2 的开口流回油箱；当滑阀移动时，x_1 增大，x_2 减小，或相反，从而控制了液压缸无杆腔的回油阻力，故改变了液压缸的运动速度和方向。四边控制滑阀有四个控制边，x_1 和 x_2 是用于控制压力油进入双杆液压缸的左、右腔，x_3 和 x_4 用于控制左、右腔通向油箱；当滑阀移动时，x_1 和 x_4 增大，x_2 和 x_3 减小，或相反，这样控制了进入液压缸左、右腔的油液压力和流量，从而控制了液压缸的运动速度和方向。

综上，单边、双边和四边控制滑阀的控制作用相同。单边和双边滑阀用于控制单杆液压缸；四边控制滑阀可以控制双杆缸或单杆缸。四边控制滑阀的控制质量好，双边控制滑阀居中，单边控制滑阀最差。但是，单边滑阀无关键性的轴向尺寸，双边滑阀有一个关键性的轴向尺寸，而四边滑阀有三个关键性的轴向尺寸，所以单边滑阀易于制造、成本较低，而四边滑阀制造困难、成本较高。通常，单边和双边滑阀用于一般控制精度的液压系统，而四边滑阀则用于控制精度及稳定性要求较高的液压系统。

（b）零位开口形式。如图 5-32 所示，滑阀在零位（平衡位置）时，有正开口、零开口和负开口三种开口形式。正开口（又称负重叠）的滑阀，阀芯的凸肩宽度 t 小于阀套（体）的阀口宽度 h；零开口（又称零重叠）的滑阀，阀芯的凸肩宽度 t 与阀套（体）的阀口宽度 h 相等；负开口（又称正重叠）的滑阀，阀芯的凸肩宽度 t 大于阀套（体）的阀口宽度 h。滑阀的开口形式对其零位附近（零区）的特性，具有很大影响，零开口滑阀的特性较好，应用最多，但加工较困难，价昂。

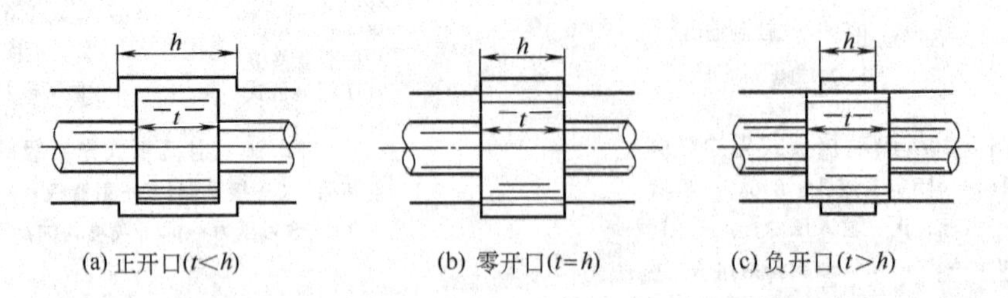

图 5-32　滑阀的零位开口形式

（c）通路数、凸肩数与阀口形状。按通路数滑阀有二通、三通和和四通等几种。二通滑阀（单边阀）[参见图 5-31(a)]，它只有一个可变节流口（可变液阻），使用时必须和一个固定节流口配合，才能控制一腔的压力，用于控制差动液压缸。三通滑阀［参见图 5-31(b)］

只有一个控制口，故只能用于控制差动液压缸，为实现液压缸反向运动，需在有杆腔设置固定偏压（可由供油压力产生）。四通滑阀［参见图 5-31(c)］有两个控制口，故能控制各种液压执行元件。

阀芯上的凸肩数与阀的通路数、供油及回油密封、控制边的布置等因素有关。二通阀一般为 2 个凸肩，三通阀为 2 个或 3 个凸肩，四通阀为 3 个或 4 个凸肩。三凸肩滑阀为最常用的结构形式。凸肩数过多将加大阀的结构复杂程度、长度和摩擦力，影响阀的成本和性能。

滑阀的阀口形状有矩形、圆形等形式。矩形阀口又有全周开口和部分开口，其开口面积与阀芯位移成正比，具有线性流量增益，故应用较多。

(2) 典型结构及特点

电液伺服阀的种类繁多，其中喷嘴挡板式力反馈两级电液伺服阀使用较多，且多用于控制流量较大（80～250L/min）的场合。图 5-33 所示为喷嘴挡板式力反馈电液伺服阀的结构原理图，它主要由力矩马达、双喷嘴挡板先导级阀和四凸肩的功率级滑阀三个部分组成。薄壁的弹簧管 3 支承衔铁 7 和挡板 2 组件，并作为喷嘴挡板液压阀的液压密封。弹簧管从衔铁挡板组件中伸出，其下端球头插入主阀芯 10 中间的小槽内，构成阀芯对力矩马达的力反馈。左、右各一个固定节流孔 11，两个喷嘴 1 及挡板 2 间形成可变液阻节流孔。

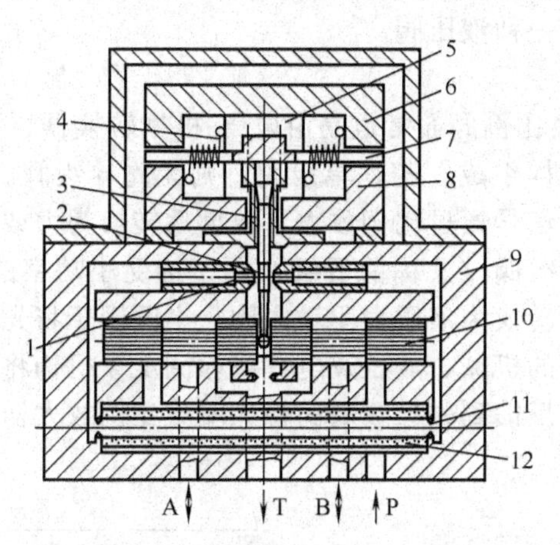

图 5-33　喷嘴挡板式力反馈电液伺服阀

1—喷嘴；2—挡板；3—弹簧管；4—线圈；5—永久磁铁；6—上导磁体；7—衔铁；8—下导磁体；9—阀座；10—主阀芯（滑阀）；11—节流孔；12—过滤器

当线圈 4 无电信号输入时，衔铁、挡板和主阀芯都处于中位，液阻桥路平衡。当线圈 4 通入电流后，在衔铁 7 两端产生磁力，使衔铁克服弹簧管 3 的弹性反作用力而偏转一角度，并偏转到磁力所产生的力矩与弹性反作用力所产生的反力矩平衡时为止。同时，挡板 2 因随衔铁 7 偏转而发生挠曲，离开中位，造成它与两个喷嘴 1 间的距离（间隙）不等，一个间隙减小，另一个间隙增大。通入伺服阀的压力油经内置过滤器 12、两个对称的固定节流孔 11 和左、右喷嘴 1 流出，通向回油。当喷嘴与挡板的两个间隙不等，即可变液阻不等、液桥不平衡时，两喷嘴后侧的压力不相等，它们作用在主阀芯 10 左、右端面上，使主阀芯 10 向相应方向移动一小段距离，同时打开滑阀进油和回油节流边，使压力油经过滑阀一侧控制口输向执行元件，执行元件回油则经滑阀另一阀口通向油箱。弹簧管下端球头随主阀芯 10 移动，对衔铁组件施加一反力矩。弹簧管 3 将主阀芯 10 的位移转换为力并反馈到力矩马达，后果是使滑阀两端的压差减小。当主阀芯 10 的液压作用力与挡板 2 下端球头因移动而产生的反作用力达到平衡时，主阀芯 10 就不再移动，并一直使其阀口保持在这一开度上。线圈 4 的通入电流越大，衔铁 7 偏转力矩、挡板 2 的挠曲变形、主阀芯 10 两端的压差及主阀芯 10 的偏移量就越大，伺服阀输出的流量就越大，由于主阀芯 10 的位移、喷嘴 1 与挡板 2 之间的间隙、衔铁 7 的转角都依次与输入电流成正比，因此伺服阀的流量也和输入电流成正比，改变输入电流的大小与方向，也就改变了伺服阀输出流量的大小与方向。

除了上述力反馈型的电液伺服阀外，双喷嘴挡板式电液伺服阀还有直接位置反馈、电反馈、压力反馈、动压反馈与流量反馈等不同反馈形式。它们具有线性度好、动态响应快、压力灵敏度高、阀芯基本处于浮动不易卡阻、温度和压力零漂小等优点。其缺点是抗污染能力差［喷嘴挡板级间隙较小（仅 0.02～0.06mm）］，阀易堵塞，内泄漏较大、功率损失大、效率低，力反馈回路包围力矩马达，流量大时提高阀的频宽受到限制。

电液伺服阀由于其高精度和快速控制能力，除了航空、航天和军事装备等普遍使用的领域外，在机床、塑机、轧钢机、车辆等各种工业设备的开环或闭环的电液控制系统中，特别是系统要求高的动态响应、大输出功率的场合获得了广泛应用。

5.6.2 电液比例阀

电液比例控制阀（简称电液比例阀或比例阀）与电液伺服阀的功能类同，是介于普通液压阀和电液伺服阀之间的一种液压阀。

(1) 基本组成

如图 5-34 所示，电液比例阀通常也是由电气-机械转换器、液压放大器（先导级阀和功率级主阀）和检测反馈机构组成。若是单级阀，则无先导级阀。其电气-机械转换器多为比例电磁铁等，它将输入电信号通过比例放大器放大后转换为力或力矩，以产生驱动先导级阀运动的位移或转角。先导级阀（又称前置级）用于接受小功率的电气-机械转换器输入的位移或转角信号，将机械量转换为液压力驱动主阀；主阀用于将先导级阀的液压力转换为流量或压力输出；设在阀内部的机械、液压及电气式检测反馈机构将主阀控制口或先导级阀口的压力、流量或阀芯的位移反馈到先导级阀的输入端或比例放大器，实现输入、输出的平衡。

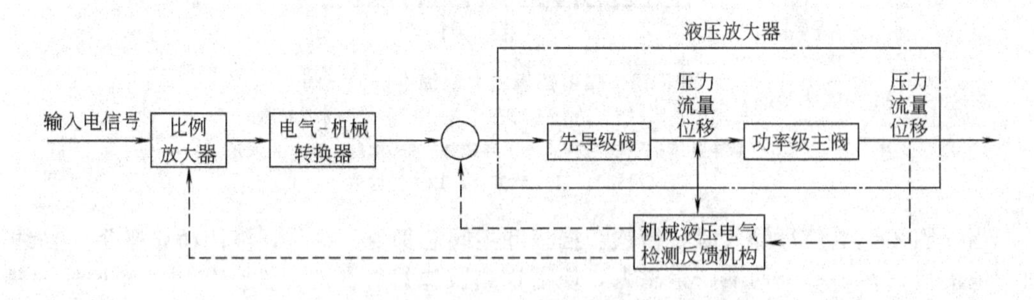

图 5-34 电液比例阀的组成

由于先导级阀和主阀的结构类型与伺服阀基本类同，故此处仅对比例电磁铁作一简介。与开关型电磁铁不同，比例电磁铁的功用是将比例控制放大器输给的电信号（模拟信号，通常为 24V 直流，800mA 的或更大的额定电流）转换成力或位移信号输出，一般以输出推力为主。比例电磁铁具有结构简单、成本低廉、输出推力和位移大、对油质要求不高、维护方便等特点。

按照输出位移的形式，比例电磁铁有单向和双向两种，而单向比例电磁铁较常用，图 5-35 所示是其结构原理图，它由推杆 1、控制线圈 3、衔铁 7、导向套 10、壳体 11、轭铁 13 等部分组成。导向套 10 前、后两段为导磁材料，其前段有特殊设计的锥形盆口，两段之间

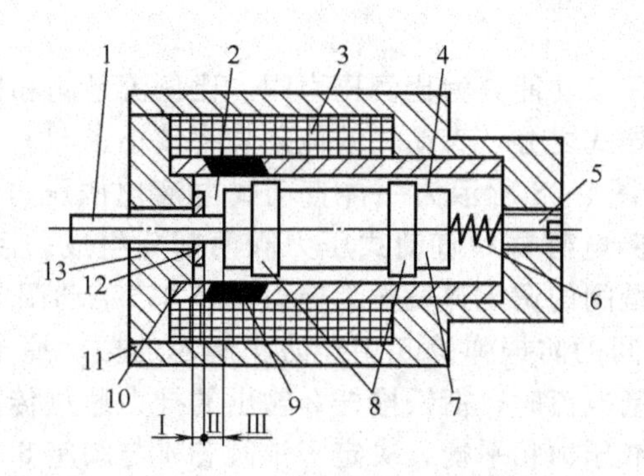

图 5-35　单向比例电磁铁结构原理图

1—推杆；2—工作气隙；3—控制线圈；4—非工作气隙；5—调节螺钉；6—弹簧；7—衔铁；8—轴承环；9—隔磁环；10—导向套；11—壳体；12—限位片；13—轭铁

用非导磁材料（隔磁环 9）焊接为整体。壳体与导向套之间，配置同心螺线管式控制线圈 3。衔铁 7 前端所装的推杆 1 输出力或位移，后端所装的调节螺钉 5 和弹簧 6 为调零机构，可在一定范围内对比例电磁铁乃至整个比例阀的稳态特性进行调整，以增强其通用性（几种阀共用一个电磁铁）。衔铁支承在轴承上，以减小黏滞摩擦力。比例电磁铁的内腔通常是要充入液压油，使其成为衔铁移动的一个阻尼器，以保证比例元件具有足够的动态稳定性。

当线圈通入电流时，形成的磁路经壳体、导向套、衔铁后分为两路，一路由导向套前端到轭铁 13 而产生斜面吸力，另一路直接由衔铁断面到轭铁而产生表面吸力，二者的合成力即为比例电磁铁的输出力，如图 5-36 所示，比例电磁铁的整个行程区，分为吸合区Ⅰ、有效行程区Ⅱ和空行程区Ⅲ三个区段，在有效行程区（工作行程区）Ⅱ，比例电磁铁具有基本水平的位移-吸力特性，而工作区的长度与电磁铁的类型等有关。由于比例电磁铁具有水平的位移-吸力特性，所以一定的控制电流对应一定的输出力，即输出力与输入电流成比例(图5-37)，改变电流即可成比例地改变输出力。

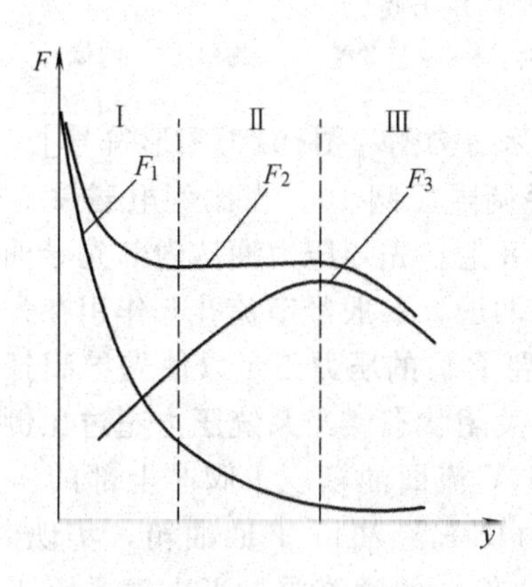

图 5-36　单向电磁铁的位移-吸力特性

y—行程；F_1—表面力；F_2—合成力；F_3—斜面力

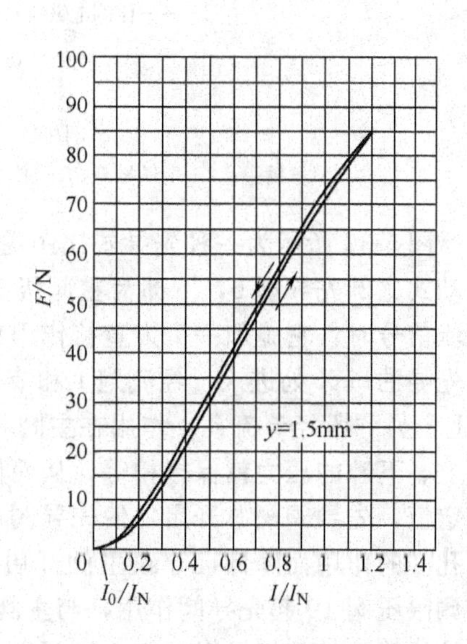

图 5-37　比例电磁阀的电流-力特性

I—工作电流；I_N—额定电流；F—吸力；y—行程

(2) 典型结构及特点

电液比例阀种类繁多，按功能分为比例压力阀、比例流量阀和比例方向阀；按控制功率的大小分又有直动式和先导式之分，直动式的控制功率较小。

① 电液比例压力阀　图 5-38 所示为一种直动式电液比例压力阀［图(a)为结构图，图(b)为图形符号］，它由比例电磁铁和直动式压力阀两部分组成。后者的结构与普通压力阀的先导阀相似，所不同的是阀的调压弹簧换为传力弹簧 3，手动调节螺钉部分换装为比例电磁铁。锥阀芯 4 与阀座 6 间的防振弹簧 5 用于防止阀芯的振动撞击。阀体 7 为方向阀式阀体。当比例电磁铁输入控制电流时，衔铁推杆 2 输出的推力通过传力弹簧 3 作用在锥阀芯 4 上，与作用在锥阀芯上的液压力相平衡，决定了锥阀芯 4 与阀座 6 之间的开口量。由于开口量变化微小，故传力弹簧 3 变形量的变化也很小，若忽略液动力的影响，则可认为在平衡条件下，所控制的压力与比例电磁铁的输出电磁力成正比，从而与输入比例电磁铁的控制电流近似成正比。这种压力阀除了在小流量（通常控制流量为 1～3L/min）场合作为调压元件单独使用外，更多的作为先导阀与普通溢流阀、减压阀的主阀组合，构成先导式电液比例溢流阀或比例减压阀，改变输入电流大小，即可改变电磁力，从而改变先导阀前腔（亦即主阀上腔）压力，实现对主阀的进口或出口压力的控制。

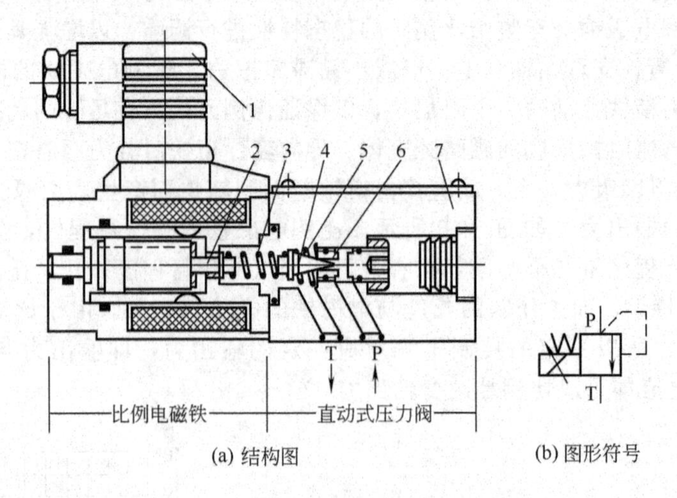

(a) 结构图　　(b) 图形符号

图 5-38　直动式电液比例压力阀

1—插头；2—衔铁推杆；3—传力弹簧；4—锥阀芯；5—防振弹簧；6—阀座；7—阀体

图 5-39 所示为一种先导式比例溢流阀［图(a)为结构图，图(b)为图形符号］。其上部为直动式比例先导阀 6，下部为主阀级 11，中部为手调限压阀 10。当比例电磁铁 9 通有输入电流信号时，它施加一个力直接作用在先导阀阀芯 8 上。先导压力油从内部先导油口或从外部先导油口 X 处进入，经流道 1 和节流孔 3 后分成两股，一股经节流孔 5 作用在先导阀阀芯 8 上，另一股经节流孔 4 作用在主阀芯的上部。只要 P 口的压力不足以使先导阀打开，主阀芯上、下腔的压力就保持相等，从而使主阀芯处于关闭状态。当系统压力超过比例电磁铁的设定值，先导阀阀芯开启，使先导阀的油液经油口 Y 流回油箱。主阀芯上部的压力由于阻尼孔 3 的作用而降低，导致主阀开启，油液从压力口 P 经油口 T 回油箱，实现溢流作用。手调限压阀 10 起先导阀作用，与主阀一起构成一个传统的溢流阀，当出现系统压力过高或电控线路失效等情况时，它立即开启，使系统卸荷，保证系统安全。

② 电液比例流量阀　图 5-40 所示为一种直动式电液比例调速阀［图(a)为结构图，图(b)为图形符号］。它由直动式比例节流阀与作为压力补偿器的定差减压阀等组成。图中比

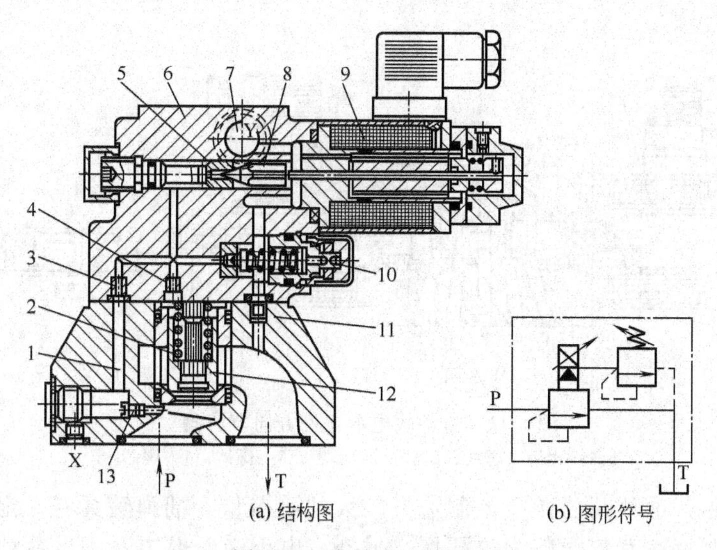

图 5-39　先导式比例溢流阀

1—先导油流道；2—主阀弹簧；3,4,5—节流孔；6—直动式比例先导阀；7—外泄口；8—先导阀阀芯；9—比例电磁铁；10—手调限压阀；11—主阀级；12—主阀芯；13—内部先导油口螺塞

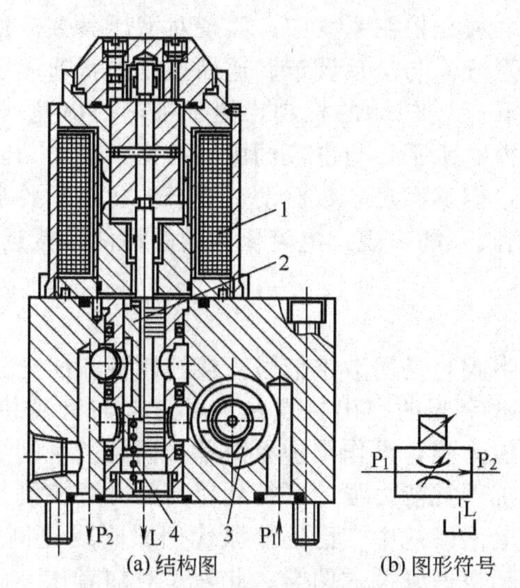

图 5-40　直动式电液比例调速阀

1—比例电磁铁；2—节流阀阀芯；3—定差减压阀；4—弹簧

例电磁铁 1 的输出力作用在节流阀阀芯 2 上，与弹簧力、液动力、摩擦力相平衡，一定的控制电流对应一定的节流口开度。通过改变输入电流的大小，就可连续按比例地调节通过调速阀的流量。通过定差减压阀 3 的压力补偿作用来保持节流口前、后压差基本不变。

③ 电液比例方向控制阀　电液比例方向控制阀能按输入电信号的极性和幅值大小，同时对液压系统液流方向和流量进行控制，从而实现对执行元件运动方向和速度的控制。在压差恒定条件下，通过电液比例方向阀的流量与输入电信号的幅值成比例，而流动方向取决于比例电磁铁是否受到激励。

图 5-41 所示为一种直动式电液比例方向节流阀的结构原理图，它主要由比例电磁铁 1、6，阀体 3，阀芯（四边滑阀）4，对中弹簧 2、5 组成。当比例电磁铁 1 通电时，阀芯右移，油口 P 与 B 通，A 与 T 通，而阀口的开度与电磁铁 1 的输入电流成比例；当电磁铁 6 通电时，阀芯向左移，油口 P 与 A 通，而 B 与 T 通，阀口开度与电磁铁 6 的输入电流成比例。

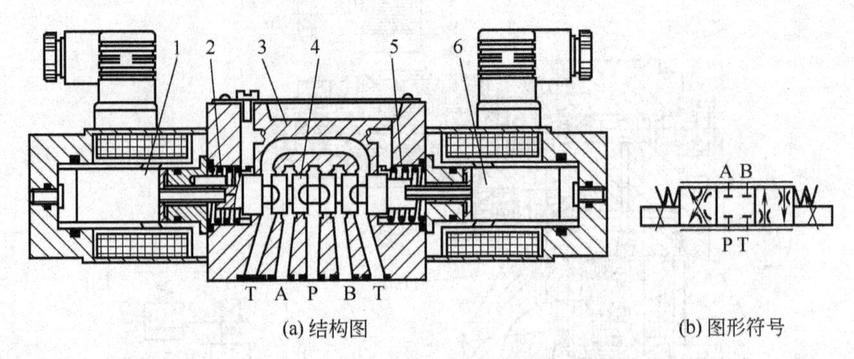

(a) 结构图 (b) 图形符号

图 5-41 直动式电液比例方向节流阀

1,6—比例电磁铁；2,5—对中弹簧；3—阀体；4—阀芯

与伺服阀不同的是，这种阀的四个控制边有较大的遮盖量，端弹簧具有一定的安装预压缩量。阀的稳态控制特性有较大的中位死区。另外，由于受摩擦力及阀口液动力等干扰的影响，其阀芯定位精度不高，尤其是在高压大流量工况下，稳态液动力的影响更加突出。为了提高电液比例方向阀的控制精度，可以采用位移电反馈型直动式电液比例方向节流阀。

电液比例阀多用于开环液压控制系统中，实现对液压参数的遥控，也可以作为信号转换与放大元件用于闭环控制系统。与手动调节和通断控制的普通液压阀相比，它能显著地简化液压系统，实现复杂程序和运动规律的控制，便于机电一体化，通过电信号实现远距离控制，大大提高液压系统的控制水平；与电液伺服阀相比，其动、静态性能有些逊色，但在结构与成本上具有明显优势，能够满足多数对动、静态性能指标要求不高的场合。随着电液伺服比例阀(亦称高性能比例阀）的出现，电液比例阀的性能已接近甚至超过了伺服阀。

5.6.3 电液数字阀

电液数字阀（简称数字阀）是用数字信号直接控制液流压力、流量和方向的阀类。与电液伺服阀和比例阀相比，数字阀的突出特点是：可直接与计算机接口，不需 D/A 转换器，结构简单；价廉；抗污染能力强，操作维护更简单；而且数字阀的输出量准确、可靠地由脉冲频率或宽度调节控制，抗干扰能力强；可得到较高的开环控制精度等，所以得到了较快发展。在计算机实时控制的电液系统中，已部分取代伺服阀或比例阀。根据控制方式的不同，电液数字阀可分为增量式和快速开关式两类，此处仅对前者作一简介。

(1) 增量式电液数字阀的基本工作原理

增量式电液数字阀是采用由脉冲数字调制演变而成的增量控制方式，以步进电机作为电气-机械转换器，驱动液压阀阀芯工作，因此又称步进式数字阀。增量式数字阀控制系统工作原理框图如图 5-42 所示。微型计算机（下简称微机）发出脉冲序列经驱动器放大后使步进电机工作。步进电机是一个数字元件，根据增量控制方式工作。增量控制方式是由脉冲数字调制法演变而成的一种数字控制方法，是在脉冲数字信号的基础上，使每个采样周期的步数在前一采样周期的步数上，增加或减少一些步数，而达到需要的幅值，步进电机转角与输入的脉冲数成比例，步进电机每得到一个脉冲信号，步进电机便沿给定方向转动一固定的步距角，再通过机械转换器（丝杆-螺母副或凸轮机构）使转角转换为轴向位移，使阀口获得一相应开度，从而获得与输入脉冲数成比例的压力、流量。有时，阀中还设置用以提高阀的重复精度的零位传感器和用以显示被控量的显示装置。

(2) 增量式数字阀的典型结构

图 5-43 所示为先导型增量式数字溢流阀［图(a)为结构图，图(b)为图形符号，图(c)为

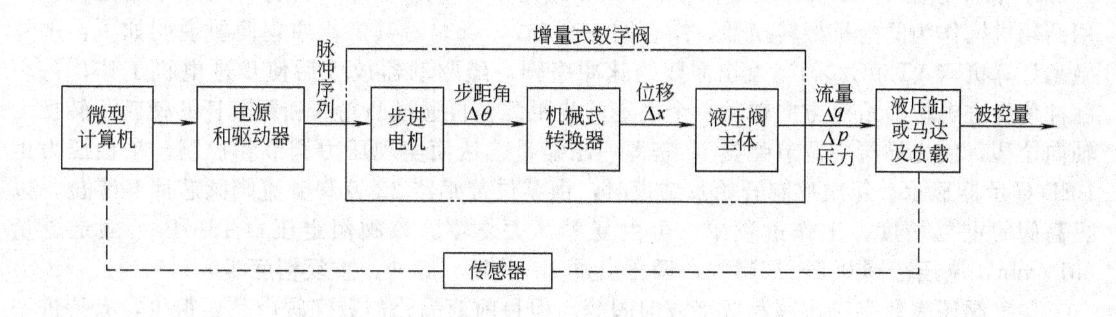

图 5-42　增量式数字阀控制系统工作原理框图

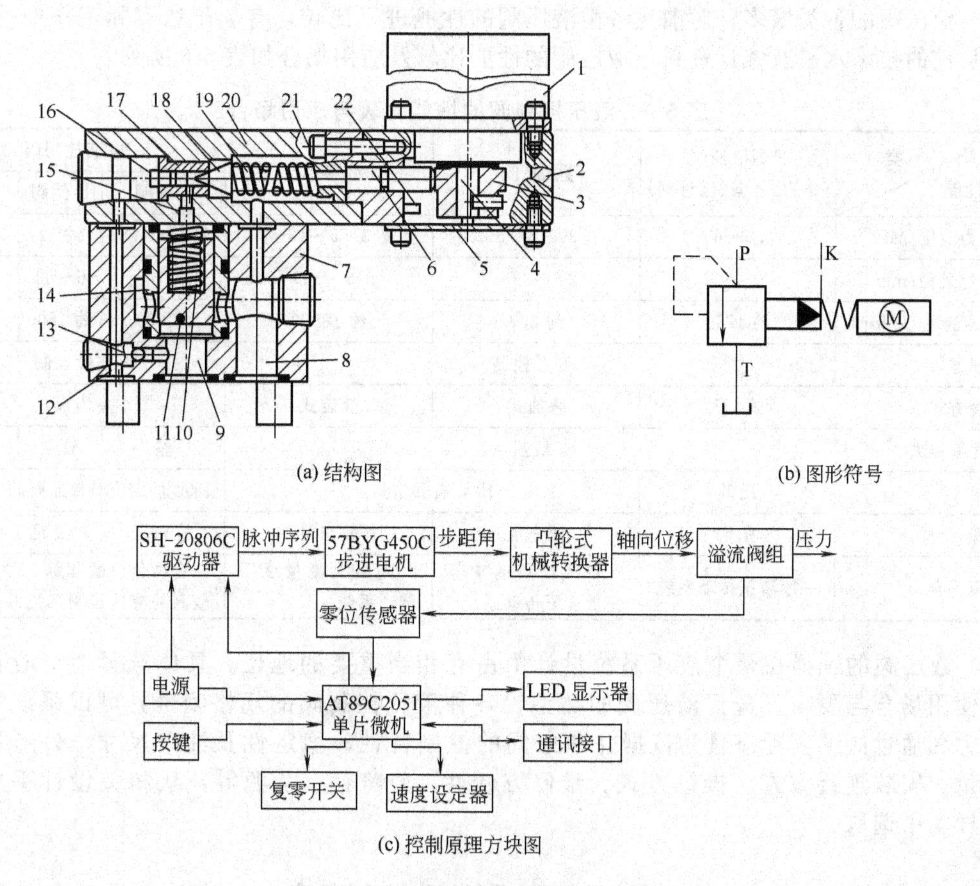

图 5-43　先导型增量式数字溢流阀

1—步进电机；2—支架；3—凸轮；4—电机轴；5—盖板；6—调节杆；7—阀体；8—出油口 T；9—进油口 P；10—复位弹簧；11—主阀芯；12—遥控口 K；13，15，16—阻尼器；14—阀套；17—导阀座；18—导阀芯；19—调节弹簧；20—阀盖；21—弹簧座；22—零位传感器

控制原理方块图]，液压部分由二节同心式主阀和锥阀式先导阀两部分组成，阀中采用了三阻尼器（13，15，16）液阻网络，在实现压力控制功能的同时，有利于提高主阀的稳定性；该阀的电气-机械转换器为混合式步进电机（57BYG450C 型，驱动电压 36V DC，相电流

1.5A，脉冲频率 0.1kHz，步距角 0.9°），步距角小，转矩-频率特性好并可断电自定位；采用凸轮机构作为阀的机械转换器。结合图 5-43(a)、(c) 对其工作原理简要说明如下：单片微型计算机（AT89C2051）发出需要的脉冲序列，经驱动器放大后使步进电机工作，每个脉冲使步进电机沿给定方向转动一个固定的步距角，再通过凸轮 3 和调节杆 6 使转角转换为轴向位移，使先导阀中调节弹簧 19 获得一压缩量，从而实现压力调节和控制。被控压力由 LED 显示器显示。每次控制开始及结束时，由零位传感器 22 控制溢流阀阀芯回到零位，以提高阀的重复精度，工作过程中，可由复零开关复零。该阀额定压力 16MPa，额定流量 63L/min，调压范围 0.5～16MPa，调压当量 0.16MPa/脉冲，重复精度≤0.1%。

数字阀还有数字流量阀和数字方向阀等。但目前商品化的数字阀产品还很少，有待进一步研究和开发。

5.7 常用液压阀的性能比较及选择

液压阀的种类繁多，对前述各类液压阀的性能进行比较，有利于在实际工作中的选用。按目前的技术水平及统计资料，液压阀的性能比较及应用场合如表 5-6 所列。

表 5-6 液压控制阀的性能比较与应用场合

类型 性能	普通液压阀 （压力、方向、流量阀）	叠加阀	插装阀	电液控制阀		
				伺服阀	比例阀	数字阀
压力范围/MPa	2.5～63	20～31.5	31.5～42	2.5～31.5	约 32	约 21
公称通径/mm	6～80	6～32	16～160	6～63		
额定流量/(L/min)	约 1250	约 250	约 18000	约 600	约 1800	约 500
控制方式	开关控制			连续控制		
连接方式	管式、板式	叠加式	插装式	多为板式		
抗污染能力	最强			差	较强	强
价格	最低	比普通阀略高		普通阀的 10 倍	普通阀的 3～6 倍	
货源	充足	较充足	较充足	较充足	较充足	不足
应用场合	一般液压传动系统	各类设备的中等流量液压传动系统	高压大流量液压传动系统	自动化程度和综合性能要求较高的液压控制系统		

液压阀的选择在整个液压系统设计中占有相当重要的地位。具体选择时，应根据具体使用场合与要求，选择液压阀的类型，各种液压控制阀的规格型号，可以系统的最高压力和通过阀的实际流量为依据并考虑阀的控制特性、稳定性及油口尺寸、外形尺寸与重量、安装连接方式、操纵方式、维修方便性、经济性、货源等，从相关设计手册或产品样本中选取。

5.8 水压控制阀简介

随着科学技术的进步和人类环保、能源危机意识的提高，近 20 年来人们重新认识和研究历史上以纯水作为工作介质的水液压传动技术，并在理论和应用研究上，都得到了复苏和发展，成为现代液压传动中的热点技术和新的发展方向之一。与矿物油相比，水具有黏度小、腐蚀性强、汽化压力高等特点，使得水液压控制阀及其它水液压元件的研发和使用面临着腐蚀、汽蚀、泄漏、压力冲击与振动噪声以及设计理论和方法等关键技术难题。

丹麦Danfoss公司是国际上著名的以淡水为工作介质的水液压元件和系统的生产商，此处以其生产的水压溢流阀和节流阀为例，对水压控制阀的结构和特点简要介绍如下。

5.8.1 水压溢流阀

图5-44所示为Danfoss公司的直动式水压溢流阀结构图。它主要由阀座1、阀芯2、活塞套3、调压弹簧5、调压螺杆6、活塞7、阀体8等组成。调节调压螺杆，改变调压弹簧的预压缩量，就可以设定水压溢流阀的工作压力。该阀在结构上具有如下特点：①阀芯与阀座采用平板阀结构，且阀芯采用马氏体不锈钢强化处理，硬度较高，结构简单，加工方便，阀的抗汽蚀和拉丝侵蚀性能强；②阀芯与活塞接触处为球面结构，有利于阀芯自动调节平衡位置及保证阀口关闭时的密封性能；③活塞与活塞套之间设置了阻尼腔4，增大了阀芯的运动阻尼，提高了溢流阀的工作稳定性；④活塞套和活塞分别采用高分子材料和金属基体表面喷涂陶瓷材料，可避免该摩擦副发生黏着磨损，且提高了抗污染性能。该直动式水压溢流阀的额定压力14MPa，额定流量达120L/min。

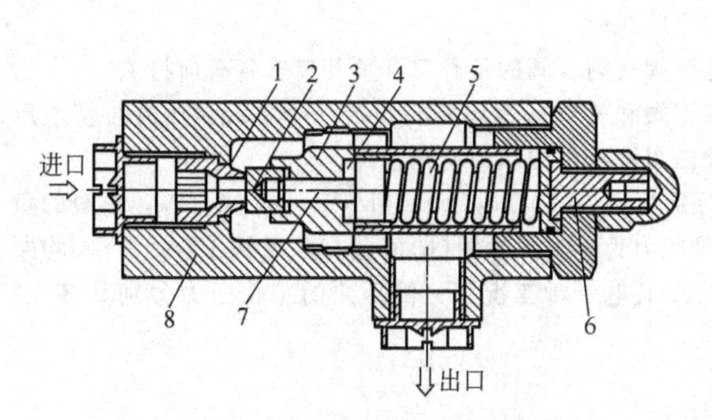

图5-44 直动式水压溢流阀

1—阀座；2—阀芯；3—活塞套；4—阻尼腔；5—调压弹簧；6—调压螺杆；7—活塞；8—阀体

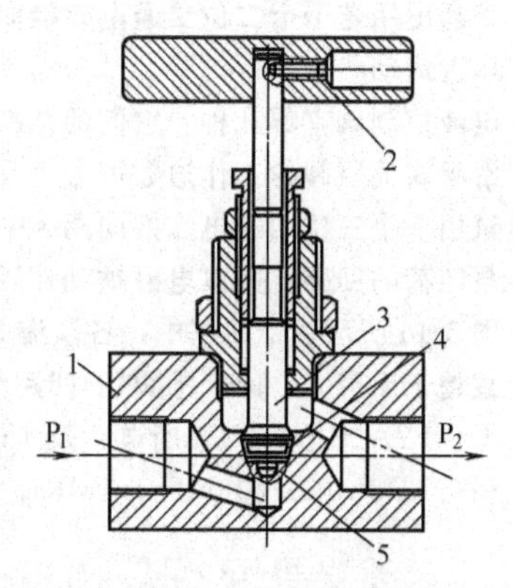

图5-45 水压节流阀

1—阀体；2—调节手柄；3—阀芯；4—两级节流阀阀口；5—塑料锥体

5.8.2 水压节流阀

图5-45所示为Danfoss公司的水压节流阀的结构图。它主要由阀体1、调节手柄2、阀芯3等组成。通过调节手柄改变节流阀口的开度，即可调节阀的通过流量。该阀在结构上具有以下特点：①阀芯与阀体构成两级节流阀阀口4，降低了每个阀口的工作压差，提高了节流阀的抗汽蚀性能；②在阀芯头部镶嵌了一个塑料锥体5，在节流阀关闭时利用塑料锥体与金属阀体的配合面密封，使节流阀在关闭时能实现零泄漏。该水压节流阀的最大工作压力可达14MPa，有多种流量规格。

思考题与习题

5-1 试述液压阀的基本结构和原理。按照功用不同，液压阀有哪些类型？

5-2 单向阀在液压系统中作背压阀使用时，与起单向阀作用时的性能要求有何差异？除了单向阀外，还有哪些液压阀可以作背压阀使用？

5-3 画出普通单向阀和液控单向阀的图形符号，并举例说明普通单向阀和液控单向阀的应用（试画出其油路原理图）。

5-4 何谓换向阀的“位”和“通”？如何判定其工作位置？

5-5 试画出二位二通机动换向阀（常开和常闭）、三位四通手动换向阀、三位四通电磁换向阀、三位四通电液动换向阀的图形符号（O形中位机能）。

5-6 多路换向阀有哪些种类？结构和特点如何？

5-7 先导式溢流阀与直动式溢流阀相比较有何特点？

5-8 溢流阀、减压阀和顺序阀在结构、工作原理及图形符号有哪些异同？试分述溢流阀、减压阀和顺序阀的主要用途。

5-9 节流阀的最小稳定流量有何意义？影响其数值的主要因素有哪些？

5-10 调速阀在结构上与节流阀有什么不同？为何调速阀比节流阀的流量稳定性好？两种阀各用于什么场合较为合理？

5-11 叠加阀在结构和连接方式上与板式阀有何不同？

5-12 插装阀由哪些主要部分构成？插装阀主要用于什么场合？

5-13 若单杆活塞式液压缸两腔面积差很大，当小腔进油大腔回油得到快速运动时，大腔回油量很大。为避免选用通径规格很大的二位四通换向阀，常增加一个大流量液控单向阀旁通排油，试画出油路原理图。

5-14 二位四通电磁换向阀能否作二位三通或二位二通换向阀使用？应如何接法？

5-15 试画出用若干个二位二通电磁换向阀使双作用液压缸换向的回路图，并用电磁铁动作顺序表说明液压缸运动状态。

5-16 电液控制阀有哪几种？它们的结构组成与工作原理如何？

5-17 滑阀式伺服阀的工作边数可分为几类？什么是滑阀式伺服阀的正开口和负开口？各有何特点？

5-18 试用一个三位四通电磁换向阀、一个先导式溢流阀和两个远程调压阀组成一个多级调压并可使液压泵卸荷的回路，并以电磁铁动作顺序表的形式说明液压泵的压力变化情况。

5-19 图5-46所示两个回路中，各溢流阀的调压值分别为 $p_A=6$MPa，$p_B=4$MPa，$p_C=2$MPa，系统的负载趋于无穷大。问：①图(a)回路液压泵的工作压力为多大？②图(b)回路在电磁铁1YA、2YA均断电，1YA通电、2YA断电，及1YA断电、2YA通电三种工况下，液压泵的工作压力分别为多大？（答：①8MPa；②6MPa，4MPa，2MPa）

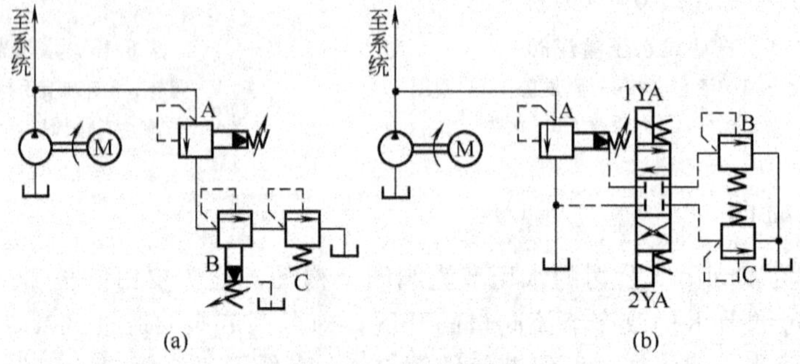

图5-46 题5-19图

5-20 图5-47所示为一种多级压力控制回路，串接的三个溢流阀1、2、3的调定压力分别为 $p_1=6$MPa、$p_2=4$MPa、$p_3=2$MPa，二位二通电磁换向阀4、5、6串联在一起。当系统负载为无穷大，不计阀口损失时，问：三个电磁阀不同的通断电逻辑组合可使泵得到几级排油压力，用电磁铁动作顺序表说明各级压力数值。（答：可得到8级排油压力，其数值见表5-7）

表5-7 多级压力控制回路电磁铁动作顺序表

电磁铁	1YA	−	−	−	+	−	+	+	+
	2YA	−	−	+	−	+	−	+	+
	3YA	−	+	−	−	+	+	−	+
排油压力 p/MPa		0	2	4	6	6	8	10	12

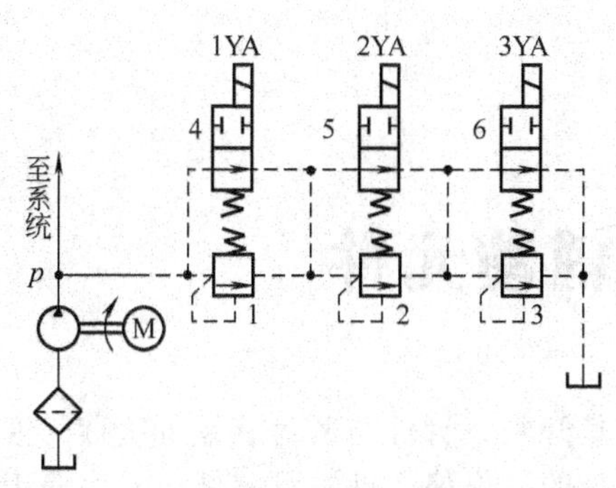

图 5-47　题 5-20 图

1～3—溢流阀；4～6—电磁换向阀

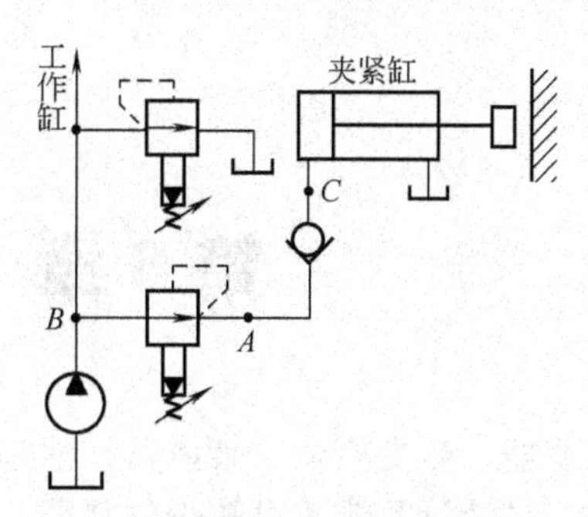

图 5-48　题 5-21 图

5-21　图 5-48 所示系统中，溢流阀的调整压力为 5MPa，减压阀的调整压力为 2.5MPa，试分析计算下列各情况，并说明减压阀阀口处于什么工作状态？①当液压泵的出口压力等于溢流阀的调定压力时，夹紧缸使工件夹紧后，A、C 点的压力各为多少？②泵的出口压力由于工作缸快进，压力降到 1.5MPa 时（工件原先处于夹紧状态），A、C 点的压力各为多少？③夹紧缸在夹紧工件前作空载运动时，A、B、C 三点的压力各为多少？（答：① $p_A = p_C = 2.5$MPa；② $p_A = p_B = 1.5$MPa，$p_C = 2.5$MPa；③$p_A = p_B = p_C = 0$MPa）

5-22　图 5-49 所示回路中，溢流阀和顺序阀的调压值分别为 5MPa 和 3MPa。问下列三种情况下，A、B 点的压力为多大？①液压缸活塞运动中，负载压力 $p_L = 4$MPa 时；②液压缸活塞运动中，负载压力 $p_L = 1$MPa 时；③液压缸活塞运动到终点时。（答：① $p_A = p_B$，$p_L = 4$MPa；② $p_B = p_L = 1$MPa，$p_A = 3$MPa；③ $p_A = p_B = 5$MPa）

5-23　某薄壁小孔型节流阀前后压力差 $\Delta p = 1.6$MPa，通过的流量为 $q = 71.55 \times 10^{-6}\,\mathrm{m^3/s}$，油液密度为 $\rho = 900\,\mathrm{kg/m^3}$，阀口流量系数 $C_d = 0.6$，试求节流阀阀口的通流面积 A。（答：$A = 0.02\,\mathrm{cm^2}$）

5-24　图 5-50 所示回路，液压泵输出流量为 $q_P = 1.0 \times 10^{-3}\,\mathrm{m^3/s}$，溢流阀调定压力为 $p_P = 6$MPa。问：当节流阀通流面积 A 从全开启到关闭逐渐调节时，p_P 值和节流阀通过流量 q 怎样变化？p_P 和 q 的最大值为多大？（答：全开到全闭时，p_P 值逐渐增大，q 逐渐减小；全闭到全开时，p_P 值逐渐减小，q 逐渐增大。$p_{P\max} = 6$MPa，$q_{\max} = 1.0 \times 10^{-3}\,\mathrm{m^3/s}$）

5-25　水压控制阀的研发和使用面临哪些关键技术难题？

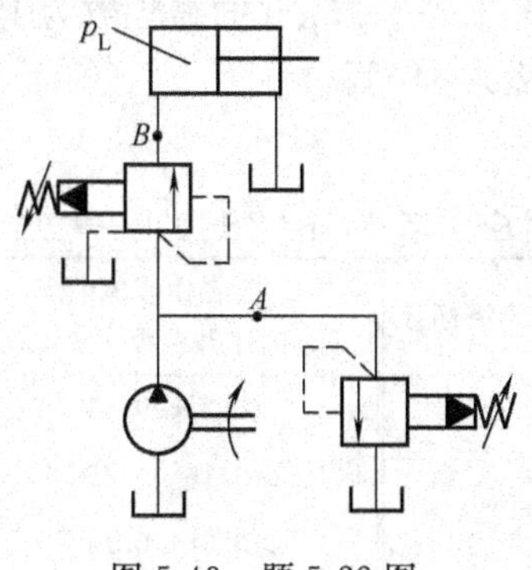

图 5-49　题 5-22 图

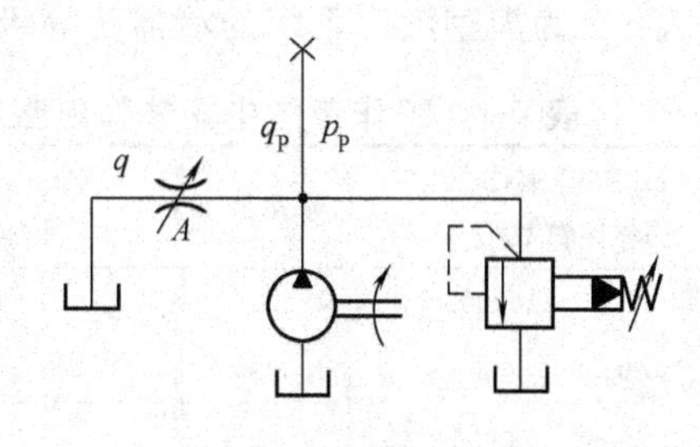

图 5-50　题 5-24 图

第6章 液压辅助元件

过滤器、热交换器、蓄能器、油箱、压力表及其开关、管件与密封装置等统称为液压辅助元件，是液压系统不可缺少的部分，其性能对系统的工作稳定性、可靠性、寿命等工作性能优劣都有直接影响。

6.1 过 滤 器

液压系统的故障多数是由于液压油液被污染所致，所以液压系统设计和使用中必须采取恰当的措施防止油液污染。本节在简要介绍液压油液的污染度等级及过滤精度基础上，着重介绍油液过滤器的类型及使用方法要点。

6.1.1 液压油液的污染度等级和过滤器的功用

（1）液压油液的污染度等级

液压油液的污染程度可用污染度等级定量表示。我国制定的液压系统工作液体固体颗粒污染等级的国家标准为GB/T 14039—93，等效采用国际标准ISO 4406。

固体颗粒污染等级代号由斜线隔开的两个标号组成，第一个标号表示1mL工作介质中大于等于5μm的颗粒数的等级，第二个标号表示1mL工作介质中大于等于15μm的颗粒数等级。根据颗粒浓度的大小划分为26个等级，颗粒浓度越高，表示污染度等级的标号越大。

根据显微镜颗粒计数法或自动颗粒计数法测定结果得出的大于等于5μm和大于等于15μm的颗粒浓度，对照污染度等级标号（表6-1）即可确定油液的污染度等级。例如，测得每毫升工作油液中大于等于5μm的颗粒数为2600，大于等于15μm的颗粒数为170，则查表6-1对应的等级标号为19和15，则油液的污染度等级为19/15。

表6-2为典型液压系统的清洁度等级指标。

表6-1 工作液体中固体颗粒数与等级标号的对应关系（GB/T 14039—93）

1mL工作液体中固体颗粒数/个	等级标号	1mL工作液体中固体颗粒数/个	等级标号	1mL工作液体中固体颗粒数/个	等级标号
＞80000～160000	24	＞160～320	15	＞0.32～0.64	6
＞40000～80000	23	＞80～160	14	＞0.16～0.32	5
＞20000～40000	22	＞40～80	13	＞0.08～0.16	4
＞10000～20000	21	＞20～40	12	＞0.04～0.08	3
＞5000～10000	20	＞10～20	11	＞0.02～0.04	2
＞2500～5000	19	＞5～10	10	＞0.01～0.02	1
＞1300～2500	18	＞2.5～5	9	＞0.005～0.01	0
＞640～1300	17	＞1.3～2.5	8	＞0.0025～0.005	0.9
＞320～640	16	＞0.64～1.3	7		

表 6-2　典型液压系统的清洁度等级指标

系统类型	清洁度指标							
	13/10	14/11	15/12	16/13	17/14	19/16	20/17	21/18
液压伺服系统	■	■	■	■	■			
高压液压系统		■	■	■	■	■		
中压液压系统			■	■	■	■	■	
低压液压系统					■	■	■	■
数控机床液压系统	■	■	■	■	■			
冶金轧钢设备液压系统			■	■	■	■		
行走机械液压系统			■	■	■	■		
重型设备液压系统				■	■	■	■	
机床液压系统				■	■	■	■	
一般机器液压系统					■	■	■	■

(2) 过滤器的功用及过滤精度

为了保持油液清洁，一方面尽可能防止或减少油液污染；另一方面要把已污染的油液净化。一般在液压系统中采用油液过滤器（简称过滤器）来滤去油液中的杂质，维护油液清洁，保证液压系统正常工作。过滤精度是过滤器的一项重要性能指标。过滤精度通常用能被过滤掉的杂质颗粒的公称尺寸（μm）来度量。按过滤精度不同，过滤器有粗过滤器、普通过滤器、精过滤器和特精过滤器四种，它们分别能滤去公称尺寸为 100μm 以上、10～100μm、5～10μm 和 5μm 以下的杂质颗粒。油液的过滤精度要求随液压系统类型及其工作压力不同而异，其推荐值见表 6-3。

表 6-3　推荐的过滤精度

项目＼系统类型	润滑系统	液压传动系统			液压伺服系统
系统工作压力/MPa	0～2.5	＜14	14～32	＞32	21
过滤精度/μm	＜100	25～50	＜25	＜10	＜5
过滤器种类	粗	普通	普通	普通	精

6.1.2　过滤器的类型

液压系统中常用的油液过滤器，按滤芯形式不同有网式、线隙式、纸芯式、烧结式、磁式等类型。

(1) 网式过滤器

网式过滤器结构如图 6-1 所示，它由上盖 1、下盖 3 和几块不同形状的金属丝编织方孔网或金属编织的特种滤网 2 组成。丝网包在四周都开有圆形窗口的金属和塑料圆筒芯架上。网式过滤器属于粗过滤器，具有结构简单、通油能力大、阻力小、易清洗等特点，一般装在液压泵吸油路入口上，避免吸入较大的杂质，以保护液压泵。

(2) 线隙式过滤器

线隙式过滤器结构如图 6-2 所示，它由端盖 1、壳体 2、带有孔眼的筒型芯架 3 和绕在芯架外部的铜线或铝线 4 等组成。利用线间缝隙过滤油液，其特点是结构较简单，过滤精度较高，通油性能好，但不易清洗，滤材强度较低。通常用于回油路或液压泵的吸油口处的油液过滤。

(3) 金属烧结式过滤器

图 6-3 为一种带有磁环的金属烧结式过滤器，由端盖 1、壳体 2、滤芯 3、磁环 4 等组

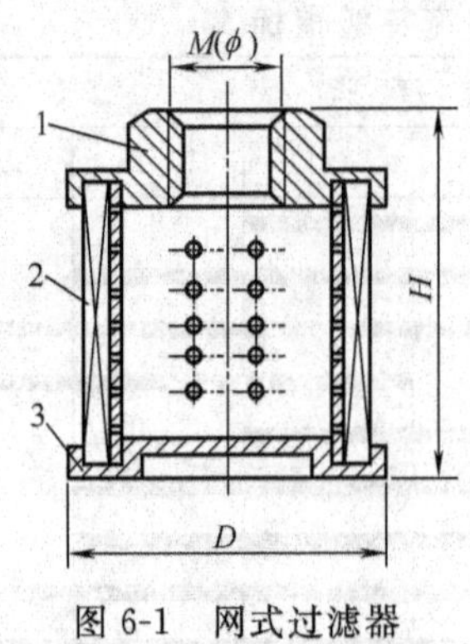

图 6-1　网式过滤器

1—上盖；2—滤网；3—下盖

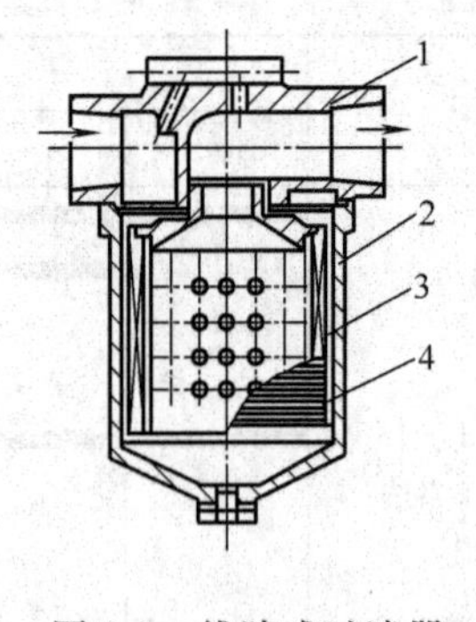

图 6-2　线隙式过滤器

1—端盖；2—壳体；3—芯架；4—铜线或铝线

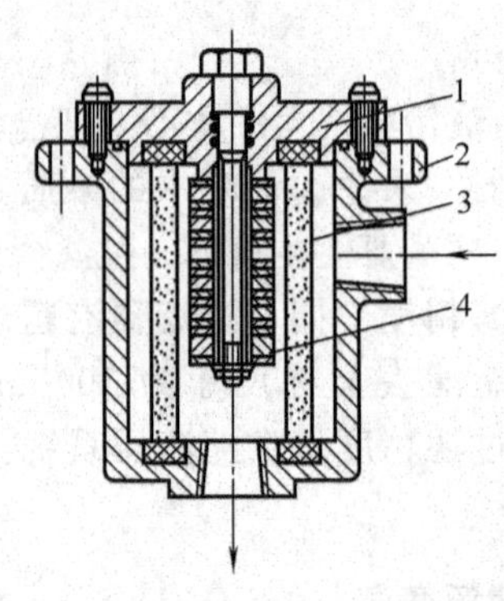

图 6-3　烧结式过滤器

1—端盖；2—壳体；3—滤芯；4—磁环

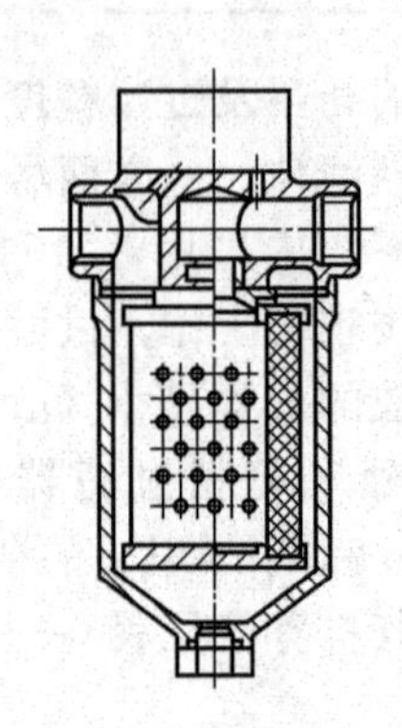

图 6-4　纸芯过滤器

成，磁环用来吸附油液中的铁质微粒。滤芯通常由颗粒状青铜粉压制后烧结而成，它利用铜颗粒的微孔过滤杂质，选择不同粒度的粉末可获得不同的过滤精度。目前常用的过滤精度为0.01～0.1mm。其特点是滤芯能烧结成杯状、管状、板状等不同形状，制造简单、强度大、性能稳定、抗腐蚀性好、过滤精度高，适用于作精过滤，在液压系统中使用日趋广泛。缺点是铜颗粒容易脱落，堵塞后不易清洗。

(4) 纸芯过滤器

纸芯过滤器的结构如图 6-4 所示，它与线隙式过滤器结构类同，区别仅在于用纸质滤芯代替了线隙式滤芯，纸芯部分是把平纹或波纹的酚醛树脂或木浆微孔滤纸绕在带孔的镀锡铁片骨架上。为了增大过滤面积，滤纸成折叠形状。这种过滤器的过滤精度高达 0.005～0.03mm，是精过滤器。但纸芯耐压强度低，易堵塞，无法清洗，需经常更换纸芯，因而费用较高。

(5) 磁式过滤器

磁式过滤器是利用磁性材料将混在油液中的铁屑、带磁性的磨料之类杂质吸住，过滤效果好。这种过滤器常与其它种类的过滤器配合使用。

过滤器的一般图形符号如图 6-5(a)所示，磁性过滤器的图形符号如图 6-5(b)所示。现代液压系统中使用的有些过滤器还带有污染指示和发信的电气装置，以便在液压系统工作中出现滤芯堵塞超过规定状态等情况时，通过电气装置发出灯光或音响报警信号，或切断液压系统的电气控制回路使系统停止工作。带有污染指示的过滤器的图形符号如图 6-5(c) 所示。

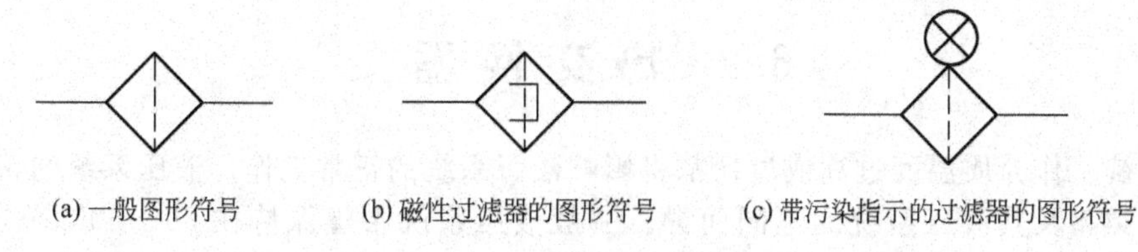

图 6-5　过滤器的图形符号

6.1.3　选用与安装

（1）过滤器的选用

选用过滤器的型号、规格时，应根据使用要求并结合经济性一起考虑，具体的使用要求通常有过滤精度、通过流量、工作压力和允许压力降、滤芯的抗腐蚀性及更换、清洗及维护等。

（2）过滤器的安装位置

过滤器在液压系统中的安装位置如图 6-6 所示，其作用及要求等有关说明见表 6-4。

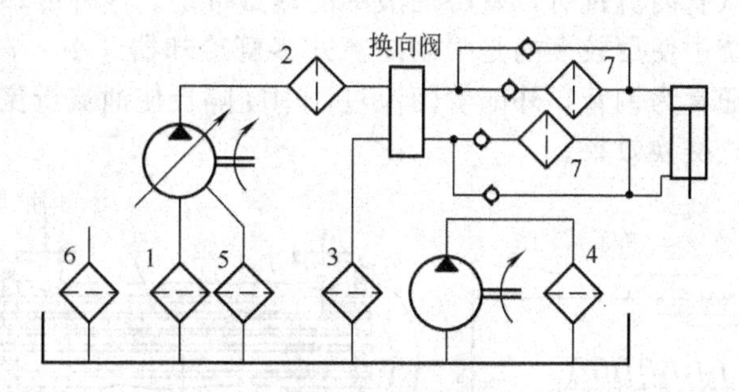

图 6-6　过滤器在液压系统中的安装位置

1～7—过滤器

表 6-4　过滤器安装位置的作用及说明

序号	安装位置	作用	说明
1	液压泵吸油管路上	保护液压泵	要求过滤器应具有较大的通油能力和较小的压力损失，否则将造成液压泵吸油不畅或引起空穴。常采用过滤精度较低的网式或线隙式过滤器
2	液压泵的压油管路上	保护液压泵以外的液压元件	过滤器应能承受系统工作压力和冲击压力，压力损失小。过滤器必须放在安全阀之后或与一压力阀并联，此压力阀的开启压力应略低于过滤器的最大允许压差，或采用带污染指示的过滤器
3	回油管路上	滤除液压元件磨损后生成的污物	不能直接防止杂质进入液压泵及系统中的其它元件，只能清除系统中的杂质，对系统起间接保护作用。由于回油管路上的压力低，故可采用低强度的过滤器，允许有稍高的过滤阻力。为避免过滤器堵塞引起系统背压力过高，应设置旁路阀
4	离线过滤系统	独立于主系统之外，连续清除系统杂质	用一个专用的液压泵和过滤器组成一个独立于液压系统之外的过滤回路，以经常清除油液中的杂质，达到保护系统的目的，适用于大型机械设备的液压系统
5	安装在液压泵等元件的泄油管路上	防止生成物进入油箱	
6	注油过滤器	防止注油时污物侵入	通常采用粗过滤器，以保证注入系统油液的清洁度
7	安全过滤器	保护抗污染能力低的液压元件	在伺服阀等一些重要元件前，单独安装过滤器以确保它们的性能

注：序号与图 6-6 中的元件编号一致。

6.2 热交换器

液压系统工作介质温度过高或过低都将影响液压系统的正常工作。液压系统的正常工作温度因主机类型及其液压系统的不同而异。一般液压系统希望保持在30～50℃范围之内，最高不超过65℃，最低不低于15℃。如果液压系统依靠自然冷却仍不能使油温控制在允许的最高温度，或是对温度有特殊要求，则应安装冷却器，强制冷却；反之，如果环境温度太低，液压泵无法正常启动或有油温要求时，则应安装加热器，提高油温。冷却器和加热器统称为热交换器。

6.2.1 冷却器

液压系统中常用的冷却器有水冷式、风冷式两种。水冷式用于有固定水源的场合，风冷式则用于行走机械等水源不便的场合。

最简单的水冷式冷却器是图6-7(a)所示的蛇形管冷却器，它以一组或几组的形式，直接装在油箱内。冷却水从管内流过时，就将油液中的热量带走。这种冷却器的散热面积小，冷却效率甚低。液压系统中使用较多的是强制对流式多管冷却器［图6-7(b)］，冷却水从管内流过，油液从水管（通常为铜管）外的管间流过，中间隔板使油流折流，从而增加油的循环路线长度，故强化了热交换效果。

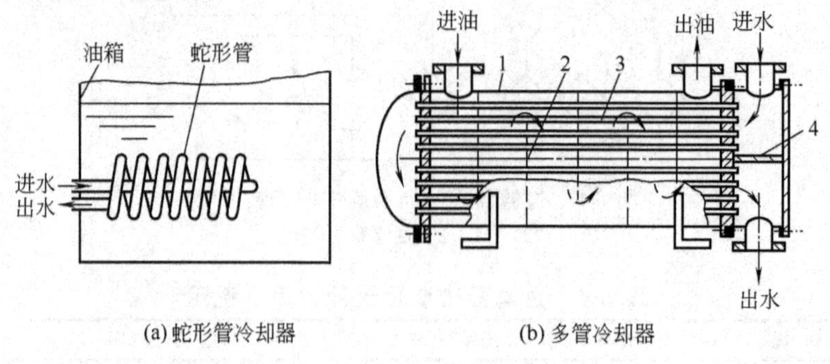

(a) 蛇形管冷却器　(b) 多管冷却器

图6-7　水冷式冷却器

1—外壳；2—挡板；3—水管；4—隔板

冷却器的选用一般应根据系统的工作环境、技术要求、经济性、可靠性和寿命方面的要求来进行。

冷却器在液压系统中的安装位置通常有两种情况：如果溢流功率损失是系统温升的主要原因，则应将冷却器2设置在溢流阀4的回油管路上［图6-8(a)］，在回油管冷却器2旁要并联旁通溢流阀5，实现冷却器的过压安全保护；同时，在回油管冷却器上游应串联截止阀3，用来切断或接通冷却器。如果系统中存在着若干个发热量较大的元件时，则应将冷却器7设置在系统的总回油管路上［图6-8(b)］，如果回油管路上同时设置过滤器和冷却器，则应把过滤器6安放在回油管路上游，以使低黏度热油流经过滤器的阻力损失降低。应确保油箱内的冷却器始终被油液所淹没。

6.2.2 加热器

液压系统的加热一般常采用结构简单、能按需要自动调节最高和最低温度的电加热器。如图6-9所示，电加热器最好横向水平安装在油箱壁上，其加热部分必须全部侵入油中，以

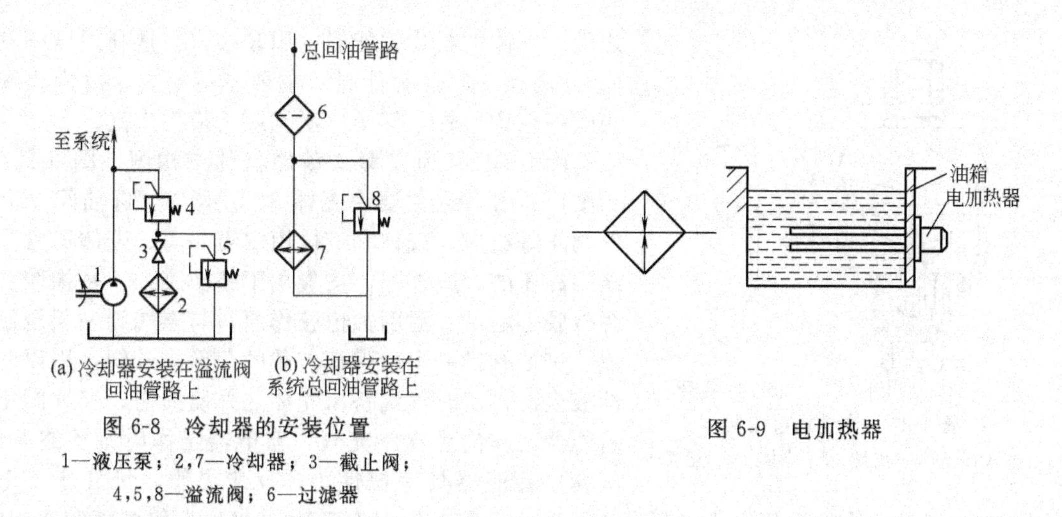

图 6-8 冷却器的安装位置

1—液压泵；2,7—冷却器；3—截止阀；4,5,8—溢流阀；6—过滤器

图 6-9 电加热器

免因蒸发使油面降低时加热器表面露出油面。由于油液是热的不良导体，所以应注意油的对流。加热器最好设置在油箱回油管一侧，以便加速热量的扩散。单个加热器的功率不宜太大，以免周围温度过高，使油液变质，必要时可同时装几个小功率加热器。

6.3 蓄 能 器

6.3.1 功用

蓄能器是液压系统中储存和释放液体压力能的装置，其主要功用如下。

(1) 作辅助动力源

对于间歇型机械设备，当执行元件间歇或低速运动时，蓄能器将液压泵输出的压力油储存起来；在工作循环的某段时间，当执行元件需要高速运动时，蓄能器作为液压泵的辅助动力源，与液压泵同时供出压力油，从而减小系统中液压泵的流量规格和运行时的功率损耗，降低了系统温升。

(2) 保持系统压力，作应急动力源

在液压泵卸荷或停止向执行元件供油时，由蓄能器释放储存的压力油，补偿系统泄漏，保持系统压力；此外，蓄能器还可用作应急液压源，对液压系统实施安全作用。在一段时间内维持系统压力，如果电源中断或原动机及液压泵发生故障，依靠蓄能器供出的液压油可使执行元件复位，以免造成机件损坏等事故，使系统处于安全状态。

(3) 吸收冲击压力和液压泵的脉动

因执行元件突然启、停或换向，液压阀突然关闭或换向引起的液压冲击及液压泵的压力脉动，可采用蓄能器加以吸收，避免系统压力过高造成元件或管路损坏。对于某些要求液压源供油压力恒定的液压系统（如液压伺服系统），可通过在泵出口近旁设置蓄能器，以吸收液压泵的脉动，改善系统工作品质。

6.3.2 类型

按储能方式不同，蓄能器主要有重力加载式、弹簧加载式和气体加载式三种类型。

重力加载式蓄能器是利用重锤的位能变化来储存、释放能量，常用于大型固定设备中。弹簧加载式蓄能器是利用弹簧构件的压缩和变形来储存、释放能量，常在低压系统中作缓冲

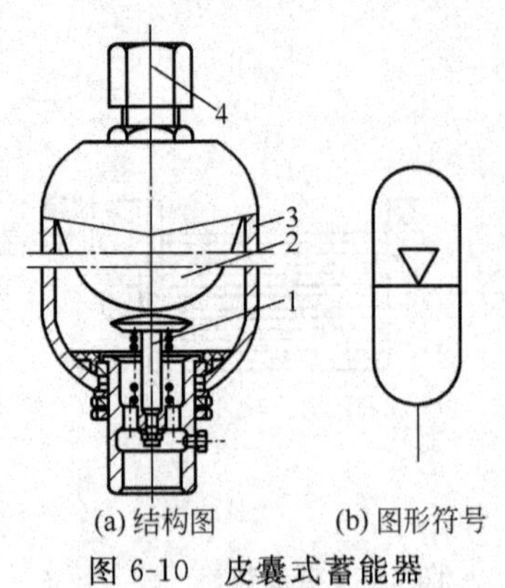

(a) 结构图　　(b) 图形符号

图 6-10　皮囊式蓄能器

1—进油阀；2—皮囊；3—壳体；4—充气阀

之用。气体加载式蓄能器应用较多，它是利用压缩气体（通常为氮气）储存能量，主要有活塞式、皮囊式和隔膜式等结构形式，其中皮囊式应用最为广泛。

图 6-10(a)为皮囊式蓄能器的结构图，图 6-10(b)为图形符号，它主要由壳体 3、皮囊 2、进油阀 1 和充气阀 4 等组成，气体和液体由皮囊隔离。壳体通常为无缝耐高压的金属外壳，皮囊用丁腈橡胶、丁基橡胶、乙烯橡胶等耐油、耐腐蚀橡胶作原料与充气阀一起压制而成。进油阀是一个由弹簧加载的菌形提升阀，用以防止油液全部排出时气囊挤出壳体之外而损伤。充气阀用于蓄能器工作前为皮囊充气，蓄能器工作时则始终关闭。气囊式蓄能器具有惯性小、反应灵敏、尺寸小、重量轻、安装容易、维护方便等优点，允许承受的最高工作压力可达 32MPa，但皮囊制造困难，只能在一定温度范围（通常为－10～70℃）内工作。皮囊有折合型和波纹型两种，前者容量较大，适宜蓄能，后者适用于吸收冲击。

6.3.3　容量计算

蓄能器的容量是选择蓄能器的重要参数，其计算方法因用途而异，以皮囊式蓄能器为例说明如下。

(1) 储存和释放能量时的容量计算

蓄能器容量 V_A 是由皮囊充气压力 p_A、工作中需输出的油液体积 V_W、系统最高工作压力 p_1 及最低工作压力 p_2 决定的。蓄能器工作过程中，气体状态的变化符合理想气体状态方程

$$p_A V_A^n = p_1 V_1^n = p_2 V_2^n = \text{const} \tag{6-1}$$

式中，V_1 和 V_2 分别为气体在最高和最低压力 p_1、p_2 下的气体体积；n 为多变指数，当蓄能器用于补偿泄漏、保持系统压力时，它释放能量的速度缓慢，可认为气体在等温条件下工作，这时取 $n=1$；蓄能器用于短期大量供油时，释放能量的速度很快，可认为气体在绝热条件下工作，这时取 $n=1.4$。

当压力从 p_1 降至 p_2 时，蓄能器释放的油液体积就是气体体积的变化量，即 $V_W = V_2 - V_1$，由式(6-1) 可得

$$V_A = \frac{V_W \left(\frac{1}{p_A}\right)^{\frac{1}{n}}}{\left[\left(\frac{1}{p_2}\right)^{\frac{1}{n}} - \left(\frac{1}{p_1}\right)^{\frac{1}{n}}\right]} \tag{6-2}$$

充气压力 p_A 在理论上可与 p_2 相等，但由于系统存在泄漏，为保证系统压力为 p_2 时蓄能器还有补偿能力，宜使 $p_A < p_2$，根据经验，一般对折合型皮囊 $p_A = (0.8 \sim 0.85)p_2$，波纹型皮囊 $p_A = (0.6 \sim 0.65)p_2$。

(2) 吸收冲击压力时的容量计算

此时蓄能器容积 V_A 可近似由充气压力 p_A、系统允许的最高压力 p_2 和瞬时吸收的液体

动能加以确定。例如，当用蓄能器吸收管道突然关闭时的液体动能 $(\rho ALv^2)/2$ 时，由于气体在绝热过程中压缩吸收的能量为

$$\int_{V_A}^{V_1} p\mathrm{d}V=\int_{V_A}^{V_1} p_A\left(\frac{V_A}{V}\right)^{1.4}\mathrm{d}V=-\frac{p_AV_A}{0.4}\left[\left(\frac{p_1}{p_A}\right)^{0.286}-1\right]$$

故得

$$V_A=\frac{\rho ALv^2}{2}\left(\frac{0.4}{p_A}\right)\left[\frac{1}{\left(\frac{p_1}{p_A}\right)^{0.286}-1}\right] \tag{6-3}$$

上式未考虑液体压缩性和管道弹性，其中蓄能器充气压力 p_A 常取系统工作压力的 90%。

(3) 吸收液压泵脉动时的容量计算

此时一般采用如下经验公式进行计算

$$V_A=\frac{V_P^i}{0.6K} \tag{6-4}$$

式中，V_P 为液压泵的排量，L/r；i 为排量变化率，$i=\Delta V/V_P$，ΔV 为超过平均排量的过剩排出量，L；K 为液压泵脉动率，$K=\Delta p/p_P$，Δp 为压力脉动单侧振幅。

使用时，取蓄能器充气压力 $p_A=0.6p_P$。

蓄能器的使用和安装注意事项可参阅制造厂的产品样本。

6.4 液压油箱

液压油箱的功用是存储液压工作介质、散发油液热量、逸出空气、沉淀杂质、分离水分及安装元件（中小型液压系统的液压泵组和一些阀或整个液压控制装置）等。

6.4.1 种类及结构

通常油箱可分为整体式油箱、两用油箱和独立油箱三类。

(1) 整体式油箱

整体式油箱是指在液压系统或机器的构件内形成的油箱。例如，工业生产设备中的金属切削机床床身或底座的内部的空腔往往可制成不漏油的油箱，或者行走机械中的车辆与工程机械上的管形构件用作油箱，这样不需要额外的附加空间。整体式油箱以最小的空间提供最大的性能，且外观整洁，但有时存在局部发热和操作者难以接近等问题。

(2) 两用油箱

两用油箱是指液压油与机器中的其它目的用油的公用油箱。例如，淬火机床的空腔底座，兼作液压系统和淬火用油的油箱。两用油箱的最大优点是节省空间，但油液必须同时满足液压系统对传动介质的要求和工件淬火等其它工艺目的的要求，而这些要求可能是几乎互不相容的。此外，由于存在着两个热源，故油温控制较困难。

(3) 独立油箱

独立油箱是应用最为广泛的一类油箱，常用于各类工业生产设备，它通常做成矩形的，也有圆柱形的或油罐形的。独立油箱的热量主要通过油箱壁靠辐射和对流作用散发，因此油箱应该是尽可能窄而高的形状。如果油箱顶盖安放泵、电动机和液压控制装置，为保证一定的安装位置，则油箱形状要求较扁，油箱越扁，则油液脱气越容易；液压泵的吸油管较短并

且便于打开进行检修；吸油过滤器易于接近。对于行走机械的液压装置，考虑到车辆处于坡路上时液面的倾斜和车辆加速与制动期间油箱中油液的前后摇荡，油箱多为细高的圆柱形油箱。高架油箱在液压机等机械中应用较为普遍，通常它要安放在比主液压缸更高的位置上，以便当活动滑块靠辅助缸下行时，高架油箱经充液阀给主缸充液。对于重型设备的液压系统，所用油箱的容量超过 2000L 时，多采用卧式安装带球面封头的油罐形油箱，但占地面积较大。

根据油箱液面与大气是否相通，油箱有开式与闭式之分。开式油箱的箱内液面与大气相通，是应用最为广泛的一种油箱，图 6-11 所示为美国流体动力协会（NFPA）推荐的一种典型开式油箱，它由油箱体及多种相关附件构成。液压泵组及控制装置的安装板 9 固定在油箱顶面上。油箱体内的隔板 11，将液压泵吸油管 7、过滤器 12 与回油管 5 及泄漏油回油管 6 分隔开来，使回油及泄漏油受隔板阻挡后再进入吸油腔一侧，以增加油液在油箱中的流程，增强散热效果，并使油液有足够长的时间去分离空气泡和沉淀杂质。油箱顶盖上装设的空气过滤器及注油口 8 用于通气和注油。安装孔 2 用于安装液位计（见图 6-12），以便注油和工作时观测液面及油温。箱壁上开设有清洗孔（俗称人孔），卸下其盖板 1 和油箱顶盖便可清洗油箱内部和更换吸油过滤器 12。放油口螺塞 10 有助于油箱的清洗和油液的更换。图 6-13 是空气过滤器的结构图，取下防尘罩可以注油，放回防尘盖即成通气器。

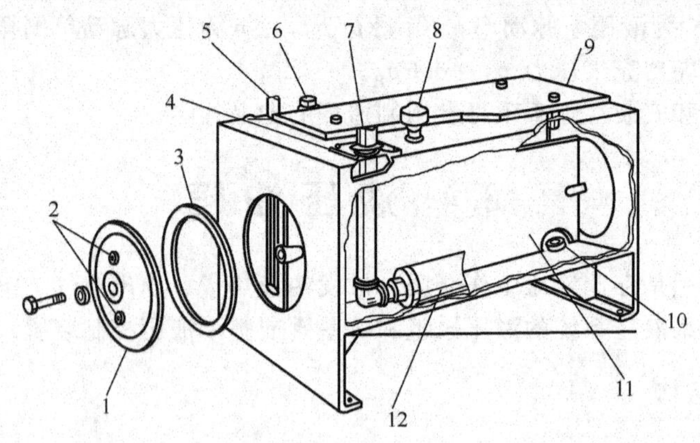

图 6-11 开式油箱

1—清洗孔盖板；2—液位计安装孔；3—密封垫；4—密封法兰；5—主回油管；6—泄漏油回油管；7—泵吸油管；8—空气过滤器及注油口；9—安装板；10—放油口螺塞；11—隔板；12—吸油过滤器

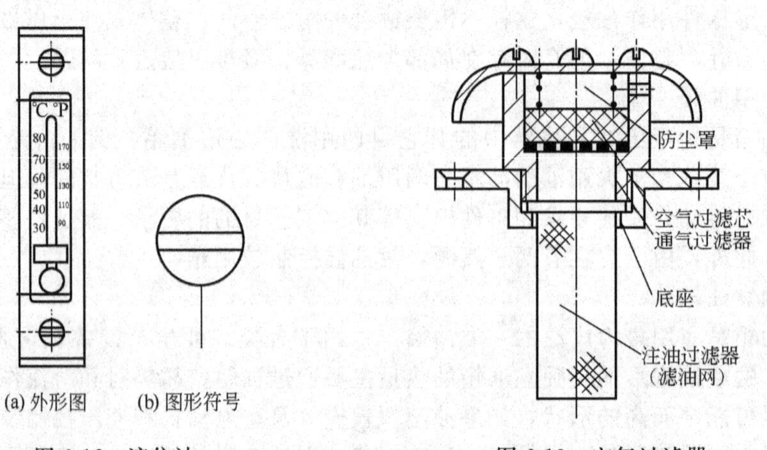

图 6-12 液位计

图 6-13 空气过滤器

6.4.2 设计要点

(1) 油箱的容量的确定

油箱的总容量包括油液容量和空气容量。油液容量是指油箱中油液最多时，即液面在液位计的上刻线时的油液体积。一般应在最高液面以上要留出等于油液容量的10%～15%的空气容量，以便形成油液的自由表面，容纳热膨胀和泡沫，促进空气分离，容纳停机或检修时靠自重流回油箱的油液。

油箱容量的大小与液压系统工作循环中的油液温升，运行中的液位变动，调试与维修时向管路及执行元件注油，循环油量，液压油液的寿命等因素有关。油箱的容量通常可按液压泵的额定流量估算确定［见式(6-5)］。但为了可靠起见，还应对确定的油箱容量进行验算，以使系统的发热量和温升在主机要求的范围之内，验算方法请见第 9 章。

$$V=\zeta q_P \tag{6-5}$$

式中，V 为油箱容量，L；ζ 为与系统压力有关的经验系数：低压系统 $\zeta=2\sim4$，中压系统 $\zeta=5\sim7$，高压系统 $\zeta=10\sim12$；q_P为液压泵的额定流量，L/min。

在确定了油箱的容量之后，即可从标准油箱系列中选取油箱的具体规格，并进行结构设计。

(2) 油箱的结构设计

对于常用的矩形开式油箱，其结构设计时的注意事项如下。

① 油箱的三个边的尺寸比例通常可按具体使用情况在（1∶1∶1)～(1∶2∶3）之间分配，并使液面高度为油箱高度的80%。

② 油箱的箱顶结构取决于它上面安装的元件，顶板应具有足够的刚度和隔振措施，以免因振动影响系统工作；箱顶应能形成滴油盘以收集滴落的油液。箱顶上要设置通气器（空气过滤器）、注油口。

③ 对于钢板焊接的油箱，用来构成油箱体的钢板应具有足够的厚度。当箱顶与箱壁之间为不可拆连接时，应在箱壁上至少设置一个清洗孔。清洗孔的数量和位置应便于用手清理油箱所有内表面，清洗孔的法兰盖板应配有可以重复使用的弹性密封件。为了便于油箱的搬运，应在油箱四角的箱壁上方焊接圆柱形和钩形吊耳（也称吊环)。液位计一般设在油箱外壁上，并靠近注油口，以便注油时观测液面。

④ 应在油箱底部最低点设置放油塞，以便油箱清洗和油液更换，箱底应朝向清洗孔和放油塞倾斜（通常为1/25～1/20)，以促使沉积物（油泥或水）聚集到油箱中的最低点。油箱底至少离开地面150mm，以便于放油和搬运。油箱应设有支脚，支脚可以单独制作后焊接在箱底边缘上，也可以通过适当增加两侧壁高度，以使其经弯曲加工后兼作油箱支脚，如有必要，支脚上应开设地脚螺钉用固定孔，支脚应该有足够大的面积，以便可以用垫片或楔铁来调平。

⑤ 在油液容量超过100L的油箱中应设置内部隔板，隔板要把系统回油区与吸油区隔开，并尽可能使油液在油箱内沿着油箱壁环流。隔板缺口处要有足够大的过流面积，使环流流速为0.3～0.6m/s。隔板下部应开有缺口，以使吸油侧的沉淀物经此缺口至回油侧，并经放油口排出。为了有助于油液中的气泡浮出液面，可在油箱内设置金属除气网，并倾斜10°～30°布置。

⑥ 管路的配置。液压系统的管路要进入油箱并在油箱内部终结。液压泵的吸油管和系统的回油管要分别进入由隔板隔开的吸油区和回油区，管端应加工成朝向箱壁的45°斜口，

以增加开口面积。为了防止吸入空气（吸油管）或混入空气（回油管），以免搅动或吸入箱底沉积物，管口上缘至少要低于最低液面 75mm，管口下缘至少离开箱底最高点 50mm。吸油管前必须安装粗过滤器，以清除较大颗粒杂质，保护液压泵。

泄油管应尽量单独接入油箱并在液面以上终结。如果泄油管通入液面以下，要采取措施防止出现虹吸现象。

油管常从箱顶或箱壁穿过而进入油箱，穿孔处要妥为密封。最好在接口处焊上高出箱顶 20mm 的凸台，以免维修时箱顶上的污物落入油箱。如果油管从箱壁穿过而进入油箱，除了妥为密封外，还要装设截止阀以便于油箱外元件的维修。

⑦ 油箱中如要安装热交换器等控温、测温装置，则应考虑其安装位置。

⑧ 油箱内壁应涂附耐油防锈涂料或进行喷塑处理。

6.5 油管和管接头

油管和管接头统称为管件，是连接各类液压元件、输送压力油的装置。管件应具有足够的耐压能力（强度）、无泄漏、压力损失小、拆装方便。

管件连接旋入端的螺纹主要使用国家标准米制锥螺纹（ZM）和普通细牙螺纹。前者依靠自身的锥体旋紧并采用聚四氟乙烯生料带之类进行密封，适用于中低压系统；后者密封性好，但要采用组合垫圈或O形密封圈进行端面密封。国外常用惠氏（BSP）管螺纹（多见于欧洲国家生产的液压元件）和 NPT 螺纹（多见于美国生产的液压元件）。

6.5.1 油管

油管有硬管（钢管和铜管）和软管（橡胶管、塑料管和尼龙管）两类，各类油管的特点及适用场合如表 6-5 所列，选用主要依据液压系统的工作压力、通过流量、工作环境和液压元件的安装位置等。由于硬管流动阻力小，安全可靠，安全可靠性高且成本低，所以除非油管与执行机构的运动部分一并移动（如油管装在杆固定的活塞式液压缸缸筒上），一般应尽量选用硬管。

表 6-5 各类油管的特点及适用场合

种类		特点及适用范围
硬管	钢管	价格低廉、能承受高压、刚性好、耐油、抗腐蚀，但装配时不能任意弯曲，常在拆装方便处用作压力管道。高压用无缝钢管（冷拔精密无缝钢管和热轧普通无缝钢管，材料为 10 号或 15 号钢）；低压用焊接管
	紫铜管	装配时易弯曲成各种需要的形状，但承压能力较低，一般不超过 6.5～10MPa，抗振能力较差，又易使油液氧化。常用于液压装置配接不便之处
	黄铜管	可承受 25MPa 的压力，但不如紫铜管那样容易弯曲成形
软管	橡胶管	高压管由几层钢丝编织或钢丝缠绕为骨架制成，钢丝网层数越多，耐压越高，价昂，低压管是麻线或棉纱编织体为骨架制成。橡胶管安装连接方便，适用于两个相对运动部件之间的管道连接，或弯曲形状复杂的地方
	尼龙管	乳白色半透明，加热后可以随意弯曲、变形，冷却后固定成形，承压能力因材料而异，约为 2.5～8MPa。目前大多只在低压管道中使用
	塑料管	质轻耐油，价廉、装配方便，但承压能力低，长期使用会变质老化，只适用于压力小于 0.5MPa 的回油、泄油油路

油管的规格尺寸多由它连接的液压元件的油口尺寸决定，只有对一些重要油管才计算其内径和壁厚。油管内径和壁厚按如下公式计算出后，即可按管材有关标准规定选定合适的油管。

$$d=\sqrt{\frac{4q}{\pi v}} \tag{6-6}$$

$$\delta \geqslant \frac{pdn}{2\sigma_b} \tag{6-7}$$

式中，q 为通过油管的最大流量；v 为油管中允许流速（取值见表 6-6）；d 为油管内径；δ 为油管壁厚；p 为管内最高工作压力；σ_b 为管材抗拉强度；n 为安全系数（取值见表 6-7）。

表 6-6　油管中的允许流速

油液流经油管	吸油管	高压管	回油管	短管及局部收缩处
允许流速/(m/s)	0.5～1.5	2.5～5	1.5～2.5	5～7
说明	高压管：压力高时取大值，反之取小值；管道长的取小值，反之取大值；油液黏度大时取小值			

表 6-7　安全系数（钢管）

管内最高工作压力/MPa	<7	7～17.5	17.5
安全系数	8	6	4

6.5.2　管接头

管接头是油管与油管、油管与液压元件之间的可拆式连接件，管接头必须具有耐压能力高、通流能力大、压降小、装卸方便、连接牢固、密封可靠和外形紧凑等条件。管接头的主要类型、特点与应用见表 6-8。

6.6　压力表及压力表开关

液压系统中泵的出口、安装压力控制元件处、与主油路压力不同的支路及控制油路、蓄能器的进油口等处，均应设置测压点，以便通过测压组件对压力调节或系统工作中的压力数值及其变化情况进行观测。测压组件包括压力表及压力表开关。

6.6.1　压力表

液压系统各工作点的压力通常都用压力表来观测。最常用的普通压力表为弹簧管式结构，其原理及图形符号如图 6-14(a)和(b)所示。当压力油进入弹簧弯管 1 时，管端产生变形，通过杠杆 4 使扇形齿轮 5 摆转，带动小齿轮 6，使指针 2 偏转，由刻度盘 3 读出压力值。

压力表精度用精度等级（压力表最大误差占整个量程的百分数）来衡量。例如，1.5 级精度等级的量程（测量范围）为 10MPa 的压力表，最大量程时的误差为 10MPa×1.5%＝0.15MPa。压力表最大误差占整个量程的百分数越小，压力表精度越高。一般机械设备液压系统采用的压力表精度等级为 1.5～4 级。在选用压力表量程时应大于系统的工作压力的上限，即压力表量程约为系统最高工作压力的 1.5 倍左右。压力表不能仅靠一根细管来固定，而应把它固定在面板上，压力表应安装在调整系统压力时能直接观察到的部位。压力表接入压力管道时，应通过阻尼小孔以及压力表开关，以防止系统压力突变或压力脉动而使压力表损坏。

对于需用远程传送信号或自动控制的液压系统，可选用带微动开关的弹簧管式电接点压力表，其图形符号如图 6-14(c)所示。它一方面可以观测系统压力，另一方面在系统压力变化时可以通过微动开关内设的高压和低压触点发信，控制电动机或电磁阀等元件的动作，从而实现液压系统的远程自动控制。

表 6-8 管接头的主要类型、特点与应用

类型	结构图	特点与应用	标准号
焊接式管接头	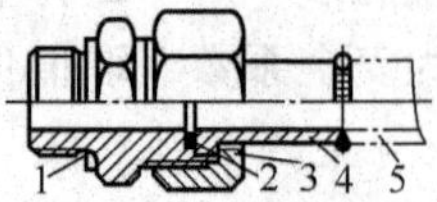 1—接头体；2—密封圈；3—螺母；4—接管；5—管子	利用接管4与管子5焊接。接头体1和接管4之间用O形密封圈2端面密封。接头体拧入机件，二者可用金属垫圈或组合垫圈密封。 结构简单，易制造，密封性好，对管子尺寸精度要求不高。要求焊接质量高，装拆方便。工作压力可达31.5MPa，工作温度－25～80℃，适用于以油为介质的管路系统	JB/T 966～1003—77
卡套式管接头	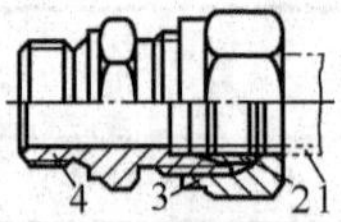 1—管子；2—卡套；3—螺母；4—接头体	利用卡套2变形卡住管子1并进行密封，接头体拧入机件，二者可用组合垫圈密封。 结构先进，性能良好，重量轻，体积小，使用方便，广泛应用于液压系统中。工作压力可达31.5MPa，要求管子尺寸精度高，需用冷拔钢管。卡套精度亦高。适用于油、气及一般腐蚀性介质的管路系统	GB/T 3733.1～3765—83
扩口式管接头	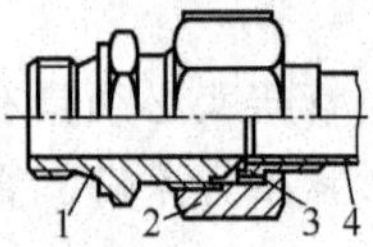 1—接头体；2—螺母；3—套管；4—管子	由接头体1、螺母2和套管3组成，利用管子4的端部扩口进行密封，不需其它密封件。 结构简单，适用于薄壁管件连接，适用于油、气为介质的压力较低的管路系统	GB/T 5625.1～5653—85
锥密封焊接式管接头	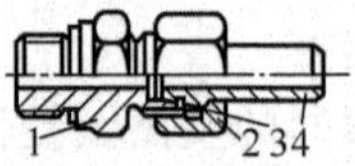 1—接头体；2—螺母；3—O形密封圈；4—接管	接管4一端为外锥表面加O形密封圈3与接头体1的内锥表面相配，用螺母2拧紧。 工作压力可达31.5MPa，工作温度－25～80℃，适用于油为介质的管路系统	JB/T 6881～6385—92
承插焊管件	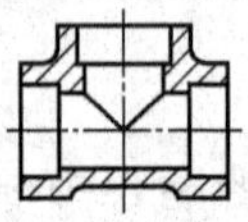	将需要长度的管子插入管接头直至管子端面与管接头内端接触，将管子与管接头焊接成一体，可省去接管，但管子尺寸要求严格 适用于油、气为介质的管路系统	GB/T 14383—93
软管接头及软管总成	软管接头和软管（通常是橡胶管）可由管件厂买进软管总成，也可以用户自行装配，软管接头可与扩口式、卡套式、焊接式或快换接头连接使用		
软管接头及软管总成：扣压式软管接头	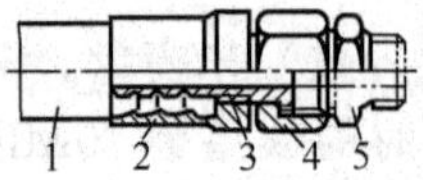 1—软管；2—接头外套；3—接头芯；4—接头螺母；5—接头体	图示软管接头为永久连接软管接头，它由接头外套2、接头芯3和接头螺母4组成，它是冷挤压到软管1上的，只能一次使用。 当软管失效时管接头随软管一起废弃。但是这种接头一般比可复用接头成本低，而且软管装配工作量小。工作压力与软管结构及直径有关。适用于油、水、气为介质的管路系统。油介质温度：－40～100℃	GB/T 9065.1～9065.3—88；JB/T 8727—1998
快换接头：两端开闭式	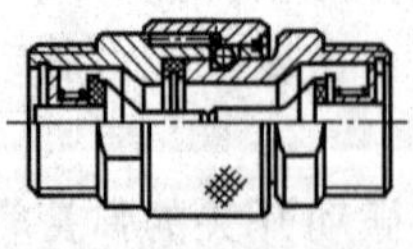	管子拆开后，可自行密封，管道内液体不会流失，因此适用于经常拆卸的场合。 结构比较复杂，局部阻力损失较大。适用于油、气为介质的管路系统，工作压力低于31.5MPa，介质温度－20～80℃	GB/T 8606—88 JB/ZQ 4078～4079—1997
快换接头：两端开放式		适用于油、气为介质的管路系统，其工作压力介质温度按连接的胶管限定	

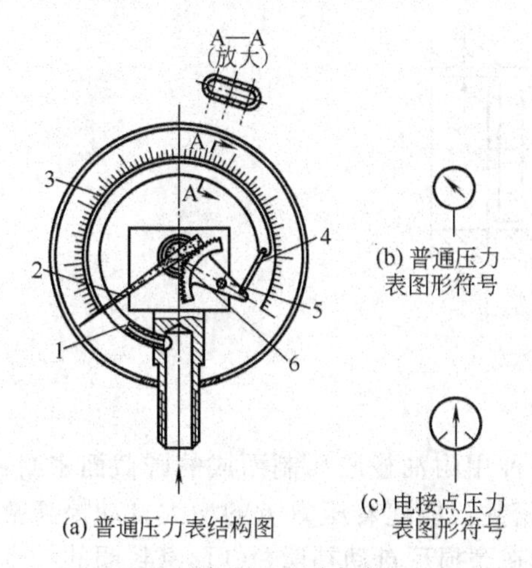

图 6-14　压力表

1—弹簧弯管；2—指针；3—刻度盘；4—杠杆；5—扇形齿轮；6—小齿轮

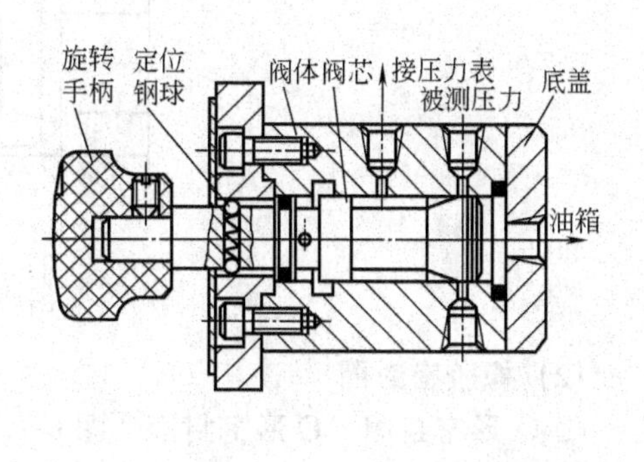

图 6-15　压力表开关结构

6.6.2　压力表开关

压力表开关相当一个小型转阀式截止阀，用于切断和接通压力表与油路的通道，通过开关的阻尼作用，减轻压力表在压力脉动下的振动，延长其使用寿命。根据可测压力的点数不同，压力表开关有一点、三点、六点等。多点压力表开关用一个压力表可与几个测压点油路相通，测出相应点的油压力。图 6-15 为压力表开关的结构图。

6.7　密封装置

6.7.1　功用及要求

密封装置的功用是防止液压系统中工作介质的内、外泄漏，以及外界灰尘、金属屑等异物的侵入，保证液压系统正常工作。密封装置的性能对液压系统的工作性能和效率具有直接作用。液压系统对密封装置的主要要求有：

① 在一定的压力、温度范围内具有良好的密封性能；

② 有相对运动时，密封装置引起的摩擦系数小且摩擦力稳定；

③ 耐磨性好，耐腐蚀、不易老化，寿命长，磨损后在一定程度上能自动补偿；

④ 结构简单，制造维护方便，价格低廉。

6.7.2　类型及特点

液压系统中的密封装置有间隙密封、橡胶密封圈、组合密封等多种类型，其中最常用的是种类繁多的橡胶密封圈，它们既可用于静密封，也可用于动密封。

(1) 间隙密封

间隙密封是最简单的一种密封形式，它是利用相对运动的圆柱摩擦副之间的微小间隙 δ（通常为 0.02～0.05mm）防止泄漏。常用于液压元件中的活塞、滑阀的配合中。为了提高密封能力，减小液压卡阻，常在圆柱表面开设几条环形均压槽（图 6-16）。间隙密封结构简单，摩擦阻力小，耐高温，但磨损后无法恢复原有能力。

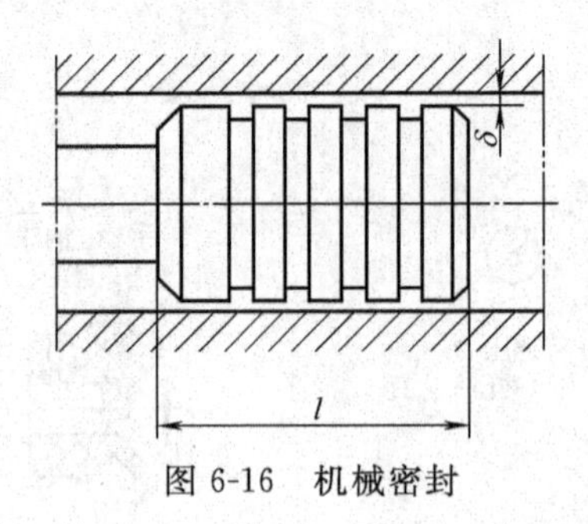

图 6-16 机械密封

(2) 橡胶密封圈

① O形密封圈 O形密封圈［图 6-17(a)］是一种用耐油橡胶压制而成的圆截面密封件。如图 6-17(b)所示，它是依靠预压缩消除间隙而实现密封，能随着压力 p 的增大自动提高密封件与密封表面的接触应力，从而提高密封作用，且能在磨损后自动补偿。O形密封圈的特点是结构简单、密封性好、价廉、应用范围广，既可用于外径或内径密封，也可以用于端面密封；高低压均可用，但高压场合需加设金属密封挡圈以防止O形圈从密封槽的间隙中被挤出。O形密封圈的预压缩量、安装沟槽的形状、尺寸及加工精度等可从相关手册查得。

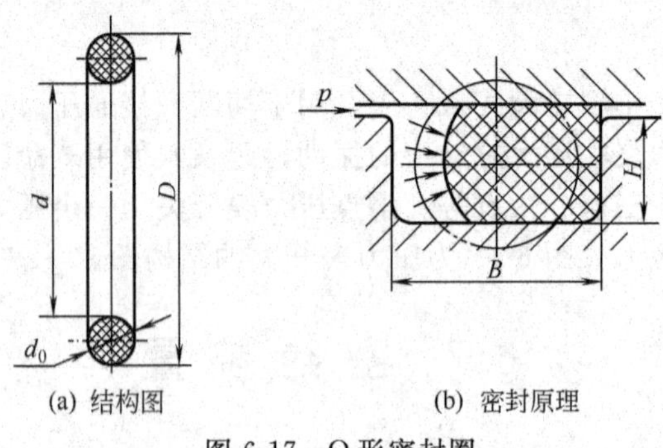

(a) 结构图 (b) 密封原理

图 6-17 O形密封圈

② 唇形密封圈 唇形橡胶密封圈是靠其唇口受液压力作用变形，使唇边贴紧密封面进行密封，液压力越大，唇边贴得越紧，并具有磨损后自动补偿的能力。此类密封有Y形、Yx形、V形等常用形式，一般用于往复运动密封。

图 6-18 所示为Y形密封圈，它有一对与密封面接触的唇边，安装时唇口对着压力高的一边。油压低时，靠预压缩密封；高压时，受油压作用而两唇张开，贴紧密封面，能主动补偿磨损量，油压越高，唇边贴得越紧。双向受力时要成对使用。这种密封圈摩擦力较小，启动阻力与停车时间长短和油压大小关系不大，运动平稳，适用于高速、高压的动密封。

图 6-19 所示是Yx形密封圈，它是在Y形密封圈基础上改进而成，分为轴用、孔用两种，内、外密封唇高度不等，短边与密封面相接触，滑动摩擦阻力小；长边与非滑动表面相接触，使摩擦阻力增大，工作时不易窜动而被运动部件切伤。Yx形密封圈一般用于工作压力小于 32MPa、使用温度为（－30～＋100)℃的场合。

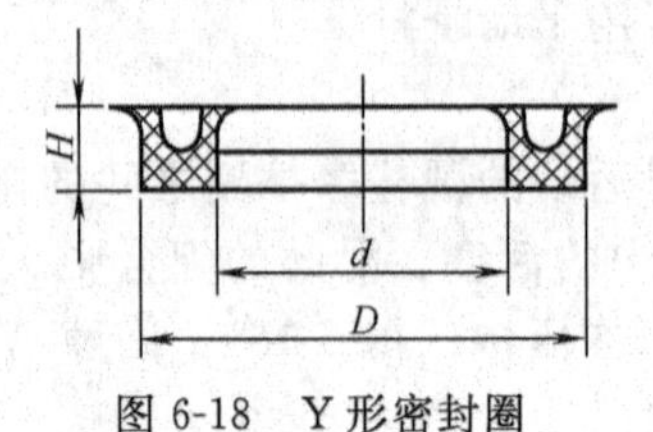

图 6-18 Y形密封圈

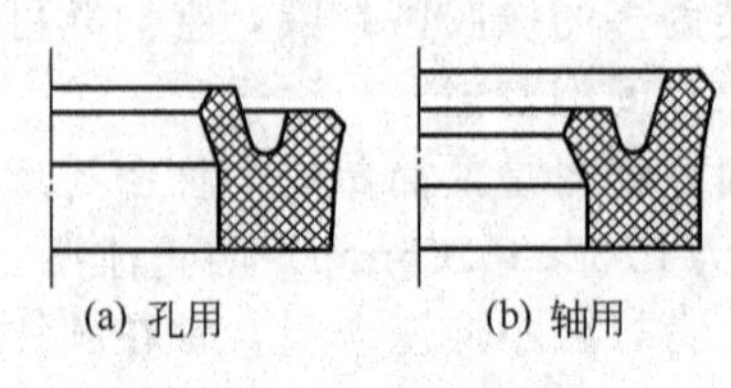

(a) 孔用 (b) 轴用

图 6-19 Yx形密封圈

③ V 形密封圈　V 形密封圈（图 6-20）由多层涂胶织物压制而成，由三种不同截面形状的压环、密封环、支承环组成一套使用。当压力大于 10MPa 时，可以根据压力大小适当增加中间密封环的个数，以满足密封要求。这种密封圈安装时应使密封环唇口面对高压侧。V 形密封圈的接触面较长，密封性能好，适宜在工作压力小于等于 50MPa，温度（－40～＋80)℃场合使用。

(3) 组合密封装置

组合密封装置是由两个以上元件组合而成的密封装置。图 6-21 为由耐油橡胶内圈和钢(Q235) 外圈压制而成的组合密封垫圈，主要用于管接头等处的端面密封，安装时外圈紧贴两密封面，内圈厚度 h 与外圈厚度 s 之差即为压缩量。由于它安装方便、密封可靠，故应用广泛。

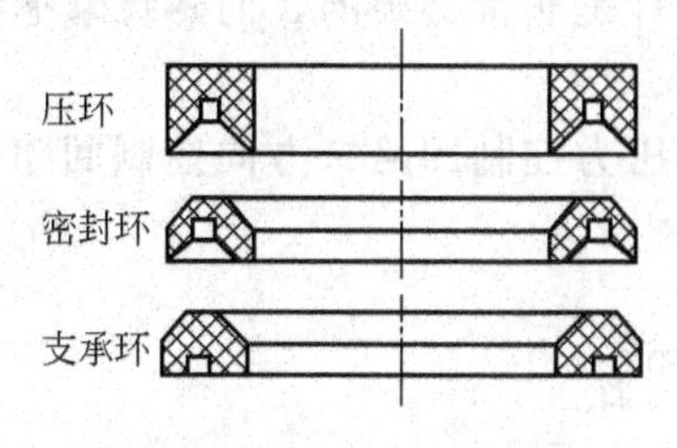

图 6-20　V 形密封圈

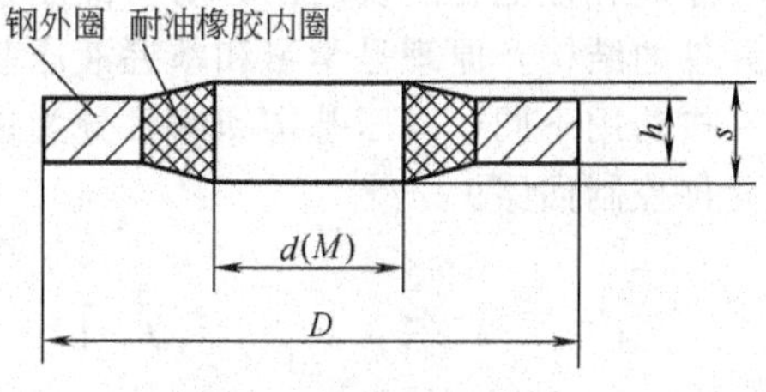

图 6-21　组合密封垫圈

图 6-22 是由加了填充材料的改性聚四氟乙烯滑环 1 和充当弹性体的橡胶环 2（如 O 形圈、矩形圈等）组合而成的橡胶组合密封，聚四氟乙烯滑环自润滑性好，摩擦阻力小，但缺乏弹性，将其与弹性体的橡胶环同轴组合使用，利用橡胶环的弹性施加压紧力，二者取长补短，密封效果良好。

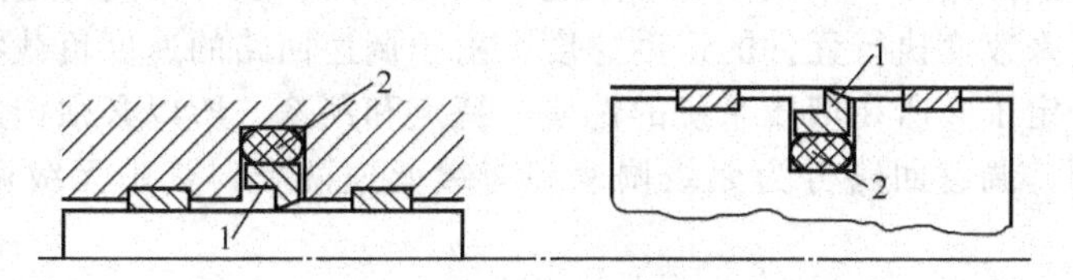

图 6-22　橡胶组合密封装置

1—聚四氟乙烯滑环；2—橡胶环（O 形圈）

思考题与习题

6-1　液压油的污染程度如何进行评定？

6-2　试述油液过滤器和通气过滤器的功用。

6-3　是否所有的液压系统都要设置热交换器？

6-4　简述蓄能器的主要类型及在系统中的作用。

6-5　油箱有哪些作用？

6-6　开式独立油箱上通常有哪些附件？其功用如何？

6-7　简述液压管件常用的连接螺纹种类及特点。

6-8　液压系统中为何要设置压力表开关？

6-9　在液压系统中常用的密封装置有哪几类？各有什么特点？

6-10　某用作辅助动力源的蓄能器，其容量为 2.5L，充气压力为 2.5MPa，系统最高工作压力为 7MPa，最低工作压力为 4MPa，试求蓄能器所排出的油液体积（蓄能器工作状态为等温过程）。（答：0.67L）

6-11　某液压管路的压力为 6.3MPa，通过流量为 40L/min，试确定油管的尺寸。（答：选取油管流速为 5m/s，选用无缝钢管 $\phi18\times2.5$mm）

第7章　液压基本回路

液压基本回路是由有关液压元件组成，能够完成某种特定功能的基本油路。不论一个液压系统如何复杂，它往往是由一些基本回路组成的。因此，学习和掌握液压基本回路的组成、原理、性能特点及应用，对于液压系统的分析和设计是非常必要的，而熟练掌握各种液压元件的结构及原理是学习和掌握液压基本回路的前提。

按功用不同，液压基本回路可分为速度控制回路、压力控制回路、方向控制回路、多执行元件控制回路。

7.1　速度控制回路

速度控制回路包括调节液压执行元件运动速度的调速回路以及使之得到快速运动的快速运动回路和使工作进给速度改变的速度换接回路等。

7.1.1　调速回路

一般而言，调速回路是一个液压传动系统的核心部分。这种回路可通过事先的调整或工作过程中自动调节来改变执行元件的运动速度。由于调速回路的速度负载特性、调速特性和功率特性基本上决定了它所在液压系统的性质、特点和用途，所以必须详加分析和讨论。按照调速方式的不同，调速回路分为无级调速和有级调速两类，其中无级调速回路应用较为普遍。

在不考虑液压油的压缩性和泄漏的情况下，液压缸的运动速度 v 和液压马达的转速 n 为

$$v=q/A \tag{7-1}$$

$$n=q/V_M \tag{7-2}$$

式中，q 为输入液压执行元件的流量；A 为液压缸的有效面积；V_M 为液压马达的排量。

由式(7-1) 和式(7-2) 可知，通过改变输入液压执行元件的流量 q 或改变液压缸的有效面积 A 或液压马达的排量 V_M 均可达到调速的目的。由于在实际中不易改变液压缸的工作面积，故多通过改变输入液压执行元件的流量或改变变量液压马达的排量的方法来调速。为了改变进入液压执行元件的流量，可采用定量泵和流量控制阀的节流调速方法，也可采用改变变量泵或变量液压马达的排量的容积调速方法，或同时采用变量泵和流量阀调速的容积节流调速（联合调速）方法。

(1) 节流调速回路

节流调速回路的工作原理，是通过改变回路中的流量控制元件（节流阀或调速阀）的通流截面积的大小来控制流入执行元件或流出执行元件的流量，以调节其运动速度。按照流量阀在回路中的位置不同，分为串联节流调速和并联节流调速两类回路。串联节流调速回路由于在工作中回路的供油压力基本不随负载变化，故又称为定压式节流调速回路；并联调速回路（又称旁路节流调速回路），由于回路的供油压力会随负载的变化而变化，所以又称为变

压式节流调速回路。

① 串联节流调速回路 如图7-1所示，串联节流调速回路又分为进油节流调速回路和回油节流调速回路。这些回路都使用定量泵并且必须并联一个溢流阀，回路中泵的压力由溢流阀设定后基本上保持恒定不变，液压泵输出的油液一部分（称液压缸的输入流量）经节流阀进入液压缸工作腔，推动活塞运动，多余的油液经溢流阀排回油箱，这是此类调速回路能够正常工作的必要条件。只要调节节流阀的通流面积，即可实现调节通过节流阀的流量，从而调节液压缸的运动速度。以下以进油节流调速回路为例，分析此类回路的特性。

由于溢流阀的定压溢流作用，串联节流调速回路中液压泵的泄漏只影响溢流阀的溢流量，而节流阀和液压缸处的泄漏均很小，因此以下分析不考虑泄漏的影响。

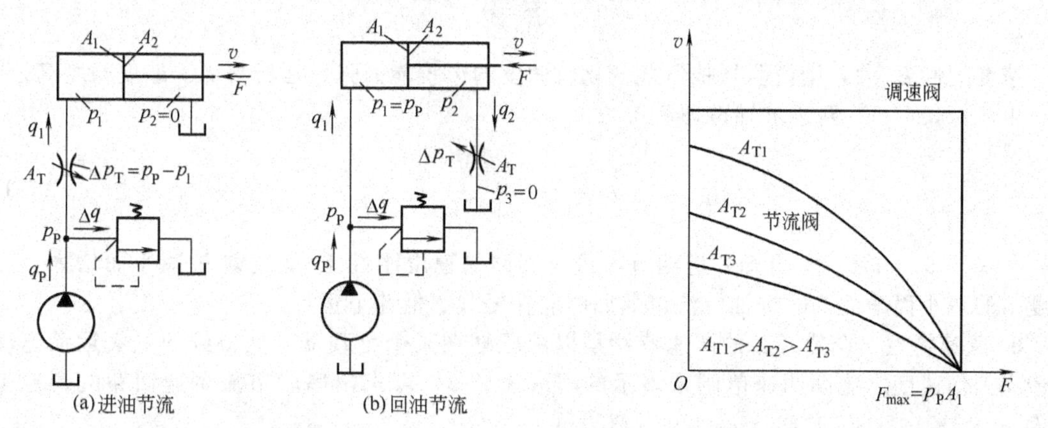

图7-1 串联节流调速回路

图7-2 进油节流调速回路的速度负载特性曲线

a. 速度负载特性 液压缸工作速度与外负载之间的关系称为调速回路的速度负载特性。忽略回路中各处的摩擦力，图7-1(a)所示回路的液压缸在稳定工作时的运动速度、力平衡方程和经节流阀进入液压缸的流量方程为

$$v=q_1/A_1 \tag{7-3}$$

$$p_1A_1=F \tag{7-4}$$

$$q_1=CA_T\Delta p_T^{\varphi}=CA_T(p_P-p_1)^{\varphi} \tag{7-5}$$

式中，v为液压缸的运动速度；q_1为进入液压缸的流量（又称负载流量）；A_1为液压缸工作腔的有效面积；p_1为液压缸工作腔的压力（即负载压力）；F为液压缸的外负载；C、φ为节流阀系数和指数；A_T为节流阀通流面积；Δp_T为节流阀两端的压力差，$\Delta p_T=p_P-p_1$；p_P为液压泵供油压力（即回路工作压力）。

由式(7-3)、式(7-4)和式(7-5)得液压缸运动速度为

$$v=\frac{q_1}{A_1}=\frac{CA_T(p_PA_1-F)^{\varphi}}{A_1^{1+\varphi}} \tag{7-6}$$

式(7-6)即为进油节流调速回路的速度负载特性方程，将式(7-6)按不同的A_T值作v-F坐标曲线图，可得回路的一组速度负载特性曲线（见图7-2），它描述了液压缸运动速度随负载变化的规律。由图及方程可知：

(a) 当负载F一定时，液压缸的运动速度v与节流阀通流面积A_T成正比，调节A_T即可实现无级调速；

(b) 当节流阀通流面积A_T调定后，液压缸运动速度v随负载F增大而减小。当负载F

达到 $F=p_PA_1$ 时，节流阀两端压差 Δp 为零，液压缸停止运动，即 $v=0$，液压泵输出的流量全部经溢流阀回油箱，故回路的承载能力 F_{max} 为

$$F_{max}=p_PA_1 \tag{7-7}$$

而且无论节流阀通流面积 A_T 为何值，回路的承载能力 F_{max} 相同，图 7-2 中各条曲线在速度为零时，都汇交到同一负载点上。

回路抵抗负载对速度影响的能力用速度刚性 k_v 表示

$$k_v=-\frac{1}{\dfrac{\partial v}{\partial F}}=-\frac{\partial F}{\partial v} \tag{7-8}$$

速度刚性 k_v 大，则说明抵抗负载变化对速度的影响能力强，运行平稳，速度精度高。

由此对式(7-6) 两边求导整理后得

$$k_v=\frac{p_PA_1-F}{\varphi v} \tag{7-9}$$

由式(7-9) 和图 7-2 可知，进油节流调速回路的速度刚性 k_v 随负载 F 减小而增大，随速度 v 的减小而增大，故进油节流调速回路应在轻载、低速下运行。

b. 调速特性　调速回路的调速特性是以液压缸在某个负载下可能得到的最大运动速度和最小工作速度之比即调速范围来表示的，依式(7-6) 可求出串联节流调速回路的调速范围为

$$R_c=\frac{v_{max}}{v_{min}}=\frac{A_{T\,max}}{A_{T\,min}}=R_T \tag{7-10}$$

式中，R_c、R_T 为调速回路和节流阀的调速范围；v_{max}、v_{min} 为液压缸可能得到的最大速度和最小速度；$A_{T\,max}$、$A_{T\,min}$ 为节流阀可能的最大和最小通流面积。

节流调速回路的调速范围较大，最高可达 $R_c=100$。

c. 功率特性　调速回路的功率特性是以其自身的功率损失（不包括液压泵、执行元件和管路的功率损失）和效率来表达的。在节流阀进油节流调速回路中，由于液压泵为定量泵，其流量 q_P 为定值，且泵的出口压力 p_P 由溢流阀设定，基本为一定值，故液压泵的输出功率 P_P 为一常量，即

$$P_P=p_Pq_P=\text{const} \tag{7-11}$$

液压缸的输出功率（负载功率）为

$$P_1=Fv=\frac{Fq_1}{A_1}=p_1q_1 \tag{7-12}$$

回路的功率损失 ΔP 为

$$\Delta P=P_P-P_1=p_Pq_P-p_1q_1=p_P(q_1+\Delta q)-(p_P-\Delta p_T)q_1=\Delta p_Tq_1+p_P\Delta q=\Delta P_y+\Delta P_j \tag{7-13}$$

式中，Δq 为溢流阀的溢流量，$\Delta q=q_P-q_1$；ΔP_y 为溢流功率损失；ΔP_j 为节流功率损失。

由此可知，此回路的功率损失由节流功率损失和溢流功率损失两部分组成。这些损失将

都转变为热量，使液压系统的温度升高，影响系统工作。

该回路的回路效率为

$$\eta_c=\frac{P_1}{P_P}=\frac{Fv}{p_P q_P}=\frac{p_1 q_1}{p_P q_P} \tag{7-14}$$

由式(7-14) 可知，此种回路在当较高负载压力 p_1（亦即负载 F 较大）和较大负载流量 q_1（亦即运动速度 v 较高）工况下运行，回路效率较高。但此工况下的速度刚性较差。

液压缸在变负载下工作时，负载压力 p_1 随之变化，在液压泵工作压力 p_P 调定、节流阀通流面积 A_T 不变情况下，负载流量 q_1、负载功率 P_1 及回路效率 η_c将随负载变化而变化（参见图 7-3)，将式(7-5) 代入式(7-12) 得

$$P_1=p_1 CA_T \Delta p_T^{\varphi}=CA_T p_1 (p_P-p_1)^{\varphi} \tag{7-15}$$

此式在 $p_1=0$ 和 $p_1=p_P$ 之间的 $p_1=\dfrac{p_P}{1+\varphi}$处有一极大值

$$P_{1\max}=\frac{CA_T}{\varphi}\left(\frac{\varphi p_P}{1+\varphi}\right)^{1+\varphi} \tag{7-16}$$

由图 (7-3) 和式 (7-16) 可见，即便液压缸在最大负载功率下工作，整个回路的功率损失也是很大的，回路效率很低

$$\eta_c\leqslant\frac{CA_T}{q_P(1+\varphi)}\left(\frac{\varphi p_P}{1+\varphi}\right)^{\varphi} \tag{7-17}$$

上述对进油节流调速回路特性的分析讨论结果对图 7-1(b)所示的回油节流调速同样适用，不同之处仅在于特性方程的具体内容有些差异而已，读者可以自行分析建立其表达式。而这两种调速回路主要有以下差异：回油节流调速能承受超越负载（即与液压缸运动方向相同的负载），进油节流调速回路在其回油路上增设背压阀后才能承受这种负载；回油节流调速回路中通过节流阀的热油直接排回油箱，有利于热量耗散，进油节流调速回路的此部分热油则进入液压缸。

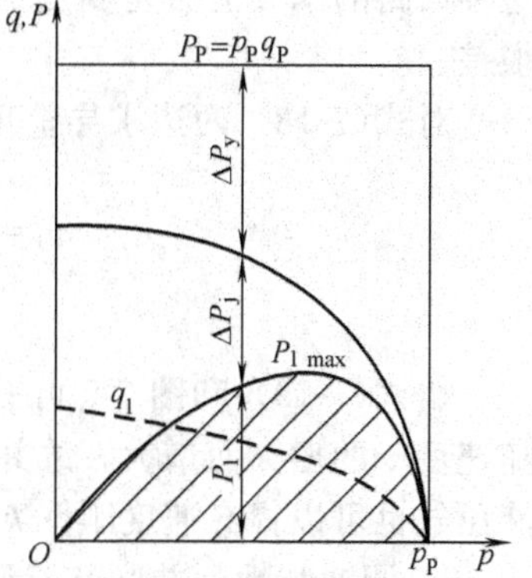

图 7-3　进油节流调速回路在变负载下的功率特性

采用节流阀的串联节流调速回路具有结构简单、价廉的优点，但速度平稳性差且效率较低，故只适宜在小功率（≤3kW)、轻载且负载变化不大、低速的中低压系统中使用。为了提高串联节流调速回路的速度平稳性，可以将回路中的节流阀改用调速阀。由于调速阀中的节流阀前后压差在液压缸负载变化时基本保持恒定，所以回路的速度负载特性基本为一水平直线（参见图 7-2)。但是，因调速阀中比节流阀多一减压阀，故回路的效率降低。

② 并联（旁路）节流调速回路　图 7-4 所示为并联节流调速回路。回路采用定量泵，由于节流阀并联在主油路分支油路上实现分流（旁路）调速，故回路中的溢流阀作为安全阀使用，只有过载时才打开。

回路的特性分析同样可用前述方法进行，但是由于溢流阀常闭，所以此时要计及液压泵泄漏的影响。

a. 速度负载特性　回路的速度负载特性表达式为

$$v=\frac{q_1}{A_1}=\frac{q_P-CA_T p_P^{\varphi}}{A_1}=\frac{q_t-k_l\left(\dfrac{F}{A_1}\right)-CA_T\left(\dfrac{F}{A_1}\right)^{\varphi}}{A_1} \tag{7-18}$$

式中，q_t 为液压泵的理论流量；k_l 为液压泵的泄漏系数；其余符号意义同前。

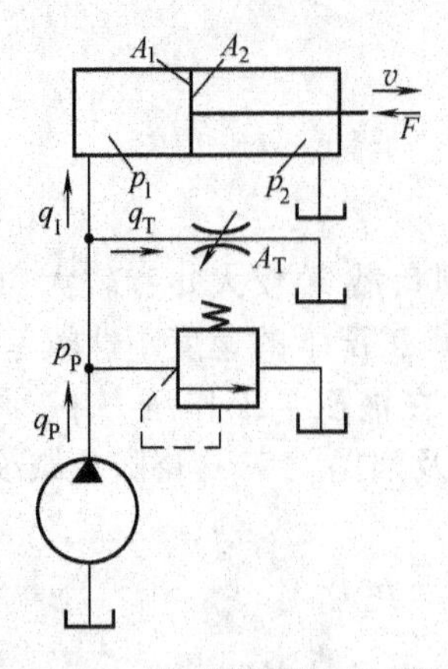

图 7-4 并联节流调速回路

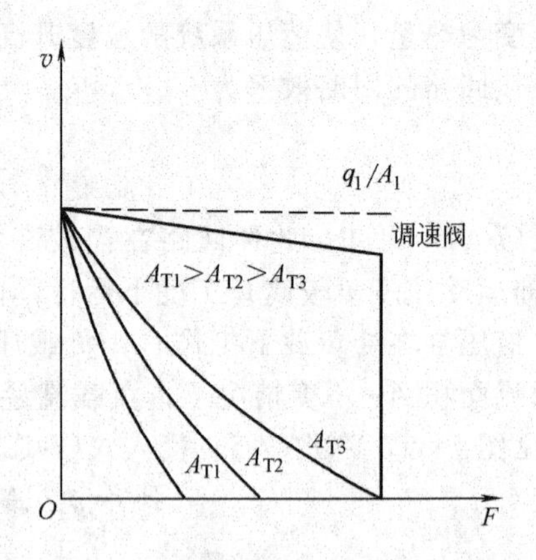

图 7-5 并联节流调速回路的速度负载特性

将式(7-18)按不同的A_T值作v-F坐标曲线图，即得该回路的速度负载特性曲线（图7-5）。由图7-5及式(7-18)可看出：在节流阀通流面积A_T一定的情况下，液压缸运动速度v随负载F增加而减小；当负载F一定时，运动速度v随节流阀通流面积A_T增大而减小。这种回路的承载能力是变化的，即随节流阀通流面积A_T增大而减小，低速下的承载能力很差。

对式(7-18)两边求导整理后得回路的速度刚性为

$$k_v=-\frac{\partial F}{\partial v}=\frac{A_1 F}{\varphi(q_t-vA_1)+(1-\varphi)k_l\left(\dfrac{F}{A_1}\right)} \tag{7-19}$$

由式(7-19)和图7-5可看出，并联节流调速回路的速度刚性k_v随负载F增大而增大，随速度v的增大而增大，故并联节流调速回路应在重载、高速下运行。采用较大有效面积的液压缸也可以提高速度刚性k_v。

b. 调速特性　并联节流调速回路的调速范围表达式为

$$R_c=1+\frac{R_T-1}{\dfrac{q_t-k_l\left(\dfrac{F}{A_1}\right)}{CA_{T\min}\left(\dfrac{F}{A_1}\right)^{\varphi}}-R_T} \tag{7-20}$$

此式表明，这种回路的调速范围不仅与节流阀的调速范围R_T有关，而且还与负载F、液压泵的泄漏系数k_l等因素有关。

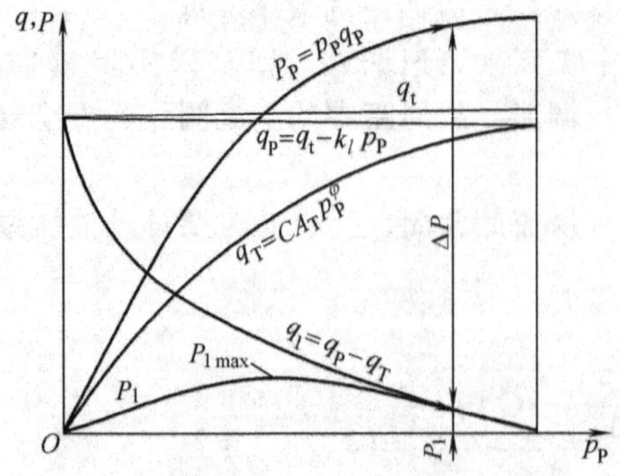

图 7-6 并联节流调速回路的功率特性

c. 功率特性　并联节流调速回路在变负载下工作时，回路的功率特性如图7-6所示，回路的效率表达式为

$$\eta_c=\frac{P_1}{P_P}=\frac{p_P q_1}{p_P q_P}=\frac{q_1}{q_P}=1-\frac{CA_T p_P^{\varphi}}{q_t-k_l p_P} \tag{7-21}$$

式(7-21)表明，负载流量q_1越大（亦即运动速度v较高），回路效率越高。并联节流调速回路的效率比串联的高的原因是，负载压力即泵的工作压力随负载增减，不是一个定值。

综上所述可以看到，采用节流阀的并联节流调速回路只有节流损失而无溢流损失，主油路内没有节流损失和发热现象，故适宜在高速、重载、负载变化不大、对运动平稳性要求不高的液压系统中使用，但是不能承受超越负载。

欲提高并联节流调速回路的速度平稳性，也可以将回路中的节流阀改用调速阀。采用调速阀的并联节流调速回路的速度负载特性为一倾斜直线（参见图 7-5）。

(2) 容积调速回路

容积调速回路的工作原理是通过改变回路中变量液压泵或变量液压马达的排量来实现调速的。其主要优点是无节流损失和溢流损失，工作压力随负载变化而变化，故效率高，发热少，适用于高速、大功率系统。缺点是变量液压泵和变量液压马达的结构复杂，成本较高。

按油液循环方式不同，容积调速回路有开式和闭式两种。开式回路中，液压泵从油箱吸油后输入执行元件，执行元件排出的油液直接返回油箱，故油液的冷却性好，但油箱的结构尺寸大、易污染。闭式回路中，液压泵将油液输入执行元件的进油腔，又从执行元件的回油腔处吸油，回路的结构紧凑，减少了污染的可能性，采用双向液压泵或双向液压马达时还可方便地变换执行元件的运动方向，但散热条件较差，需要设置补油装置以补偿回路中的泄漏，从而使回路的结构复杂化。

① 变量泵-定量执行元件容积调速回路　图 7-7 所示为变量泵-定量执行元件的容积调速回路，其中图 7-7(a) 的执行元件为液压缸 3，且是开式回路；图 7-7(b) 的执行元件为定量液压马达 4，且是闭式回路。两回路中的执行元件速度均是通过改变变量泵 1 的排量来调节。两图中的溢流阀 2 均起安全阀作用，用于防止系统过载。在图 7-7(b) 中的泵 5 为补油泵，用于补偿泵、马达及管路的泄漏以及置换部分热油、降低回路温升，补油泵的工作压力由低压溢流阀 6 调节和设定。

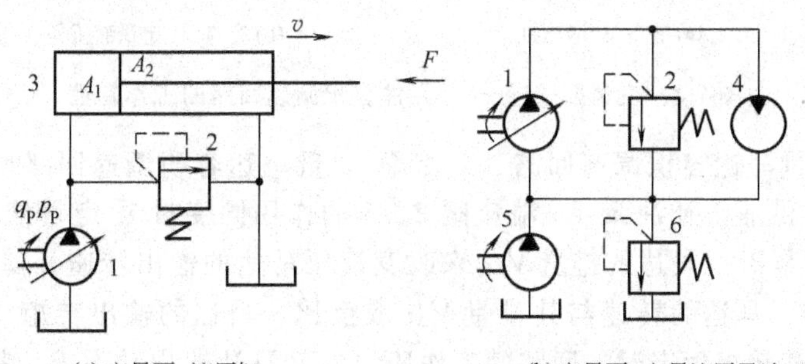

(a) 变量泵-液压缸　　(b) 变量泵-定量液压马达

图 7-7　变量泵-定量执行元件容积调速回路

1—变量泵；2—安全溢流阀；3—液压缸；4—定量液压马达；
5—补油泵；6—低压溢流阀

对于图 7-7(a)所示回路，若不考虑回路的泄漏，液压缸的运动速度为

$$v=q_P/A_1=n_P V_P/A_1 \tag{7-22}$$

式中，q_P、n_P 及 V_P 分别为变量泵的流量、转速及排量。可见改变变量泵的排量 V_P 即可调节液压缸的运动速度 v。

对于图 7-7(b)所示回路，若不计泵和马达的损失及泄漏，则有

液压马达的输出转速

$$n_M=q_M/V_M=q_P/V_M=n_P V_P/V_M \tag{7-23}$$

液压马达的输出转矩

$$T_M = \Delta p_M V_M / (2\pi) \tag{7-24}$$

液压马达的输出功率

$$P_M = \Delta p_M V_M n_M = \Delta p_M n_P V_P \tag{7-25}$$

式中，Δp_M 为液压马达两端的压差；q_M 为液压马达的输入流量（$q_M = q_P$）；V_M 为液压马达的排量。

在这种回路中，由于液压泵转速 n_P 一般为定值，而液压马达的排量 V_M 也是恒量，故调节变量泵的排量 V_P 即可成比例地调节液压马达的转速 n_M，并使马达的输出功率 P_M 成比例变化。由于马达输出转矩 T_M 和回路工作压力都由负载转矩决定，若负载转矩恒定，则马达输出转矩恒定，因此这种回路常被称为恒转矩调速回路。此回路的调速范围较大（一般可达 $R_c = 40$）。此种回路在小型内燃机车、工程机械、船用绞车的有关装置中得到了应用。

图 7-8 所示为变量泵-定量执行元件容积调速回路的工作特性。

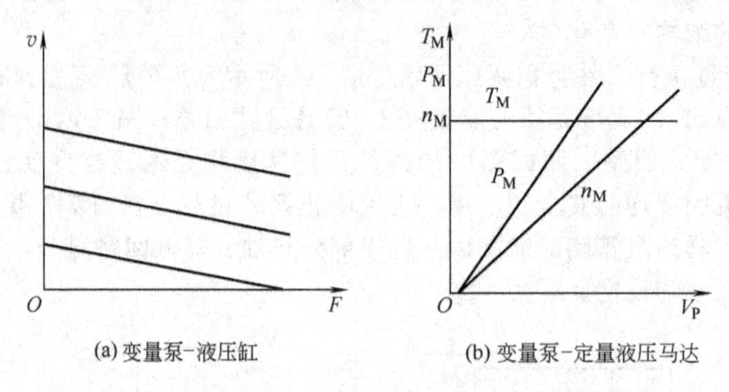

(a) 变量泵-液压缸　　(b) 变量泵-定量液压马达

图 7-8　变量泵-定量执行元件容积调速回路的工作特性

② 定量泵-变量马达容积调速回路　定量泵-变量马达容积调速回路如图 7-9(a) 所示。回路采用定量泵 1 供油，补油泵 4、溢流阀 2、5 的作用同变量泵-定量液压马达调速回路。该回路通过改变变量液压马达的排量 V_M 来改变液压马达的输出转速 n_M。这种调速回路的液压泵流量为恒值，马达的转速与其排量 V_M 成反比，马达的输出转矩 T_M 与马达的排量 V_M 成正比；当负载转矩恒定时，回路的工作压力 p 和马达输出功率 P_M 都不因调速而发生变化，所以这种回路又称“恒功率调速回路”［见图 7-9(b)］。由于这种回路的调速范围很小（一般只有 $R_c \leqslant 3$），且不能实现马达反向，故仅在造纸、纺织机械的卷绕装置中得到了一些应用。

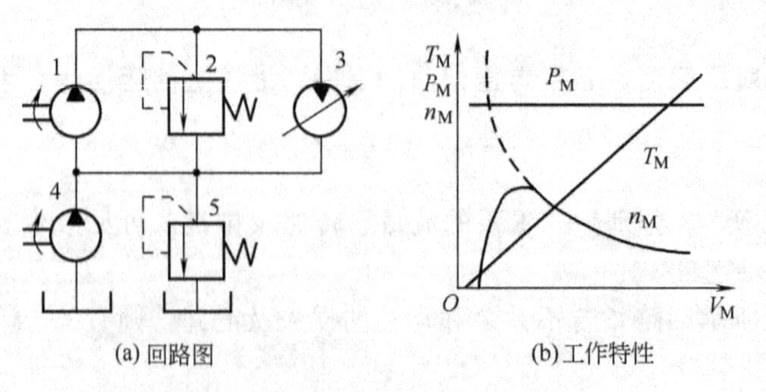

(a) 回路图　　(b) 工作特性

图 7-9　定量泵-变量马达容积调速回路

1—定量泵；2—安全溢流阀；3—变量液压马达；4—补油泵；5—补油溢流阀

③ 变量泵-变量马达容积调速回路　双向变量泵-双向变量马达容积调速回路如图 7-10(a) 所示。单向阀 6、8 用于使补油泵 4 双向补油，而单向阀 7、9 能使溢流阀 3 起双向过载保护作用，泵 4 和溢流阀 5 为回路的补油装置。这种调速回路实际上是上述两种容积调速回路的组合。由于液压泵和液压马达的排量均可改变，故增大了调速范围，其工作特性曲线如图 7-10(b) 所示。一般执行元件都要求在启动时有低转速和大的输出转矩，而在正常工作时都希望有较高的转速和较小的输出转矩。因此，这种回路在使用中，通常是先将液压马达的排量 V_M 调到最大值 $V_{M\,max}$，使马达能获得最大输出转矩，由小到大改变泵的排量 V_P，直到最大值 $V_{P\,max}$，此时液压马达转速随之升高，输出功率也线性增加，回路处于恒转矩输出状态；然后，保持 $V_P = V_{P\,max}$，由大到小改变马达的排量，则马达的转速继续升高，而其输出转矩却随之降低，马达的输出功率恒定不变，回路处于恒功率工作状态。这种回路的调速范围很大，等于变量泵的调速范围 R_P 与变量马达的调速范围 R_M 的乘积，即 $R_c = R_P R_M$。这种回路适用于港口起重运输机械及矿山采掘机械等大功率机械设备的液压系统中。

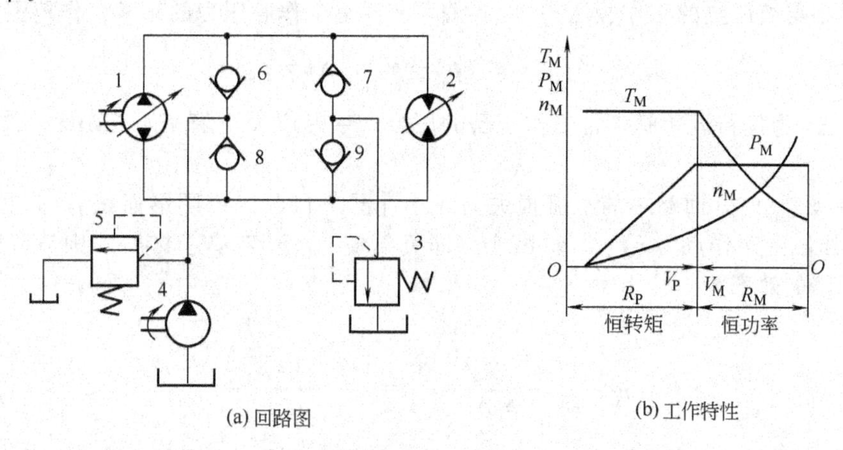

(a) 回路图　　(b) 工作特性

图 7-10　双向变量泵-双向变量马达容积调速回路

1—双向变量泵；2—双向变量液压马达；3—安全溢流阀；4—补油泵；5—补油溢流阀；6～9—单向阀

(3) 容积节流调速回路

容积节流调速回路采用压力补偿变量泵供油，用流量控制阀调节进入或流出液压缸的流量来控制其运动速度，并使变量泵的输出量自动地与液压缸所需负载流量相适应。这种调速回路没有溢流损失，效率较高，速度稳定性也比容积调速回路好，常用于执行元件速度范围较大的中、小功率液压系统。

图 7-11(a) 所示为使用限压式变量泵和调速阀的容积节流调速回路。限压式变量泵 1 的压力油经调速阀 2 进入液压缸 3 无杆腔，回油经起背压作用的溢流阀 4 排回油箱。液压缸的运动速度 v 由调速阀调节。溢流阀 5 作安全阀使用。回路稳定工作时变量泵的流量 q_P 与负载流量 q_1 相等，$q_P = q_1$。如果调小调速阀的通流面积，则在关小阀口的瞬间，q_1 减小，而此时液压泵的输出流量 q_P 还未来得及改变，于是 $q_P > q_1$，因回路中阀 5 为常闭，无溢流，故必然导致泵出口压力 p_P 升高，该压力反馈使得限压式变量泵的输出流量自动减少，直至 $q_P = q_1$；反之亦然。由此可见，调速阀不仅能调节进入液压缸的流量，而且可以作为反馈元件，将通过阀的流量转换成压力信号反馈到泵的变量机构，使泵的输出流量自动地和阀的开度相适应，没有溢流损失。这种回路中的调速阀也可装在回油路上。

图 7-11(b) 所示为这种回路的调速特性，由图可见，回路虽无溢流损失，但仍有节流

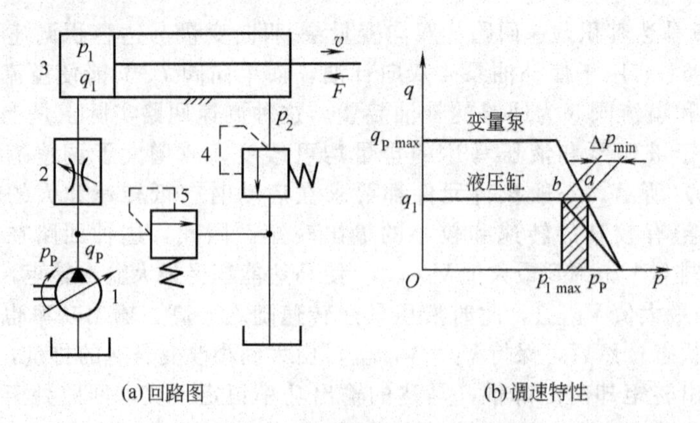

图 7-11 使用限压式变量泵和调速阀的容积节流调速回路

1—限压式变量泵；2—调速阀；3—液压缸；4,5—溢流阀

损失，其大小与液压缸的工作腔压力 p_1 有关。液压缸工作腔压力的正常工作范围是

$$p_2A_2/A_1 \leqslant p_1 \leqslant (p_P - p_1),\ \Delta p = p_P - p_1 \tag{7-26}$$

式中，Δp 为保持调速阀正常工作所需的压差，一般应大于等于 0.5MPa；p_2 为液压缸回油背压。

当 $p_1 = p_{1\max}$ 时，回路中的节流损失为最小［图 7-11(b) 中阴影面积］，此时泵的工作点为 a，液压缸的工作点为 b，若 p_1 减小（即负载减小，b 点向左移动），则节流损失加大。这种调速回路的效率为

$$\eta_c = \frac{\left(p_1 - p_2\dfrac{A_2}{A_1}\right)q_1}{p_Pq_P} = \frac{\left(p_1 - p_2\dfrac{A_2}{A_1}\right)}{p_P} \tag{7-27}$$

式(7-27) 没有考虑泵的泄漏。由于泵的输出流量 q_P 越小，泵的压力 p_P 就越高；负载越小，p_1 便越小，所以该调速回路在低速、轻载下运行时效率很低。这种回路常用于组合机床等中、小功率设备的液压系统中。

7.1.2 快速运动回路

快速运动回路的功用是加快液压执行元件空载运行时的速度，缩短机械的空载运动时间，以提高系统的工作效率和充分利用功率。

（1）液压缸差动连接的快速运动回路

图 7-12(a)所示为利用具有 P 形中位机能三位四通电磁换向阀的差动连接快速运动回路。当电磁铁 1YA 和 2YA 均不通电使换向阀 3 处于中位时，液压缸 4 由阀 3 的 P 形中位机能实现差动连接，液压缸快速向前运动；当电磁铁 1YA 通电使换向阀 3 切换至左位时，液压缸 4 转为慢速前进。

差动连接快速运动回路可在不增大液压泵流量的情况下提高液压执行元件的速度，结构简单，应用较多。但是由于泵的流量与有杆腔排出的流量汇合在一起流过的阀和管路应按合成流量来选择，否则会使压力损失过大，泵的压力过大，致使泵的部分压力油从溢流阀溢回油箱而达不到差动快进的目的。

如图 7-12(b)所示，液压缸无杆腔和有杆腔的面积分别为 A_1 和 A_2，液压泵出口至差动后合成管路前的压力损失为 Δp_i，液压缸出口至合成管路前的压力损失为 Δp_o，合成管路的

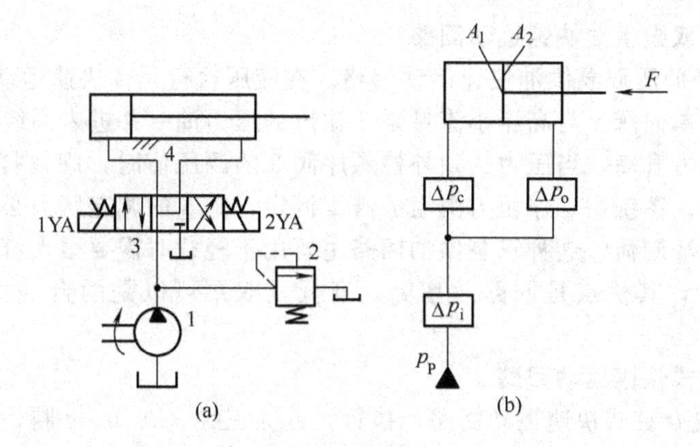

图 7-12　液压缸差动连接快速运动回路

1—液压泵；2—溢流阀；3—三位四通电磁换向阀；4—液压缸

压力损失为 Δp_c，则差动快进时液压泵的供油压力 p_P 可由以下力平衡方程求得

$$(p_P-\Delta p_i-\Delta p_c)A_1=F+(p_P-\Delta p_i+\Delta p_o)A_2$$

所以

$$p_P=\frac{F}{A_1-A_2}+\frac{A_2}{A_1-A_2}\Delta p_o+\frac{A_1}{A_1-A_2}\Delta p_c+\Delta p_i$$

若 $A_1=2A_2$，则有

$$p_P=\frac{F}{A_2}+\Delta p_o+2\Delta p_c+\Delta p_i \tag{7-28}$$

式中，F 为差动快进时的外负载。由式(7-28) 可知，液压缸差动连接时其供油压力 p_P 的计算与一般回路中的压力损失的计算是不相同的。

(2) 使用蓄能器的快速动作回路

图 7-13 为使用蓄能器的快速运动回路。当系统短期需要较大流量时，液压泵 1 和蓄能器 4 共同向液压缸 6 供油，使液压缸速度加快；当三位四通电磁换向阀 5 处于中位，液压缸停止工作时，液压泵经单向阀 3 向蓄能器充液，蓄能器的压力升到卸荷阀 2 的设定压力后，卸荷阀开启，液压泵卸荷。采用蓄能器可以减小液压泵的流量规格。

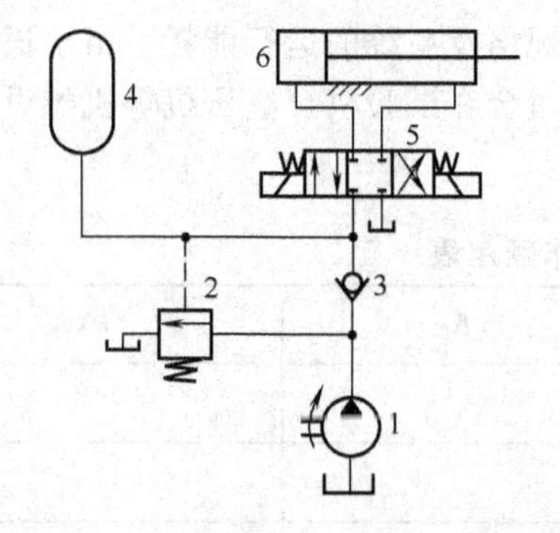

图 7-13　使用蓄能器的快速运动回路

1—液压泵；2—卸荷阀；3—单向阀；4—蓄能器；5—三位四通电磁换向阀；6—液压缸

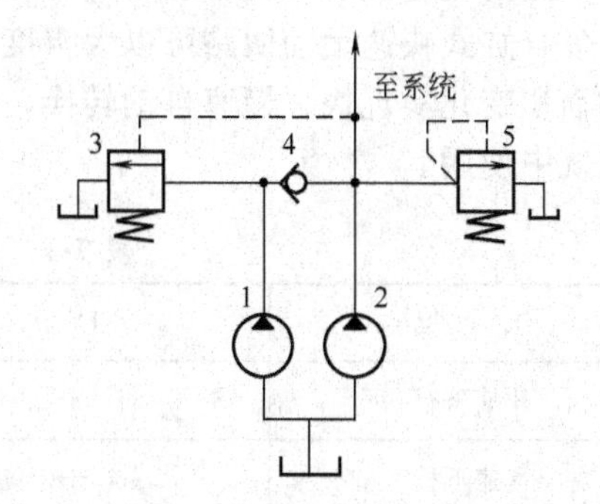

图 7-14　高低压双泵供油快速运动回路

1—低压大流量泵；2—高压小流量泵；3—外控顺序阀；4—单向阀；5—溢流阀

(3) 高低压双泵供油快速运动回路

图 7-14 为高低压双泵供油快速运动回路。在液压执行元件快速运动时，低压大流量泵 1 输出的压力油经单向阀 4 与高压小流量泵 2 输出的压力油一并进入系统；在执行元件慢速行程中，系统的压力升高，当压力达到外控顺序阀 3 的调压值时，阀 3 打开使泵 1 卸荷，泵 2 单独向系统供油。系统的工作压力由溢流阀 5 调定，阀 5 的调定压力必须大于阀 3 的调定压力，否则泵 1 无法卸荷。这种双泵供油回路主要用于轻载时需要很大流量，而重载时却需高压小流量的场合，其优点是回路效率高。高低压双泵可以是两台独立单泵，也可以是双联泵。

(4) 复合缸式快速运动回路

图 7-15 为复合缸式快速运动回路。执行元件为三腔（a、b、c 腔，作用面积分别为 A_a、A_b、A_c）复合液压缸 5，通过三位四通电磁换向阀 2 和二位四通电磁换向阀 4 改变油液的循环方式及缸在各工况的作用面积，实现快慢速及运动方向的转换；单向阀 1 作背压阀用，以防止缸在上、下端点及换向时产生冲击。液控单向阀 3 用以防止立置复合缸在系统卸荷及不工作时，其活塞（杆）及工作机构因自重而自行下落。液压泵可以通过三位四通电磁换向阀 2 的 H 形中位机能实现低压卸荷。

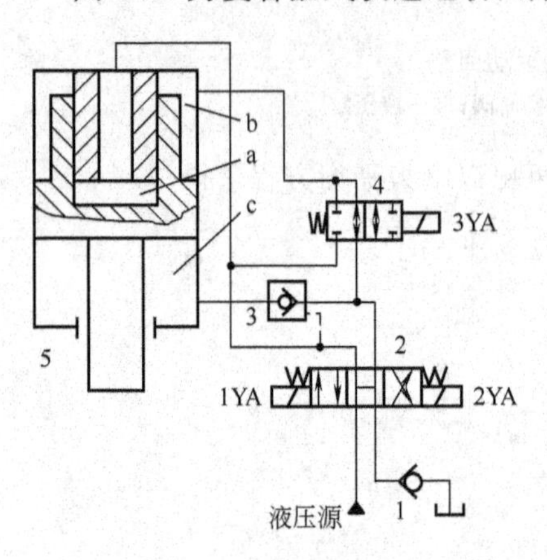

图 7-15 复合缸式快速运动回路
1—单向阀；2—三位四通电磁换向阀；3—液控单向阀；4—二位四通电磁换向阀；5—复合液压缸；a～c—油腔

工作时，电磁铁 1YA 通电使换向阀 2 切换至左位，液压源的压力油经阀 2 进入缸 5 的小腔 a，同时导通液控单向阀 3，压力油的作用面积 A_a 较小，因而活塞（杆）快速下行，缸的大腔 c 在经阀 3 和 4 向中腔 b 补油的同时，将少量油液通过阀 2 和阀 1 排回油箱。快速下行结束时，电磁铁 3YA 通电使换向阀 4 切换至右位，b 腔与 a 腔连通，缸的作用面积由 A_a 增大为 A_a+A_b，液压源的压力油同时进入缸的 a 腔与 b 腔，故系统自动转入慢速工作过程，c 腔经阀 2 和阀 1 向油箱排油。电磁铁 2YA 通电使换向阀 2 切换至右位时，液压源经阀 3 向大腔 c 供油，同时，3YA 断电使换向阀 4 复至左位，腔 b 与 c 连通为差动回路，因此，活塞（杆）快速上升（回程）。等待期间，所有电磁铁断电，液压源通过阀 2 的中位实现低压卸荷。回路的电磁铁动作顺序表如表 7-1 所列。

复合缸式快速运动回路可以大幅度减小液压源的规格及系统的运行能耗，由于通过液压缸的面积变化实现快、慢速自动转换，故运动平稳。适合在试验机、液压机等机械设备的液压系统中使用。

表 7-1 回路电磁铁动作顺序表

工　况	1YA	2YA	3YA
快速下行	+	—	—
慢速下行	+	—	+
快速上升	—	+	—
低压卸荷	—	—	—

7.1.3　速度换接回路

使液压执行元件在一个工作循环中从一种运动速度变换成另一种运动速度的回路称为速度换接回路，常见的变换包括快、慢速的换接和二次慢速之间的换接。

(1) 采用行程阀的快、慢速换接回路

图 7-16 为采用行程阀的快、慢速换接回路。主换向阀 1 断电处于图示右位时，液压缸 5 快进。当活塞所连接的挡块 6 压下常开的行程阀 4 时，行程阀关闭（上位），液压缸 5 有杆腔油液必须通过节流阀 3 才能流回油箱，因此活塞转为慢速工进。当阀 1 通电切换至左位时，压力油经单向阀 2 进入缸的有杆腔，活塞快速向左返回。这种回路的快、慢速的换接过程比较平稳，换接点的位置较准确；缺点是行程阀的安装位置不能任意布置，管路连接较为复杂。若将行程阀 4 改为电磁阀，并通过挡块压下电气行程开关来操纵，也可实现快、慢速的换接，其优点是安装连接比较方便，但速度换接的平稳性、可靠性以及换向精度比采用行程阀差。

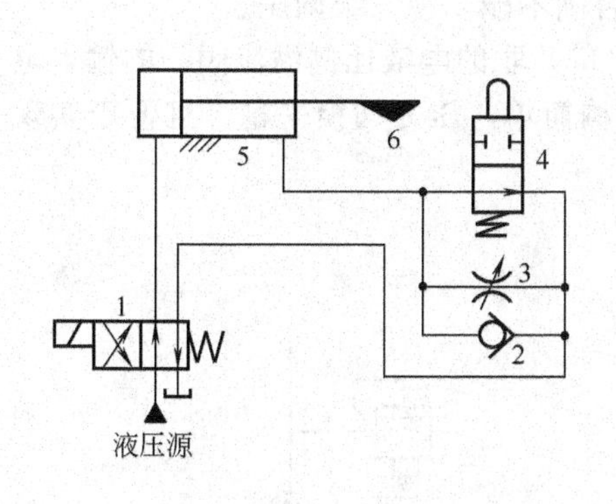

图 7-16　采用行程阀的快、慢速换接回路
1—二位四通电磁换向阀；2—单向阀；3—节流阀；4—行程阀；5—液压缸；6—挡块

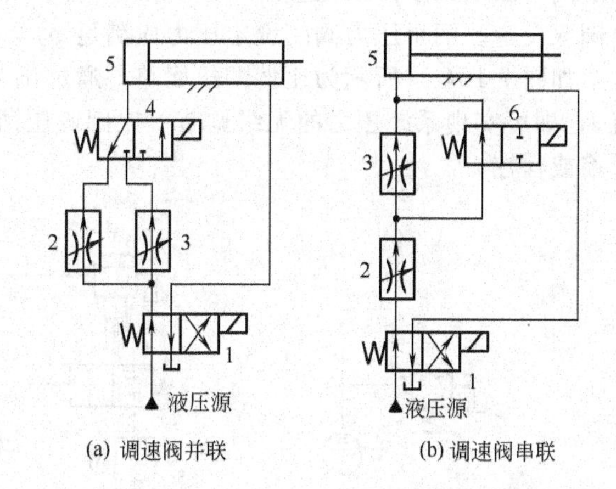

(a) 调速阀并联　(b) 调速阀串联

图 7-17　采用两个调速阀的二次工进速度的换接回路
1—二位四通电磁换向阀；2,3—调速阀；4—二位三通电磁换向阀；5—液压缸；6—二位二通电磁换向阀

(2) 二次工进速度的换接回路

图 7-17 为采用两个调速阀的二次工进速度的换接回路。图 7-17(a) 中的两个调速阀 2 和 3 并联，由二位三通电磁换向阀 4 实现速度换接。在图示位置，输入液压缸 5 的流量由调速阀 2 调节。当换向阀 4 切换至右位时，输入液压缸 5 的流量由调速阀 3 调节。当一个调速阀工作，另一个调速阀没有油液通过时，没有油液通过的调速阀内的定差减压阀处于最大开口位置，所以当速度换接开始瞬间会有大量油液通过该开口而使工作部件产生突然前冲现象，因此它不宜用于在工作过程中进行速度换接，只用于预先有速度换接的场合。

图 7-17(b) 中的两个调速阀 2 和 3 串联，图示位置时，因调速阀 3 被二位二通电磁换向阀 6 短路，输入液压缸 5 的流量由调速阀 2 控制。当阀 6 切换至右位时，由于人为调节使通过调速阀 3 的流量比调速阀 2 小，所以输入液压缸 5 的流量由调速阀 3 控制。这种回路中由于调速阀 2 一直处于工作状态，它在速度换接时限制了进入调速阀 3 的流量，因此它的速度换接平稳性较好，但由于油液经过两个调速阀，所以能量损失较大。

7.2　压力控制回路

利用压力控制元件来控制系统或局部油路的压力，以满足执行元件要求的回路称为压力控制回路，包括调压、减压、增压、卸荷、平衡、保压及泄压等回路。

7.2.1　调压回路

调压回路用于控制液压系统的工作压力，使其不超过预调值或者使系统在不同工作阶段具有不同的压力。实现调压的主要元件是溢流阀。

图 7-18(a) 所示为单级调压回路，液压泵 1 出口的压力由所并联的溢流阀 2 的调定压力决定。只要溢流阀开启，系统压力基本恒定，即所谓“溢流定压”。

利用先导式溢流阀、电磁换向阀和远程调压阀可以实现系统的多级调压或远程调压。如图 7-18(b) 所示为二级调压回路，先导式溢流阀 3 和远程调压阀 5 分别调整泵出口压力。当电磁阀 4 断电处于图示位置时，系统压力由阀 3 设定；当阀 4 通电切换至右位时，系统压力由阀 5 设定。两个压力阀的设定压力应满足 $p_3 > p_5$，否则不能实现二级调压。

如图 7-18(c) 所示为比例调压回路。通过调节泵出口并联的电液比例溢流阀 6 的输入电流 i，即可实现系统压力的无级调节。比例调压回路结构简单，压力切换平稳，且便于实现遥控或程控。

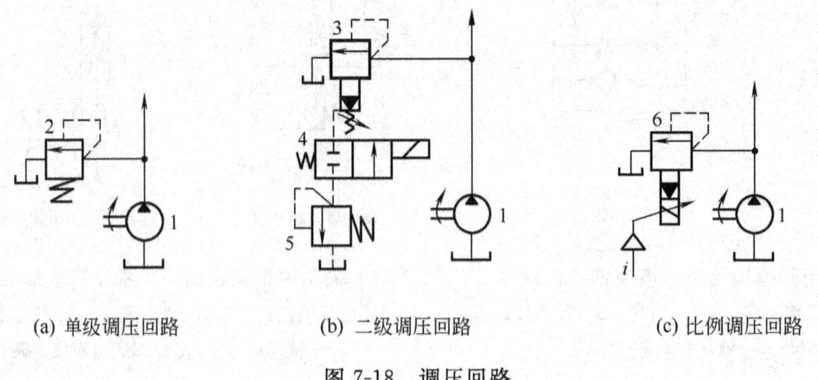

(a) 单级调压回路　(b) 二级调压回路　(c) 比例调压回路

图 7-18　调压回路

1—液压泵；2—溢流阀；3—先导式溢流阀；4—二位二通电磁换向阀；5—远程调压阀；6—电液比例溢流阀

7.2.2　减压回路

减压回路的功用是使单泵供油液压系统中的某一部分油路具有比主回路较低的稳定压力。图 7-19 所示为最常见的减压回路，定值减压阀 3 与主油路并联，高压主油路的压力由溢流阀 2 设定，减压油路的压力由阀 3 设定。单向阀 4 供主油路，压力降低时防止油液倒流，起短时保压之用。减压回路也可采用先导式减压阀和远程调压阀的二级减压方式或电液比例减压阀的无级减压方式。

7.2.3　增压回路

增压回路是用以使液压系统中某些支路获得高于系统压力的回路。利用增压回路，可以采用低压获得较高的压力。增压回路中提高油压的主要元件是增压器（缸），如图 7-20(a) 所示，其增压比为大、小活塞面积之比 A_1/A_2。

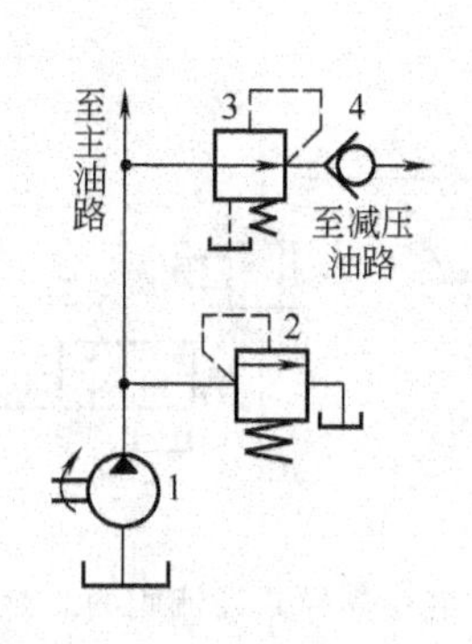

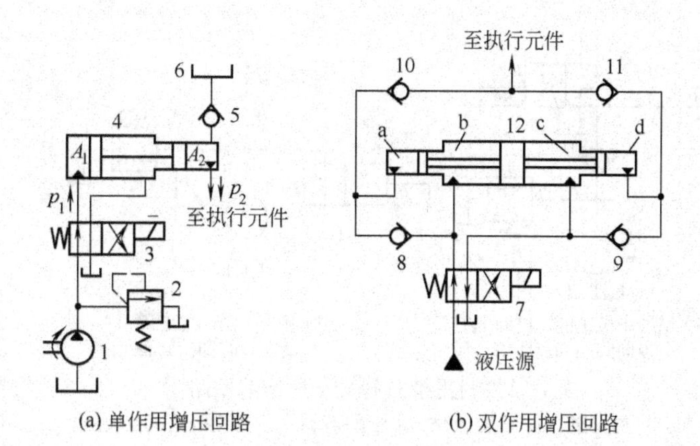

(a) 单作用增压回路　　(b) 双作用增压回路

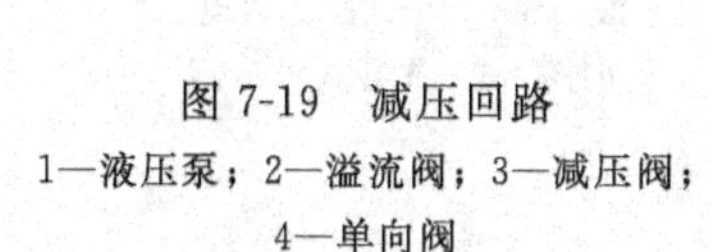

图 7-19　减压回路

1—液压泵；2—溢流阀；3—减压阀；4—单向阀

图 7-20　增压回路

1—液压泵；2—溢流阀；3,7—二位四通电磁换向阀；4—单作用增压器；5,8～11—单向阀；6—高架油箱；12—双作用增压器；a～d—油腔

图 7-20(a) 为采用单作用增压器的增压回路。当二位四通电磁换向阀 3 断电处于图示位置时，液压泵以压力 p_1 向增压器 4 的大活塞左腔供油，小活塞右腔得到所需的较高压力 p_2。当阀 3 通电切换至右位时，增压器 4 返回，高架油箱 6 在大气压的作用下经单向阀 5 向小活塞右腔补油。该回路只能间断增压，适宜执行元件单向作用和小行程场合。

图 7-20(b) 所示为采用双作用增压器的增压回路，能连续输出高压油。图示位置，液压源的压力油经二位四通电磁换向阀 7 和单向阀 8 进入增压器 12 的左端 a、b 腔，大活塞 c 腔的回油通油箱，右端小活塞 d 腔增压后的高压油经单向阀 11 输出至执行元件，单向阀 9、10 在压差的作用下关闭。当增压器活塞移动到右端时，阀 7 的电磁铁通电切换至右位，增压器活塞向左移动，左端小活塞 a 腔的高压油经单向阀 10 输出至执行元件。增压器的活塞随着电磁阀的通断电换向而不断往复运动，两端交替输出高压油，从而实现连续供油。

7.2.4　卸荷回路

液压系统在工作循环中短时间间歇时，为减少功率损耗、降低系统发热、避免因液压泵频繁启、停影响液压泵的寿命，多采用卸荷回路。所谓液压泵的卸荷是指在泵以很小的输出功率运转（$P_P = p_P q_P \approx 0$），即或以很低的压力（$p_P \approx 0$）运转，或输出很少的流量（$q_P \approx 0$）的压力油。常用的卸荷回路如下。

（1）利用换向阀机能的卸荷回路

利用 M、H 和 K 形等中位机能的三位换向阀，可使泵卸荷。例如，图 7-21(a) 所示为用 M 形中位机能电液动换向阀的卸荷回路。回路中的单向阀 3，可使系统在卸荷中保持 0.3MPa 左右的压力，以供卸荷结束后控制油路换向之用。采用常开机能的二位二通电磁换向阀也可使泵直接卸荷［见图 7-21(b)］。利用换向阀的机能直接卸荷特别适宜低压小流量系统。但应注意，其中换向阀的流量规格必须与液压泵的流量规格相符。

（2）利用先导式溢流阀的卸荷回路

如图 7-22 为利用先导式溢流阀的卸荷回路。在先导式溢流阀 3 的遥控口接一小规格二位二通电磁换向阀 2。电磁阀 2 断电处于图示位置时，阀 3 的遥控口与油箱相通，液压泵 1 输出的液压油以很低的压力经溢流阀 3 返回油箱，实现卸荷。电磁阀 2 通电切换至右位时，液压泵升压。

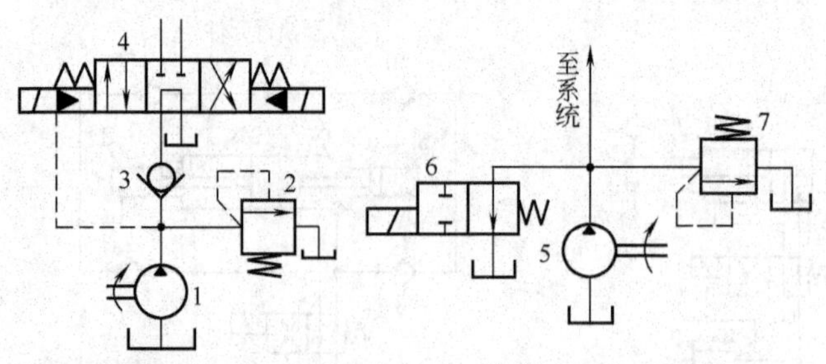

(a) M形中位机能二位四通电液动换向阀的卸荷回路

(b) 常开二位二通电磁换向阀的卸荷回路

图 7-21 利用换向阀机能的卸荷回路

1,5—液压泵；2,7—溢流阀；3—单向阀；4—三位四通电液动换向阀；6—二位二通电磁换向阀

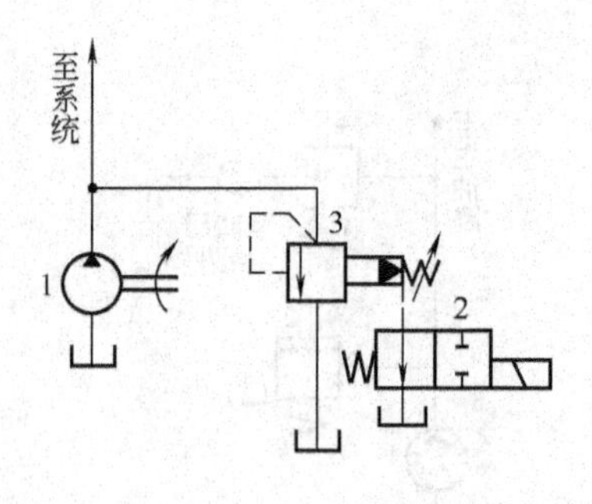

图 7-22 利用先导式溢流阀的卸荷回路

1—液压泵；2—二位二通电磁换向阀；3—先导式溢流阀

(3) 压力补偿变量泵的卸荷回路

图 7-23 所示为压力补偿变量泵的卸荷回路。根据压力补偿变量泵 1 低压时输出大流量和高压时输出小流量的特性，当液压缸 4 的活塞运动到行程端点或换向阀 3 处于图示中位时，泵 1 的压力升高到补偿装置所需压力时，泵的流量便自动减至补足液压缸和换向阀的泄漏，此时尽管泵出口压力很大，但由于泵输出的流量很小，其耗费的功率大为降低，实现了泵的卸荷。回路中的溢流阀 2 作安全阀使用。

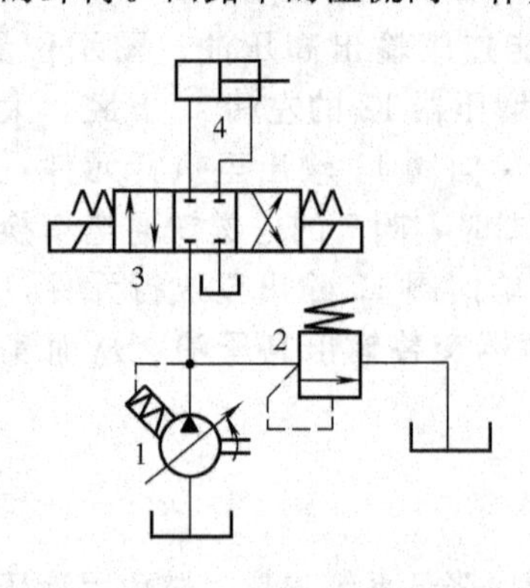

图 7-23 压力补偿变量泵的卸荷回路

1—变量泵；2—溢流阀；3—三位四通电磁换向阀；4—液压缸

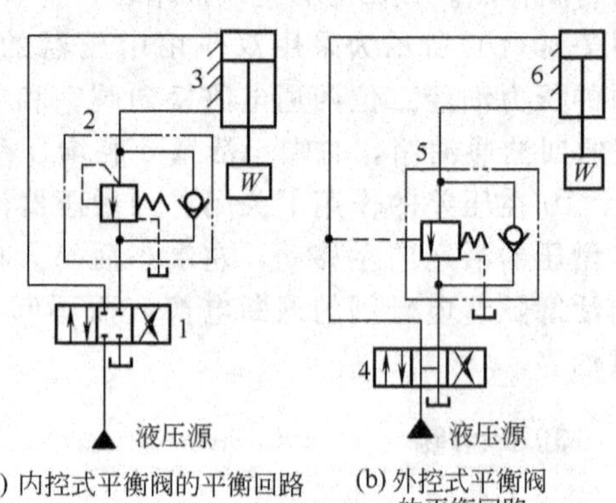

(a) 内控式平衡阀的平衡回路

(b) 外控式平衡阀的平衡回路

图 7-24 采用平衡阀的平衡回路

1—三位四通换向阀（O 形机能）；2—自控式平衡阀；3,6—液压缸；4—三位四通换向阀（H 形机能）；5—远控式平衡阀

7.2.5 平衡回路

为了防止立置液压缸或垂直运动的工作部件由于自重在超速下降，即在下行运动中由于速度超过液压泵供油所能达到的速度而使工作腔中出现真空，并使其在任意位置上锁紧，通常应设置平衡回路。平衡回路的功用是在立置液压缸的下行回油路上串联一个产生适当背压的元件，以便与自重相平衡，并起限速作用。

图 7-24(a) 为采用内控式单向顺序阀（又称平衡阀）的平衡回路。当换向阀 1 切换至左位时，液压缸 3 的活塞向下运动，缸下腔的油液经平衡阀 2 中的顺序阀流回油箱。只要使阀 2 的调压值大于由于活塞及其相连工作部件的重力在缸下腔产生的压力值，则当换向阀处于中位时，活塞和工作部件就能被平衡阀锁住而不会因自重而下降。在下行工况时，限速作用由平衡阀所形成的节流缝隙来实现。这种回路在活塞下行运动时因要克服顺序阀的背压，功

率损失较大，且“锁紧”时活塞和与之相连的工作部件会因平衡阀和换向阀的泄漏而缓慢下落，故只适用于工作部件重量不大、锁紧定位要求不高的场合。而采用外控式平衡阀组成的平衡回路［图 7-24(b)］，由于平衡阀 5 的调压值基本上与负载大小（即背压）无关，通常只需系统压力的 30%～40%，故功率损失较小，但为了防止因液压缸 6 的活塞下降中超速或出现平衡阀时开时关带来的振动，需在平衡阀和液压缸的回油路之间增设单向节流阀（图中未画出）。

图 7-25 为采用液控单向阀的平衡回路。当电磁铁 1YA 通电使三位四通电磁换向阀 1 切换至左位时，液压源的压力油进入液压缸 5 上腔，并导通液控单向阀 2，液压缸下腔的油液经节流阀 4、液控单向阀 2 和换向阀 1 排回油箱，活塞向下运动。当电磁铁 1YA 和 2YA 均断电使换向阀 1 处于中位时，液控单向阀迅速关闭，活塞立即停止运动。当电磁铁 2YA 通电使换向阀 1 切换至右位时，压力油经阀 1、阀 2 和普通单向阀 3 进入液压缸下腔，使活塞向上运动。由于液控单向阀是锥面密封，泄漏量很小，故这种平衡回路的锁定性好，工作可靠。节流阀 4 可以防止因液压缸活塞下降中超速或出现液控单向阀时开时关带来的振动。

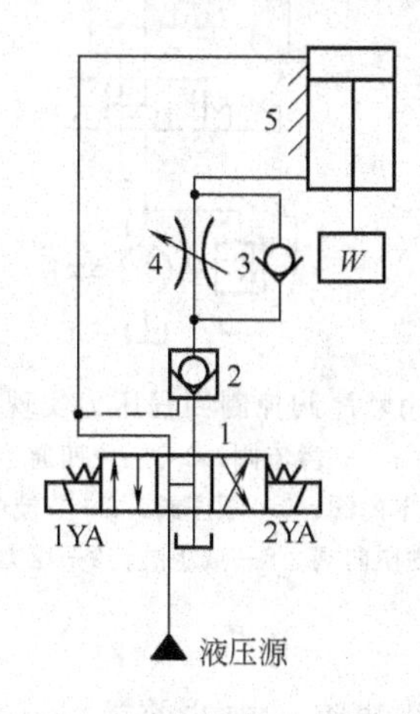

图 7-25　采用液控单向阀的平衡回路
1—三位四通电磁换向阀；2—液控单向阀；3—普通单向阀；4—节流阀；5—液压缸

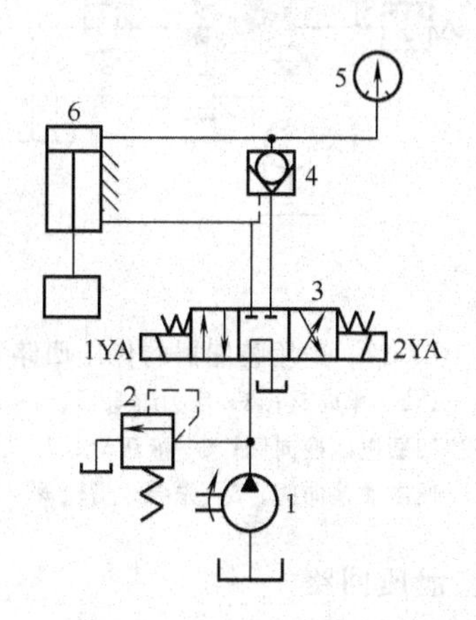

图 7-26　自动补油保压回路
1—液压泵；2—溢流阀；3—三位四通电磁换向阀；4—液控单向阀；5—电接点压力表；6—液压缸

7.2.6　保压和泄压回路

保压回路的功用是在液压系统中的执行元件停止工作或仅有工件变形所产生微小位移的情况下，使系统压力基本保持不变。而泄压回路则用于缓慢释放液压系统在保压期间储存的能量，以免突然释放而产生液压冲击和噪声。只要系统具有保压回路，通常就应设置相应的泄压回路。

(1) 保压回路

最简单的保压回路是图 7-26 所示利用液控单向阀的自动补油保压回路。其工作原理为：当电磁铁 2YA 通电使换向阀 3 切换至右位，液压缸 6 上腔压力上升至电接点压力表 5 的上限值时，压力表高压触点通电，使电磁铁 2YA 断电，换向阀复至中位，液压泵 1 经阀 3 的 M 形中位卸荷，液压缸由液控单向阀 4 保压。保压期间如果液压缸上腔因泄漏等因素，压力下降到电接点压力表调定下限值（低压触点）时，压力表又发出信号，使电磁铁 2YA 通电，液压泵恢复向液压缸上腔供油，使压力上升。而当电磁铁 1YA 通电使换向阀切换至左位时，液压缸活塞快速向上退回。这种回路能自动地保持液压缸上腔的压力在某一范围内，保压时间长，压力稳定性高，适用于液压机等保压性能要求较高的液压系统。

图 7-27 所示为采用蓄能器的保压回路，当电磁铁 1YA 通电使三位四通电磁换向阀 5 切换至左位时，液压缸 6 向右运动，当缸运动到终点后，液压泵 1 向蓄能器 4 供油，直到供油压力升高至压力继电器 3 的调定值时，压力继电器发信使电磁铁 3YA 通电，二位二通电磁换向阀 7 切换至上位，泵 1 经溢流阀 8 卸荷，此时液压缸通过蓄能器保压。当液压缸压力下降至某规定值时，压力继电器动作使 3YA 断电，液压泵重新向系统供应压力油。保压时间的长短取决于蓄能器容量。

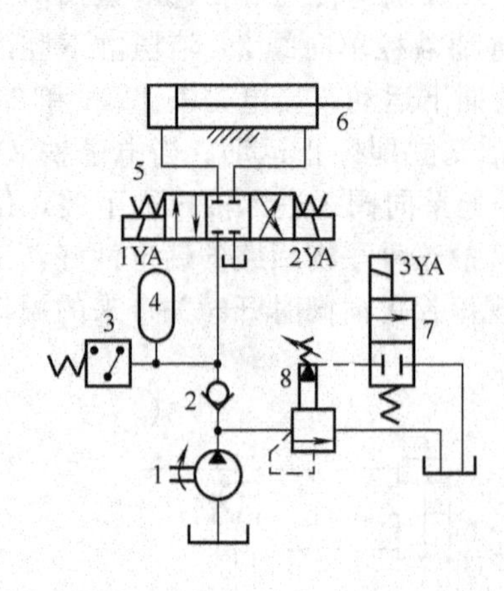

图 7-27　采用蓄能器的保压回路

1—液压泵；2—单向阀；3—压力继电器；4—蓄能器；5—三位四通电磁换向阀；6—液压缸；7—二位二通电磁换向阀；8—先导式溢流阀

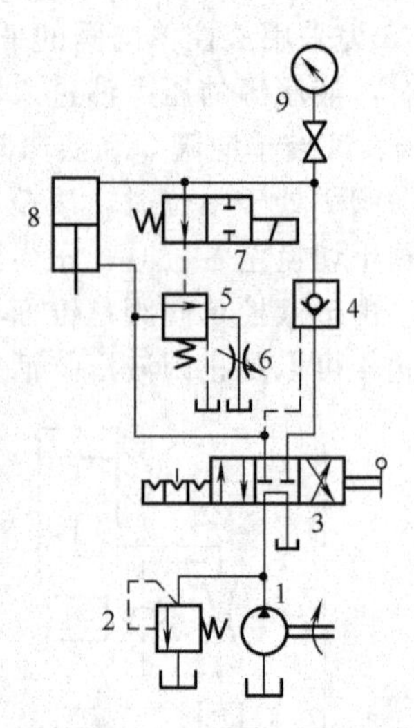

图 7-28　用顺序阀控制回程压力实现泄压的回路

1—液压泵；2—溢流阀；3—三位四通手动换向阀；4—液控单向阀；5—顺序阀；6—节流阀；7—二位二通电磁换向阀；8—液压缸；9—压力表及其开关

(2) 泄压回路

通常液压缸直径大于 250mm、压力大于 7MPa 时，其油腔在排油前就先需泄压。控制泄压可以通过延缓主换向阀的切换时间或采用液压控制等措施实现。图 7-28 所示为用顺序阀控制回程压力实现泄压的回路。回路中的阀 4 为带有卸载阀芯的复式液控单向阀（参见图 5-3），保压和泄压均由此阀实现。保压完毕后手动换向阀 3 以左位接入回路，此时液压缸 8 上腔没有泄压，压力油经二位二通电磁换向阀 7 将顺序阀 5 打开，液压泵 1 进入缸下腔的油液经顺序阀 5 和节流阀 6 回油箱，调节节流阀 6 的开度，使缸下腔压力在约 2MPa，还不足以使活塞回程，但能顶开液控单向阀 4 的卸荷阀芯，使上腔泄压。当缸上腔压力降低至小于顺序阀 5 的调压值（通常为 2～4MPa），顺序阀 5 关闭，切断泵 1 至油箱的低压循环，泵 1 压力上升，顶开液控单向阀 4 的主阀芯，活塞回程。二位二通电磁换向阀 7 是为了保压过程中切断顺序阀 5 的控制油路，保证回路的保压性能。

7.3　方向控制回路

方向控制回路用来控制液压系统油路中液流的通、断或流向，这类控制回路有换向回路和锁紧回路等。

7.3.1　往复直线运动换向回路

往复直线运动换向回路的功用是使与液压缸相连的主机运动部件在其行程端点处迅速、

平稳、准确地变换运动方向。简单的换向回路只要采用标准的普通换向阀即可，但对于换向要求高的磨床、仿形刨床等主机上换向回路的换向阀往往需要专门设计。采用这种专用换向阀的回路，其换向过程一般分为执行元件的减速制动、短暂停留和反向启动三个阶段，这一过程是通过换向阀的阀芯与阀体之间位置变换来实现的，因此选用不同换向阀组成的换向回路，其换向性能也不同。根据换向制动原理的不同有时间控制制动式和行程控制制动式两种换向回路。

(1) 时间控制制动式换向回路

时间控制制动的换向是指从发出换向信号，到实现减速制动（停止），这一过程的时间基本上是可控的。回路的特点是换向时间短，换向精度取决于执行元件原来的运动速度，适用于对换向精度要求不高的场合，如平面磨床、刨床液压系统的换向。

图 7-29 为时间控制制动式换向回路。其主油路只受液动主换向阀 1 控制，图示位置双杆液压缸 8 的活塞向左运动。换向时，向左运动活塞上的挡块 9 带动拨杆 10 使机动先导换向阀 2 由左向右移动，控制压力油换向，通过阀 2 和单向阀 3 进入阀 1 的左腔，阀 1 右腔的油液经节流阀 6 和先导阀 2 流回油箱，换向阀阀芯向右移动。当阀芯移动到中间位置，压力油与液压缸两腔和油箱互通，活塞运动失去推动力而迅速减慢；然后，阀芯上的锥面关死进入液压缸右腔的通道，活塞停止运动，并打开压力油进入液压缸左腔的通道，主油路换向，活塞向右运动。调节回油路上节流阀 7，即可调节液压缸往复运动的速度。阀 1 两端节流阀 5、6 开口大小调定后，换向阀阀芯从端点位置到阀芯关闭液压缸油路所需的时间（即活塞制动的时间）就确定不变，故称为时间控制制动。此回路通过换向阀中间位置 H 形机能、制动锥和调节控制换向阀阀芯移动的节流阀开口可以有效地控制换向冲击，但从挡块推拨杆到换向阀换向，活塞反向起步这段时间内还要冲出一段距离，冲出量受运动部件的速度、惯性等因素的影响，换向精度不高，只适用于平面磨床、仿形刨床等液压系统。

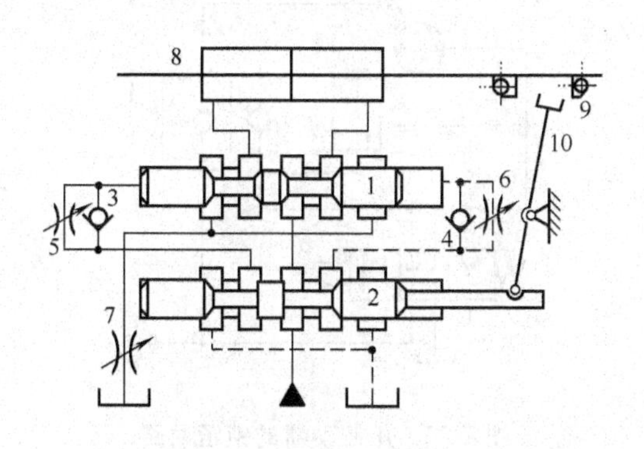

图 7-29　时间控制制动式换向回路
1—液动主换向阀；2—机动先导换向阀；3，4—单向阀；5～7—节流阀；8—双杆液压缸；9—挡块；10—拨杆

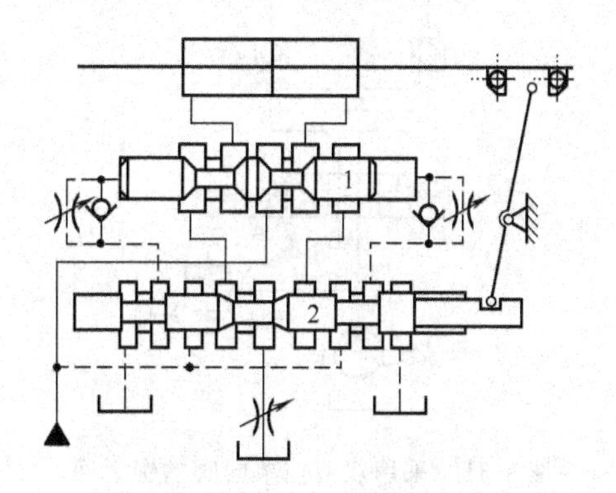

图 7-30　行程控制制动式换向回路
1—液动主换向阀；2—机动先导换向阀

(2) 行程控制制动式换向回路

行程控制制动的换向是指从发出换向信号到工作部件制动、停止这一过程中，工作部件所走过的行程基本上是一定的。

图 7-30 为一种简单的行程控制制动式换向回路，此回路与时间控制制动的连续换向回路的主要区别在于主油路除受液动主换向阀 1 控制外，回油还要通过机动先导换向阀 2 控制。阀 2 中间部分做成了两个制动锥，当行程挡块带动拨杆使先导阀 2 由一端向另一端移动时，其制动锥逐渐关小主回油通道，活塞预先减速，当回油通道关得很小（轴向开口量尚留

有0.2～0.5mm）时，控制油路才开始变换，推动阀1换向，活塞停止运动，并随即反向启动。不论运动部件原来的速度大小，换向时先导阀总是要先移动一段固定行程，将工作部件预先减至差不多相同的低速后，再由换向阀使其换向，于是使换向精度提高，这种制动方式称为行程控制制动。主要适用于运动速度不高，但换向精度要求较高的场合，如内、外圆磨床等机械的液压系统。

7.3.2 锁紧回路

锁紧回路的功用是使液压执行元件能在不工作时切断其进、出油液通道，确切地保持在既定位置上，而不会因外力作用而移动。

除了利用三位换向阀的中位机能实现锁紧外，还可以用液控单向阀实现锁紧。例如，图7-31所示为采用双液控单向阀（又称双向液压锁）的锁紧回路。当电磁铁1YA通电使换向阀3处于左位时，液压泵1的压力油经左边液控单向阀4进入液压缸6的无杆腔，同时通过控制口导通右边液控单向阀5，使液压缸右腔的回油可经阀5及换向阀3排回油箱，活塞向右运动；反之，活塞向左运动。到了需要停留的位置，只要使电磁铁1YA和2YA均断，使换向阀处于中位，因阀的中位为H形机能，所以两个液控单向阀均关闭，液压缸双向锁紧，液压泵卸荷。由于液控单向阀的密封性好（线密封），液压缸锁紧可靠，其锁紧精度主要取决于液压缸的泄漏。这种回路被广泛应用于工程机械、起重运输机械等有较高锁紧要求的场合。但应当注意，使用液控单向阀的锁紧回路，其换向阀的中位机能不宜采用O形，而应采用H形或Y形，以便在中位时，液控单向阀的控制压力能立即释放，单向阀关闭，活塞停止。

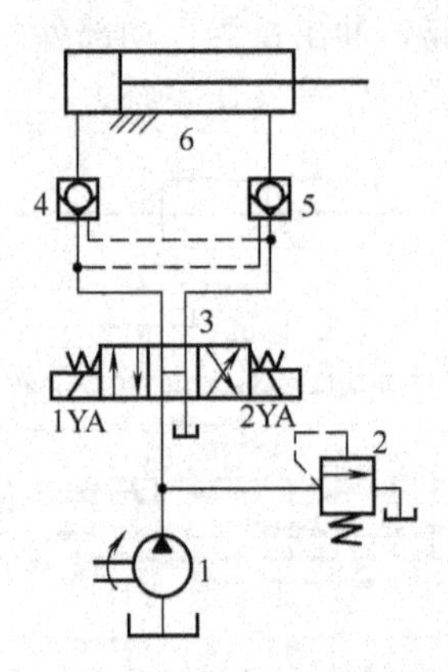

图7-31 采用双液控单向阀的锁紧回路

1—液压泵；2—溢流阀；3—三位四通电磁换向阀；4,5—液控单向阀；6—液压缸

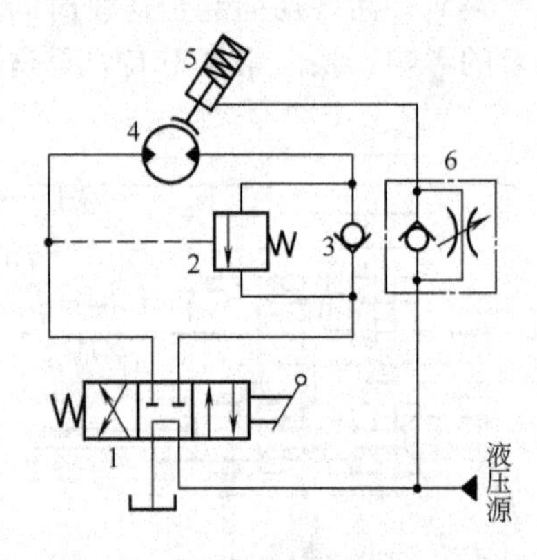

图7-32 用制动器的锁紧回路

1—三位四通手动换向阀；2—液控顺序阀；3—单向阀；4—双向液压马达；5—制动器液压缸；6—单向节流阀

对于执行元件为液压马达的场合，若要求完全可靠的锁紧，常采用制动器。一般制动器都采用弹簧上闸制动、液压松闸的结构。制动器液压缸与工作油路相通，当系统有压力油时，制动器松开；当系统无压力油时，制动器在弹簧力作用下上闸锁紧。图7-32所示为一种简单制动器锁紧回路，制动器液压缸5为单作用缸，它与起升液压马达4的进油路相连接。采用这种连接方式，起升回路必须放在串联油路的最末端，即起升马达的回油直接通回油箱。若将该回路置于其它回路之前，则当其它回路工作而起升回路不工作时，起升马达的制动器也会被打开，因而容易发生事故。制动器回路中的单向节流阀6可以实现使制动时快速，松闸时滞后，以防止开始起升负载时因松闸过快而造成负载先下滑然后再上升的现象。

7.4　多执行元件控制回路

在液压系统中，如果由一个油源供给多个液压执行元件压力油时，这些执行元件会因压力和流量的彼此影响而在动作上相互牵制。因此，必须使用一些特殊的回路才能实现预定的动作要求。常见的有顺序动作、同步动作等回路。

7.4.1　顺序动作回路

顺序动作回路的功用是使液压系统中的多个执行元件严格地按规定的顺序动作。按控制方式不同，常用的顺序动作回路有压力控制和行程控制两类。

(1) 压力控制顺序动作回路

图 7-33 所示为使用顺序阀的压力控制顺序动作回路。为了使液压缸 1、2 按图中所示①②③④的顺序动作，当换向阀 5 切换至左位且单向顺序阀 4 的调定压力大于液压缸 1 的最大前进工作压力时，液压源的压力油先进入液压缸 1 的无杆腔，实现动作①；当液压缸 1 行至终点后，压力上升，压力油打开顺序阀 4 进入液压缸 2 的无杆腔，实现动作②；同样地，当换向阀切换至右位且单向顺序阀 3 的调定压力大于液压缸 2 的最大返回工作压力时，两液压缸按③和④的顺序返回。这种回路动作的可靠性取决于顺序阀的性能及其压力调定值，一般其调定压力应比前一个动作的压力高出 0.8～1.0MPa，否则顺序阀易在系统压力波动时造成误动作。除了用顺序阀外，也可用压力继电器与电磁换向阀配合构成压力控制顺序动作回路。

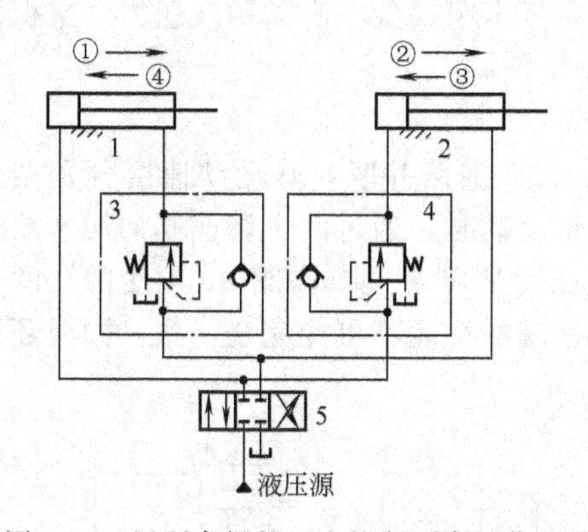

图 7-33　用顺序阀的压力控制顺序动作回路

1,2—液压缸；3,4—单向顺序阀；5—三位四通换向阀

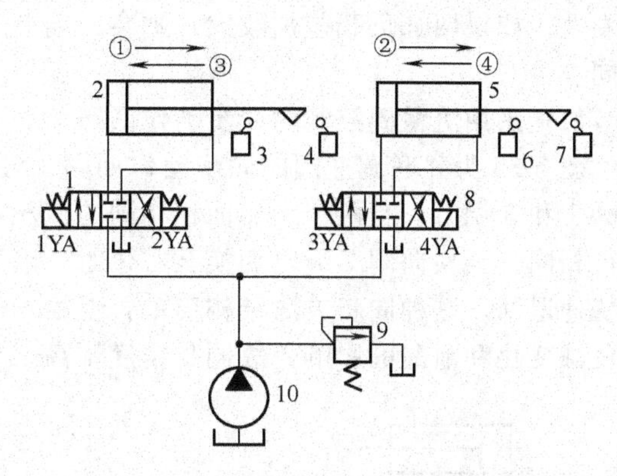

图 7-34　行程开关控制电磁换向阀的行程控制顺序动作回路

1,8—三位四通电磁换向阀；2,5—液压缸；3,4,6,7—行程开关；9—溢流阀；10—液压泵

(2) 行程控制顺序动作回路

图 7-34 所示为行程开关控制电磁换向阀的顺序动作回路。它以液压缸 2 和 5 的行程位置为依据实现图中所示①②③④的顺序动作。电磁换向阀 1 和 8 的通、断电主要由固定在液压缸活塞杆前端的挡块触动其行程上布置的电气开关（简称行程开关）来完成。当按下启动按钮，电磁铁 1YA 通电使换向阀 1 切换至左位时，液压缸 2 右行实现动作①；其后，缸 2 挡块触动行程开关 4 使电磁铁 3YA 通电，换向阀 8 切换至左位，液压缸 5 右行完成动作②；当缸 5 右行至触动行程开关 7 使电磁铁 2YA 通电，换向阀 1 切换至右位时，液压缸 5 返回，实现动作③；当缸 2 挡块触动行程开关 3 使电磁铁 4YA 通电，阀 8 切换至右位时，液压缸 5 返回，实现动作④，最后缸 5 的挡块触动行程开关 6，所有电磁铁均断电，液压缸 2 和 5 均

停止，完成一个工作循环。表 7-2 为回路的电磁铁动作顺序表。这种回路的可靠性主要取决于电气元件的质量，其优点是控制和变更液压缸的动作顺序方便灵活，多用于机床等顺序动作位置精度要求较高的液压系统。

表 7-2 行程控制顺序动作回路的电磁铁动作顺序表

信号来源	电磁铁状态			
	1YA	2YA	3YA	4YA
按下启动按钮	+	—	—	—
缸 2 挡块压下行程开关 4	—	—	+	—
缸 5 挡块压下行程开关 7	—	+	—	—
缸 2 挡块压下行程开关 3	—	—	—	+
缸 5 挡块压下行程开关 6	—	—	—	—

7.4.2 同步动作回路

同步动作回路的功用是保证系统中的两个或两个以上的液压执行元件在运动中的位移量相同或以相同的速度运动，同步精度是衡量同步运动优劣的指标。泄漏、摩擦阻力、制造误差、外负载以及油液中的含气量等因素都会影响同步精度。为此，同步动作回路要尽量克服或减少这些因素的影响，有时要采取补偿措施，清除累积误差。用刚性构件、齿轮齿条或连杆机构使两液压缸活塞杆建立刚性联系，可以实现位移同步，同步精度取决于机构的刚性。如果两缸负载差别较大，则会因偏差造成活塞杆卡阻现象，尚需用液压方法来保证其同步。

(1) 采用流量阀控制的同步动作回路

图 7-35 为并联调速阀的同步动作回路。液压缸 5 和 6 油路并联，其运动速度分别用调速阀 1 和 3 调节。当两个工作面积相同的液压缸作同步运动时，通过两个调速阀的流量要调节得相同。当换向阀 7 通电切换至右位时，液压源的压力油可通过单向阀 2、4 使两缸的活塞快速退回。这种同步方法结构简单，但由于两个调速阀的性能不可能完全一致，同时还受到负载变化和泄漏的影响，故同步精度不高。

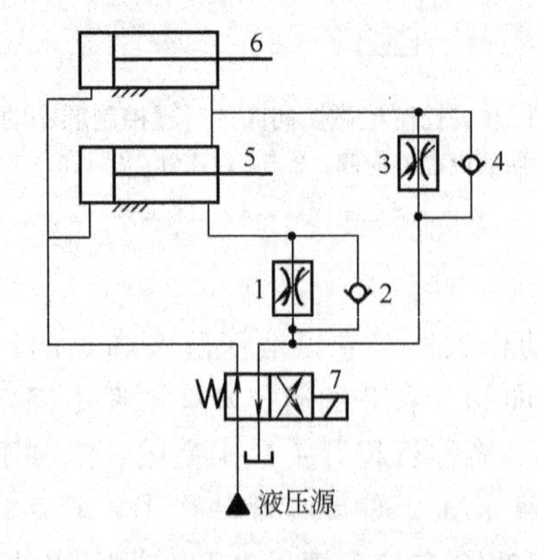

图 7-35 并联调速阀的同步动作回路

1,3—调速阀；2,4—单向阀；5,6—液压缸；7—二位四通电磁换向阀

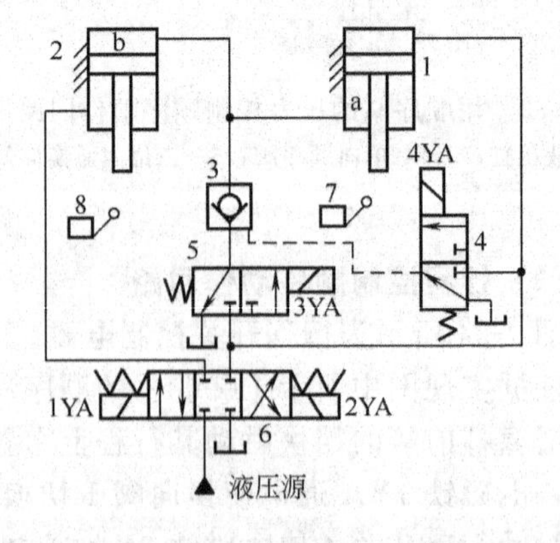

图 7-36 带补正装置的串联液压缸同步动作回路

1,2—液压缸；3—液控单向阀；4,5—二位三通电磁换向阀；6—三位四通电磁换向阀；7,8—行程开关；a,b—油腔

(2) 带补正装置的串联液压缸同步动作回路

图7-36为带补正装置的串联液压缸同步动作回路。回路中液压缸1有杆腔a的有效面积与液压缸2无杆腔b的有效面积设计为相等，因而从a腔排出的油液进入b腔后，两液压缸便同步下降。为了避免误差的积累，回路中的补正装置可使同步误差在每一次下行运动中都得到消除。其原理为：当三位四通电磁换向阀6切换至右位时，两液压缸活塞同时下行，若液压缸1的活塞先运动到端点，它就触动行程开关7，使电磁铁3YA通电，阀5切换至右位，液压源的压力油经阀5和液控单向阀3向液压缸2的b腔补油，推动活塞继续运动到端点，误差即被清除。若液压缸2先运动到端点，则触动行程开关8使电磁铁4YA通电，阀4切换至上位，控制压力油反向导通液控单向阀3，使液压缸1的a腔通过液控单向阀3回油，其活塞即可继续运动到端点。这种串联式同步回路只适用于负载较小的液压系统。

7.4.3 多缸动作互不干扰回路

多缸动作互不干扰回路的功用是使几个液压执行元件在完成各自工作循环时彼此互不影响。图7-37所示为多缸动作互不干扰回路，液压缸11、12分别要完成的自动工作循环为快速前进→工作进给→快速退回。高压小流量泵1和低压大流量泵2的压力分别由溢流阀3和4设定（调定压力$p_3>p_4$）。开始工作时，电磁铁1YA、2YA同时通电使二位四通电磁换向阀9、10切换至右位，泵2的压力油经单向阀6、8及电磁阀9、10进入液压缸11、12的无杆腔，使两缸快速向右运动。如果某一缸（例如缸11）的先到达要求位置，则其挡块压下机动换向阀15，使缸11转换为工作进给，由于单向阀6在压差作用下关闭，仅有液压泵1的压力油经调速阀5和电磁阀9进入缸11，液压缸12仍可以继续快速前进。当两缸都转换为工作进给后，仅泵1向两缸供油。如果某一缸（例如缸11）先完成工作进给，其挡块压下行程开关16，使电磁铁1YA断电，此时泵2的压力油可经单向阀6、电磁阀9和单向阀13进入缸11有杆腔，使该缸快速向左退回（双泵供油），缸12仍单独由泵1供油，继续进行工作进给。在这个回路中调速阀5、7调节的流量大于调速阀14、18调节的流量，这样两缸工作进给的速度分别由调速阀14、18决定。

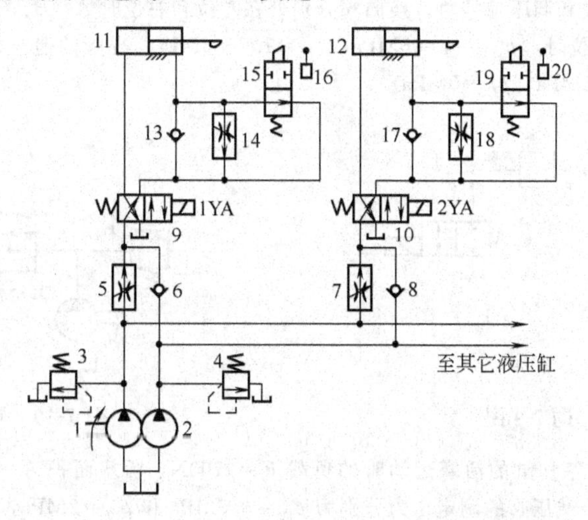

图7-37 多缸动作互不干扰回路

1—高压小流量泵；2—低压大流量泵；3,4—溢流阀；5,7,14,18—调速阀；6,8,13,17—单向阀；9,10—二位四通电磁换向阀；11,12—液压缸；15,19—二位二通机动换向阀；16,20—行程开关

思考题与习题

7-1 分述串联节流调速回路和并联节流调速回路的特点。

7-2 何为差动快速回路？差动回路的供油压力如何计算？

7-3 如何利用行程阀实现快、慢速的换接？

7-4 卸荷回路有何功用？试绘出两种卸荷回路。

7-5 在压力控制的顺序动作回路中，一般应将顺序阀安放在哪个位置？

7-6 试分析推导图 7-1(b) 所示的回油节流调速回路的速度负载特性方程。

7-7 已知图 7-1(a) 所示的进油节流调速回路和图 7-4 所示的并联节流调速回路中，液压泵的流量 $q_P=1.0\times10^{-3}\,m^3/s$，溢流阀调定压力 $p_P=2.4MPa$（假设无压力超调），液压缸无杆腔面积 $A_1=0.05m^2$，外负载 $F=10kN$，薄壁孔口式节流阀的开口面积为 $A_T=0.08\times10^{-4}\,m^2$，流量系数 $C_d=0.62$，油液密度 $\rho=870kg/m^3$，试求：①活塞的运动速度；②溢流阀的溢流量；③回路的功率损失；④回路的效率。并对计算结果进行分析。（答：进油节流调速回路，①$7\times10^{-3}\,m/s$；②$0.65\times10^{-3}\,m^3/s$；③2.33kW；④2.9%。并联节流调速回路，①$19.8\times10^{-3}\,m/s$；②$0m^3/s$；③2W；④99%。进油节流调速回路效率很低的原因是由于回路存在溢流和节流这两部分功率损失）

7-8 在图 7-38 所示的液压马达速度控制回路中，已知液压泵的排量 $V_P=105mL/r$，转速 $n_P=1000r/min$，容积效率 $\eta_{PV}=0.95$，溢流阀的调定压力 $p_y=7MPa$；液压马达的排量 $V_M=160mL/r$，容积效率 $\eta_{MV}=0.95$，机械效率 $\eta_{Mm}=0.8$，负载转矩 $T=16N\cdot m$，节流阀的开口面积 $A_T=0.2cm^2$，薄壁孔口式节流阀的流量系数 $C_d=0.62$，油密度 $\rho=900kg/m^3$，不计其它损失，试计算：①通过节流阀的流量和液压马达的转速、输出功率和回路效率；②若将溢流阀的调定压力调高到 $p_y=8.5MPa$，其它条件不变，回路效率将为多大？［答：①$14.57\times10^{-4}\,m^3/s$；519r/min；0.869kW；0.098；②0.081］

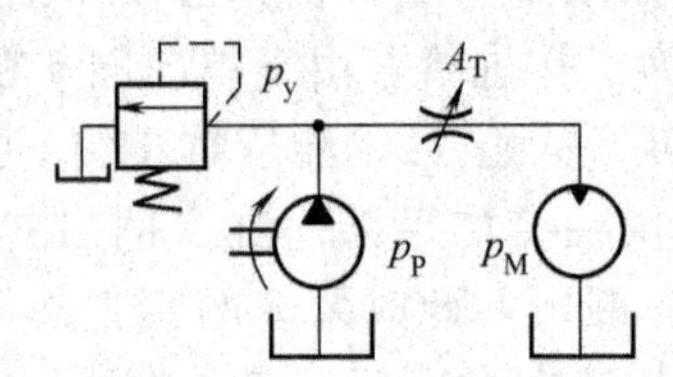

图 7-38 题 7-8 图

7-9 图 7-39 所示回路中，两溢流阀的调定压力分别为 $p_1=6MPa$，$p_2=4.5MPa$。系统的负载阻力无限大，试问在不计管道损失和调压偏差时，换向阀分别处在左位和右位时 A、B、C 三点处的压力各为多少？（答：换向阀处在左位时，$p_A=p_B=6MPa$，$p_C=1.5\sim6MPa$，视阀的泄漏情况而定；换向阀处在右位时，$p_A=p_B=4.5MPa$，$p_C=0MPa$）

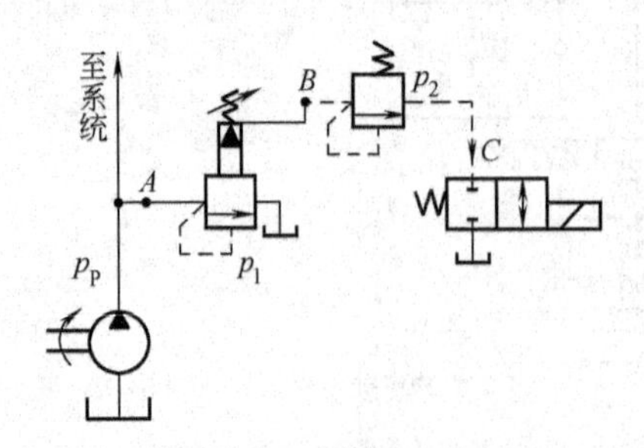

图 7-39 题 7-9 图

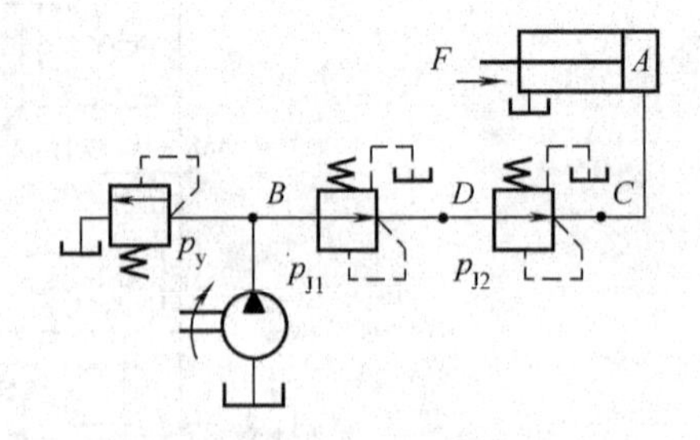

图 7-40 题 7-10 图

7-10 图 7-40 所示回路，液压缸的活塞运动时的负载 $F=1200N$，活塞面积 $A=15cm^2$，溢流阀调定压力 $p_y=4.5MPa$，两个减压阀的调定压力分别为 $p_{J1}=3.5MPa$ 和 $p_{J2}=2MPa$，忽略压力油流过减压阀及管路时的损失，试确定液压缸活塞在运动时和停止在终端位置时，B、C、D 三点的压力值。（答：运动时，$p_B=p_C=p_D=0.8MPa$；停止在终端位置时，$p_D=3.5MPa$，$p_B=4.5MPa$，$p_C=2MPa$）

7-11 试对图 7-21(b) 和图 7-22 所示的卸荷回路中的二位二通电磁换向阀的作用和流量规格异同进行

比较。

7-12　如图 7-24(a) 所示的平衡回路中，若液压缸无杆腔面积为 $A_1=80\text{cm}^2$；有杆腔面积 $A_2=40\text{cm}^2$，活塞与运动部件自重 $W=6\text{kN}$，运动时活塞上的摩擦力为 $F_f=2\text{kN}$，向下运动时要克服负载阻力为 $F=24\text{kN}$，试分析计算顺序阀和液压源中溢流阀的最小调整压力应各为多少？（答：1MPa；3MPa）

7-13　试分析图 7-41 所示液压回路的工作原理并列写电磁铁动作顺序表。

7-14　图 7-42 所示为实现“快进→工进 1→工进 2→快退→停止”循环的液压回路，工进 1 速度比工进 2 快。试分析回路的工作原理并列写电磁铁动作顺序表。

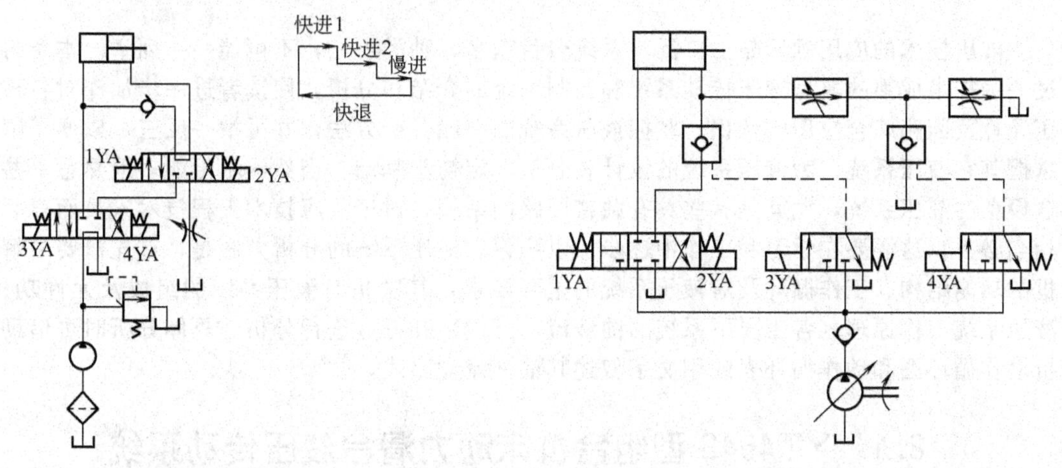

图 7-41　题 7-13 图　　　　图 7-42　题 7-14 图

7-15　采用单泵供油两个单杆液压缸均采用二位四通电磁换向阀和行程开关控制，要求的动作顺序为缸 1 向左→缸 2 向左→缸 1 向右→缸 2 向右→两缸停止（液压泵卸荷）。试绘制液压回路图并列写电磁铁动作顺序表。

7-16　欲要求一液压缸实现快进→工进→快退的半自动工作循环，试分别绘制采用单定量泵、高低压双泵和限压式变量泵供油的液压回路图。

第 8 章　典型液压系统分析

液压技术的应用领域颇为广泛，系统名目繁多，种类纷纭，不可能一一列举。本章将通过一些技术成熟的典型液压传动系统和控制系统的介绍和分析，使读者进一步加深对各种液压元件及回路综合应用的认识，掌握液压系统的一般分析方法，并可举一反三，以便了解和掌握其它液压系统，为液压系统的设计和分析奠定初步基础。当然，尽可能多地熟悉一些机器设备的液压系统，尤其是有些具有独特回路的系统，对于液压技术工程技术人员而言无疑相当必要，这需要在学习和工作中逐步加以积累。液压系统的分析方法是，首先概要了解主机的功能结构、工作循环及对液压系统的主要要求，其次是对液压系统的组成及元件功用、液压系统工作原理（各工况下系统的油液流动路线）和特点进行分析。具体分析时可借助主机动作循环图和动作循环表或用文字叙述其油液流动路线。

8.1　YT4543 型组合机床动力滑台液压传动系统

8.1.1　主机功能结构

组合机床是一种工序集中的高效专用机床，它由通用部件和部分专用部件组成，动力滑台则属于实现进给运动的一种通用部件。图 8-1 所示为组合机床的一种典型配置，它主要由床身 1、滑座 2、动力滑台 3、动力头 4、主轴箱 5、刀具 6、夹具 8 等构成。动力滑台配以不同的动力头、主轴箱和刀具，即可完成各类孔的钻、镗、铰加工和端面铣削加工等工序。动力滑台由安装在滑座上的液压缸的缸筒（活塞杆固定）驱动，夹具的动作可由人工、机械或液压完成。

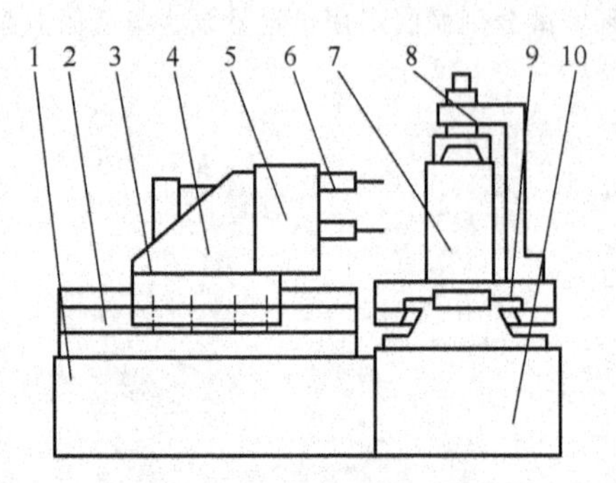

图 8-1　组合机床的典型配置
1—床身；2—滑座；3—动力滑台；4—动力头；5—主轴箱；6—刀具；7—工件；8—夹具；9—工作台；10—中间底座

动力滑台的主要负载是切削力、摩擦力和启、停过程中的惯性力，滑台的快速进、退速度大致相等。动力滑台的行程范围及各工况行程可以通过安装在滑台侧面的活动挡块（图中未画出）予以保证和调节，滑台进、退的行程上布有电气行程开关和死挡块。死挡块用于加工过程中滑台在此处的停留，以保证孔深精度或被加工表面不产生刀痕（如加工盲孔及刮端面等），死挡块处的停留时间可用延时继电器实现。在电气和机械装置的配合下可以完成刀具的进给运动，根据不同的加工需要可以实现多种进给速度的自动工作循环。组合机床动力滑台的液压传动系统是以速度变换和控制为主的系统。

本节介绍的 YT4543 型液压动力滑台，其结构及工况参数为：滑台台面的长、宽分别为 800mm 和 450mm，液压缸内径 125mm，最大行程 800mm，最大进给力 45kN，最大快进速度 7.3m/min，进给速度范围 6.6～660mm/min。

8.1.2　液压系统分析及特点

(1) 系统组成及元件功用

YT4543 型动力滑台液压系统如图 8-2 所示（左上侧为液压缸的工作循环图），系统在机械和电气的配合下，能够实现的自动工作循环为：快进→一工进→二工进→死挡铁停留→快退→原位停止。系统的油源为限压式变量叶片泵 1，它与串联的调速阀 7、8 和背压阀 3 组成容积节流（进口）调速回路。单杆液压缸 13 为差动连接，以实现快速运动，缸的运动方向变换由三位四通电磁换向阀（先导阀）6-1 和三位五通液动换向阀（主阀）6-2 组成的电液换向阀控制；二位二通机动换向阀（行程阀）11 和二位二通电磁换向阀 12 用于液压缸的快、慢速换接；阀 6-1 的 M 形中位机能用于停止时的卸荷。快进与工进由远控顺序阀 4 控制，阀 4 的设定压力低于工进时的系统压力而高于快进时的系统压力。压力继电器 9 用于死挡铁停留开始时的发信。系统中有三个单向阀，单向阀 2 用于保护液压泵免受液压冲击，同时用于保证系统卸荷时电液换向阀的先导控制油路保持一定的控制压力，以确保换向动作的实现；单向阀 5 用于工进时进油路和回油路的隔离；单向阀 10 用于提供快退回油。表 8-1 是系统的动作循环表。

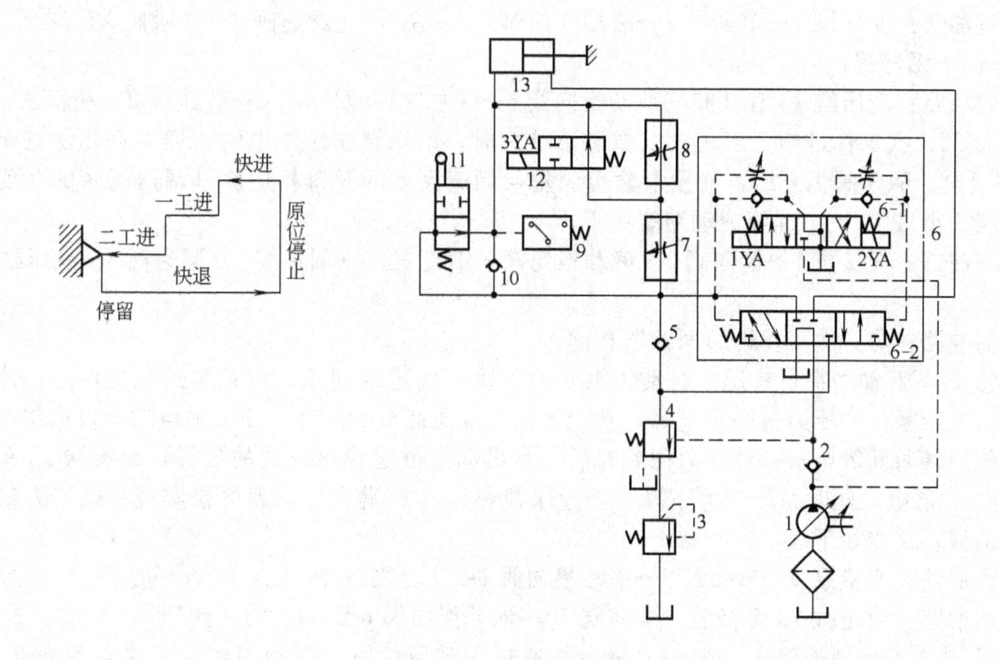

图 8-2　动力滑台液压系统图

1—限压式变量叶片泵；2,5,10—单向阀；3—背压阀；4—远控顺序阀；
6-1—三位四通电磁换向阀（先导阀）；6-2—三位五通液动换向阀（主阀）；
7,8—调速阀；9—压力继电器；11—行程阀；12—二位二通电磁换向阀；13—单杆液压缸

(2) 系统工作原理

① 动力滑台快进　按下启动按钮，电磁铁 1YA 通电，在先导压力油的作用下液动换向阀 6-2 切换至左位。由于滑台快进时负载较小，系统压力不高，故顺序阀 4 关闭，变量泵 1 输出最大流量。此时，液压缸 13 为差动连接，动力滑台快进。系统中主油路的油液流动路线如下。

进油路：变量泵 1→单向阀 2→液动换向阀 6-2（左位）→行程阀 11（下位）→液压缸 13 无杆腔。

表 8-1 动力滑台液压系统的动作循环表

<table>
<tr><th rowspan="2">工况</th><th rowspan="2">信号来源</th><th colspan="5">液压元件工作状态</th></tr>
<tr><th>顺序阀 4</th><th>先导阀 6-1</th><th>主换向阀 6-2</th><th>电磁阀 12</th><th>行程阀 11</th></tr>
<tr><td>快进</td><td>启动，电磁铁 1YA 通电</td><td>关闭</td><td rowspan="4">左位</td><td rowspan="4">左位</td><td rowspan="2">右位</td><td>下位</td></tr>
<tr><td>一工进</td><td>挡块压下二位二通机动换向阀 11</td><td rowspan="3">打开</td><td rowspan="3">上位</td></tr>
<tr><td>二工进</td><td>挡块压下行程开关，电磁铁 3YA 通电</td><td rowspan="2">左位</td></tr>
<tr><td>停留</td><td>滑台靠在死挡块上</td></tr>
<tr><td>快退</td><td>压力继电器 9 发信，电磁铁 1YA 断电，2YA 通电</td><td rowspan="2">关闭</td><td>右位</td><td>右位</td><td rowspan="2">右位</td><td rowspan="2">下位</td></tr>
<tr><td>停止</td><td>挡块压下终点开关，电磁铁 2YA 和 3YA 都断电</td><td>中位</td><td>中位</td></tr>
</table>

回油路：液压缸 13 有杆腔→液动换向阀 6-2（左位）→单向阀 5→行程阀 11（下位）→液压缸 13 无杆腔。

② 第一次工作进给　当滑台快速前进到预定位置时，滑台上的活动挡块压下行程阀 11。此时系统压力升高，在顺序阀打开的同时，限压式变量泵自动减小其输出流量，以便与调速阀 7 的开口相适应。系统中油液流动路线如下。

进油路：变量泵 1→单向阀 2→液动换向阀 6-2（左位）→调速阀 7→电磁阀 12（右位）→液压缸 13 无杆腔。

回油路：液压缸 13 有杆腔→液动换向阀 6-2（左位）→顺序阀 4→背压阀 3→油箱。

③ 第二次工作进给　当一次工作进给结束时，活动挡块压下电气行程开关，使电磁铁 3YA 通电。顺序阀仍开启，变量泵输出流量与调速阀 8 的开口相适应（调速阀 8 的开度比调速阀 7 小）。系统中油液流动路线如下。

进油路：变量泵 1→单向阀 2→液动换向阀 6-2（左位）→调速阀 7→调速阀 8→液压缸 13 无杆腔。

回油路：与一次工作进给回油路相同。

④ 停留及动力滑台快退　在动力滑台第二次工作进给到预定位置碰到死挡块后，停止前进，液压系统的压力进一步升高，在变量泵 1 保压卸荷的同时，压力继电器 9 发信接通电气系统中的时间继电器，停留时间到时后，给出动力滑台快速退回的信号，电磁铁 1YA 断电，2YA 通电，此时系统压力下降，变量泵流量又自动增大，动力滑台实现快退。系统中油液的流动路线如下。

进油路：变量泵 1→单向阀 2→液动换向阀 6-2（右位）→液压缸 13 有杆腔。

回油路：液压缸 13 无杆腔→单向阀 10→液动换向阀 6-2（右位）→油箱。

⑤ 动力滑台原位停止　当动力滑台快速退回到原位时，活动挡块压下终点行程开关，使电磁铁 1YA～3YA 均断电，此时换向阀 6 处于中位，液压缸 13 两腔封闭，滑台停止运动，变量泵 1 卸荷。

（3）系统特点

① 采用了“限压式变量叶片泵-调速阀-背压阀”式的容积节流（进口）调速回路，能保证稳定的进给速度、较好的速度刚性和较大的调速范围。

② 系统采用了限压式变量泵和差动连接液压缸来实现快进，功率利用比较合理。滑台停止运动时，换向阀使液压泵在低压下卸荷，减少了能量损耗和发热。

③ 采用机动阀和顺序阀实现快进与工进换接，不仅简化了油路，而且使动作可靠，换接精度高。至于两个工进之间的换接则由于两者速度都较低，采用电磁阀完全能保证换接精度。

8.2　YA32-200 型四柱万能液压机液压传动系统

8.2.1　主机功能结构

液压机是用来对金属、木材、塑料等材料进行压力加工的机械设备，其中四柱式的液压机应用最广。如图 8-3(a) 所示，四柱式液压机的机身由横梁、工作台及四根立柱构成。滑块由置于中空横梁内的主液压缸驱动，顶出机构由置于工作台下的顶出液压缸驱动，其典型工作循环如图 8-3(b) 所示（在做薄板拉伸时，还需要利用顶出液压缸将坯料压紧，此时顶出液压缸下腔需保持一定的压力并随主缸一起下行）。液压机的液压传动系统是以压力变换与控制为主的系统。

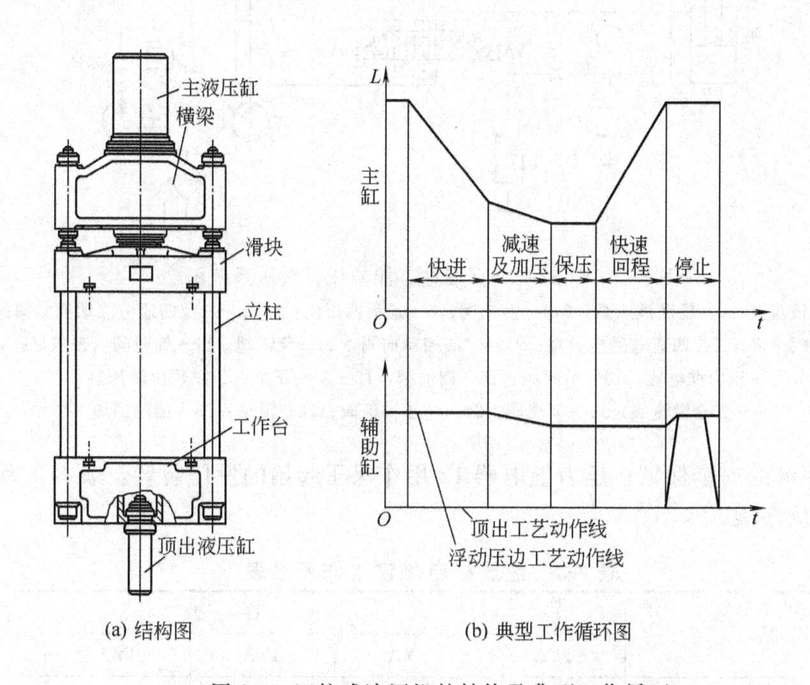

(a) 结构图　(b) 典型工作循环图

图 8-3　四柱式液压机的结构及典型工作循环

本节介绍的 YA32-200 型四柱万能液压机，其主液压缸最大压制力为 2MN。

8.2.2　液压系统分析及特点

(1) 系统组成和元件作用

YA32-200 型四柱万能液压机的液压系统原理图如图 8-4 所示，系统的油源为主液压泵 1 和辅助液压泵 2。主泵为高压大流量压力补偿式恒功率变量泵，最高工作压力为 32MPa，由远程调压阀 5 设定；辅泵为低压小流量定量泵，主要用作电液动换向阀 6 及 21 的控制油源，其工作压力由溢流阀 3 设定。系统的两个执行元件为主液压缸 16 和顶出液压缸 17，两液压缸的换向分别由电液动换向阀 6 和 21 控制；带卸荷阀芯的液控单向阀 14 用作充液阀，在主缸 16 快速下行时开启使副油箱向主缸充液；液控单向阀 9 用于主缸 16 快速下行通路和快速回程通路；背压阀 10 为液压缸慢速下行时提供背压；单向阀 13 用于主缸 16 的保压；阀 11 为带阻尼孔的卸荷阀，用于主缸保压结束后换向前主泵 1 的卸荷；节流阀 19 及背压溢流阀 20 用于浮动压边工艺过程时，保持顶出缸下腔所需的压边力；安全溢流阀 18 用于节流

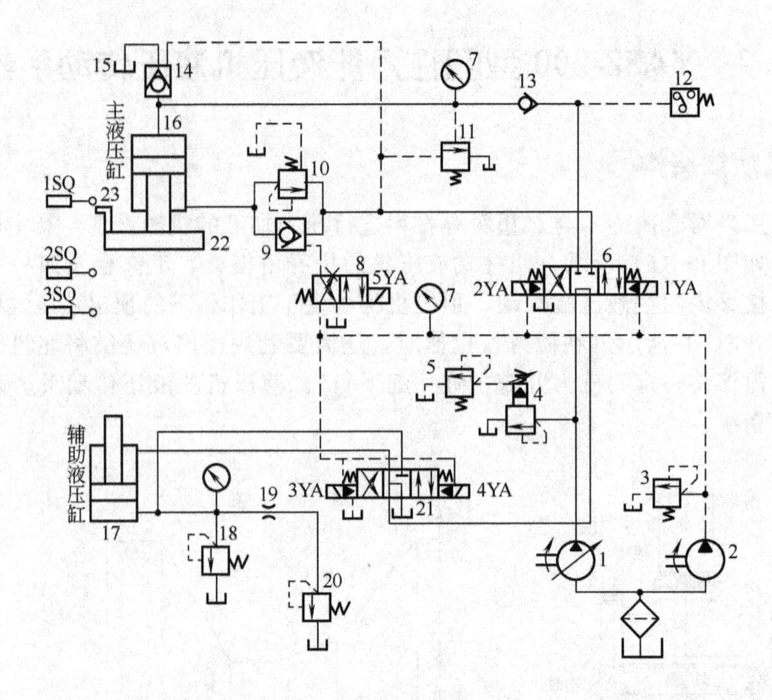

图 8-4 YA32-200 型四柱万能液压机液压系统图

1—主液压泵；2—辅助液压泵；3,4—溢流阀；5—远程调压阀；6,21—三位四通电液动换向阀；7—压力表；8—二位四通电磁换向阀；9,14—液控单向阀；10—背压阀；11—卸荷阀（带阻尼孔）；12—压力继电器；13—单向阀；15—副油箱；16—主液压缸；17—顶出液压缸；18—安全溢流阀；19—节流阀；20—背压溢流阀；22—滑块；23—活动挡块

阀 19 阻塞时系统的安全保护；压力继电器 12 用作保压起始的发信装置。表 8-2 为该液压机的电磁铁动作顺序表。

表 8-2 液压机电磁铁动作顺序表

工况		电磁铁				
		1YA	2YA	3YA	4YA	5YA
主液压缸	快速下行	+	−	−	−	+
	慢速加压	+	−	−	−	−
	保压	−	−	−	−	−
	泄压回程	−	+	−	−	−
	停止	−	−	−	−	−
顶出液压缸	顶出	−	−	+	−	−
	退回	−	−	−	+	−
	压边	+	−	−	−	−

(2) 工作原理

① 主缸及滑块

a. 快速下行　按下启动按钮，电磁铁 1YA、5YA 通电使电液动换向阀 6 切换至右位，电磁换向阀 8 切换至右位，辅泵 2 的控制压力油经阀 8 将液控单向阀 9 打开。此时，主油路的流动路线如下。

进油路：主泵 1→经换向阀 6（右位）→单向阀 13→主缸 16 无杆腔。

回油路：主缸 16 有杆腔→液控单向阀 9→换向阀 6（右位）→换向阀 21 中位→油箱。此时，主缸及滑块 22 在自重作用下快速下降。但由于泵 1 的流量不足以补充主缸因快速下降而上腔空出的容积，因而置于液压机顶部的副油箱 15 中的油液在大气压及液位高度作用下，经带卸荷阀芯的液控单向阀 14 进入主缸 16 无杆腔。

b. 慢速接近工件、加压　当滑块 22 上的活动挡块 23 压下行程开关 2SQ 时，电磁铁 5YA 断电使换向阀 8 复至左位，液控单向阀 9 关闭。此时主缸无杆腔压力升高，阀 14 关闭，且主泵 1 的排量自动减小，主缸转为慢速接进工件和加压阶段。系统的油液流动路线如下。

进油路：同快速下行。

回油路：主缸有杆腔→背压（平衡）阀 10→换向阀 6（右位）→换向阀 21（中位）→油箱。

从而使滑块慢速接近工件，当滑块 22 接触工件后，阻力急剧增加，主缸无杆腔压力进一步提高，主泵 1 的排量自动减小，主缸驱动滑块以极慢的速度对工件加压。

c. 保压　当主缸上腔的压力达到设定值时，压力继电器 12 发信，使电磁铁 1YA 断电，电液动换向阀 6 复至中位，主缸上、下油腔封闭，系统保压。单向阀 13 保证了主缸上腔良好的密封性，主缸上腔保持高压。保压时间可由压力继电器 12 控制的时间继电器（图中未画出）调整。保压阶段，除了液压泵低压卸荷外，系统中无油液流动。油液流动路线如下。

主泵 1→换向阀 6（中位）→换向阀 21（中位）→油箱

d. 泄压、快速回程　保压过程结束时，时间继电器发信，使电磁铁 2YA 通电（定程压制成形时，可由行程开关 3SQ 发信），换向阀 6 切换至左位，主缸进入回程阶段。如果此时主缸上腔立即与回油相通，保压阶段缸内液体积蓄的能量突然释放将产生液压冲击，引起振动和噪声。因此，系统保压后必须先泄压，然后回程。

当换向阀 6 切换至左位后，主缸上腔还未泄压，压力很高，带阻尼孔的卸荷阀 11 呈开启状态，因此有

主泵 1→换向阀 6（左位）→阀 11→油箱

此时主泵 1 在低压下运行，此压力不足以打开液控单向阀 14 的主阀芯，但能打开阀其内部的卸荷小阀芯（参见第 5 章有关内容），主缸上腔的高压油经此卸荷小阀芯的开口泄回副油箱 15，压力逐渐降低（泄压）。泄压过程持续至主缸上腔压力降到使卸荷阀 11 关闭时为止。泄压结束后，主泵 1 的供油压力升高，顶开阀 14 的主阀芯。此时系统的油液流动路线如下。

进油路：主泵 1→换向阀 6（左位）→液控单向阀 9→主缸有杆腔。

回油路：主缸无杆腔→阀 14→副油箱 15。

主缸驱动滑块快速回程。

e. 停止　当滑块上的挡块 23 压下行程开关 1SQ 时，电磁铁 2YA 断电使换向阀 6 复至中位，主缸活塞被该阀的 M 形机能的中位锁紧而停止运动，回程结束。此时主液压泵 1 又处于卸荷状态（油液流动同保压阶段）。

② 顶出缸　主缸和顶出缸的运动应实现互锁。当电液动换向阀 6 处于中位时，压力油经过电液动换向阀 6 中位进入控制顶出缸 17 运动的电液动换向阀 21。

a. 顶出　按下顶出按钮，电磁铁 3YA 通电，换向阀 21 切换至左位，系统的油液流动路线如下。

进油路：主泵 1→换向阀 6（中位）→换向阀 21（左位）→顶出缸 17 无杆腔。

回油路：顶出缸 17 有杆腔→换向阀 21（左位）→油箱。

活塞上升，将工件顶出。

b. 退回　电磁铁 3YA 断电，4YA 通电时，油路换向，顶出缸的活塞下降，此时油液

流动路线如下。

进油路：主泵 1→换向阀 6（中位)→换向阀 21（右位)→顶出缸 17 有杆腔。

回油路：顶出缸 17 无杆腔→换向阀 21（右位)→油箱。

c. 浮动压边　做薄板拉伸压边时，要求顶出缸既保持一定压力，又能随主缸滑块的下压而下降。这时电磁铁 3YA 通电，换向阀 21 切换至左位，这时的油液流动路线与顶出时相同，从而顶出缸上升到顶住被拉伸的工件；然后电磁铁 3YA 断电，顶出缸无杆腔的油液被阀 21 封住。主缸滑块下压时，顶出缸活塞被迫随之下行，从而有

顶出缸无杆腔→节流阀19→背压阀 20→油箱

(3) 系统特点

① 采用高压、大流量恒功率变量泵供油，既符合工艺要求，又节省能量。

② 依靠活塞滑块自重的作用实现快速下行，并通过充液阀对主缸充液。快速运动回路结构简单，使用元件较少。

③ 采用普通单向阀保压。为了减少由保压转换为“快速回程”时的液压冲击，系统采用了由卸荷阀和带卸荷小阀芯的充液阀组成的泄压回路。

④ 顶出缸与主缸运动互锁。只有换向阀 6 处于中位主液压缸不运动时，压力油才能经阀 21 使顶出缸运动。

8.3　JS01 型工业机械手液压传动系统

8.3.1　主机功能结构

机械手是模仿人的手部动作，按给定的程序、轨迹和要求实现自动抓取、搬运和操作的自动化装置，特别适合在高温、高压、易燃、易爆、多粉尘、放射性等恶劣环境以及笨重、单调、频繁的操作中代替人进行作业，应用范围相当广泛。

本节介绍的 JS01 型工业机械手为圆柱坐标式、全液压驱动机械手，具有手臂升降、伸缩、回转和手腕回转四个自由度。执行机构由手部、手腕、手臂伸缩机构、手臂升降机构、手臂回转机构和回转定位装置等部分组成，除手臂回转和手腕回转机构采用摆动液压马达驱动外，其余部分均采用液压缸驱动。该机械手完成的动作循环为：插定位销→手臂前伸→手指张开→手指夹紧抓料→手臂上升→手臂缩回→手腕回转 180°→拔定位销→手臂回转 95°→插定位销→手臂前伸→手臂中停（此时主机夹头下降夹料)→手指张开（此时主机夹头夹着料上升)→手指闭合→手臂缩回→手臂下降→手腕回转复位（反转)→拔定位销→手臂回转复位→待料，液压泵卸荷。

8.3.2　液压系统分析及特点

(1) 系统组成及元件功用

机械手的液压系统原理图如图 8-5 所示。系统的油源为双联液压泵 1、2，泵的额定压力为 6.3MPa，流量为 (35＋18)L/min。泵 1 和 2 的压力 p_1、p_2 设定，待料期间的卸荷控制分别由电磁溢流阀 3 和 4 实现。减压阀 8 用于设定定位缸与控制油路所需的较低压力 p_3 (1.5～1.8MPa)，压力 p_1、p_2 及 p_3 可通过压力表 28 及其开关 27 观测和显示。单向阀 5 和 6 分别用于保护泵 1 和 2。

手臂升降缸 29 和手臂伸缩缸 30 为带缓冲的单杆液压缸，缸 30 为杆固定，两缸的运动方向由三位四通电液动换向阀 10 和 14 控制；缸 29 立置，由单向顺序阀 12 平衡，以防自重

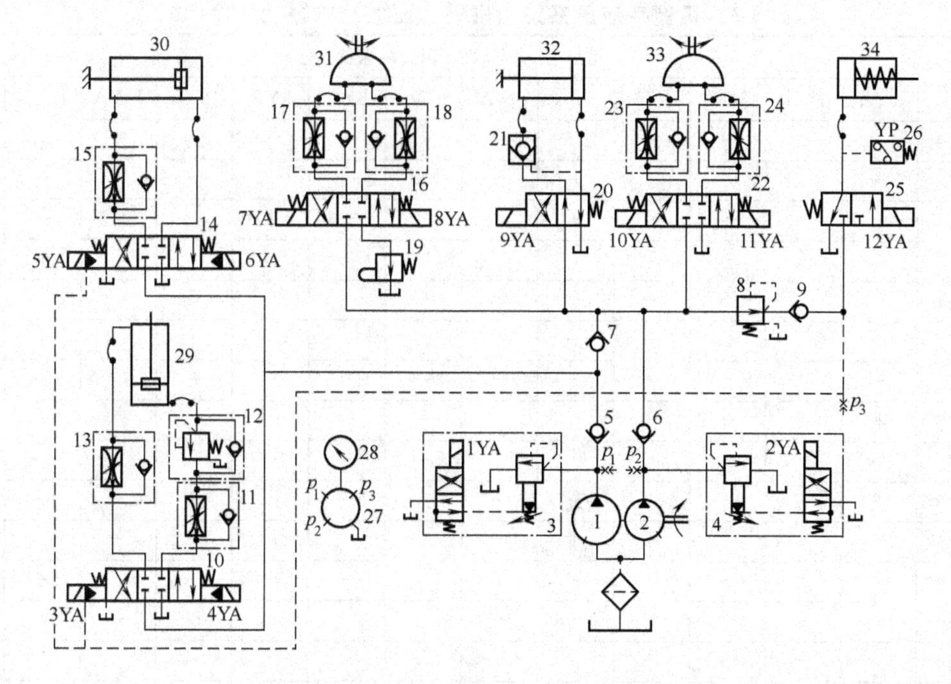

图 8-5 JS01 型工业机械手液压系统原理图

1,2—双联液压泵；3,4—电磁溢流阀；5,6,7,9—单向阀；8—减压阀；10,14—三位四通电液动换向阀；11,13,15,17,18,23,24—单向调速阀；12—单向顺序阀；16,22—三位四通电磁换向阀；19—行程节流阀；20—二位四通电磁换向阀；21—液控单向阀；25—二位三通电磁换向阀；26—压力继电器；27—压力表开关；28—压力表；29—手臂升降液压缸；30—手臂伸缩液压缸；31—手臂回转摆动液压马达；32—手指夹紧液压缸；33—手腕回转摆动液压马达；34—定位液压缸

下滑，单向调速阀 11 和 13 用于缸 29 的双向回油节流调速；单向调速阀 15 用于缸 30 伸出动作时的回油节流调速。手臂回转摆动液压马达 31 和手腕回转摆动液压马达 33 由三位四通电磁换向阀 16 和 22 控制，而单向调速阀 17、18 和 23、24 用于双向回油节流调速，行程节流阀 19 用于马达 31 的减速缓冲。手指夹紧缸 32 为杆固定，由二位四通电磁换向阀 20 控制其运动方向，液控单向阀 21 用于手指夹紧工件后的锁紧，以保证牢固夹紧工件而不受系统压力波动的影响。定位缸 34 为单作用液压缸，其运动方向由二位三通电磁换向阀 25 控制（拔销退回时由缸内有杆腔弹簧作用），压力继电器 26 用于定位后发信。单向阀 7 用于隔离大流量泵 1 与执行元件 31～34 回路的联系。

（2）工作原理

液压系统各执行元件的动作均由电控系统发信控制相应的电磁换向阀或电液动换向阀，按程序依次步进动作。

电磁铁动作顺序表如表 8-3 所列，由该表容易分析和了解液压系统在各工况下的油液流动路线。

（3）系统特点

① 采用双联泵组合供油（即手臂升降及伸缩动作两个泵同时供油，手臂及手腕回转、手指松紧及定位缸动作只有小流量泵 2 供油，大流量泵 1 自动卸荷），既提高了工效，又有利于节能。

② 需要调速的执行元件均采用回油节流调速方式，有利于提高执行元件的运动平稳性和散热。

表 8-3 机械手液压系统电磁铁、压力继电器动作顺序表

工　况	电磁铁、压力继电器												
	1YA	2YA	3YA	4YA	5YA	6YA	7YA	8YA	9YA	10YA	11YA	12YA	YP
插定位销	+	—	—	—	—	—	—	—	—	—	—	+	—/+
手臂前伸	—	—	—	—	+	—	—	—	—	—	—	+	+
手指张开	+	—	—	—	—	—	—	—	+	—	—	+	+
手指抓料	+	—	—	—	—	—	—	—	—	—	—	+	+
手臂上升	—	—	+	—	—	—	—	—	—	—	—	+	+
手臂缩回	—	—	—	—	—	+	—	—	—	—	—	+	+
手腕回转	+	—	—	—	—	—	—	—	—	+	—	+	+
拔定位销	+	—	—	—	—	—	—	—	—	—	—	—	—
手臂回转	+	—	—	—	—	—	+	—	—	—	—	—	—
插定位销	+	—	—	—	—	—	—	—	—	—	—	+	—/+
手臂前伸	—	—	—	—	+	—	—	—	—	—	—	+	+
手臂中停	—	—	—	—	—	—	—	—	—	—	—	+	+
手指张开	+	—	—	—	—	—	—	—	+	—	—	+	+
手指闭合	+	—	—	—	—	—	—	—	—	—	—	+	+
手臂缩回	—	—	—	—	—	+	—	—	—	—	—	+	+
手臂下降	—	—	—	+	—	—	—	—	—	—	—	+	+
手腕反转	+	—	—	—	—	—	—	—	—	—	+	+	+
拔定位销	+	—	—	—	—	—	—	—	—	—	—	—	—
手臂反转	+	—	—	—	—	—	—	+	—	—	—	—	—
待料卸荷	+	+	—	—	—	—	—	—	—	—	—	—	—

③ 执行机构的定位和缓冲是机械手工作平稳可靠的关键。从提高生产率来说，希望机械手正常工作速度越快越好，但工作速度越高，启动和停止时的惯性力就越大，振动和冲击就越大，这不仅会影响到机械手的定位精度，严重时还会损伤机件。因此为达到机械手的定位精度和运动平稳性的要求，一般在定位前要采取缓冲措施。该机械手手臂伸出、手腕回转由死挡铁定位保证精度。端点到达前发信号切断油路，滑行缓冲；手臂缩回和手臂上升由行程开关适时发信，提前切断油路滑行缓冲并定位。此外，手臂伸缩缸和升降缸采用了电液动换向阀换向，调节换向时间，亦增加缓冲效果。由于手臂的回转部分质量较大，转速较高，运动惯性矩较大，系统的手臂回转马达除采用单向调速阀回油节流调速外，还在回油路上安装有行程节流阀 19 进行减速缓冲，最后由定位缸插销定位，满足定位精度要求。

④ 采用单向顺序阀支承平衡手臂运动部件的自重；采用液控单向阀的锁紧回路，保证牢固地夹紧工件。

8.4 1m³ 履带式全液压单斗挖掘机液压传动系统

8.4.1 主机功能结构

单斗液压挖掘机是一种自行式土方工程机械，斗容量从 0.25～6.0m³ 不等，按行走机构不同，有履带式和轮胎式两类。履带式应用较多，其主要组成如图 8-6 所示。图中，铲斗 1、斗杆 2 和动臂 3 统称为工作机构，分别由相应液压缸 6、7、8 驱动；回转机构 4 和行走机构 5，由各自的液压马达（图中未绘出）驱动，整个机器的动力由柴油发动机提供。

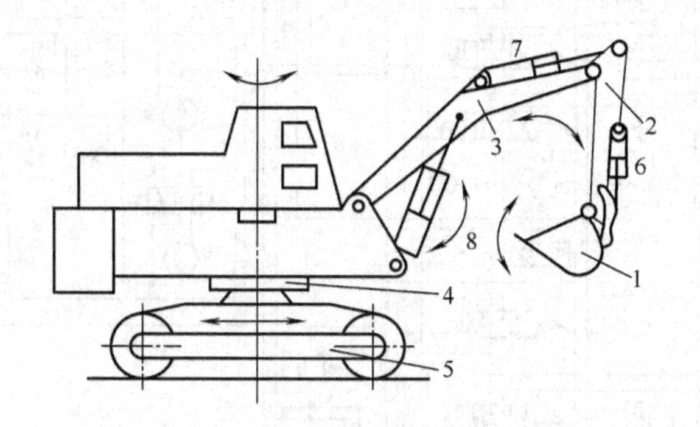

图 8-6 单斗液压挖掘机示意图

1—铲斗；2—斗杆；3—动臂；4—回转机构；5—行走机构；
6—铲斗液压缸；7—斗杆液压缸；8—动臂液压缸

挖掘机的工作循环是：铲斗切削土壤入斗，装满后提升回转到卸料点卸空，再回到挖掘位置并开始下次作业。其作业程序及其动作特性见表 8-4。此外，挖掘机还具有工作循环时间短（12～25s）的特点，并要求主要执行机构能实现复合动作。单斗挖掘机的液压系统是以多路换向为主的系统。

表 8-4 单斗挖掘机作业程序及其动作特性

作业程序		动作特性
顺序	部件动作	
挖掘	挖掘和铲斗回转 铲斗提升到回转位置	挖掘坚硬土壤以斗杆液压缸动作为主；挖掘松散土壤三个液压缸复合动作，以铲斗液压缸动作为主
提升、回转	铲斗提升 转台回转到卸料位置	铲斗液压缸推出，动臂抬起，满斗提升，回转马达使工作装置转至卸料位置
卸料	斗杆缩回 铲斗旋转卸载	铲斗液压缸缩回，斗杆液压缸动作，根据卸料高度，动臂液压缸配合动作
复位	转台回转 斗杆伸出，工作装置下降	回转机构将工作装置转到工作挖掘面，动臂和斗杆液压缸配合动作将铲斗降至地面

8.4.2 液压系统分析

(1) 系统组成

图 8-7 是国产 1m^3 履带式全液压单斗挖掘机的液压系统原理图，它是一个双泵双回路定量型系统，采用多路换向阀的串联油路、专用手动换向阀的合流方式。

系统的油源为由 110kW 发动机驱动的双联液压泵 1、2（额定压力 32MPa，额定流量 2×100L/min），泵 1、2 与两个多路换向阀组 Ⅰ、Ⅱ 及相关执行元件分别构成两个独立串联油路。双联液压泵、控制部分及各液压缸、回转马达 14（排量 2000cm^3）和发动机置于回转台上部。液压油经中心回转接头 9 进入下车系统驱动左、右行走马达（双排，排量 2×4000cm^3）工作。

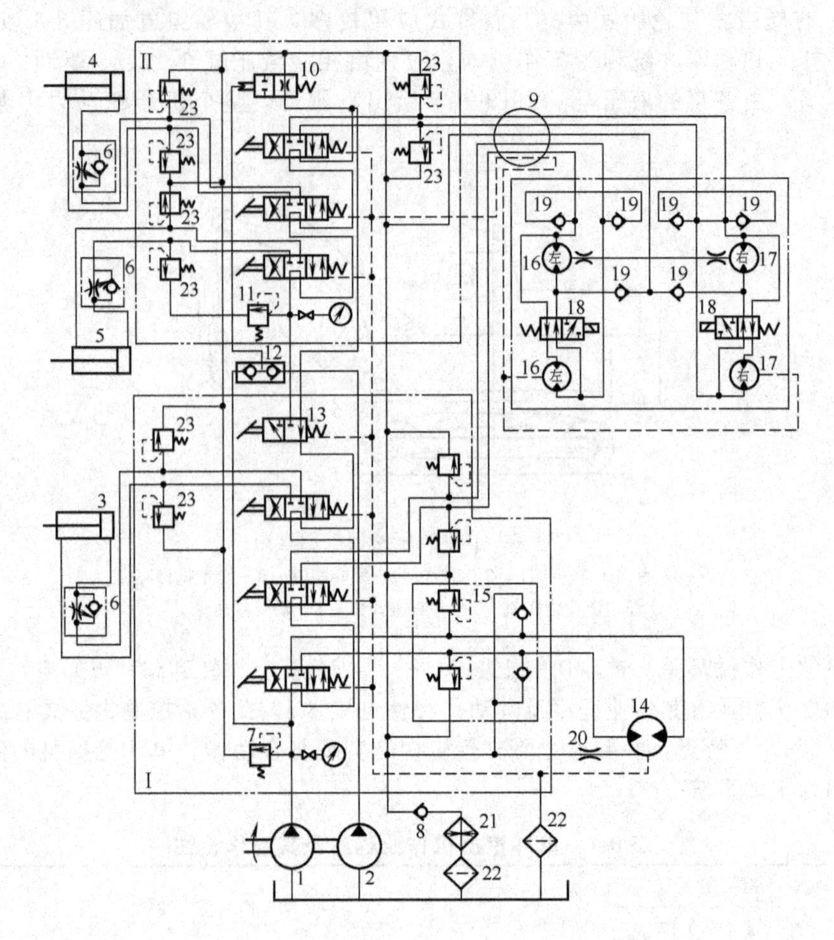

图 8-7 国产 $1m^3$ 履带式全液压单斗挖掘机液压系统原理图

1，2—双联液压泵；3—铲斗液压缸；4—斗杆液压缸；5—动臂液压缸；6—单向节流阀；7，11—溢流阀；8—背压单向阀；9—中心回转接头；10—限速阀；12—梭阀；13—手动合流阀；14—回转马达；15—限压补油阀组；16，17—左、右行走马达；18—行走马达双速阀；19—补油单向阀；20—节流阀；21—冷却器；22—过滤器；23—限压阀

（2）系统工作原理

泵 1 的液压油经多路控制阀组Ⅰ驱动铲斗液压缸 3、回转马达 14 和左行走马达 16 工作，该回路的最大工作压力由溢流阀 7 限定。

泵 2 的液压油经多路控制阀组Ⅱ驱动斗杆液压缸 4、动臂液压缸 5 和右行走马达 17 工作，该回路的最大工作压力由溢流阀 11 限定。

泵 1 和泵 2 两个回路可通过手动合流阀 13 实现合流与分流。该阀处于右位（图示位置）时，起分流作用；该阀切换至左位时，使泵 1 和泵 2 的液压油合流供给动臂缸或斗杆缸，以提高动臂或斗杆的工作速度。

为了保证机器的可靠性和安全性，该系统除了分别在泵 1 和泵 2 回路设置了防过载溢流阀 7 和 11 外，一方面在各执行元件进、出油口均设置了限压阀 23，以防止缓和制动或遇有异常负载出现液压冲击；另一方面通过单向节流阀 6 和限速阀 10 防止铲斗、斗杆和动臂因自重产生超速下降和行走马达超速溜坡，限速阀 10 由起选择作用的梭阀 12 控制。

进入回转马达 14 内部和壳体内的液压油温度不同，会造成液压马达各零件热膨胀程度不同，引起密封滑动面卡死的热冲击现象。为此，在马达壳体上设有两个油口，一个油口直接回油箱，另一个油口经节流阀 20 与有背压回路（背压单向阀 8）相通，使部分回油进入壳体。由于马达壳体内经常有循环油流过，带走热量，因此可防止热冲击的发生。此外，循环油还能冲洗壳体内磨损物。

行走马达工作时，挖掘机的行走速度：快速 3.4km/h，慢速 1.73km/h。

8.5　BF1010 型单臂仿形刨床液压伺服控制系统

8.5.1　主机功能结构

BF1010 单臂仿形刨床用于汽轮机的曲面叶片或其它曲面的切削加工。如图 8-8 所示，主机由工作台 1、触头 2、刨刀 3、立柱 4、刀架臂 5 和仿形刀架 6 等组成。工作时，要加工的工件由相应的夹具夹紧在工作台上，刀架臂 5 带动仿形刀架 6 下降至工件待加工部位，触头 2 与样件（靠模）紧密接触，通过工作台的往复直线主运动（切削）和仿形刀架的仿形运动加工出与样件曲面形状相同的工件。工作台和仿形刀架均由液压驱动。

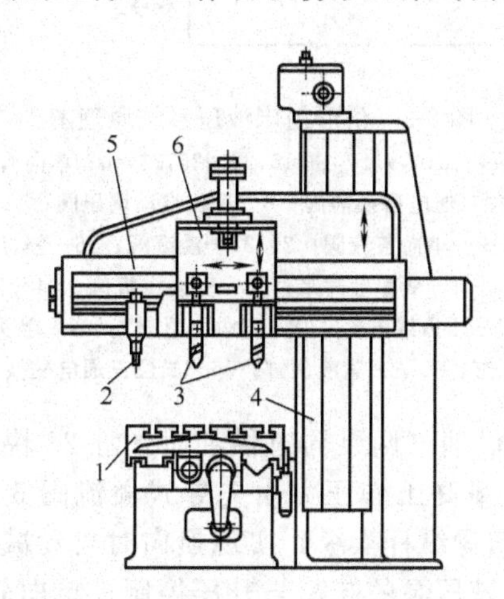

图 8-8　液压仿形刨床的主机结构示意图

1—工作台；2—触头；3—刨刀；4—立柱；5—刀架臂；6—仿形刀架

8.5.2　液压系统分析及特点

图 8-9 为该刨床的液压系统原理图。系统为双子系统结构，左侧为工作台往复运动子系统，右侧为仿形刀架子系统。前者由定量泵（叶片泵）1 与 2 组合供油，后者由变量泵（叶片泵）31 供油并兼作液动换向阀 11 的控制油源。

(1) 工作台往复运动系统

该回路的执行元件为驱动工作台 29 的双柱塞液压缸 27、28，缸 28 驱动工作台 29 进给切削，缸 27 驱动工作台快退；三位五通液动换向阀 11 为控制柱塞缸 27 和 28 运动方向的主换向阀，该阀两端设有快跳孔，阀芯快跳和慢速移动的速度通过可调节流器 12、14、15 和 17 调节，从而调节换向时间并提高换向平稳性；换向阀 11 的导阀为三位四通电磁换向阀 36；单向节流阀 18 及溢流阀 20 和单向节流阀 19 及溢流阀 21 构成两个溢流节流阀，分别用于缸 27 和 28 的进油节流调速；单向阀 22～25 与缓冲溢流阀 26 组成交叉缓冲补油回路，用于工作台的换向缓冲并防止吸空；单向阀 9 和 10 用作两缸的背压阀。该回路采用两台定量

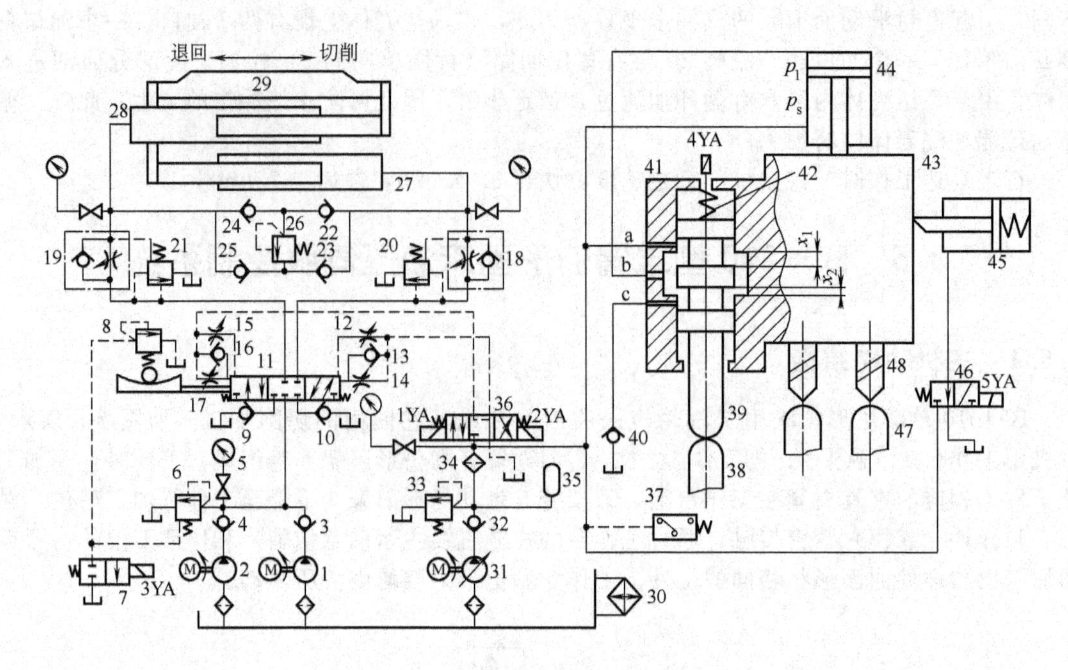

图 8-9 仿形刨床液压系统原理图

1,2—定量液压泵（叶片泵）；3,4,9,10,13,16,22～25,32,40—单向阀；5—压力表及其开关；6—先导式溢流阀；7—二位二通电磁换向阀；8—远程自动调压阀；11—三位五通液动换向阀；12,14,15,17—可调节流器；18,19—单向节流阀；20,21—溢流阀；26—缓冲溢流阀；27,28—柱塞液压缸；29—工作台；30—冷却器；31—变量叶片泵；33—安全溢流阀；34—精过滤器；35—蓄能器；36—三位四通电磁换向阀；37—压力继电器；38—样件（靠模）；39—触头；41—伺服阀；42—弹簧；43—仿形刀架；44—仿形液压缸；45—夹紧液压缸；46—二位三通电磁换向阀；47—工件；48—刨刀

液压泵（叶片泵）1 和 2 组合供油（两泵同时供油时，缸 28 快速运动；泵 1 或 2 单独供油时，缸 28 低速或中速运动），最高工作压力由先导式溢流阀 6 设定，阀 8 为远程自动调压阀，该阀由主换向阀 11 的外露操纵杆操纵，实现换向时自动减压；与阀 6 远程控制口相接的二位二通电磁换向阀 7 用于液压泵的卸荷与升压控制；单向阀 3、4 用于防止系统油液倒灌。系统工作原理如下。

① 切削　切削运动时，控制油路首先工作。电磁铁 1YA 通电使换向阀 36 切换至左位，变量泵 31 的压力油经单向阀 32、精过滤器 34、换向阀 36 和单向阀 16 进入液动换向阀 11 的左控制腔，右控制腔先后经节流器 12、14 和换向阀 36 回油，使换向阀 11 经快跳、慢移切换至左位。此时主油路可以工作（设单泵 1 供油），泵 1 的压力油经换向阀 11 的左位、阀 19 的节流阀进入缸 28 的油腔，其柱塞驱动工作台 29 开始进行切削，切削速度由阀 19 的节流阀开度决定，返回缸 27 随工作台右移，缸 27 的油腔经阀 18 的单向阀和换向阀 11 左位、背压单向阀 10 向油箱排油。

② 返回　切削完成后发出返回信号，电磁铁 2YA 通电使换向阀 36 切换至右位，变量泵 31 的压力油经单向阀 32、精过滤器 34、换向阀 36 和单向阀 13 进入液动换向阀 11 的右控制腔，而左控制腔先后经节流器 15、17 和换向阀 36 回油，使换向阀 11 经快跳、慢移切换至右位，完成主油路的换向。换向过程中，换向阀 11 的阀芯连带的操纵杆使调压阀 8 的调压弹簧放松，泵 1 的压力降低，使高速换向平稳完成。换向完成后，泵 1 的压力油经换向阀 11 的右位、阀 18 的节流阀返回缸 27 的油腔，其柱塞驱动工作台开始快速返回，返回速度由阀 18 的节流阀开度决定，返回缸 28 随工作台左移，缸 28 的油腔经阀 19 的单向阀和换

向阀 11 右位、背压单向阀 9 向油箱排油。

(2) 仿形刀架系统

该系统是一个典型的阀控式机液位置伺服系统（原理方块图见图 8-10），其执行元件为驱动仿形刀架 43 的阀控缸。仿形刀架 43 和仿形液压缸 44 的活塞杆、伺服阀 41 的阀套以及刨刀 48 连成整体，伺服阀 41 的阀芯和触头 39 连为一体，弹簧 42 使触头和样件（即靠模）38 紧密接触。二位三通电磁换向阀 46 用于控制夹紧液压缸 45 的动作方向，夹紧缸与仿形刀架油路成互锁关系，即只有在缸 45 松开时，仿形油路才能工作。仿形刀架回路由变量泵 31 供油，其最高压力由溢流阀 33 设定。单向阀 32 用于防止油液倒灌；精过滤器 34 用于提高油液的清洁度；蓄能器 35 用于吸收压力冲击和补油。

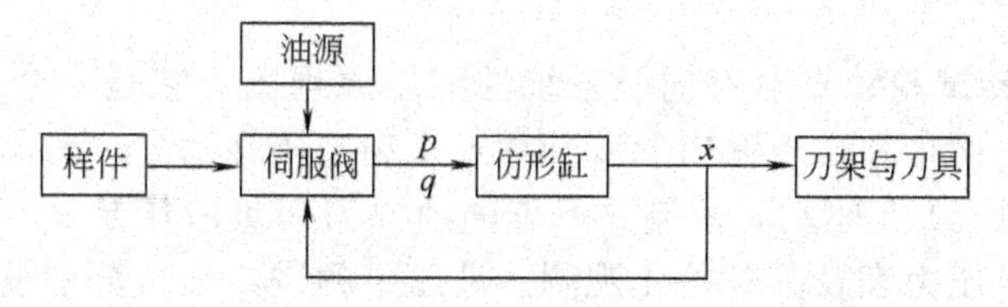

图 8-10　仿形刀架的机液伺服控制原理框图

系统的伺服仿形原理如下：仿形指令信号（即输入信号）由触头给出。变量叶片泵 31 的压力油经单向阀 32、精过滤器 34 后分为三路，一路到换向阀 46，一路到伺服阀 41 的油口 a，第三路进入仿形缸 44 的有杆腔。进入 a 口的压力油经阀芯和阀套的开口 x_1 之后又分为两路，一路经油口 b 减压后进入缸 44 的无杆腔（压力为 p_1），一路经开口 x_2 压力降为 p_2 之后，经油口 c 和单向阀 40 排回油箱。缸 44 有杆腔中的压力与泵 31 的出口压力 p_s 相同，且为定值。当开口 x_1 与 x_2 相等时，缸 44 两腔压力形成的推力相等，活塞及活塞杆停止不动。

由于样件 38 对触头 39 的作用，伺服阀 41 的阀芯上移时，开口 x_1 减小，打破缸 44 的平衡状态，活塞带动整个刀架上移，使开口 x_1 又逐渐增大，直到 x_1 重新等于 x_2，缸 44 的活塞受力重新平衡为止。这样，仿形刀架随伺服的阀芯移动了一个位移，刨刀 48 相对于工件 47 也移动同一位移，从而加工出与样件曲面形状一致的工件。

触头下移接触工件和刀架下移时的压力冲击由蓄能器 35 吸收，而刀架快速上移可由蓄能器向有杆腔补油。

(3) 系统特点

① 与机械仿形装置相比，因为液压仿形的触头和样件（靠模）间的接触压力小得多，所以样件的磨损小，寿命长，此外，液压仿形还允许使用尺寸较小的仿形触头和较陡的靠模曲线，从而扩大了仿形加工的范围。

② 该仿形刨床的液压系统为双子系统结构，工作台往复运动系统实际上为液压传动系统，它与仿形刀架伺服控制系统既相互融合又相互独立，互不干扰。

③ 仿形刀架回路采用阀控缸实现刀架的仿形运动，用夹紧缸实现仿形回路的互锁，安全可靠。

④ 工作台往复运动系统采用双泵组合供油，并利用远程控制原理实现液压泵的工作压力变化与卸荷。采用一对大小不同的柱塞缸分别实现切削和返回运动；采用电磁换向阀做导阀的液动换向主阀换向，导阀控制压力油取自仿形刀架回路的变量泵，主换向阀带有快跳孔及单向节流器（类似于万能外圆磨床液压系统的液压操纵箱），可以节省、调整换向时间，减小换向冲击，通过主换向阀的操纵杆驱动远程调压阀降低系统在换向过程中的压力；两缸均采用单向节流阀的进油节流调速方式，但不利于散热。

8.6 高压输电线间隔棒振摆试验装置电液伺服控制系统

8.6.1 主机功能结构

架设在旷野环境下的高压输电线路，受到风吹、日晒、雨淋的作用，为了保持导线的间距不变，高压输电线路设有间隔棒。因为输电线受到风吹的影响而振动，并导致间隔棒的扭转振摆。本试验装置用于电力行业在实验室里模拟间隔棒的扭转振动及分析研究。

8.6.2 液压系统分析

图 8-11 是间隔棒试验装置电液伺服系统的液压原理图，它是一个阀控马达转角位置系统。执行元件为用于摆角和转矩输出的双叶片式摆动液压马达 9，该马达由电液伺服阀（喷嘴挡板式二级大流量阀）8 驱动和控制。系统的油源为变量液压泵 2，其供油压力由电磁溢流阀 3 设定，并通过压力表及其开关 4 观测。液压泵的进、出口分别设有吸油过滤器 1 和高压精过滤器 5，以保证液压油液的清洁度；蓄能器 7 用于吸收液压脉动；冷却器 10 用于油液冷却。油箱上设有空气过滤器 12 和液位计 13。系统最大输出转矩 1500N·m；最大扭摆度±30°，最大扭摆速度 377°/s，振摆控制波形为正弦波，系统设计压力 6.3MPa，系统流量 60L/min。

系统的工作原理可用图 8-12 所示原理方块图简要说明如下。

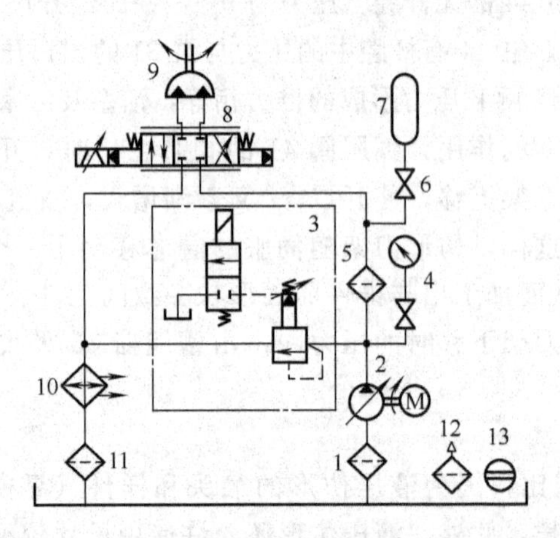

图 8-11 间隔棒试验装置电液伺服系统液压原理图

1—吸油过滤器；2—变量液压泵；3—电磁溢流阀；4—压力表及其开关；5—高压精过滤器；6—截止阀；7—蓄能器；8—电液伺服阀；9—摆动液压马达；10—冷却器；11—回油过滤器；12—空气过滤器；13—液位计

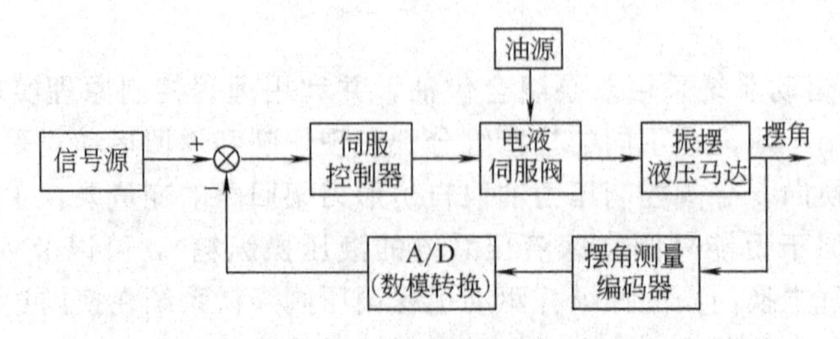

图 8-12 电液伺服控制原理方块图

伺服控制器将来自信号源（系统的输入信号）与振摆液压马达的摆角信号的误差信号放大并驱动电液伺服阀，经过电液伺服阀完成功率放大并驱动振摆液压马达转动，振摆液压马达的转角由编码器检测并经过 A/D 数模转换反馈给伺服放大器，实现振动摆角的电液伺服闭环控制。

8.7　XS-ZY-250A 型塑料注射成型机电液比例控制系统

8.7.1　主机功能结构

塑料注射成型机（简称注塑机）是热塑性塑料制品的成型加工设备，具有使形状复杂制品一次成型的能力，因此在塑料机械中，应用居于首位。液压传动的注塑机通常由合模部件（含定模板、动模板、合模与顶出液压缸等）、注射部件（含料斗、料筒、喷嘴、预塑马达、注射液压缸和注射座移动液压缸等）、液压系统及电控系统等组成。其一般工艺流程如图 8-13 所示，具有注塑工艺顺序动作多、工况多变、成型周期短、合模力和注射力需求大的特点。为了提高自动化水平和产品质量，现代注塑机很多采用了电液比例控制。

8.7.2　液压系统分析及特点

图 8-14 为 XS-ZY-250A 型注塑机电液比例控制系统原理图，系统采用三台定量泵组合供油，系统中的执行元件采用电磁换向阀或电液动换向阀控制运动方向。两只电液比例溢流阀 11 和 12 可对注塑机启闭模、注射座前移、注射、顶出、螺杆后退时的压力进行控制；而电液比例调速阀 13 用来控制启闭模和注射时的速度。结合系统的电磁铁工作情况表 8-5 很容易分析系统在各工况下的油液流动路线，故此处从略。

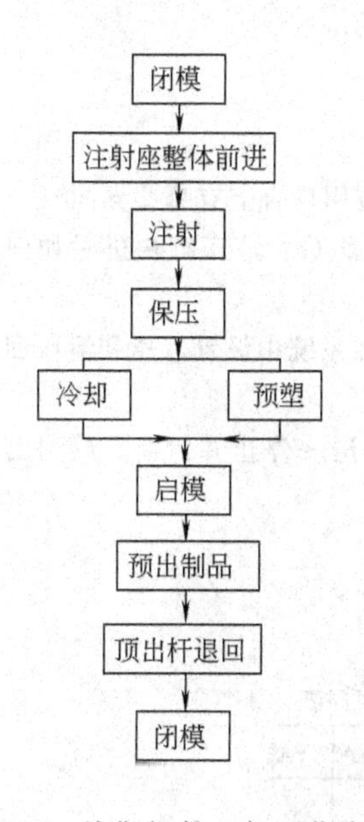

图 8-13　注塑机的一般工艺流程

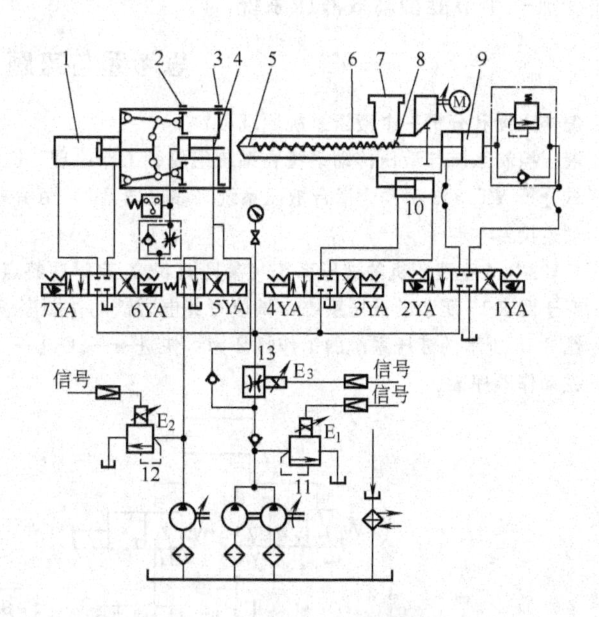

图 8-14　塑料注射成型机电液比例控制系统原理图

1—合模缸；2—动模板；3—定模板；4—顶出缸；5—喷嘴；6—料筒；7—料斗；8—螺杆；9—注射缸；10—注射座移动缸；11,12—电液比例溢流阀；13—电液比例调速阀

表 8-5　系统电磁铁工作情况表

工况		电磁铁									
		1YA	2YA	3YA	4YA	5YA	6YA	7YA	E_1	E_2	E_3
闭模	闭模	−	−	−	−	−	−	+	+	+	+
	低压保护	−	−	−	−	−	−	+	+	+	+
	锁紧	−	−	−	−	−	−	+	−	+	+
注射座前进		−	−	+	−	−	−	−	−	+	+
注射		+	−	−	−	−	−	−	+	+	+
保压		+	−	−	−	−	−	−	−	+	+
预塑		−	−	+	−	−	−	−	−	+	+
注射座后退		−	−	−	+	−	−	−	−	+	+
启模		−	−	−	−	−	+	−	+	+	+
顶出		−	−	−	−	+	−	−	−	+	−
螺杆后退		+	+	−	−	−	−	−	−	+	+

系统特点如下。

① 压力和速度变化较多，利用电液比例阀进行控制，系统油路结构简单，所需元件少。

② 自动工作循环，主要靠行程开关来检测信号。

③ 系统效率较高，压力变换及速度变换时冲击小，噪声低。

④ 在系统保压阶段，多余的油液要经溢流阀回油箱，故有部分能量损耗。但如果将此定压溢流的节流调速系统改用变压容积调速系统，便可避免不必要的溢流损失和节流损失，从而变成一个节能型高效液压系统。

思考题与习题

8-1　怎样阅读和分析一个液压系统原理图？

8-2　液压控制系统与液压传动系统在系统组成、工作原理、性能特点及应用场合上有哪些异同？

8-3　试分析 YT4543 型动力滑台液压系统（参见图 8-2）由哪些基本回路组成？液压缸快进时如何实现差动连接？

8-4　YA32-200 型液压机的液压系统（参见图 8-4）有哪些特点？为何要在系统中设置保压和泄压回路？

8-5　对于图 8-15 所示的液压系统，试填写其电磁铁动作顺序表。

8-6　图 8-16 所示的液压系统的工作循环为：快进→一工进→二工进→快退→停止并卸荷。试列出其电磁铁动作顺序表。

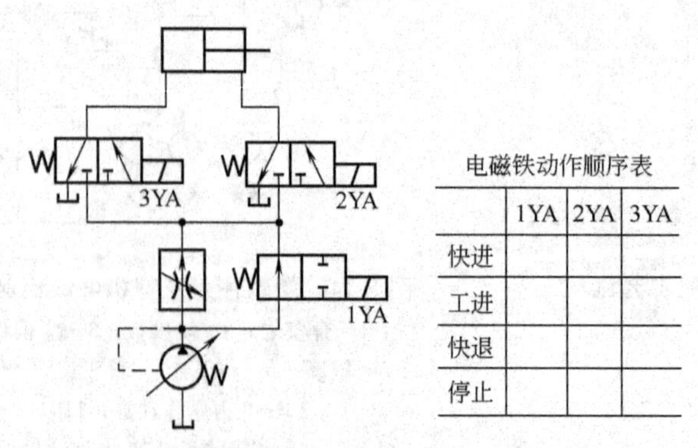

	1YA	2YA	3YA
快进			
工进			
快退			
停止			

图 8-15　题 8-5 图

8-7　图 8-17 为某自动生产线上的转位机械手液压系统。机械手的动作顺序为：手臂在上方原始位置→手臂下降→手指夹紧工件→手臂上升→手腕回转 90°→手臂下降→手指松开→手臂上升→手腕反转 90°→停在上方。试阅读此系统图并完成电磁铁动作顺序表，并对液压系统的特点进行分析（图中的两个液压缸均为缸筒固定）。

8-8　试分析图 8-9 所示仿形刨床液压系统原理图中三位五通液动换向阀 11 的作用，说明该阀换向过程中阀芯的快跳原理。

8-9　塑料注射成型机采用电液比例控制比采用电液开关控制有何优越性？

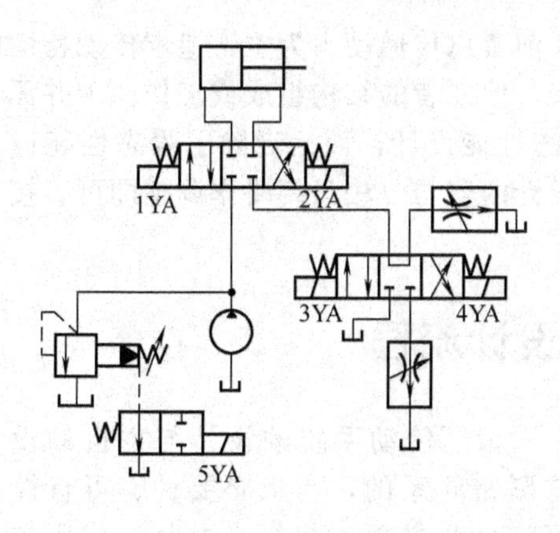

图 8-16　题 8-6 图

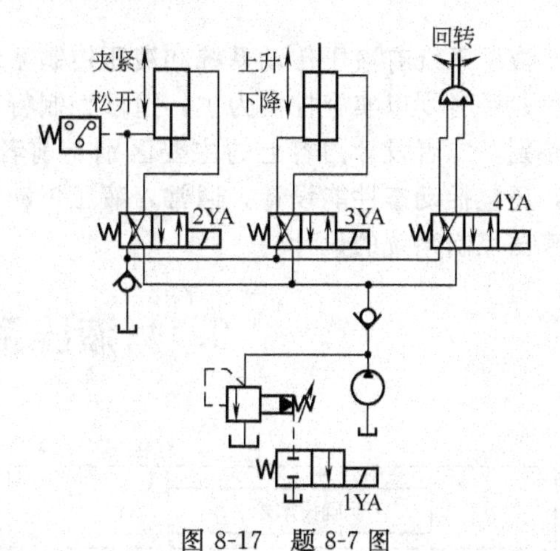

图 8-17　题 8-7 图

第 9 章　液压系统的设计计算

液压系统有液压传动系统和液压控制系统之分，前者以传递动力为主，追求传动特性的完善；后者则以实施控制为主，追求控制特性的完善，但二者的结构组成或工作原理并无本质差别。二者设计内容上的主要区别是前者侧重静态性能设计，而后者除了静态性能设计外，还包括动态性能设计。通常，液压传动系统的设计内容与方法只要略作调整即可直接用于液压控制系统的设计。

9.1　液压系统的设计流程

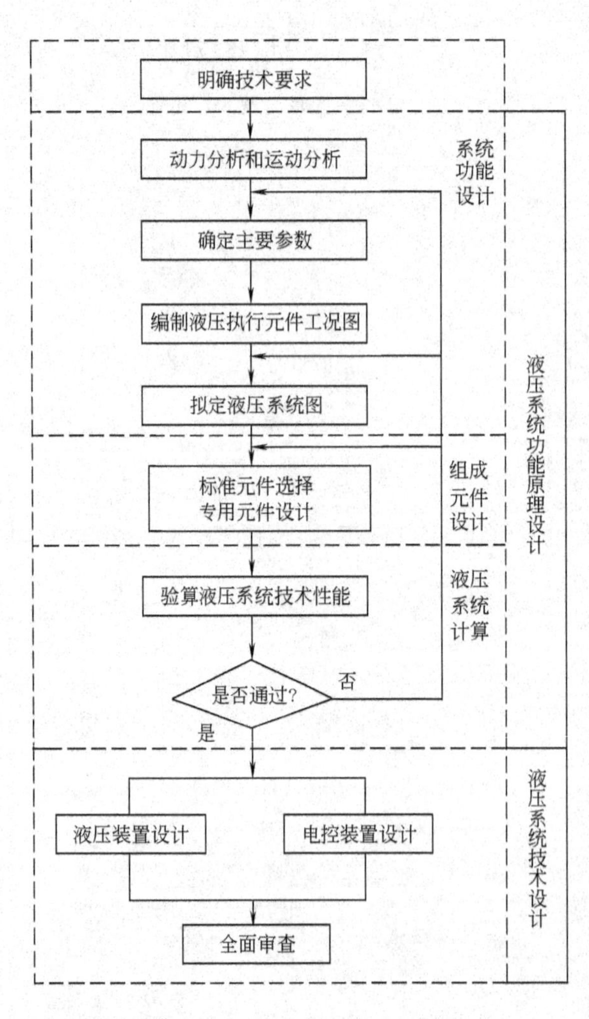

图 9-1　液压传动系统的设计流程

液压传动系统的设计与主机的设计是紧密联系的，当从必要性、可行性和经济性几方面对机械、电气、液压和气动等传动形式进行全面比较和论证，决定应用液压传动之后，二者往往同时进行。所设计的液压传动系统首先应满足主机的拖动、循环要求，其次还应符合结构组成简单、体积小、重量轻、工作安全可靠、使用维护方便、经济性好等公认的设计原则。由于设计着眼点的不同，所以液压系统的设计迄今尚未确立一个公认的统一步骤。实际设计工作中，往往是将追求效能和追求安全二者结合起来，并按图 9-1 所示内容与流程来设计液压传动系统。但由于各类主机设备对系统的要求的不同及设计者经验的多寡，其中有些内容与步骤可以省略和从简，或将其中某些内容与步骤合并交叉进行。例如，对于较简单的系统，可以适当简化设计程序；但对于重大工程的复杂系统，往往还需在初步设计基础上进行计算机仿真试验或进行局部实物试验并反复修改，才能确定设计方案。

9.1.1　明确技术要求

机器设备的技术要求是设计液压系统的依据和出发点。设计师应在设计之初与用户或主机制造单位共同讨论，并辅以调查研究，以求定量了解和掌握下列技术要求。

① 主机的工艺目的（用途）、结构布局（卧式、立式等）、使用条件（连续运转、间歇运转、特殊液体的使用）、技术特性（工作负载是阻力负载还是超越负载、恒值负载还是变值负载，以及负载的大小；运动形式是直线运动、回转运动还是摆动，位移、速度、加速度等运动参数的大小和范围）等。由此确定哪些机构需要采用液压传动，所需执行元件的形式和数量，执行元件的工作范围、尺寸、重量和安装等限制条件。

② 各执行元件的动作循环与周期及各机构运动之间的连锁和安全要求。

③ 主机对液压系统的工作性能，如运动平稳性、转换精度、传动效率、控制方式及自动化程度等的要求。

④ 原动机的类型（电动机还是内燃机）及其功率、转速和转矩特性。

⑤ 工作环境条件，如室内或室外、温度、湿度、尘埃、冲击振动、易燃易爆及腐蚀情况等。

⑥ 限制条件，如压力脉动、冲击、振动噪声的允许值等。

⑦ 经济性要求，如投资费用、运行能耗和维护保养费用等。

9.1.2　液压系统的功能设计

首先，根据技术要求确定液压执行元件的形式（见表 9-1）、数量和动作顺序等。然后，通过动力分析和运动分析，确定系统主要参数，编制执行元件的工况图，从而拟定和绘制出液压系统原理图。

表 9-1　液压执行元件的形式

运动形式	往复直线运动		回转运动		往复摆动
	短行程	长行程	高速	低速	
执行元件形式	活塞式液压缸	柱塞式液压缸；液压马达与齿轮齿条机构；液压马达与丝杠-螺母机构	高速液压马达	低速液压马达；高速液压马达与机械减速机构	摆动液压马达

(1) 动力分析和运动分析

动力分析和运动分析是确定液压系统主要参数的基本依据，包括每个液压执行元件的动力分析（负载循环图）和运动分析（运动循环图）。对于动作较为简单的机器设备，这两种图均可省略。但对于一些专用的、动作比较复杂的机器设备，则必须绘制负载循环图和运动循环图，以了解运动过程的本质，查明每个执行元件在其工作中的负载、位移及速度的变化规律，并找出最大负载点和最大速度点。

① 动力分析（负载循环图）　液压执行元件的负载可由主机规格确定，也可用实验方法或理论分析计算得到。理论分析确定负载时，必须仔细考虑各执行元件在一个循环中的工况及相应的负载类型。

液压执行元件（液压缸或液压马达）在工作过程中，一般要经历启动、加速、恒速和减速制动等负载工况，各工况的外负载计算公式见表 9-2，其中摩擦负载和惯性负载的计算公式见表 9-3 和表 9-4。根据计算出的外负载和循环周期，即可绘制负载循环图（F-t 图，示例参见图 9-4）。

② 运动分析（运动循环图）　运动循环图即速度循环图（v-t 图，其示例参见图 9-4），反映了执行机构在一个工作循环中的运动规律。绘制速度循环图是为了计算液压执行元件的惯性负载及绘制其负载循环图，因而绘制速度循环图通常与负载循环图同时进行。

表 9-2 液压执行元件的外负载计算公式

工况	负载力 F/N	负载力矩 T/N·m	说明
启动	$\pm F_e + F_{fs}$	$\pm T_e + T_{fs}$	F_e, T_e——液压执行元件的工作负载，力、力矩，与执行元件运动方向相同时取“－”，方向相反时取“＋”； F_{fs}, T_{fs}——静摩擦负载，力、力矩； F_{fd}, T_{fd}——动摩擦负载，力、力矩； F_i, T_i——惯性负载，力、力矩。
加速	$\pm F_e + F_{fd} + F_i$	$\pm T_e + T_{fd} + T_i$	
恒速	$\pm F_e + F_{fd}$	$\pm T_e + T_{fd}$	
减速制动	$\pm F_e + F_{fd} - F_i$	$\pm T_e + T_{fd} - T_i$	

表 9-3 摩擦负载的计算公式

摩擦类型	摩擦力 F_f/N			摩擦力矩 T_f/N·m
	平面导轨(图 9-2)		V 形导轨(图 9-3)	
静摩擦	水 平	倾 斜	$\mu_s(G+F_n)/\sin(\alpha/2)$	$\mu_s F_n' R$
	$\mu_s(G+F_n)$	$\mu_s(G\cos\beta+F_n)$		
动摩擦	$\mu_d(G+F_n)$	$\mu_d(G\cos\beta+F_n)$	$\mu_d(G+F_n)/\sin(\alpha/2)$	$\mu_d F_n' R$
说明	G 为运动部件重力；F_n 为工作负载在导轨上的垂直分力；β 为平面导轨倾斜角；α 为 V 形导轨夹角；F_n' 为作用于轴径处的总径向力；R 为轴径半径，m；μ_s、μ_d 为静、动摩擦因数，根据摩擦表面的材料及性质选定，通常 $\mu_s=0.1\sim0.2$，$\mu_d=0.05\sim0.12$			

表 9-4 惯性负载的计算公式

液压执行元件	直线运动	旋转运动	说明
	液压缸	液压马达	m 为运动部件质量，kg；a 为运动部件的加速度，m/s²；J 为旋转部件的转动惯量，$J=mD^2/4$，kg·m²；D 为旋转部件的直径，m；ε 为旋转部件的角加速度，rad/s²
惯性力 F_i/N	ma		
惯性力矩 T_i/N·m		$J\varepsilon$	

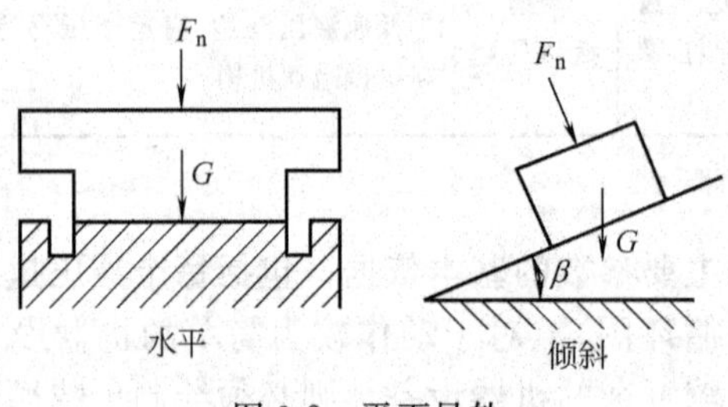

图 9-2 平面导轨

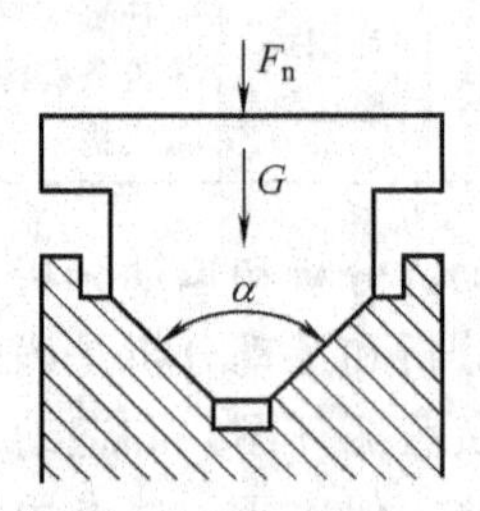

图 9-3 V 形导轨

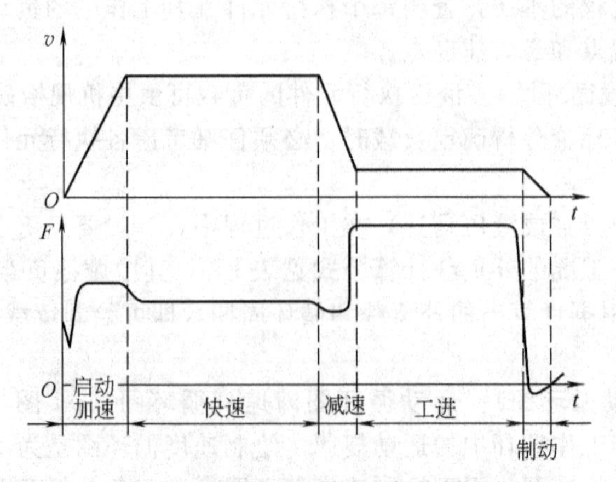

图 9-4 液压缸的速度、负载循环图

(2) 确定主要参数并绘制液压执行元件工况图

液压系统的主要参数包括压力、流量和功率。通常，首先选择系统（即执行元件）设计压力（也称工作压力），并按最大外负载和选定的设计压力计算执行元件的主要几何参数，然后根据对执行元件的速度（或转速）要求，确定其流量。压力和流量一经确定，即可确定其功率，并做出液压执行元件的工况图。

① 执行元件设计压力的选取　液压执行元件设计压力的选取，主要应考虑如下因素：执行元件及其它液压元件、辅件的尺寸、重量、加工工艺性、成本、货源及系统的可靠性和效率等。通常采用类比法，根据主机类型来选取执行元件的设计压力（见表 9-5）。

表 9-5　各类主机液压执行元件常用的设计压力

主机类型		设计压力/MPa	说明
机床	精加工机床	0.8～2	当压力超过 32MPa 时，称为超高压压力
	半精加工机床	3～5	
	龙门刨床	2～8	
	拉床	8～10	
农业机械、小型工程机械、工程机械辅助机构		10～16	
液压机、大中型挖掘机、中型机械、起重运输机械		20～32	
地质机械、冶金机械、铁道车辆维护机械，各类液压机具等		25～100	

② 液压执行元件主要结构参数的计算　液压缸的缸筒内径、活塞杆直径及有效面积或液压马达的排量是其主要结构参数。计算方法是：先由最大负载和选取的设计压力及估取的机械效率算出有效面积或排量，然后再检验是否满足在系统最小稳定流量下的最低运行速度要求。计算和检验公式见表 9-6。当用表 9-6 计算液压缸的结构参数时，还需确定活塞杆直径与液压缸内径的关系，以便在计算出液压缸内径 D 时，利用这一关系获得活塞杆的直径 d。通常是由液压缸的往返速度比 λ 确定这一关系，即 $d=D\sqrt{(\lambda-1)/\lambda}$，按这一关系得到的 d 的计算公式如表 9-8 所列。

表 9-6　计算和检验液压执行元件主要结构参数的公式

项目	液压缸（图 9-5）			液压马达
	单活塞杆液压缸		双活塞杆液压缸	
	无杆腔为工作腔	有杆腔为工作腔	两腔面积相等	
计算公式	$p_1A_1-p_2A_2=F_{max}/\eta_{cm}$	$p_1A_2-p_2A_1=F_{max}/\eta_{cm}$	$A_1=A_2=A$ $A(p_1-p_2)=F_{max}/\eta_{cm}$	$V_m=T_{max}/(\Delta p\eta_{mm})$
检验公式	$A\geqslant q_{min}/v_{min}$（$A$ 为 A_1 或 A_2）			$V_m\geqslant q_{min}/n_{min}$
备注	p_1、p_2 为液压缸工作腔、回油腔压力，Pa，回油腔压力（背压力）按表 9-7 选取；$A_1=\pi D^2/4$ 为液压缸无杆腔的有效面积，m²；$A_2=\pi(D^2-d^2)/4$ 为液压缸有杆腔的有效面积，m²；D、d 为液压缸缸筒内径、活塞杆直径，m；F_{max}、η_{cm}、v_{min} 分别为液压缸的最大负载力，N，机械效率（一般取 0.9～0.97），最小速度，m/s；T_{max}、η_{mm}、n_{min}、V_m、Δp 分别为液压马达的最大转矩，N·m，机械效率（齿轮马达和柱塞马达取 0.9～0.95，叶片马达取 0.8～0.9），最小转速，rad/s，排量，m³/rad，进出油口压差，Pa；q_{min} 为系统最小稳定流量，m³/s。节流调速系统取决于流量控制阀的最小稳定流量，容积调速系统取决于变量泵的最小稳定流量			

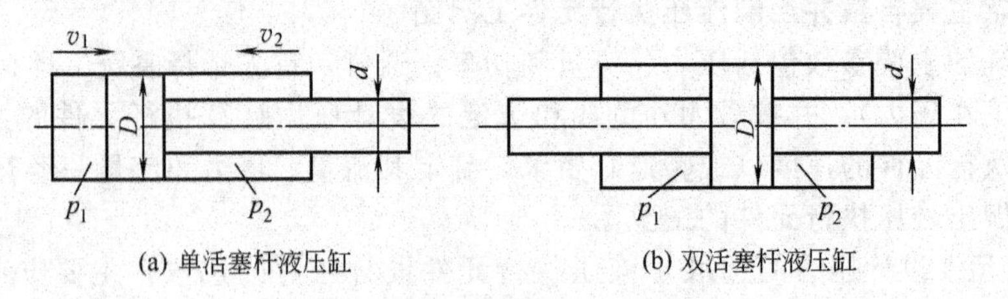

图 9-5 液压缸

表 9-7 液压执行元件的背压力

系统类型		背压力/MPa
中低压系统	简单系统和一般轻载节流调速系统	0.2～0.5
	回油带背压阀	调整压力一般为 0.5～1.5
	回油路设流量调节阀的进给系统满载工作时	0.5
	设补油泵的闭式系统	0.8～1.5
高压系统		初算时可忽略不计

表 9-8 根据往返速度比 λ 计算活塞杆直径 d 的公式

往返速度比 λ	1.1	1.2	1.33	1.46	1.61	2
活塞杆直径 d	0.3D	0.4D	0.5D	0.55D	0.62D	0.7D
说明	一般 $\lambda \leqslant 1.61$ 较合适；液压缸差动连接并要求往返速度比相同时，应取 $A_2=A_1/2$，即 $d=\frac{D}{\sqrt{2}}\approx 0.7D$					

③ 计算液压执行元件的最大流量

a. 液压缸的最大流量 q_{max}

$$q_{max}=Av_{max} \tag{9-1}$$

式中，A 为液压缸的有效面积（A_1 或 A_2），m^2；v_{max} 为液压缸的最大速度，m/s，由速度循环图查取。

b. 液压马达的最大流量 q_{max}

$$q_{max}=Vn_{max} \tag{9-2}$$

式中，V 为液压马达的排量，m^3/rad；n_{max} 为液压马达的最高转速，rad/s，由转速循环图查取。

④ 执行元件工况图的编制 液压执行元件的工况图包括压力循环图（p-t 图）、流量循环图（q-t 图）和功率循环图（P-t 图），它反映了一个循环周期，液压系统对压力、流量及功率的需要量及变化情况，是拟定液压系统、进行方案对比、鉴别与修改设计以及液压元件选择、设计的基础。p-t 图（负载压力 p_1 随时间 t 变化的关系图）是根据液压执行元件的负载循环图和主要结构参数进行编制的。表 9-9 是液压执行元件负载压力（入口压力）p_1 的计算公式。q-t 图可利用液压缸速度循环图或液压马达转速循环图和式(9-1)或式(9-2) 进行编制。如果系统有多个执行元件，则应将各执行元件的 q-t 图进行叠加，绘出系统总的 q-t 图。P-t 图可由 p-t 图和 q-t 图并根据液压功率 $P=pq$ 绘出。图 9-6 为一液压缸的工况图示例。

表 9-9　液压执行元件负载压力（入口压力）p_1（Pa）的计算公式

项　目	液压缸(图 9-5)			液　压　马　达
	单活塞杆液压缸		双活塞杆液压缸	
	无杆腔为工作腔	有杆腔为工作腔	两腔面积相等	
计算公式	$\frac{1}{A_1}\left(\frac{F}{\eta_{cm}}+p_2A_2\right)$	$\frac{1}{A_2}\left(\frac{F}{\eta_{cm}}+p_2A_1\right)$	$\frac{F}{A\eta_{cm}}+p_2$	$\frac{T}{V_m\eta_{mm}}+p_2$
说明	A_1、A_2 为单活塞杆液压缸无杆腔和有杆腔的有效面积，m^2；A 为双活塞杆液压缸的有效面积，m^2；V_m 为液压马达的排量，m^3/rad；F、T 液压执行元件的负载力，N，以及力矩，N・m；η_{cm}、η_{mm} 为液压缸和液压马达的机械效率；p_2 为非工作腔压力（背压力），Pa			

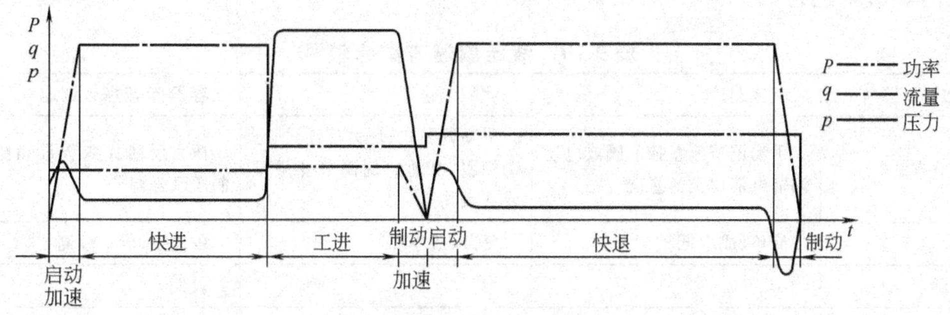

图 9-6　液压缸的工况图示例

(3) 液压系统图的拟定

在拟定液压系统图的过程中，首先通过分析对比选择出各种合适的液压回路，然后将这些回路组合成完整的液压系统。

① 液压回路的选择　构成液压系统的回路有主回路（直接控制液压执行元件的部分）和辅助回路（保持液压系统连续稳定的运行状态的部分）两大类，每一类中按照具体功能还可进一步详细分类，这些回路的具体结构形式可参阅本书第 7 章或有关手册。通常根据系统的技术要求及工况图，参考这些现有成熟的各种回路及同类主机的先进回路进行选择。选择工作先从液压源回路和对主机性能起决定影响的回路开始。

例如，对以速度调节、变换为主的主机（如各类切削机床），应从选择调速及速度换接回路开始；对于以力的变换和控制为主的各类主机（如压力机），应从选择调压回路开始；对于以多执行元件换向及复合动作为主的各类主机（如工程机械），则应从选择功率调节及多路换向回路开始，等等。然后，再考虑其它回路。例如，有间歇及空载运行要求的系统应考虑卸荷回路；有可能发生工作部件漂移、下滑、超速等现象的系统，应考虑锁紧、平衡、限速等回路；有快速运动部件的系统要考虑制动与缓冲回路；多执行元件的系统要考虑顺序动作、同步动作和互不干扰回路；为了防止因操作者误操作或液压元件失灵产生误动作，应考虑误动作防止回路，以确保人身和设备在异常负载、断电、外部环境条件急剧变化情况时的安全性，等等。

选择各类液压回路的注意事项如下。

a. 调速方式。系统的调速方式因其使用的原动机不同而有油门调速、变频调速和液压调速三种不同方案。

(a) 油门调速。此种调速方案，用于以内燃机为原动机的主机（如车辆与工程机械、农业机械等）的液压系统中，通过调节内燃机的油门大小，改变发动机的转速（即液压泵的转速），从而达到改变液压泵输出流量，实现液压执行元件的调速要求。此种方案的调速范围因受到发动机最低转速的限制，故常需和液压调速相配合。

(b) 变频调速。此种调速方案，用于以变频器控制的交流异步电动机作为原动机的机械设备，通过改变电动机亦即定量泵的转速从而改变液压泵的输出流量，实现液压执行元件的调速要求。此种调速方案，液压泵的动、静特性良好。变频器是根据电动机的最大转矩和泵的最高工作压力所要求的最大流量来设计的。但由于目前变频器价格尚高，故此种调速方案的应用受到限制。

(c) 液压调速。用于以固定频率为电源的电动机作为原动机的机械设备，其液压系统只能采用液压调速。液压调速包括节流调速、容积调速、容积-节流联合调速三种方案（见表9-10），具体选用时应根据工况图中压力、流量和功率的大小以及系统对温升、效率和速度平稳性的要求来进行。

表 9-10　液压调速方案比较

调速方式	节流调速	容积调速	容积-节流联合调速
变速调节方法	手动调节流量控制阀或电动调节电液比例流量阀	手动调节式、压力反馈式、电动伺服、电动比例调节变量泵或变量马达	压力反馈式变量泵和流量控制阀联合调节
结构、成本	简单、成本低	复杂、成本高	较复杂、成本较高
调速范围	小	大	较大
速度刚性	用普通节流阀调速时，速度刚性低	可得到恒功率或恒转矩调速特性，速度刚性较节流调速高	较高
功率损失及发热	大	小	较小
适用工况	小功率(<3kW)负载变化不大、平稳性要求不高的系统	中、大功率(>5kW)、要求温升小、平稳性要求不太高的系统	中等功率(3～5kW)、要求温升小、平稳性要求较高的系统

b. 油路循环方式。如前所述，油路循环方式有开式和闭式两种，其比较见表9-11。油路循环方式主要取决于液压调速方式：节流调速和容积-节流联合调速只能采用开式系统，容积调速多采用闭式系统。

表 9-11　开式与闭式系统的比较

循环方式	开式系统	闭式系统
结构特点和造价	结构简单，造价低	结构复杂，造价高
适应工况	一般均能适应，一台泵可向多个执行元件供油	限于换向平稳、换向速度要求较高的部分容积调速系统，通常一台泵只能向一个执行元件供油
抗污染能力	较差	较好，但油液过滤精度要求较高
散热	较好，但油箱较大	较差，需用辅助泵换油冷却
管路损失及效率	损失较大，节流调速时效率较低	损失较小，容积调速时效率较高

c. 动力源形式。液压源形式与调速方案有关，当采用节流调速时，只能采用定量泵作动力源；当采用容积调速时，可采用定量泵或变量泵作动力源；当采用容积-节流联合调速时，必须采用变量泵作动力源。

动力源中泵的数量视执行元件的工况图而定，要考虑到系统的温升、效率及可能的干扰等。例如，对于快慢速交替工作的系统（如组合机床液压系统），其 q-t 图中最大和最小流量相差较大，且最小流量持续时间较长，因此，从降低系统发热和节能角度考虑，可采用差动缸和单泵供油的方案，也可采用高低压双泵供油或单泵加蓄能器供油的方案。对于有多级速度变换要求的系统（如塑料机械液压系统），可采用由三台以上定量泵组成的数字泵动力源。对于执行机构工作频繁、复合动作较多、流量需求变化大的系统（如挖掘机系统），则可采用双泵双回路全功率变量或分功率变量组合供油方案，等等。从防干扰角度考虑，对于多执行元件的液压系统，宜采用多泵多回路供油方案。

d. 方向控制方式。可根据系统工作循环、动作变换性能和自动化程度等要求，确定换向阀的形式、位数、通路数、中位机能和操纵方式，并选择合适的换向回路。

e. 压力控制方式。定量泵供油的节流调速系统，系统压力采用溢流阀（与泵并联）进行恒压控制。容积调速或容积-节流联合调速系统，系统最高压力由安全阀限定，如果各回路压力要求不同，则可采用减压阀来控制。若系统在不同的工作阶段需要两种以上工作压力，则可通过先导式溢流阀的遥控口，用换向阀接通远程调压溢流阀以获取多级压力；系统在等待工作期间，应尽量使液压泵卸荷。

f. 顺序动作控制方式。动作顺序随机的系统（如工程机械液压系统），往往采用手动多路换向阀来控制；如果操纵力过大，则可采用手动伺服控制。对于一般功率不大、动作顺序有严格要求而变化不多的系统，可采用行程控制、压力控制等控制方式。

② 液压系统的合成　在选定了满足系统主要要求的主液压回路之后；再配上过滤、测压、控温之类的辅助回路，即可将它们组合成一个完整的液压系统了。此时，应注意下列事项。

a. 力求系统简单可靠，除非系统因可靠性要求有冗余元件和回路，应避免和消除多余液压元件和回路。

b. 从实际出发，尽量采用具有互换性的标准液压元件。

c. 管路尽量要短，使系统发热少、效率高。

d. 保证工作循环中的每一动作均安全可靠，且相互间无干扰。

e. 防止液压冲击、振动及噪声，其方法见第 2 章。

f. 组合而成的液压系统应经济合理，避免盲目追求先进、脱离实际。

9.1.3 组成元件设计

液压系统的组成元件包括标准元件和专用元件。在满足系统性能要求的前提下，应尽量选用现有的标准液压元件，不得已时才自行设计液压元件。选择液压元件时一般应考虑以下问题。

应用方面的问题：如主机的类型、原动机的特性、环境情况、安装形式、货源情况及维护要求等。系统要求：如压力和流量的大小、工作介质的种类、循环周期、操纵控制方式、冲击振动情况等。经济性问题：如使用量、购置及更换成本、货源情况及产品质量和信誉等。应尽量采用标准化、通用化及货源条件较好的元件，以缩短制造周期，便于互换和维护。

(1) 液压泵的确定

液压泵有齿轮泵、叶片泵和柱塞泵等多种类型，各种泵间的特性有很大差异。选择液压泵的主要依据是其最大工作压力和最大流量。同时还要考虑定量或变量、原动机类型、转速、容积效率、总效率、自吸特性、噪声等因素。这些因素通常在产品样本中均有反映，应逐一仔细研究，不明之处应向货源单位或制造厂咨询。

① 液压泵的最大工作压力 p_P(Pa)

$$p_P \geqslant p_1 + \sum \Delta p \tag{9-3}$$

式中，p_1 为 p-t 图中的最高工作压力，Pa；$\sum\Delta p$ 为系统进油路上的总压力损失。若系统在执行元件停止运动时才出现最高工作压力，则 $\sum\Delta p=0$；否则需对其进行计算（见第2章2.4节）。初算时可凭经验进行估取：简单系统取 $\sum\Delta p=0.2\sim0.5$MPa；复杂系统取 $\sum\Delta p=0.5\sim1.5$MPa。

② 液压泵的最大流量 q_P(m^3/s)　对于多个执行元件同时动作的系统，液压泵的最大流量应大于同时动作的执行元件所需的总流量，并应考虑系统的泄漏（参见图9-7），即

$$q_P \geqslant K(\sum q)_{max} \tag{9-4}$$

式中，K 为系统的泄漏系数，一般取1.1～1.3（大流量取小值，小流量取大值）；$(\sum q)_{max}$ 为同时动作的液压执行元件的最大流量，m^3/s，对于工作过程始终用流量阀节流调速的系统，尚需加上溢流阀的最小溢流量，一般取2～3L/min。

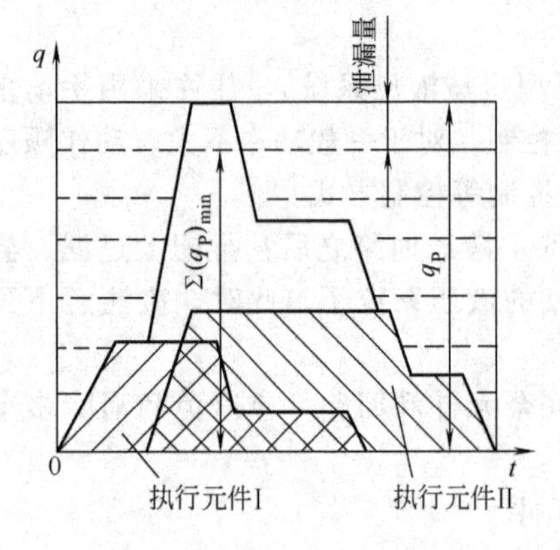

图9-7　同时动作的执行元件所需的流量

对于采用差动缸回路的系统，液压泵的最大流量 q_P(m^3/s) 由下式确定

$$q_P \geqslant K(A_1-A_2)v_{max} \tag{9-5}$$

式中，A_1、A_2 为液压缸无杆腔与有杆腔的有效面积，m^3；v_{max} 为液压缸的最大移动速度，m/s。

对于采用蓄能器辅助供油的系统，其液压泵的最大流量 q_P 按系统在一个工作周期中的平均流量确定，即

$$q_P \geqslant \sum_{i=1}^{z}\frac{KV_i}{T_i} \tag{9-6}$$

式中，z 为液压执行元件（缸或马达）的个数；V_i 为液压执行元件在工作周期中的总耗油量，m^3；T_i 为机器的工作周期，s。

③ 液压泵的规格　按照液压系统图中拟定的液压泵的形式及上述计算得到的 p_P 和 q_P 值，由产品样本或手册选取相应的液压泵规格。为了保证系统不致因过渡过程中过高的动态压力作用被破坏，系统应有一定的压力储备量，通常推荐液压泵的额定压力可比 p_P 高25%～60%（高压系统取小值，中低压系统取大值）；液压泵的额定流量宜与 q_P 相当，不应超过太多。

产品样本上通常给出泵的排量、转速范围及典型转速下不同压力下的输出流量。泵的输出流量 q_{Po} 为

$$q_{Po}=Vn\times10^{-3}\eta_V\ (\text{L/min}) \tag{9-7}$$

式中，V 为排量，cm^3/r；n 为转速，r/min；η_V 为容积效率，%。

压力越高、转速越低则泵的容积效率越低，变量泵在小排量下工作容积效率较低。转速恒定时泵的总效率在某个压力下最高，变量泵的总效率在某个排量、某个压力下最高。泵的总效率对整个液压系统的效率有很大影响，所以应尽量选用高效液压泵并尽量使泵在高效区工作。

④ 液压泵的驱动功率计算与电动机的选择　工作循环中，若液压泵的压力和流量比较恒定（即工况图曲线变化平稳），液压泵驱动功率 P_P 可由下式计算

$$P_P=\frac{p_P q_P}{\eta_P}\ (\text{W}) \tag{9-8}$$

式中，p_P、q_P 为液压泵的最大工作压力和最大流量；η_P 为液压泵的总效率，可参考表9-12 选取。

表 9-12　液压泵的总效率

液压泵类型	齿轮泵	叶片泵	柱塞泵
总效率	0.6～0.8	0.7～0.85	0.8～0.9
说明	液压泵规格大取大值；规格小取小值；变量泵取小值		

对于工程中经常采用的双联泵供油的快慢速交替循环系统，应分别计算快速和慢速两个工作阶段的驱动功率；对于限压式变量叶片泵的驱动功率，可按泵的流量-压力特性曲线拐点处的压力和流量值进行计算。

工作循环中，若液压泵的压力和流量变化较大（即工况图曲线起伏变化较大），则需分别计算各阶段所需功率，然后按下式计算平均功率 P_{cP}

$$P_{cP}=\sqrt{\sum_{i=1}^{n}P_i^2 t_i^2\Big/\sum_{i=1}^{n}t_i}\ (\text{W}) \tag{9-9}$$

式中，P_i 为一个工作循环中第 i 工作阶段所需功率，W；t_i 为第 i 工作阶段的持续时间，s。

内燃机一般用于行走设备，且并非液压设计者选定。固定设备液压泵的驱动电动机需由设计者选定。驱动液压泵的电动机，可根据上述计算公式算出的功率和液压泵的转速及其使用环境，从产品样本或手册中选定其型号规格［额定功率、电源、结构形式（立式、卧式，开式、封闭式等)］，并对其进行核算，以保证每个工作阶段电动机的峰值超载量都低于25％。立式电动机可通过钟形罩与泵连接，泵伸入油箱内部，结构紧凑，外形整齐，噪声低；卧式电动机，需通过支架与泵一起安装在油箱顶部或单独设置的基座上，占用空间较大，但泵的故障诊断和维护较为方便。常用电动机的技术参数及安装连接尺寸等可从相关手册查取。

(2) 执行元件的确定

① 液压缸　应尽量按已确定的液压缸结构性能参数（如液压缸内径、活塞杆直径、速度及速度比、工作压力等），从现有标准液压缸产品（工程、冶金、车辆和重载等系列）若干规格中，选用所需的液压缸，选用时应综合考虑如下两方面的问题：一是从占用空间、重量、刚度、成本和密封性等方面，对各种液压缸的缸筒组件、活塞组件、密封组件、排气装置、缓冲装置的结构形式进行比较；二是根据负载特性和运动方式综合考虑液压缸的安装方式，使液压缸只受运动方向的负载而不受径向负载。从法兰型、销轴型、耳环型、拉杆型（见有关设计手册）中所选出的安装方式，应满足液压缸不受复合力的作用并容易找正、刚度好、成本低、维护性好等条件。

如果现有标准液压缸产品不能满足使用要求，则可参照有关资料自行对液压缸进行结构设计。

② 液压马达　与液压泵类同，液压马达有齿轮式、叶片式和柱塞式等多种形式。通常按已确定的液压马达结构性能参数（如排量、转速、转矩、工作压力等），从中挑选转速范围、总效率、容积效率等符合系统要求，并从占用空间、安装条件及工作机构布置等方面综合考虑后，择优选定。液压技术的一般用户，通常不自行设计液压马达。

③ 摆动液压马达　应根据系统工作压力、可供流量及对摆动液压马达的功能要求选择其类型及转角、转矩和转速。摆动液压马达主要有叶片式和活塞式两大类型，前者应用较多。但当所需转角大于 310°时，只能选择活塞式；动态品质要求较高的液压系统，可选用叶片式摆动马达。使用时应注意摆动液压马达的总效率在高压下会因泄漏增加而明显降低。

(3) 液压控制阀的确定

各种液压控制阀的规格型号，可以系统的最高压力和通过阀的实际流量（从工况图和系统图查得）为依据并考虑阀的控制特性、稳定性及油口尺寸、外形尺寸、安装连接方式、操纵方式等，从产品样本中选取。选择中的注意事项如下。

① 液压阀的实际流量、额定压力和额定流量　液压阀的实际流量与油路的串、并联有关：串联油路各处流量相等；同时工作的并联油路的流量等于各条油路流量之和。此外，对于采用单活塞杆液压缸的系统，要注意活塞外伸和内缩时回油流量的不同：内缩时无杆腔回油与外伸时有杆腔回油的流量之比，与两腔面积之比相等。

各液压阀的额定压力和额定流量一般应与其使用压力和流量相接近。对于可靠性要求较高的系统，阀的额定压力应高出其使用压力较多。如果额定压力和额定流量小于使用压力和流量，则易引起液压卡紧和液动力，并对阀的工作品质产生不良影响；对于系统中的顺序阀和减压阀，其通过流量不应远小于额定流量，否则易产生振动或其它不稳定现象。对于流量阀，应注意其最小稳定流量。

② 液压阀的安装连接方式　由于阀的安装连接方式对后续设计的液压装置的结构形式有决定性的影响，所以选择液压阀时应对液压控制装置的集成方式做到心中有数。例如，采用板式连接液压阀，因阀可以装在油路板或油路块上，一方面便于系统集成化和液压装置设计合理化，另一方面更换液压阀时不需拆卸油管，安装维护较为方便；如果采用叠加阀，则需根据压力和流量研究叠加阀的系列型谱进行选型，等等。液压阀安装连接方式的选择，通常应考虑以下几个因素。

a. 体积与结构。液压系统工作流量在 100L/min 以下时，可优先选用叠加阀，这样会大大减少油路块的数量，从而使系统体积减小，重量减轻；系统工作流量在 200L/min 以上时，可优先考虑使用插装阀，这时插装阀的一系列优点可得到充分发挥；系统流量在 100～200L/min 之间时，优先顺序应是常规板式阀、叠加阀、插装阀。

b. 价格。实现同等功能时，同规格而不同类型的阀相比较，常规板式液压阀价格最低，叠加阀次之，而插装阀最高。随着国内叠加阀、插装阀生产厂商的增多和技术不断进步，其价格将会与常规阀接近。另外，虽然单个叠加阀、插装阀的价格最高，但是由它组成系统时油路块的简化反而会抵消一部分成本。

c. 货源。国内生产常规阀的历史较长且制造厂家较多，技术工艺也比较成熟，因此显得货源充足，价格低廉。生产叠加阀的厂家较少且规模较小，产品品种规格不全，货源远不如常规阀充足，从而造成系统设计中不能大量采用叠加阀。而制造插装阀的厂家较多，但目前各制造厂家更希望提供整套插装阀液压系统。

d. 其它。现代液压系统日趋复杂，通常一个液压系统往往包含许多回路或支路，各支路通过流量和工作压力不尽相同，这种情况下若牵强、机械地选用同一类型的液压阀有时未必合理。此时可统筹考虑，根据系统工况特点，混合选用几类阀（如有的回路选用常规阀，而有的回路则选用叠加阀或插装阀）。

③ 压力控制阀的选用　当系统需卸荷时，应注意卸荷溢流阀与外控顺序阀的区别。卸荷溢流阀主要用于装有蓄能器的液压回路中，如果选用一般外控顺序阀，将导致液压泵出口压力时高时低，系统工作失常。先导式减压阀较其它液压阀的泄漏量大，且只要阀处于工作

状态，泄漏始终存在，这一点在选择液压泵的容量时应充分注意。同时还应注意减压阀的最低调节压力，保证其进出口压力差为 0.3～1MPa。

④ 流量控制阀的选用　节流阀、调速阀的最小稳定流量应满足执行元件最低工作速度的要求。为了保证调速阀的控制精度，应保证一定压差。对于环境温度变化较大的情况，应选用温度补偿型调速阀。

⑤ 方向控制阀的选用　对于结构简单的普通单向阀，主要应注意其开启压力的合理选用：较低的开启压力，可以减小液流经过单向阀的阻力损失；但是，对于作背压阀使用的单向阀，其开启压力较高，以保证足够的背压力。对于液控单向阀，除了换向阀中相关的注意事项外，为避免引起系统的异常振动和噪声，还应注意合理选用其泄压方式：当液控单向阀的出口存在背压时，宜选用外泄式，其它情况可选内泄式。

对于换向阀，应注意从满足系统对自动化和运行周期的要求出发，从手动、机械、电磁、电液动等形式中合理选用其操纵形式。正确选用滑阀式换向阀的中位机能并把握其过渡状态机能。对于采用液压锁（双液控单向阀）锁紧液压执行元件的系统，应选用“H”、“Y”形中位机能的滑阀式换向阀，以使换向阀中位时，两个液控单向阀的控制腔均通油箱，保证液控单向阀可靠复位和液压执行元件的良好锁紧状态。所选用的滑阀式换向阀的中位机能在换向过渡位置，不应出现油路完全堵死情况，否则将导致系统瞬间压力无穷大并引起管道爆破等事故。

(4) 液压辅助元件的确定

① 油液过滤器的确定　选择过滤器的主要依据有过滤精度、通流能力、工作压力及允许压降、油液黏度、工作温度等。过滤器类型的选择及其注意事项请见本书第 6 章 6.1 节。

② 蓄能器的选择　液压系统使用蓄能器的目的很多，但归纳起来主要是蓄能保压、吸收液压冲击和吸收液压脉动三种。蓄能器的类型、特点、用途及选用请见第 6 章 6.3 节。

③ 油箱容量的确定　油箱容量可按第 6 章的公式(6-5) 计算得到；也可按系统发热温升计算公式确定。

④ 油管和管接头的确定　常用的油管有硬管（钢管和铜管）和软管（橡胶管和尼龙管）两类。一般应尽量选用硬管。油管的规格尺寸多由于它连接的液压元件的油口尺寸决定，只有对一些重要油管才计算其内径和壁厚。油管内径和壁厚按第 6 章 6.5.1 节所列公式算出后，即可按管材有关标准规定选取合适的油管。常用的管接头有焊接式、卡套式、扩口式、法兰式和软管用管接头等。油管及管接头的具体选用及注意事项请参见第 6 章 6.5.2 节。

⑤ 压力表与压力表开关的确定　液压泵的出口、安装压力控制元件处、与主油路压力不同的支路及控制油路、蓄能器的进油口等处，均应设置测压点，以便用压力表对压力调节或系统工作中的压力数值及其变化情况进行观测。压力表测量范围应大于系统的工作压力的上限，并安装在便于观测之处；系统常用的压力表形式为一般弹簧管压力表，对于需用远程传送信号或自动控制的系统，可选用电接点式压力表。压力表开关主要用于压力表和油路间的通、断，通过开关的阻尼作用，减轻压力表在压力脉动下的振动，延长其使用寿命。如果系统中测压点数目较多，可选择使压力表分别和液压系统的多个被测油路通断的多测量点压力表开关，以减少系统中压力表的用数。压力表与压力表开关的结构等可参阅第 6 章 6.6 节。

(5) 液压工作液体的选定

选择液压工作液体要考虑的因素有工作环境（易燃、毒性和气味等）、工作条件（黏度、系统压力、温度、速度等）、油液质量（物化指标、相容性、防锈性等）和经济性（价格、寿命等）。上述因素中，最重要的是液压油（液）的黏度。尽管各种液压元件产品都指定了应使用的液压油（液），但考虑到液压泵是整个系统中工作条件最严峻的部分，所以通常可根据泵的要求来确定液压油（液）的黏度及牌号，按照泵选择的油液一般对液压阀也适用；有时也可按工作环境和使用工况选择液压油（液）的品种。液压油液的种类、特性及具体选用方法请参见第 2 章 2.1 节。

9.1.4 液压系统性能验算

液压系统性能验算的目的在于对液压系统的设计质量做出评价和评判，若发生矛盾，则应对液压系统进行修正或改变液压元件规格。性能验算内容一般包括：系统压力损失、系统效率、系统发热与温升、液压冲击等。对于较重要的系统，还应对其动态性能进行验算或计算机仿真。计算时通常只采用一些简化公式以求得概略结果。

(1) 压力损失验算

验算的目的在于了解执行元件能否得到所需的压力。系统进油路上的压力损失$\sum\Delta p$［包括回油路上（即从执行元件出口到油箱）的损失折算过来的部分］由管道的沿程压力损失$\sum\Delta p_\lambda$、局部压力损失$\sum\Delta p_\zeta$和阀类元件的局部压力损失$\sum\Delta p_\nu$三部分组成，即

$$\sum\Delta p=\sum\Delta p_\lambda+\sum\Delta p_\zeta+\sum\Delta p_\nu \text{ (Pa)} \qquad (9\text{-}10)$$

沿程压力损失、局部压力损失和阀类元件的局部压力损失可分别按第 2 章式(2-38)、式(2-39) 和式(2-40) 计算。液压系统在各工作阶段的流量各异，故压力损失要分开计算。在管道布置尚未确定前，只有$\sum\Delta p_\nu$可以较好地估算出来，这部分损失在$\sum\Delta p$中所占比例往往较大，故由此基本上可看出系统压力损失的大小。如果计算得到的$\sum\Delta p$和初选系统设计压力时选定的压力损失相差较大，则需对设计进行必要的修改或调整；否则将对系统效率和某些性能产生不利影响。

(2) 系统效率 η 的估算

估算液压系统效率η时，主要应考虑液压泵的总效率η_P、液压执行元件的总效率η_A及液压回路的效率η_C。η可由下式计算

$$\eta=\eta_P\eta_C\eta_A \qquad (9\text{-}11)$$

式中，液压泵和液压马达的总效率可由产品样本查得，液压缸的总效率一般取 0.9～0.95。

液压回路效率η_C可按下式计算

$$\eta_C=\frac{\sum p_l q_l}{\sum p_P q_P} \qquad (9\text{-}12)$$

式中，$\sum p_l q_l$为各执行元件的负载压力和负载流量（输入流量）乘积的总和；$\sum p_P q_P$为各个液压泵供油压力和输出流量乘积的总和。

系统在一个完整循环周期内的平均回路效率$\overline{\eta_C}$可按下式计算

$$\overline{\eta_C}=\frac{\sum \eta_{Ci} t_i}{T} \qquad (9\text{-}13)$$

式中，η_{Ci}为各工作阶段的液压回路效率；t_i为各个工作阶段的持续时间，s；T为一个完整循环的时间，s。

(3) 发热温升估算及热交换器的选择

① 发热温升估算　液压系统的压力、容积和机械损失构成总的能量损失，这些能量损失都将转化为热量，使系统油温升高，产生一系列不良影响。为此，必须对系统进行发热与

温升计算，以便对系统温升加以控制。液压系统发热的主要原因，是由于液压泵和执行元件的功率损失以及溢流阀的溢流损失所造成的。因此，系统的总发热量可按下式估算

$$H=P_{Pi}-P_{Mo} \tag{9-14}$$

式中，P_{Pi}为液压泵的输入功率，W；P_{Mo}为执行元件的输出功率，W。

如果已计算出液压系统的总效率，也可按下式估算系统的总发热量

$$H=P_{Pi}(1-\eta) \tag{9-15}$$

式中，η为液压系统总效率。

液压系统中产生的热量，由系统中各个散热面散发至空气中，其中油箱是主要散热面。因为管道的散热面相对较小，且与其自身的压力损失产生的热量基本平衡，故一般略去不计。当只考虑油箱散热时，其散热量 H_0 可按下式计算

$$H_0=KA\Delta t \tag{9-16}$$

式中，K 为散热系数，W/(m² · ℃)，计算时可选用推荐值：通风很差（空气不循环）时，K=8W/(m² · ℃)；通风良好（空气流速为 1m/s 左右）时，K=14～20W/(m² · ℃)；风扇冷却时，K=20～25W/(m² · ℃)；用循环水冷却时，K=110～175W/(m² · ℃)；A 为油箱散热面积，m²；Δt 为系统温升，即系统达到热平衡时油温与环境温度之差，℃，一般工作机械 $\Delta t \leqslant 35$℃；工程机械 $\Delta t \leqslant 40$℃；数控机床 $\Delta t \leqslant 25$℃。

当系统产生的热量 H 等于其散发出去的热量 H_0 时，系统达到热平衡，此时

$$\Delta t=\frac{H}{KA} \tag{9-17}$$

当六面体油箱长、宽、高比例为（1：1：1)～(1：2：3）且液面高度是油箱高度的 0.8 倍时，其散热面积的近似计算式为

$$A=0.065\sqrt[3]{V^2} \tag{9-18}$$

由式(9-15）和式(9-16）可导出

$$\Delta t=\frac{H}{0.065K\sqrt[3]{V^2}} \tag{9-19}$$

式中，V 为油箱的有效容量，L。

计算结果若超出允许值并且适当加大油箱散热面积仍不能满足要求时，则应采用风扇强制散热或加设冷却器。

② 热交换器的选择

a. 冷却器的选择。水冷式冷却器较风冷式应用多些。选择冷却器的主要参数是换热面积 A_T

$$A_T=\frac{H-H_0}{K\Delta t_m} \tag{9-20}$$

式中，H、H_0、K 的意义同上；Δt_m 为平均温差，℃，通常计算对数平均温差，即

$$\Delta t_m=\frac{(T_1-t_2)-(T_2-t_1)}{\ln(T_1-t_2)/(T_2-t_1)} \tag{9-21}$$

式中，T_1、T_2 为液压泵的进、出口温度，℃；t_1、t_2 为冷却水的进、出口温度，℃。

利用冷却器自身热平衡方程式(9-22)，可求出出口温度 T_2 或冷却水流量 q_W

$$H-H_0=q_0\rho_0c_0(T_1-T_2)=q_W\rho_Wc_W(t_1-t_2) \tag{9-22}$$

式中，q_0、q_W 为液压油液和冷却水流量，m^3/s；ρ_0、ρ_W 为液压油液和冷却水密度，kg/m^3；c_0、c_W 为液压油液和冷却水等压比热容，J/(kg·℃)。

b. 加热器的选择。油温过低时，系统需设置加热器，以保证液压泵顺利启动。常用的电加热器选择依据是其功率 P(W)

$$P=\frac{c_0\rho_0V\Delta t}{\tau\eta_h} \tag{9-23}$$

式中，V 为油箱有效容量，L；Δt 为油液温升，℃；τ 为加热时间，s；η_h 为热效率，通常取 $\eta_h=0.6\sim0.8$。

(4) 液压冲击估算

由于影响液压冲击的因素很多，很难用准确方法计算，故一般是用估算或通过实验确定的。在设计液压系统时，一般可以采取措施而不做计算。当有特殊要求时，可按第 2 章 2.6 节的有关公式验算。

9.1.5 液压系统的技术设计

至此，已完成了液压系统的功能原理设计（包括液压系统原理图的拟定，组成元件设计和系统计算）。如果这些结果可以接受，则可根据所选择或设计的液压元件和辅件及电磁铁动作顺序表，进行液压系统的技术设计，即液压装置的设计及电气控制装置的设计并编制技术文件了。

(1) 设计的目的及内容

液压装置设计（泛指液压系统中需自行设计的那些零部件结构设计的统称）的目的在于选择确定元、辅件的连接装配方案、具体结构，设计和绘制液压系统产品工作图样，并编制技术文件，为制造、组装和调试液压系统提供依据。电气控制装置是实现液压装置工作控制的重要部分，是液压系统设计中不可缺少的重要环节。电气控制装置设计在于根据液压系统的工作节拍或电磁铁动作顺序表，选择确定控制硬件并编制相应的软件。

所设计和绘制的液压系统产品工作图样包括液压装置及其部件的装配图、非标准零部件的工作图及液压系统原理图、系统外形图、安装图、管路布置图，电路原理图、自制零部件明细表、标准液压元件及标准连接件、外购件明细表、备料清单、设计任务书、设计计算书、使用说明书、安装试车要求等技术文件。

液压装置设计是液压系统功能原理设计的延续和结构实现，也可以说是整个液压系统设计过程的归宿。事实上，一个液压系统能否可靠有效地运行，在很大程度上取决于液压装置设计质量的优劣，从而使液压装置结构设计在整个液压系统设计过程中成为一个相当重要的环节，故设计者必须给予足够重视。

(2) 液压装置的结构类型及其适用场合

液压装置按其总体配置分为分散配置型和集中配置型两种主要结构类型。

分散配置型液压装置是将液压系统的液压泵及其驱动电机、执行元件、液压控制阀和辅助元件按照机器的布局、工作特性和操纵要求等分散安设在主机的适当位置上，液压系统各组成元件通过管道逐一连接起来。例如，有的金属加工机床采用此种配置时，可将机床的床身、立柱或底座等支撑件的空腔部分兼作液压油箱，安放动力源，而把液压控制阀等元件安设在机身上操作者便于接近和操纵调节的位置。分散配置型液压装置的优点是节省安装空间和占地面积；缺点是元件布置零乱，安装维护较复杂，动力源的振动、发热还会对机床类主机的精度产生不利影响。此种结构类型主要适宜结构安装空间受限的移动式机械设备（如车辆、工程机械等）采用。

集中配置型液压装置通常是将系统的执行元件安放在主机上，而将液压控制阀组、液压泵及其驱动电机、油箱等辅助元件等独立安装在主机之外，即集中设置所谓液压站，如图 9-8 所示。液压站的优点是外形整齐美观，便于安装维护，便于采集和检测电液信号以利于自动化，可以隔离液压系统振动、发热等对主机精度的影响。缺点是占地面积大，特别是对于有强烈热源和烟雾、粉尘污染的机械设备，有时还需为安放液压站建立专门的隔离房间或地下室。液压站适合固定式机械设备采用。

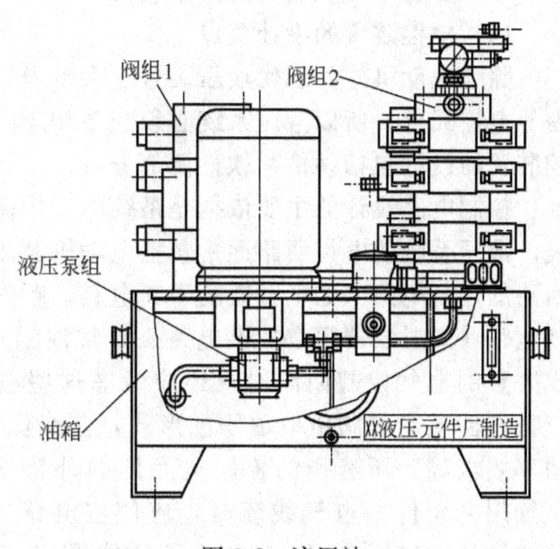

图 9-8　液压站

(3) 液压站的结构设计要点

液压站包括液压控制装置（阀组）和液压动力源（液压泵组与油箱）两大部分。液压站的设计工作主要集中在液压控制装置的集成上。对于采用无管集成的液压控制装置，因采用的辅助连接件的不同，有板式、块式、叠加阀式、插装式等集成方式，其中块式集成应用较为普遍。作为示例，图 9-9 给出了板式集成和块式集成的外形图。上述几种集成方式中它们的结构共同点是油路直接做在辅助连接件上或液压阀阀体上，借助连接件及其同油孔道实现液压控制阀及其它元件和管路的集成连接和油路联系；具有管件少、结构紧凑、组装方便、体积小、外形整齐美观、油路通道短、压力损失小、不易泄漏等优点。

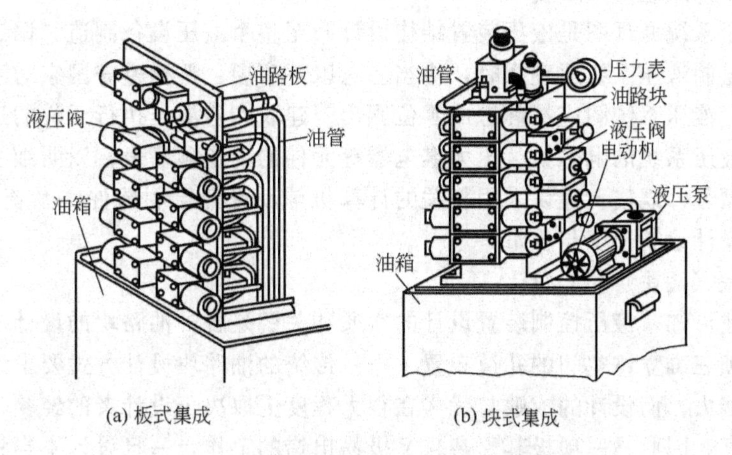

(a) 板式集成　　(b) 块式集成

图 9-9　板式集成和块式集成的液压控制装置

不同形式的辅助连接件统称为油路块或阀块。当选定某种集成方式后，液压控制装置的设计要点和步骤是：首先按照系统原理图的组成和工作特点，对液压系统进行分解和转换，绘制出集成油路图，然后进行油路块的结构设计，最后绘制出将安装上的液压阀的各油路块连接为一个整体的液压控制装置总装图。油路块各种孔道的计算、布置及油路块的材料选择、技术要求等可参阅有关文献或设计手册。

(4) 电控装置的设计要点

除了电动机外，现代液压装置还大量采用电磁阀、压力继电器、电加热器及电接点压力表等电控元件，所以液压系统必须配备相应的电控装置，它是液压设备重要的组成部分。电控装置的设计包括硬件和软件两部分。

控制电路设计的主要依据是系统的工作循环各节拍或不同工作状态下的电磁铁动作顺序表。液压系统的电控回路通常包括电动机驱动电路（如电动机的启停及切换电路）；主液压回路的控制电路（如电磁铁的通断电路、顺序动作电路、计时电路等）；辅助液压回路的控制电路（如过滤器阻塞发讯电路、异常油温或压力的报警电路等）。在将上述各种电路组成完整的电气控制回路时，还应考虑这些电路间的互锁、防干扰及故障停车等。设计中应特别注意电磁阀中电磁铁的形式，是交流还是直流，是干式还是湿式，电源频率要求、功率要求等。所选择的各用电元件的外接线缆，应该符合其使用说明书中的相关规定。布置用电元件的电气线缆时，应使主电路（动力电路）的线缆与控制电路（讯号电路）的线缆分开进行布置；控制电路的线缆应该采用屏蔽线。电气控制柜（箱）的内部用来安放各类继电器、接触器或可编程序控制器等电器元件，外露各种控制按钮及讯号指示灯等及其标牌。所设计的电气控制柜（箱）应造型美观，外露按钮及讯号指示灯等及其标牌应整齐并便于操作和维护。电气控制柜（箱），可直接搭载于液压站或主机上，也可以将其独立安放在液压站的临近处。

对于较为复杂的系统推荐采用微型计算机或可编程序控制器（PLC）来控制，以柔性地适应技术条件的变更并使电控装置小型化；并考虑机械运行的需要，编制自动化和安全程度高的控制软件。软件应根据元件动作顺序图表，使各个元件适时动作，完成工作循环，并且具有事故联锁保护、报警和自诊断等功能。

9.1.6 注意事项

(1) 液压系统原理图的绘制

正式的液压系统原理图是液压装置结构设计乃至整个液压设备制造、调试和使用的重要依据，因此在绘制液压系统原理图时，应当注意以下事项：严格遵守国家对液压元件图形符号标准的规定；液压系统图应按静态或零位画出；建议在各液压执行元件的近旁绘出其动作循环图；绘出液压系统的电磁铁、压力继电器等元件的动作顺序表；以明细表形式列出液压元件的名称、型号、规格；建议采用相关的计算机辅助设计绘制软件（系统），以提高液压系统原理图的设计绘制速度与质量。

(2) 油路块（阀块）的 CAD

由本节前述可知，液压控制装置设计的实质和关键是各种油路块的设计。而油路块的设计实质上是一项三维立体空间的孔道布置工作。传统的油路块设计方式要求设计人员具有很高的空间想象能力，而设计的成败与优劣在很大程度上取决于设计者的经验、创造性思维和耐心细致的程度，因此是一项极其繁杂且又极易出错的工作，一旦设计不当将造成油路块报废及材料和时间的浪费。计算机技术和软件技术发展，以及 CAD 技术的普及和广泛应用为解决上述问题创造了有利条件。显然，在各类油路块的设计中，使用计算机辅助设计技术，对于实现油路块设计自动化、提高设计效率及质量，加快液压设备产品的研发和更新换代速度，提高企业的社会经济效益等均具有重要意义。因此，应尽可能采用 CAD 技术来设计油路块或对手工设计的油路块进行计算机辅助校核。

9.2 液压传动系统设计计算示例-单面多轴钻孔组合机床液压系统设计

9.2.1 技术要求

自动线上的一台单面多轴钻孔组合机床的动力滑台为卧式布置（导轨为水平导轨，其静、动摩擦因数 $\mu_s=0.2$；$\mu_d=0.1$），拟采用杆固定的单杆液压缸驱动滑台，完成工件钻削加工时的进给运动；工件的定位、夹紧均采用液压控制方式，以保证自动化要求。由液压与电气配合实现的自动循环要求为：定位→夹紧→快进→工进→快退→原位停止→夹具松开→拔定位销。动力滑台的运动参数和动力参数如表 9-13 所列。

表 9-13 动力滑台的运动参数和动力参数

工 况	行程/mm	速度/(m/s)	时间/s	运动部件重力 G/N	钻削负载 F_e/N	启动、制动时间 Δt/s
快速	100	0.1	t_1 1	9800	—	0.2
工进	50	0.88×10^{-3}	t_2 56.6		30468	
快退	150	116.667	t_3 1.5		—	

9.2.2 工况分析

本例以动力滑台液压缸的分析计算为主。滑台液压缸在各工作阶段的外负载计算结果见表 9-14。由表 9-13 和表 9-14 即可绘制出图 9-10 所示液压缸的 L-t 图、v-t 图和 F-t 图。

表 9-14 动力滑台液压缸外负载计算结果

工 况	计算公式	外负载/N	说 明
启动	F_{fs}	1960	静摩擦负载： $F_{fs}=\mu_s(G+F_n)=0.2\times(9800+0)=1960$ (N) 动摩擦负载： $F_{fd}=\mu_d(G+F_n)=0.1\times(9800+0)=980$ (N) 惯性负载：$F_i=\dfrac{G}{g}\dfrac{\Delta v}{\Delta t}=\dfrac{9800\times0.1}{9.81\times0.2}=500$ (N) $\dfrac{\Delta v}{\Delta t}$为平均加速度，m/s^2。
加速	$F_{fd}+\dfrac{G}{g}\dfrac{\Delta v}{\Delta t}$	1480	
快进	F_{fd}	980	
工进	F_e+F_{fd}	31448	
反向启动	F_{fs}	1960	
加速	$F_{fd}+\dfrac{G}{g}\dfrac{\Delta v}{\Delta t}$	1480	
快退	F_{fd}	980	

9.2.3 确定主要参数，编制工况图

参考表 9-5，初选液压缸的设计压力 $p_1=4$MPa。为了满足工作台快速进退速度相等，

并减小液压泵的流量，将液压缸的无杆腔作为主工作腔，并在快进时差动连接，则液压缸无杆腔与有杆腔的有效面积 A_1 与 A_2 应满足 $A_1=2A_2$（即液压缸内径 D 和活塞杆直径 d 间应满足 $D=\sqrt{2}d$）。

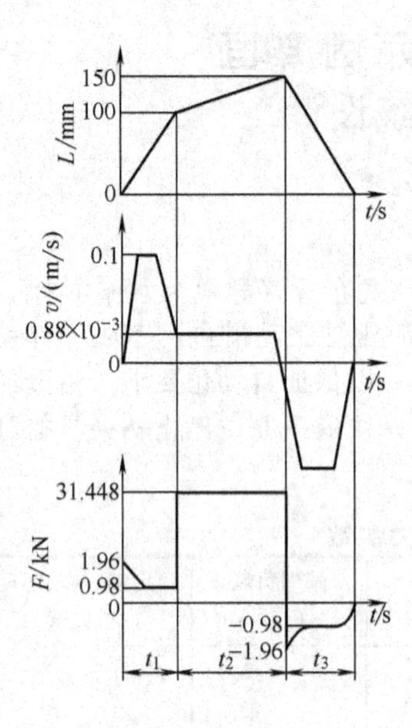

图 9-10 液压缸的 L-t 图、v-t 图和 F-t 图

为防止工进结束时发生前冲，液压缸需保持一定回油背压。参考表 9-7 暂取背压 0.6MPa，并取液压缸机械效率 $\eta_{cm}=0.9$，则可计算出液压缸无杆腔的有效面积

$$A_1=\frac{F}{\eta_{cm}\left(p_1-\frac{p_2}{2}\right)}=\frac{31448}{0.9\times\left(4-\frac{0.6}{2}\right)\times10^6}=94\times10^{-4}\ (\text{m}^2)$$

液压缸内径

$$D=\sqrt{\frac{4A_1}{\pi}}=\sqrt{\frac{4\times94\times10^{-4}}{\pi}}=0.109\ (\text{m})$$

按 GB/T 2348—93，取标准值 $D=110\text{mm}=11\text{cm}$；因 $A_1=2A$，故活塞杆直径为

$$d=D/\sqrt{2}=110/\sqrt{2}\approx80\ (\text{mm})\ (标准直径)$$

则液压缸实际有效面积为

$$A_1=\frac{\pi}{4}D^2=\frac{\pi\times11^2}{4}=95\ (\text{cm}^2)$$

$$A_2=\frac{\pi}{4}(D^2-d^2)=\frac{\pi}{4}\times(11^2-8^2)=44.7\ (\text{cm}^2)$$

$$A=A_1-A_2=50.3\ (\text{cm}^2)$$

差动连接快进时，液压缸有杆腔压力 p_2 必须大于无杆腔压力 p_1，其差值估取 $\Delta p=p_2-p_1=0.5(\text{MPa})$，并注意到启动瞬间液压缸尚未移动，此时 $\Delta p=0$；另外，取快退时的回油压力损失为 0.7MPa。

根据上述假定条件经计算得到液压缸工作循环中各阶段的压力、流量和功率（见表 9-15），并可绘出其工况图（图 9-11）。

表 9-15 液压缸工作循环中各阶段的压力、流量和功率

工作阶段		计算公式	负载 F/N	回油腔压力 p_2/MPa	工作腔压力 p_1/MPa	输入流量 q/(m³/s)	输入功率 P/kW
快进	启动	$p_1=\frac{\frac{F}{\eta_{cm}}+A_2\Delta p}{A}$ $q=Av_1$；$P=p_1q$	1960	—	0.48	—	—
	加速		1480	1.27	0.77	—	—
	恒速		980	1.16	0.66	0.5	330
工进		$p_1=\frac{\frac{F}{\eta_{cm}}+p_2A_2}{A_1}$ $q=A_1v_2$；$P=p_1q$	31448	0.6	3.96	0.83×10^{-2}	33
快退	启动	$p_1=\frac{\frac{F}{\eta_{cm}}+p_2A_1}{A_2}$ $q=A_2v_1$；$P=p_1q$	1960	—	0.48	—	—
	加速		1480	0.7	1.86	—	—
	恒速		980	0.7	1.73	0.45	780

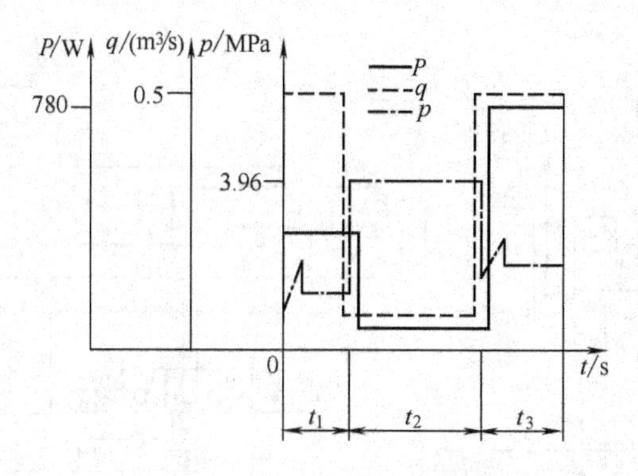

图 9-11　液压缸的工况图

9.2.4　拟定液压系统原理图

(1) 选择液压回路

首先，选择调速回路：由工况图可看到，液压系统功率较小，负载为阻力负载且工作中变化小，故采用进油调速阀节流调速回路。为防止在孔钻通时负载突然消失引起滑台前冲，回油路设置背压阀。

由于已选用节流调速回路，故系统必然为开式循环方式。

然后，选择油源形式：由工况图可知，系统在快速进、退阶段的工况为低压、大流量且持续时间短，而工进阶段的工况为高压、小流量且持续时间长，两种工况的最大流量与最小流量之比约达 60，从提高系统效率和节能角度，宜选用高低压双泵组合供油或采用限压式变量泵供油。两者各有利弊，现决定采用双联叶片泵方案。

其次，选择换向与速度换接回路：系统已选定差动回路作快速回路，同时考虑到工进→快退时回油流量较大，为保证换向平稳，因此选用三位五通 Y 形中位机能电液动换向阀作主换向阀并实现差动连接。由于本机床工作部件终点的定位精度要求不高，故采用活动挡块压下电气行程开关控制换向阀电磁铁的通、断电即可实现自动换向和速度换接。

再次，选定压力控制回路：在高压泵出口并联一溢流阀，实现系统的溢流定压；在低压泵出口并联一外控顺序阀，实现系统高压工作阶段的卸荷。

最后，考虑定位夹紧回路：为了保证工件的夹紧力可靠且能单独调节，在该回路上串接减压阀和单向阀；为保证定位→夹紧的顺序动作，在夹紧缸进油路上接单向顺序阀，只有当定位缸达到顺序阀的调压值时，夹紧缸才动作；为保证工件确已夹紧后进给缸（滑台液压缸）才能动作，在夹紧缸进油口处装一压力继电器。

(2) 组成液压系统图

在主要回路初步选定基础上，在液压泵进口设置一过滤器；出口设一压力表及压力表开关，以便观测泵的压力等。经整理所组成的液压系统原理图如图 9-12 所示。

9.2.5　组成液压元件设计

(1) 液压泵及其驱动电动机

首先，确定液压泵的最高工作压力：由液压缸的工况图 9-11 或表 9-15 可以查得液压缸的最高工作压力出现在工进阶段，$p_1=3.96$MPa，而压力继电器的调整压力应比液压缸最高工作压力大 0.5MPa。此时缸的输入流量较小，且进油路元件较少，故泵至缸间的进油路压力损失估取为 $\Delta p=0.8$MPa，则小流量泵的最高工作压力 p_{P1} 为

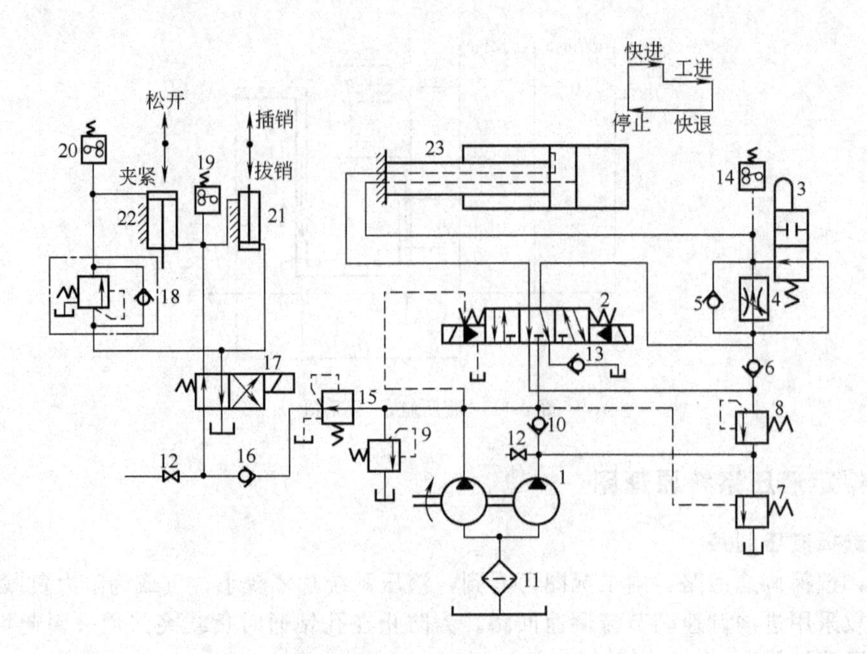

图 9-12 钻孔组合机床液压系统原理图

1—双联叶片泵；2—三位五通电液动换向阀；3—二位二通机动换向阀（行程阀）；4—调速阀；5,6,10,13,16—单向阀；7—外控顺序阀；8,9—溢流阀；11—过滤器；12—压力表开关；14,19,20—压力继电器；15—减压阀；17—二位四通电磁换向阀；18—单向顺序阀；21—定位缸；22—夹紧缸；23—进给缸

$$p_{P1}=3.96+0.5+0.8=5.26\ (\mathrm{MPa})$$

大流量泵仅在快速进退时向液压缸供油，由图 9-11 可知快退时液压缸的工作压力比快进时大，取进油路压力损失为 $\Delta p=0.4\mathrm{MPa}$，则大流量泵最高工作压力 p_{P2} 为

$$p_{P2}=1.86+0.4=2.26\ (\mathrm{MPa})$$

其次，确定液压泵的流量：液压泵的最大供油量 q_P 按液压缸的最大输入流量（$0.5\times10^{-3}\mathrm{m^3/s}$）进行估算。根据式(9-4) 取泄漏系数 $K=1.1$，则

$$q_P=1.1\times0.5\times10^{-3}=0.55\times10^{-3}=33\ (\mathrm{L/min})$$

考虑到溢流阀的最小稳定流量为 2L/min，工进时的流量为 $8.3\times10^{-6}\mathrm{m^3/s}$(0.5L/min)，则小流量泵的流量至少应为 2.5L/min。

然后，确定液压泵及其驱动电动机的规格：根据以上计算结果查阅产品样本，选用规格相近的 $\mathrm{YB_1}$-2.5/30 型双联叶片泵。

由工况图 9-11 知，最大功率出现在快退阶段，由表 9-12 取泵的总效率为 $\eta_P=0.80$，则所需电动机功率为

$$P_P=\frac{p_P q_P}{\eta_P}=\frac{2.26\times10^6\times(2.5+30)}{0.80\times60\times10^3}=1.53\ (\mathrm{kW})$$

最后，选用电动机型号：查产品样本，选用规格相近的 Y112-6 型封闭式三相异步电动机，其额定功率 2.2kW。

根据所选择的液压泵规格及系统工作情况，可算出液压缸在各阶段的实际进出流量、运动速度和持续时间（见表 9-16），从而为其它液压元件的选择及系统的性能计算奠定基础。

表 9-16　液压缸在各阶段的实际进出流量、运动速度和持续时间

工作阶段	流量/(L/min)		速度/(m/s)	时间/s
	无杆腔	有杆腔		
快进	$q_{\text{进}}=\frac{A_1(q_{P1}+q_{P2})}{A}=\left[\frac{95\times(2.5+30)}{50.3}\right]=61.4$	$q_{\text{出}}=q_{\text{进}}\frac{A_2}{A_1}=61.4\times\frac{44.7}{95}=28.9$	$v_1=\frac{q_{P1}+q_{P2}}{A}=\frac{(2.5+30)\times10^{-3}}{60\times50.3\times10^{-4}}=0.108$	$t_1=\frac{L_1}{v_1}=\frac{100\times10^{-3}}{0.108}=0.93$
工进	$q_{\text{进}}=0.5$	$q_{\text{出}}=q_{\text{进}}\frac{A_2}{A_1}=0.5\times\frac{44.7}{95}=0.24$	$v_2=\frac{q_{\text{进}}}{A_1}=\frac{0.5\times10^{-3}}{60\times95\times10^{-4}}=0.88\times10^{-3}$	$t_2=\frac{L_2}{v_2}=\frac{50\times10^{-3}}{0.88\times10^{-3}}=56.8$
快退	$q_{\text{进}}=q_{P1}+q_{P2}=2.5+30=32.5$	$q_{\text{出}}=q_{\text{进}}\frac{A_1}{A_2}=32.5\times\frac{95}{44.7}=69$	$v_3=\frac{q_{\text{进}}}{A_2}=\frac{32.5\times10^{-3}}{60\times44.7\times10^{-4}}=0.121$	$t_3=\frac{L_3}{v_3}=\frac{150\times10^{-3}}{0.121}=1.24$

(2) 液压控制阀和液压辅助元件

根据系统工作压力与通过各液压控制阀及部分辅助元件的最大流量，查产品样本所选择的元件型号规格如表 9-17 所列。

表 9-17　专用铣床液压系统中控制阀和部分辅助元件的型号规格

序号	名　称	通过流量/(L/min)	额定流量/(L/min)	额定压力/MPa	额定压降/MPa	型　号	调整压力/MPa
1	双联叶片泵	—	2.5/30	6.3	—	YB_1-2.5/30	
2	三位五通电液动换向阀	69	100	6.3	0.3	35DY-100BY	
3	行程阀	62	100	6.3	0.3	22C-100BH	
4	调速阀	<1	6	6.3		Q-6B	
5	单向阀	69	100	6.3	0.2	I-100B	
6	单向阀	32.5	63	6.3	0.2	I-63B	
7	顺序阀	30	63	6.3		XY-63B	2
8	背压阀	<1	10	6.3		B-10B	0.8
9	溢流阀	2.5	10	6.3		Y-10B	4.96
10	单向阀	30	63	6.3	0.2	I-63B	
11	过滤器	32.5	50	6.3		XU-50×200	
12	压力表开关	—	—	—	—	K-6B	
13	单向阀	69	100	6.3	0.2	I-100B	
14	压力继电器	—	—	6.3	—	DP_1-63B	4.45
15	减压阀	32.5	63	6.3		J-63B	4.55
16	单向阀	32.5	63	6.3	0.2	I-63B	
17	二位四通电磁换向阀	32.5	40	6.3	0.3	24D-40B	
18	单向顺序阀	32.5	63	6.3	0.2	I-63B	>插销压力
19	压力继电器	—	—	6.3	—	DP_1-63B	4.55
20	压力继电器	—	—	6.3	—	DP_1-63B	4.55
说明	考虑到液压系统的最大压力均小于 6.3MPa，故选用了广州机床研究所的中低压系列液压元件；调速阀 4 的最小稳定流量为 0.03L/min，小于系统工进速度时的流量 0.5L/min						

管件尺寸由选定的标准元件油口尺寸确定。油箱容量按式(6-5）计算，取$\zeta=6$，得油箱容量为

$$V=\zeta q_{\mathrm{P}}=6\times(2.5+30)=195\ (\mathrm{L})$$

9.2.6　验算液压系统性能

(1) 验算系统压力损失

按选定的液压元件接口尺寸确定管道直径为$d=18\mathrm{mm}$，进、回油管道长度均取为$l=2\mathrm{m}$；取油液运动黏度$\nu=1\times10^{-4}\mathrm{m}^2/\mathrm{s}$，油液密度$\rho=0.9174\times10^3\mathrm{kg/m}^3$。由表9-16查得工作循环中进、回油管道中通过的最大流量$q=69\mathrm{L/min}$发生在快退阶段，由此计算得雷诺数

$$Re=\frac{vd}{\nu}=\frac{4q}{\pi d\nu}=\frac{4\times69\times10^{-3}}{60\times\pi\times18\times10^{-3}\times1\times10^{-4}}=813<2320$$

故可推论出：各工况下的进、回油路中的液流均为层流。

将适用于层流的沿程阻力系数$\lambda=75/Re=75\pi d\nu/(4q)$和管道中液体流速$v=4q/(\pi d^2)$代入沿程压力损失计算公式(2-38）得

$$\Delta p_{\lambda}=\frac{4\times75\rho\nu l}{2\pi d^4}q=\frac{4\times75\times0.9174\times10^3\times1\times10^{-4}\times2}{2\pi\times(18\times10^{-3})^4}q=0.8349q$$

在管道具体结构尚未确定情况下，管道局部压力损失Δp_{ζ}常按以下经验公式计算

$$\Delta p_{\zeta}=0.1\Delta p_{\lambda}$$

各工况下的阀类元件的局部压力损失按式(2-40）计算，即

$$\Delta p_{\zeta}=\Delta p_{\mathrm{s}}(q/q_{\mathrm{s}})^2$$

根据以上三式计算出的各工况下的进回管道的沿程、局部和阀类元件的压力损失，如表9-18所列。

表9-18　各工况下进回油管道的沿程、局部和阀类元件的压力损失

管道	压力损失/Pa	工况		
		快进	工进	快退
进油管道	Δp_{λ}	0.854×10^5	0.00696×10^5	0.452×10^5
	Δp_{ζ}	0.0854×10^5	0.000696×10^5	0.0452×10^5
	Δp_{ν}	1.448×10^5	5×10^5	0.317×10^5
	Δp	2.3674×10^5	约5×10^5	0.814×10^5
回油管道	Δp_{λ}	0.402×10^5	0.00348×10^5	0.690×10^5
	Δp_{ζ}	0.0402×10^5	0.000348×10^5	0.0690×10^5
	Δp_{ν}	0.406×10^5	6×10^5	2.38×10^5
	Δp	0.848×10^5	约6×10^5	3.094×10^5

将回油路上的压力损失折算到进油路上，可求得总的压力损失。例如，经折算得到的快进工况下的总的压力损失为

$$\sum \Delta p = \left(2.3874 \times 10^5 + 0.848 \times 10^5 \times \frac{44.7}{95}\right) = 2.786 \times 10^5 \text{ (Pa)}$$

其余工况以此类推。尽管上述计算结果与估取值不同，但不会使系统工作压力超过其能达到的最高压力。

(2) 确定压力控制元件的调整压力

根据以上计算，所确定的压力控制元件的调整压力参见表 9-17。

(3) 估算系统效率、发热和温升

由表 9-16 的数据可看到，本液压系统的进给缸在其工作循环持续时间中，快速进退仅占 3%，而工作进给达 97%，所以系统效率、发热和温升可概略用工进时的数值来代表。

根据式(9-12) 可算出工进阶段的回路效率

$$\eta_C = \frac{p_1 q_1}{p_{P1} q_{P1} + p_{P2} q_{P2}} = \frac{3.96 \times 10^6 \times 8.3 \times 10^{-6}}{4.96 \times 10^6 \times \frac{2.5 \times 10^{-3}}{60} + 0.068 \times 10^6 \times \frac{30 \times 10^{-3}}{60}} = 0.136$$

其中，大流量泵的工作压力 p_{P2} 就是此泵通过顺序阀卸荷时所产生的压力损失，因此它的数值为

$$p_{P2} = 0.3 \times 10^6 \times (30/63)^2 = 0.068 \times 10^6 \text{ (MPa)}$$

前已取双联液压泵的总效率 $\eta_P = 0.80$，现取液压缸的总效率 $\eta_{cm} = \eta_A = 0.95$，则按式(9-11) 即可算得本液压系统的效率

$$\eta = 0.80 \times 0.136 \times 0.95 = 0.103$$

足见工进时液压系统效率很低，这主要是由于溢流损失和节流损失造成的。

工进工况液压泵的输入功率为

$$P_{Pi} = \frac{p_{P1} q_{P1} + p_{P2} q_{P2}}{\eta_P} = \frac{4.96 \times 10^6 \times \frac{2.5 \times 10^{-3}}{60} + 0.068 \times 10^6 \times \frac{30 \times 10^{-3}}{60}}{0.80} = 300.83 \text{ (W)}$$

根据系统的发热量计算公式(9-15) 可算得工进阶段的发热功率

$$H = P_{Pi}(1 - \eta) = 300.83 \times (1 - 0.103) = 269.84 \text{ (W)}$$

按式(9-19)，取散热系数 $K = 15\text{W}/(\text{m}^2 \cdot ℃)$，算得系统温升为

$$\Delta t = \frac{H}{0.065K\sqrt[3]{V^2}} = \frac{269.84}{0.065 \times 15 \times \sqrt[3]{(195)^2}} = 8.23 \text{ (℃)}$$

思考题与习题

9-1　液压系统的设计流程有哪两大部分内容？各解决什么问题？需要注意哪些事项？

9-2　设计液压系统要进行哪些方面的计算？

9-3　试分析液压系统设计中预选的执行元件设计压力高低对液压系统的结构尺寸、可靠性、经济性等性能的影响。

9-4　如果已知液压泵的额定压力、额定流量、额定转速、所需的工作压力和流量，试问应如何确定该泵的原动机？

9-5　有许多液压元件有单独的外泄油口，进行液压系统配管时，可否将泄油管直接与液压系统的主回油管直接接在一起？为什么？试举例说明。

9-6 液压控制系统的设计，除了静态性能外，还包括动态性能设计，你认为动态性能应有哪些项目？

9-7 试拟定一钻削组合机床的液压系统原理图。要求该系统能实现工件夹紧→快进→一次工进→二次工进→死挡块停留→快退→原位停止、工件松开→液压泵卸荷。

9-8 试设计一台专用切削机床工作台的液压系统。工件采用机械方式夹紧，工作台要求完成快进→工进→快退→停止等动作的自动循环。已知：工作台、工件及夹具的总重量为 $G=5.5\text{kN}$，切削负载为 $F_e=9\text{kN}$，工作台快进行程为 $L_1=0.3\text{m}$，工进行程 $L_2=0.1\text{m}$，工作台快速进、退速度为 $v_1=v_3=0.075\text{m/s}$，工进速度为 $v_2=0.016\text{m/s}$，加、减速时间为 $\Delta t=0.05\text{s}$，工作台采用平导轨，静摩擦系数 $\mu_s=0.2$，动摩擦系数 $\mu_d=0.1$。

9-9 设计一台小型立式液压机的液压传动系统，其工作循环为快速空程下行→慢速加压→保压→快速回程→停止。快速往返速度为 3m/min，加压速度为 40～250mm/min，最大压制力为 200kN，运动部件总重量为 20kN（不计各种损失）。

第 10 章　气压传动

10.1　气动工作介质及其力学基础

气动系统的工作介质是压缩空气，气动技术的理论基础是气体力学。所以，设计与使用气动技术首先应了解和掌握空气的性质及气体力学。

10.1.1　气动工作介质

(1) 空气的组成及形态

自然空气由多种气体混合而成，其主要成分是氮和氧，其次是氩和少量的二氧化碳及其它气体。但在各种作业环境中，空气的组成则更加复杂。空气可分为干空气和湿空气两种形态，含有水蒸气的空气称为湿空气，去除水分的、不含有水蒸气的空气称为干空气。气动技术以干空气为工作介质。

(2) 空气的主要物理性质

① 密度　单位体积内空气的质量，称为空气的密度。干空气和湿空气的密度分别用 ρ_d 和 ρ_w 表示

$$\rho_d=\rho_0\frac{273.16}{T}\times\frac{p}{p_0}\ (kg/m^3) \tag{10-1}$$

$$\rho_w=\rho_0\frac{273.16}{T}\times\frac{p-0.0378\varphi p_s}{0.013}\ (kg/m^3) \tag{10-2}$$

式中，ρ_0 为基准状态（温度 $t=0℃$，压力 $p=0.1013MPa$）下干空气的密度，$\rho_0=1.293kg/m^3$；T 为热力学温度，K，$T=273.16+t$；p 为空气的绝对压力，MPa；p_0 为基准状态下干空气的压力，MPa；p_s 为在热力学温度为 T 时饱和空气中水蒸气的分压力，MPa；φ 为空气的相对湿度，%。

② 黏性　空气运动时产生摩擦阻力的性质称为黏性，黏性的大小常用运动黏度 ν 表示。空气黏度受压力变化的影响极小，通常可忽略，但空气黏度随温度升高而增大。压力在 0.1013MPa 时，空气的运动黏度与温度之间的关系见表 10-1。

表 10-1　空气的运动黏度与温度之间的关系

t/℃	0	5	10	20	30	40	60	80	100
$\nu/10^{-6}(m^2\cdot s^{-1})$	13.6	14.2	14.7	15.7	16.6	17.6	19.6	21.0	23.8

③ 湿度　湿空气所含水分的程度用湿度和含湿量来表示，湿度有绝对湿度和相对湿度两种表示方法。

a. 绝对湿度　单位体积湿空气中所含水蒸气的质量称为湿空气的绝对湿度，用 χ 表示

$$\chi=\rho_s=m_s/V=p_s/(R_sT)\ (kg/m^3) \tag{10-3}$$

式中，ρ_s为湿空气中水蒸气的密度，kg/m³；m_s为湿空气中水蒸气的质量，kg；V为湿空气的体积，m³；T为热力学温度，K，$T=273.16+t$，t为湿空气温度；p_s为水蒸气的分压力，MPa；R_s为水蒸气的气体常数，J/(kg·K)，$R_s=462.05$J/(kg·K)。

b. 饱和绝对湿度　湿空气中水蒸气的分压力达到该温度下水蒸气的饱和压力时的绝对湿度称为饱和绝对湿度，用χ_b表示

$$\chi_b=\rho_b=p_b/(R_s T) \tag{10-4}$$

式中，ρ_b为饱和湿空气中水蒸气的密度，kg/m³；p_b为饱和湿空气中水蒸气的分压力，MPa；其余符号意义同前。

c. 相对湿度　在一定温度和压力下，绝对湿度和饱和绝对湿度之比称为该温度下的相对湿度，用φ表示

$$\varphi=\frac{\chi}{\chi_b}\times 100\%=\frac{p_s}{p_b}\times 100\% \tag{10-5}$$

当空气的相对湿度$\varphi=0$时即为绝对干燥；当$\varphi=100\%$时即为饱和湿度。气动技术中，规定进入控制元件的空气相对湿度应小于95%。

d. 含湿量　单位质量的干空气中所混合的水蒸气的质量，称为质量含湿量，用d表示

$$d=\frac{m_s}{m_g}=\frac{\rho_s}{\rho_g} \tag{10-6}$$

式中，m_g为干空气质量，kg；ρ_g为干空气密度，kg/m³；其余符号意义同前。

e. 可压缩性和膨胀性　空气的气体分子间距较大，摩擦力较小。空气的体积受压力和温度变化的影响极大。空气随压力增大而体积减小的性质称为气体的可压缩性；空气随温度增大而体积增大的性质称为气体的膨胀性。空气的压缩性和膨胀性比液体大得多，故在气动系统设计中应予以考虑。

10.1.2　气体力学基础

气体以某种状态存在于空间，气体的状态通常以压力、温度和体积三个参数来表示。气体由一种状态到另一种状态的变化过程称之为气体状态变化过程。气体状态变化中或变化后处于平衡时各参数的关系用气体状态方程进行描述。

（1）理想气体的状态方程

自然空气可视为理想气体（不计黏性的气体），一定质量的理想气体在状态变化的某瞬时的状态方程为

$$\frac{pV}{T}=R\text{（常数）} \tag{10-7}$$

$$p\nu=RT \tag{10-8}$$

$$\frac{p}{\rho}=RT \tag{10-9}$$

式中，p为气体绝对压力，Pa；V为气体体积，m³；ρ为气体密度，kg/m³；T为气体热力学温度，K；ν为气体比容，m³/kg；R为气体常数，J/(kg·K)；干空气为$R_g=287$J/(kg·K)，水蒸气为$R_s=462.05$J/(kg·K)。

理想气体状态方程，适用于绝对压力 $p \leqslant 20\text{MPa}$，热力学温度 $T \leqslant 253\text{K}$ 的自然空气或纯氧、氟、二氧化碳等气体。

(2) 气体状态变化过程

① 等容变化过程　一定质量的气体，在容积保持不变时，从某一状态变化到另一状态的过程，称为等容过程，其方程为

$$\frac{p_1}{T_1}=\frac{p_2}{T_2} \tag{10-10}$$

式中，p_1、p_2 为起始状态和终了状态的绝对压力，Pa；T_1、T_2 为起始状态和终了状态的热力学温度，K。

在等容状态过程中，压力的变化与温度的变化成正比。

② 等压变化过程　一定质量的气体，在压力保持不变时，从某一状态变化到另一状态的过程，称为等压过程，其方程为

$$\frac{\nu_1}{T_1}=\frac{\nu_2}{T_2} \tag{10-11}$$

式中，ν_1、ν_2 为起始状态和终了状态的气体比容，m^3/kg；T_1、T_2 为起始状态和终了状态的绝对温度，K。

在等压变化过程中，气体体积随温度升高而膨胀并对外做功。

③ 等温变化过程　一定质量的气体在温度保持不变时，从某一状态变化到另一状态的过程，称为等温过程，其方程为

$$p_1\nu_1=p_2\nu_2 \tag{10-12}$$

式中，p_1、p_2 为起始状态和终了状态的绝对压力，Pa；ν_1、ν_2 为起始状态和终了状态的气体比容，m^3/kg。

等温状态过程中，气体压力与比容成反比，气体热力能不变，加入气体的全部热量全部变为膨胀功。

④ 绝热变化过程　一定质量的气体在状态变化过程中，与外界无热量交换的状态变化过程，称为绝热过程，其方程为

$$\frac{T_2}{T_1}=\left(\frac{p_2}{p_1}\right)^{\frac{k-1}{k}}=\left(\frac{\nu_1}{\nu_2}\right)^{k-1} \tag{10-13}$$

式中，k 为气体绝热指数，$k=c_p/c_V$，对不同的气体有不同的值，自然空气可取 $k=1.4$；c_p 为空气质量等压比热容，J/(kg · K)，$c_p=1005\text{J/(kg·K)}$；c_V 为空气质量等容比热容，J/(kg · K)，$c_V=718\text{J/(kg·K)}$。

在绝热变化过程中，输入系统的热量等于零，系统靠消耗内能做功。气动技术中，快速动作如空气压缩机的活塞在气缸中的运动被认为是绝热过程。

⑤ 多变过程　不加任何限制条件的气体状态变化过程，称为多变过程。上述四种变化过程为多变过程的特例，工程实际中大多数变化过程为多变过程，其方程为

$$\frac{T_2}{T_1}=\left(\frac{p_2}{p_1}\right)^{\frac{n-1}{n}}=\left(\frac{\nu_1}{\nu_2}\right)^{n-1} \tag{10-14}$$

式中，n 为气体多变指数，自然空气可取 $n=1.4$；其余符号意义同前。

(3) 气体在管内的定常流动规律

气体在管道中的流动速度小于5m/s时，其流动规律与液体相同。

① 气体流动连续性方程　连续性方程，是质量守恒定律在气体力学中的应用。气体在管道中作定常流动时，流过管道每一过流断面的质量流量为一定值，即

$$q_m=\rho vA=常数 \tag{10-15}$$

可压缩气体连续性方程

$$q_m=\rho_1 v_1 A_1=\rho_2 v_2 A_2=常数 \tag{10-16}$$

式中，q_m 为气体流经每个截面的质量流量，kg/s；v 为通流截面上的气体平均流速，m/s；A 为通流截面的有效作用面积，m^2；A_1、A_2 为两任意通流截面的面积，m^2；v_1、v_2 为两任意通流截面的液体平均流速，m/s；ρ_1、ρ_2 为两任意通流截面的气体密度，kg/m^3。

② 气体能量方程（可压缩流体的伯努利方程）　当忽略势能与损失能量时，绝热过程下气体的能量方程为

$$\frac{k}{k-1}\frac{p_1}{\rho_1}+\frac{v_1^2}{2}=\frac{k}{k-1}\frac{p_2}{\rho_2}+\frac{v_2^2}{2} \tag{10-17}$$

多变过程下气体的能量方程为

$$\frac{n}{n-1}\frac{p_1}{\rho_1}+\frac{v_1^2}{2}=\frac{n}{n-1}\frac{p_2}{\rho_2}+\frac{v_2^2}{2} \tag{10-18}$$

式中，p_1、p_2 为两任意通流截面的压力，Pa；其余符号意义同前。

③ 流体机械（压气机、鼓风机等）对气体做功时的能量方程　空气压缩机、鼓风机等流体机械在绝热过程下气体的能量方程为

$$\frac{k}{k-1}\frac{p_1}{\rho_1}+\frac{v_1^2}{2}+L_k=\frac{k}{k-1}\frac{p_2}{\rho_2}+\frac{v_2^2}{2} \tag{10-19}$$

$$L_k=\frac{k}{k-1}\frac{p_1}{\rho_1}\left[\left(\frac{p_2}{\rho_1}\right)^{\frac{k-1}{k}}-1\right]+\frac{1}{2}(v_2^2-v_1^2) \tag{10-20}$$

多变过程下气体的能量方程为

$$\frac{n}{n-1}\frac{p_1}{\rho_1}+\frac{v_1^2}{2}+L_n=\frac{n}{n-1}\frac{p_2}{\rho_2}+\frac{v_2^2}{2} \tag{10-21}$$

$$L_n=\frac{n}{n-1}\frac{p_1}{\rho_1}\left[\left(\frac{p_2}{\rho_1}\right)^{\frac{n-1}{n}}-1\right]+\frac{1}{2}(v_2^2-v_1^2) \tag{10-22}$$

式中，L_k、L_n 为绝热过程、多变过程中，流体机械对单位质量气体所做的全功，J/kg；其余符号意义同前。

(4) 容器的充气与排气计算

气罐、气缸、气马达以及气动控制元件的控制腔均可视为气压容器，气动系统的工作过程就是容器的充气与放气过程。容器的充气与放气计算主要指充、放气过程中的温度和时间计算。

① 充气温度与时间计算　图10-1所示为气罐充气装置原理图。图中控制阀切换至上位

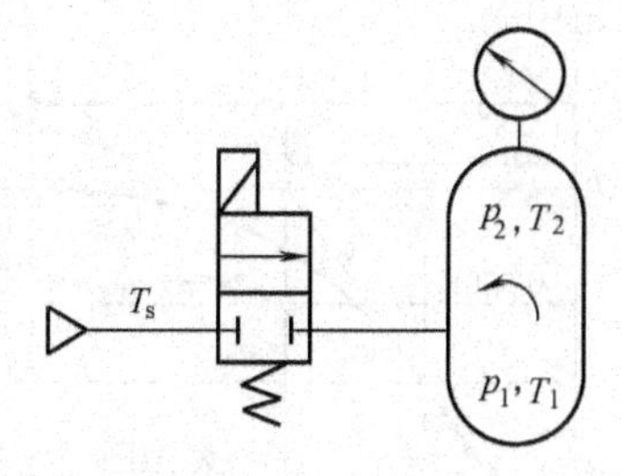

图 10-1　充气装置原理图

时，气源向气罐充气，控制阀复至图示下位时停止充气。

设气罐容积为 V，气源压力为 p_s，温度为 T_s。充气后，气罐内压力从 p_1 升高到 p_2，气罐内温度由原来的室温 T_1 升高到 T_2。因充气过程进行较快，热量来不及通过气罐与外界交换，可按绝热过程考虑。根据能量守恒规律，充气后的温度为

$$T_2=\frac{k}{1+\frac{p_1}{p_2}\left(k\frac{T_s}{T_1}-1\right)}T_s \tag{10-23}$$

当 $T_s=T_1$，即气源与被充气罐均为室温时

$$T_2=\frac{k}{1+\frac{p_1}{p_2}(k-1)}T_1 \tag{10-24}$$

充气结束后，因气罐壁散热，使罐内气体温度下降至室温，压力也随之下降，降低后的压力值为

$$p=p_2\frac{T_1}{T_2} \tag{10-25}$$

气罐充气到气源压力时所需时间为

$$t=\left(1.285-\frac{p_1}{p_s}\right)\tau \tag{10-26}$$

$$\tau=5.217\times10^{-3}\times\frac{V}{kA}\sqrt{\frac{273.16}{T_s}} \tag{10-27}$$

式中，T_s 为气源热力学温度，K；k 为气源绝热指数；p_s 为气源绝对压力，MPa；τ 为充气与放气的时间常数，s；V 为气罐容积，L；A 为充气阀有效截面积，mm^2。

图 10-2 为充气压力-时间特性曲线，由图可见，充气过程分为两个时间段，即 $t_1=0\sim0.528\tau$；$t_2>0.528\tau$。t_1 时间段称为声速充气区，气罐内部压力随时间线性增大；t_2 时间段称为亚声速充气区，气罐内部压力随时间呈非线性变化，直至与供气压力 p_s 相等。

② 排气温度与时间计算　气罐的排气装置如图 10-3 所示。控制阀在图示上位时，气罐排气。排气时，气罐内压力从 p_1 降低到 p_2，气罐内温度由原来的室温 T_1 降低到 T_2。因排气过程进行较快，可视为绝热过程。排气后的温度为

$$T_2=T_1\left(\frac{p_2}{p_1}\right)^{\frac{k-1}{k}} \tag{10-28}$$

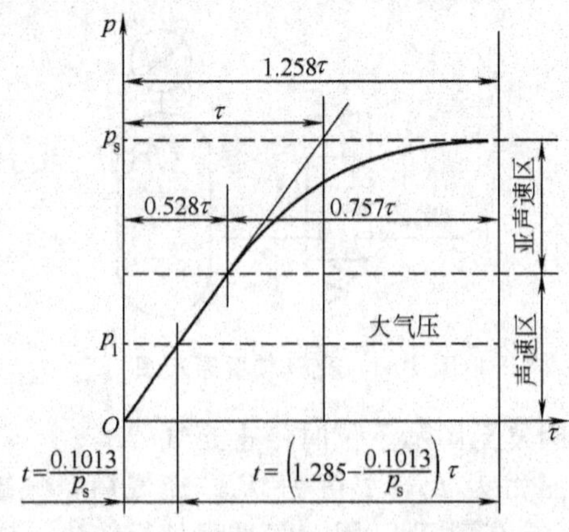

图 10-2 充气压力-时间特性曲线

若排气至 p_2 时，立即关闭控制阀，停止排气，则气罐内温度上升到室温，此时气罐内压力将回升，压力 p 为

$$p=p_2\frac{T_1}{T_2} \tag{10-29}$$

气罐排气终了所需时间为

$$t=\left\{\frac{2k}{k-1}\left[\left(\frac{p_1}{p_{cr}}\right)^{\frac{k-1}{2k}}-1\right]+0.945\left(\frac{p_1}{0.1013}\right)^{\frac{k-1}{k}}\right\}\tau \tag{10-30}$$

式中，p 为关闭控制阀后气罐内气体达到稳定状态时的绝对压力，MPa；p_2 为刚关闭控制阀时气罐内的绝对压力，MPa；p_1 为气罐初始绝对压力，MPa；p_{cr} 为临界压力，一般取 $p_{cr}=0.192$MPa；其余符号意义同前。

图 10-4 为排气压力-时间特性曲线，排气过程也分声速排气区 t_1 和亚声速排气区 t_2。当 $p>p_{cr}$ 时为 t_1 区，当 $p<p_{cr}$ 时为 t_2 区。

$$t_1=\frac{2k}{k-1}\left[\left(\frac{p_1}{p_{cr}}\right)^{\frac{k-1}{2k}}-1\right]\tau \tag{10-31}$$

$$t_2=0.945\left(\frac{p_1}{0.1013}\right)^{\frac{k-1}{k}}\tau \tag{10-32}$$

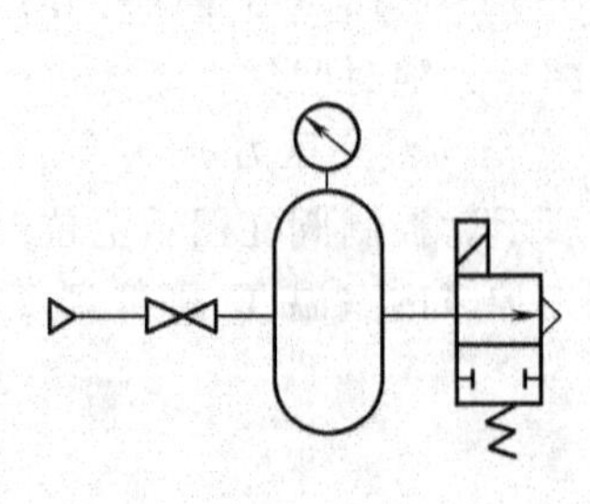

图 10-3 排气装置原理图

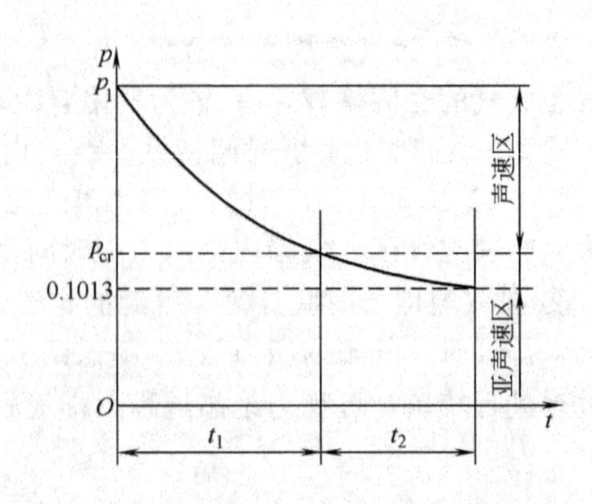

图 10-4 排气压力-时间特性曲线

(5) 气动元件的通流能力

通流能力指单位时间内通过气动元件的气体体积或质量的能力。通流能力可用元件有效通流面积 A、通流能力 C 等表示。

① 有效通流面积 A　气体流经节流口时，气体流束缩至最小断面处的流束面积 A 称为有效通流面积。气动管道、孔口及缝隙有效通流面积 A，工程上一般取垂直于轴线的内径截面积进行计算。对于控制阀的有效通流截面积可通过实验测算。对于气动系统中 n 个元件串联时，合成有效通流面积 A 的计算式为

$$\frac{1}{A^2}=\frac{1}{A_1^2}+\frac{1}{A_2^2}+\cdots+\frac{1}{A_n^2} \tag{10-33}$$

对于气动系统中 n 个元件并联时，合成有效通流面积 A 的计算式为

$$A=A_1+A_2+\cdots+A_n \tag{10-34}$$

式中，A_1，A_2，…，A_n 分别为各元件的有效通流截面积。

② 流量 q　不可压缩气体在流速小于 5m/s 时，通过阀口的流量 q 可按第 2 章薄壁小孔流量公式进行计算。而可压缩气体通过阀口的流量 q 可按下述两种情况计算。

当在亚声速范围内（$p_2/p_1>0.528$）时

$$q=234A\sqrt{p_1(p_1-p_2)}\times\sqrt{\frac{273.16}{T_1}}\ (\text{L/min}) \tag{10-35}$$

当超声速范围内（$p_2/p_1<0.528$）时

$$q=113Ap_1\sqrt{\frac{273.16}{T_1}}\ (\text{L/min}) \tag{10-36}$$

式中，A 为阀口有效通流面积，mm^2；p_1、p_2 为阀口前、后绝对压力，MPa；T_1 为阀口前气体热力学温度，K。

10.2　气动能源元件及辅助元件

如第 1 章所述，气动系统也是由能源元件、执行元件、控制调节元件和辅助元件等组成，这些气动元件一般而言都是标准件，通常根据使用情况直接从产品样本选择即可。本节介绍气动能源元件及辅助元件，执行元件和控制调节元件将分别在 10.3 节和 10.4 节介绍。

10.2.1　气动能源元件

气动系统的能源元件指各种空气压缩机（简称空压机），它将原动机输出的机械能转化为气体的压力能，为系统工作提供压缩空气。

(1) 空压机的工作原理及类型

空压机的工作原理基本上与液压泵相同，都是以工作容积的变化进行吸气和排气的。结构上应具备若干个可变的密闭工作容积（工作腔）；要有配气机构（因结构不同而异）；在配气机构作用下，工作容积增大时吸气，工作容积减小时排气。

现以气动技术中使用较为广泛的往复活塞式空压机说明其基本工作原理。

图 10-5(a) 所示为单级往复活塞式空压机的工作原理图，由图可见，该空压机主要由气缸 2、活塞 3、活塞杆 4、曲柄 8、连杆 7、吸气阀 9 和排气阀 1 等组成。原动机带动曲柄 8、

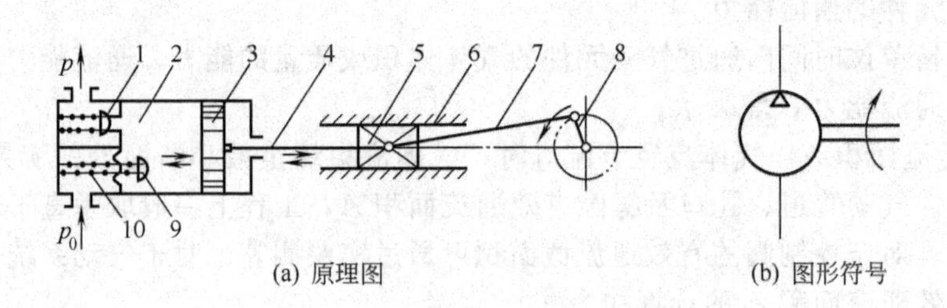

图 10-5 空压机的工作原理及图形符号

1—排气阀；2—气缸；3—活塞；4—活塞杆；5—滑块；6—滑道；7—连杆；8—曲柄；9—吸气阀；10—弹簧

连杆 7、滑块 5、活塞杆 4 及活塞 3 运动。当活塞 3 向右移动时，气缸 2 的工作腔（活塞左腔）压力低于大气压，吸气阀 9 被打开，空气吸入工作腔内。当活塞向左运动时，缸的工作腔容积减小，吸气阀关闭，气体受到压缩，压力增大，排气阀 1 打开，压缩空气经输气管排出空压机。曲柄旋转一周，空压机吸气一次，排气一次。多个滑块和多个活塞缸由一个曲柄轴驱动，即组成多工作腔空压机，可增大其气体排量及连续性。

上述往复活塞式空压机以及往复膜片式和螺杆式等空压机均属于容积型空压机，其气体压力的提高都是通过改变气体容积，增大气体密度的方法而获得。另外，还有速度型空压机，其气体压力的提高是先使气体得到一个高速度而具有较大动能，而后将气体的动能转换为压力能而达到。各类空压机均可用图 10-5(b) 所示的图形符号表示。

空压机产品经常制成带有气罐、安全阀、压力表和油水分离器等附件的组合型便携式或移动式结构（见图 10-6），称为空气压缩机组，用作各种气动装置的气源。

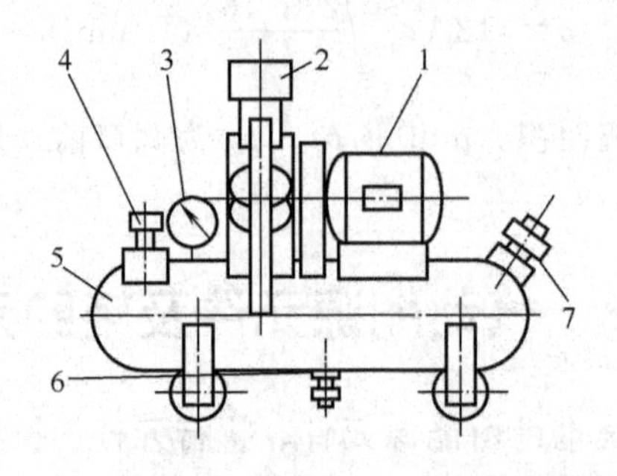

图 10-6 空气压缩机组

1—原动机；2—空气压缩机；3—压力表；4—安全阀；5—储气罐；6—排水阀；7—排气截止阀

(2) 空压机的主要性能参数

空压机的主要参数是压力和流量，它们主要取决于负载要求的压力和流量。

① 空压机的工作压力 p_s 考虑各种压力损失时，空压机的工作压力 p_s 为

$$p_s = p + \sum \Delta p \tag{10-37}$$

式中，p 为负载压力，MPa；$\sum \Delta p$ 为气动系统的管路阻力、阀口等压力损失之和，MPa。

② 空压机流量 q_s 空压机流量 q_s 按下式确定

$$q_s = k_1 k_2 k_3 q \tag{10-38}$$

式中，q 为系统工作时，同一时间内需求的最大耗气量，m^3/s；k_1 为泄漏系数，$k_1=$

1.15～1.5；k_2 为备用系数，k_2=1.3～1.6，根据可能增加的执行元件数目确定；k_3 为利用系数，通常取 k_3=1。

根据计算确定的压力 p_s 和流量 q_s 并结合实际使用情况，可从产品样本上选用适当型号及规格的空压机。

表 10-2 为按工作压力高低和流量大小对空压机的分类。

表 10-2　空压机按工作压力高低和流量大小的分类

按工作压力分类	低压型	中压型	高压型	超高压型	按流量分类	微型	小型	中型	大型
压力范围/MPa	0.2～1	1～10	10～100	>100	流量范围/(m^3/min)	<1	1～10	10～100	>100

10.2.2　气动辅助元件

(1) 压缩空气的净化元件

净化元件的功用是，去除空压机排出的压缩空气中所含的粉尘、机械杂质、水分和油气等，保证气动系统的正常工作，延长气动元件的使用寿命。

① 后冷却器　后冷却器安装在空压机输出管路上，用来降低压缩空气的温度，并使压缩空气中的大部分水汽、油汽冷凝成水滴、油滴，以便经油水分离器析出。后冷却器一般为间接式水冷换热器，其结构形式有蛇管式、列管式和套管式等。

图 10-7(a) 为蛇管式水冷却器，高温压缩空气从蛇形管上方进入，从下方出口排出；冷却水在管外水套中流动，通过蛇形管表面带走热量，从而降低管中空气的温度。后冷却器的图形符号如图 10-7(b) 所示。

② 油水分离器　油水分离器置于后冷却器后端的气源管道上，其作用是分离与去除压缩空气中凝聚的水分和油分等杂质，使压缩空气得到初步净化。油水分离器的结构形式有撞击挡板式、离心旋转式和水浴式以及以上形式的组合等。

图 10-8(a) 所示为撞击挡板式油水分离器，气流以一定的速度经输入口进入分离器内受挡板阻挡被撞击折向下方，然后产生环形回转并以一定速度上升。油滴、水滴等杂质因惯性力和离心力的作用析出，沉降于壳体底部，由排污阀定期排除。图 10-8(b) 所示为油水分离器的图形符号。

③ 干燥器　干燥器的功用是进一步吸收和排除压缩空气中的水分、油分，使之变为干燥空气。常用的干燥器有吸附式和冷凝式。

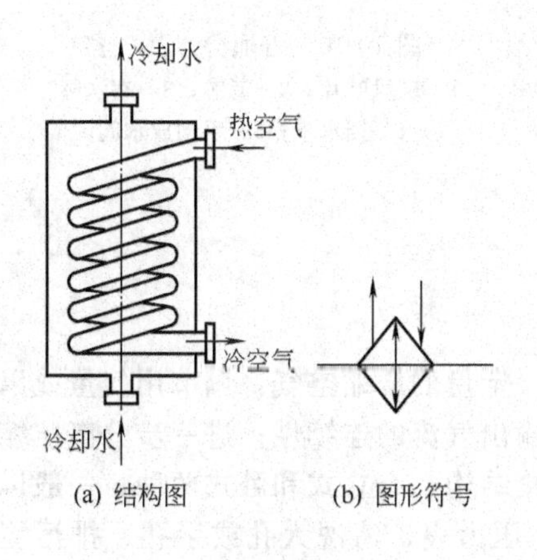

(a) 结构图　(b) 图形符号

图 10-7　蛇管式水冷却器

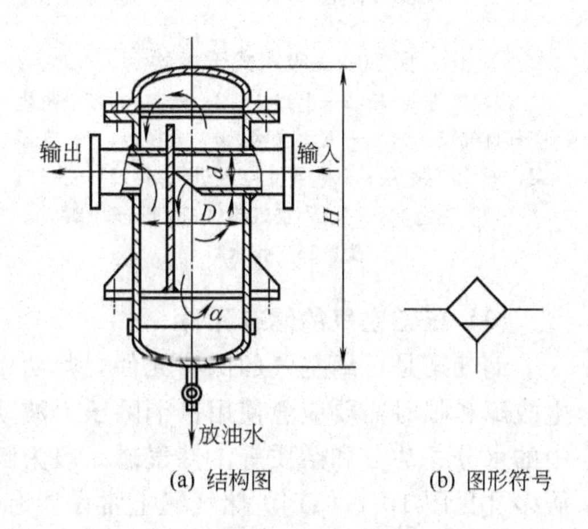

(a) 结构图　(b) 图形符号

图 10-8　撞击挡板式油水分离器

图 10-9(a) 所示为吸附式干燥器，压缩空气从进气口 1 进入，经过上吸附层（吸附剂）、滤网 5、上栅板 6、下吸附层 9 之后，压缩空气中的水分被吸收成为干空气。干空气通过滤网、栅板、毛毡层 12 进一步滤掉机械杂质和粉尘后经出口 14 排出。干燥器经过一段时间的使用，吸附层将饱和失效。故饱和的吸附剂必须干燥再生才能恢复其性能。吸附剂再生原理是：封闭进气口 1 和排气口 14，由再生进气口 10 输入温度为 180℃以上的干燥热空气。干燥热空气经过吸附层后将吸附剂中的水分蒸发并从排气口 4 和 7 排向大气中。大型压缩空气站需配置两套干燥器轮流工作，以便连续工作。图 10-9(b) 所示为吸附式干燥器的图形符号。

④ 分水滤气器　分水滤气器的功用是分离水分、过滤杂质。分水滤气器可以单独使用，也经常与减压阀和油雾器组成气动系统中的三联件。分水滤气器的结构形式很多。

图 10-10(a) 所示为普通分水滤气器，从输入口进入的压缩空气被旋风叶片 1 导向，使气流沿存水杯 3 的圆周产生强烈旋转，空气中夹杂的水滴、油污物等在离心力的作用下与存水杯内壁碰撞，从空气中分离出来到杯底。当气流通过滤芯 2 时，由于滤芯的过滤作用，气流中的灰尘及雾状水分被滤除，洁净的气体从输出口输出。挡水板 4 可以防止气流的旋涡卷起存水杯中的积水。为保证分水滤气器正常工作，需及时打开手动放水阀 5 放掉存水杯中的污水。图 10-10(b) 所示为分水滤气器的图形符号。

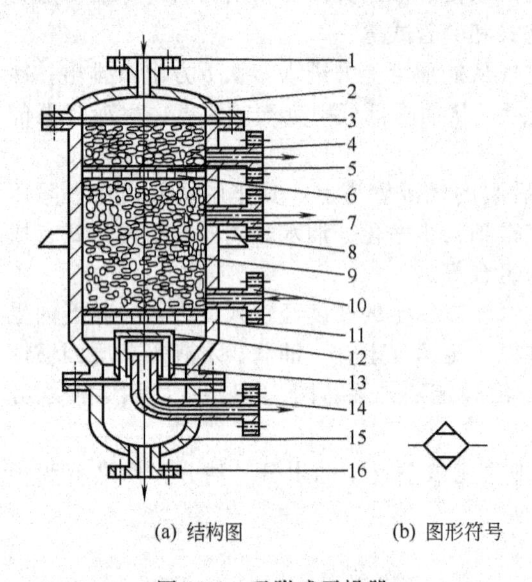

(a) 结构图　　(b) 图形符号

图 10-9　吸附式干燥器

1—湿空气进气口；2—上封头；3—密封；4,7—再生空气排气口；5,13—钢丝滤网；6—上栅板；8—支撑架；9—下吸附层；10—再生空气进气口；11—主体；12—毛毡层；14—干空气排气口；15—下封头；16—排水口

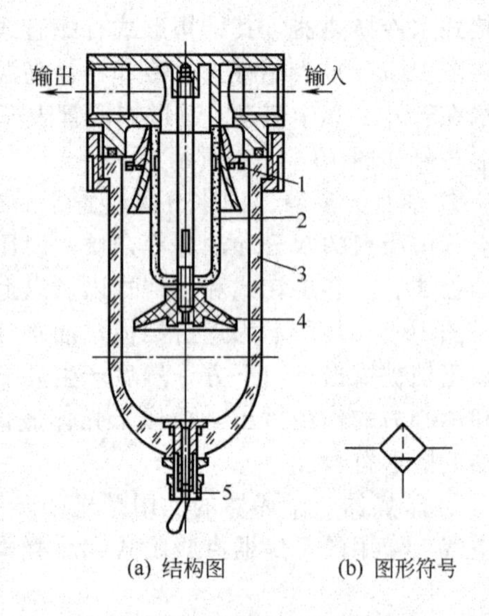

(a) 结构图　　(b) 图形符号

图 10-10　普通分水滤气器

1—旋风叶片；2—滤芯；3—存水杯；4—挡水板；5—手动放水阀

(2) 压缩空气的储存元件

储气罐是压缩空气的储存元件，其功用是储存一定量的压缩空气，调节用气量或以备发生故障和临时需要应急使用；消除压力波动，保证输出气流的连续性；进一步分离压缩空气中的水分、油分和杂质等。储气罐一般为圆筒状焊接结构：有立式和卧式两种，一般以立式居多［见图 10-11(a)］。储气罐上常设置有安全阀、压力表、清洗人孔或手孔、排污管阀等附件。

(3) 油雾器

油雾器是一种特殊的注油装置，它可使润滑油液雾化为 2～3μm 的微粒，并随压缩气流进入元件中，达到润滑的目的。此种注油方法，具有润滑均匀、稳定、耗油量少和不需要大的储油设备等特点。油雾器按雾化粒径大小分为微雾型（雾化粒径 2～3μm）和普通型（雾化粒径 20μm）；按雾化原理分为固定节流式和可调节流式。

图 10-12(a) 所示为普通型油雾器，压缩空气从输入口进入后，其大部分直接由出口排出，小部分经孔 a、截止阀 2 进入油杯 3 的上方 c 腔中，油液受到气压作用沿吸油管 4、单向阀 5 和节流针阀 6 滴入透明的视油器（观察窗）7 内，进而滴入主管内。油滴在主管内高速气流作用下被撕裂成微粒溶入气流中。因此，油雾器出口气流中已具有润滑油成分。节流针阀 6 可控制出口气流中的含油量。从视油器可看到滴油量，通常调节在每秒 1～4 滴。润滑油在油雾器中雾化后，一般输送距离可达 5m，适于一般气动元件的润滑。油雾器的图形符号如图 10-12(b) 所示。

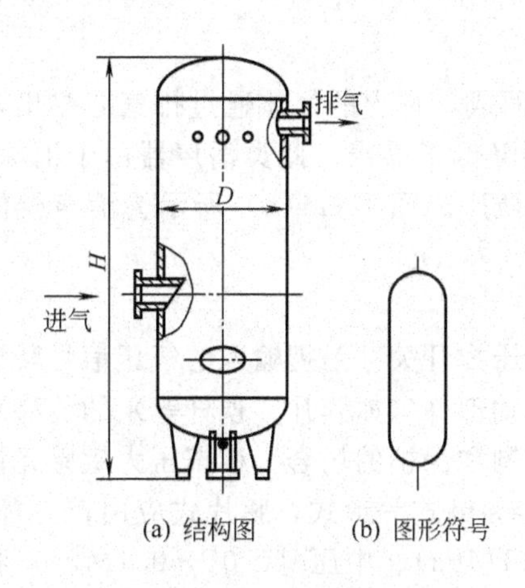

(a) 结构图 (b) 图形符号

图 10-11 储气罐

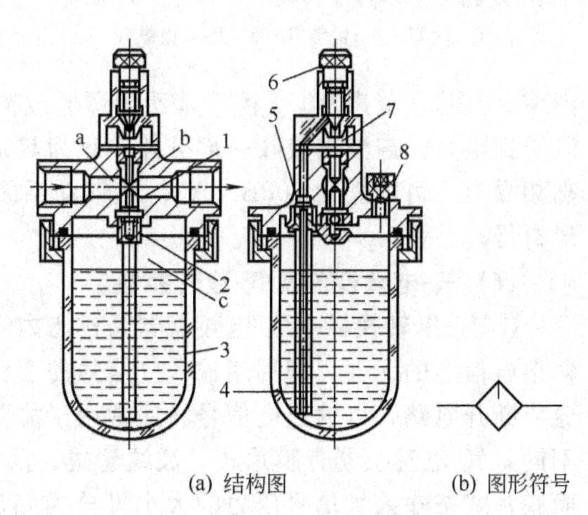

(a) 结构图 (b) 图形符号

图 10-12 普通型油雾器

1—立杆；2—截止阀；3—油杯；4—吸油管；5—单向阀；6—节流针阀；7—视油器；8—油塞；a—孔；b,c—容腔

(4) 自动排水器

自动排水器在气动系统中，用于自动排除管道、气罐、过滤器、滤杯等处的积水。它可免去人工定时排水的麻烦。按结构原理的不同，自动排水器有浮子式、压差式和电动式等，应用最为普遍的是浮子式。

图 10-13(a) 所示为浮子式自动排水器，当排水器内积水增高到一定高度时，浮子 3 上升并开启喷嘴 2，压缩空气经喷嘴进入后作用在活塞 6 左侧，推动活塞右移，排水口开启排水。排水后，浮子复位关闭喷嘴。活塞左侧气体经手动操纵杆 8 上的溢流孔 7 排出后，在弹簧力作用下活塞左移，自动关闭排水口。自动排水器的图形符号如图 10-13(b) 所示。

(5) 消声器

气动系统噪声可达 100～120dB（A），频率高。噪声随工作压力、流量的增加而增加。消除气动系统噪声的措施有吸声、隔声、隔振以及消声等，而消声器是一种简单方便的消声元件。按消声原理不同，消声器有阻性、抗性、阻抗性和多孔扩散等形式。按用途，消声器又有空压机输出端消声器和阀用消声器等。

图 10-14(a) 所示为阀用多孔扩散式消声器，螺纹接头 2 与气动控制阀的排气口连接，

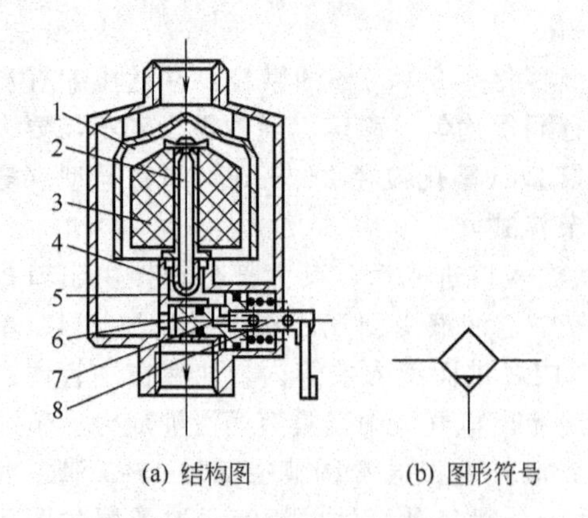

(a) 结构图　　(b) 图形符号

图 10-13　浮子式自动排水器

1—盖板；2—喷嘴；3—浮子；4—滤芯；5—阀座；6—活塞；7—溢流孔；8—手动操纵杆

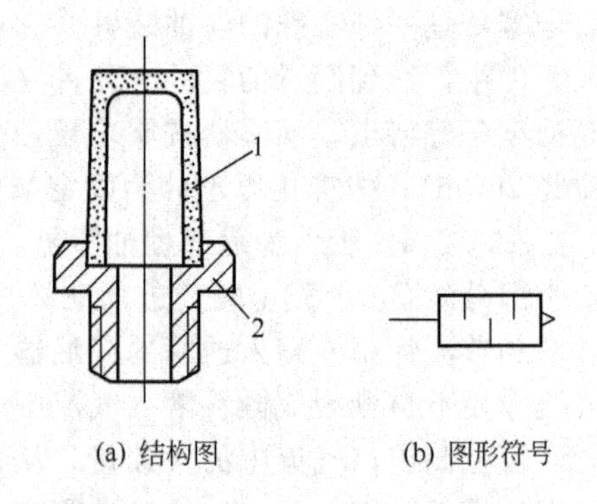

(a) 结构图　　(b) 图形符号

图 10-14　阀用多孔扩散式消声器

1—消声排气芯；2—螺纹接头

消声排气芯（消声套）1 由聚苯乙烯颗粒或钢珠烧结而成，排出的气体通过排气芯排出，气流受到阻力，声波被吸收一部分并转化为热能，从而降低了噪声。此类消声器用于消除中、高频噪声，可降噪约 20dB（A），在气动系统中应用最广。图 10-14(b) 所示为消声器的图形符号。

(6) 气-电转换器及气-液转换器

① 气-电转换器　气-电转换器又称压力继电器或压力开关，是把输入的气压信号转换成输出电信号的元件，即利用输入气信号的变化引起可动部件（如膜片、顶杆等）的位移来接通或断开电路，以输出电信号，通常用于需要压力控制和保护的场合。根据压力敏感元件的不同，气-电转换器有膜片式、波纹管式、活塞式、半导体式等形式，膜片式应用较为普遍，而膜片式按输入气信号压力的大小可分为高压（＞0.1MPa）、中压（0.01～0.1MPa）和低压（＜0.01MPa）三种。

图 10-15(a) 所示为高压气-电转换器的结构原理，输入的气压信号使膜片 4 受压变形去推动顶杆 3 启动微动开关 1，输出电信号。输入气信号消失，膜片 4 复位，顶杆在弹簧作用下下移，脱离微动开关 1。调节螺母 2 可以改变接受气信号的压力值。此种气-电转换器结构简单，制造容易，应用广泛。

② 气-液转换器　气-液转换器的功用是将空气压力转换为相同液体压力的元件，常用于以气-液阻尼缸或液压缸作执行元件的气动系统中，以求获得平稳的速度。气-液转换器有两种形式：一种是气液接触式，即在一筒式容器内，压缩空气直接作用在液面（多为液压油）上；另一种则是气液非接触式，即通过活塞、隔膜作用在液面上，推压液体以同样的压力输出至系统（液压缸等）。

图 10-16(a) 所示为气液接触式转换器，压缩空气由穿过上盖 1 的进气管输入转换器管，经缓冲装置 3 后作用在液压油面上，故液压油即以压缩空气相同的压力从壳体 4 侧壁上的排油孔 5 输出。缓冲装置用以避免气流直接冲到液面上引起飞溅。壳体上可开设透明视窗用于观察液位高低。转换器的储油量应不小于液压缸最大有效容积的 1.5 倍。

(7) 管件及管路布置

① 管件　管道及管接头统称为管件。管件是气动系统的动脉，用于连接各气动元件并通过它向各气动装置和控制点输送压缩空气。气动系统的管道有金属管（钢管、铜管和铝合金管等）和非金属管（尼龙管、塑料管和橡胶管）两类。管接头用于管道之间以及管道与其

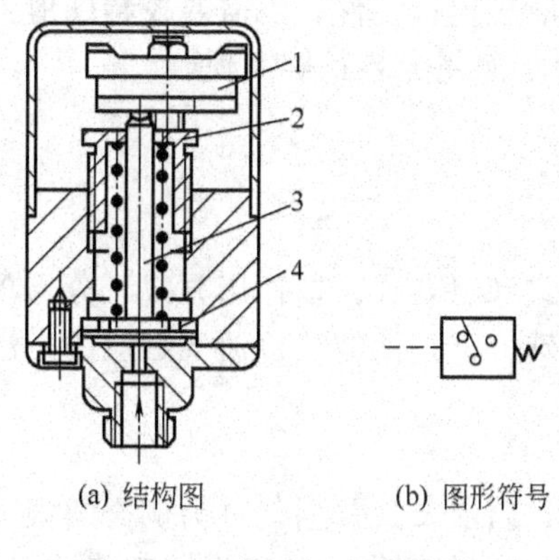

(a) 结构图 (b) 图形符号

图10-15 高压气-电转换器

1—微动开关；2—螺母；3—顶杆；4—膜片

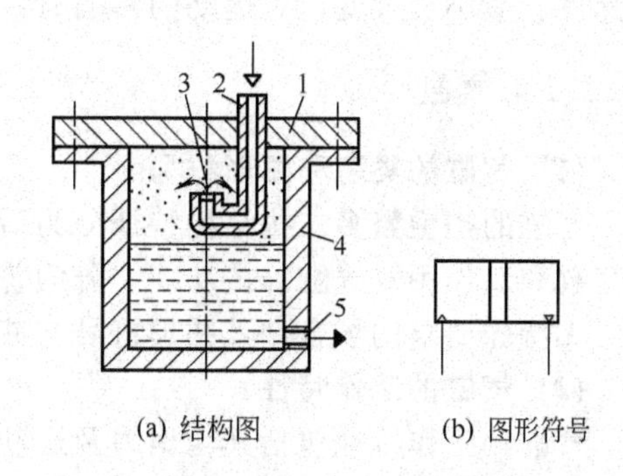

(a) 结构图 (b) 图形符号

图10-16 气-液转换器

1—上盖；2—进气管；3—缓冲装置；4—壳体；5—排油孔

它元件的可拆卸连接。气动管接头与液压管接头基本类同。

② 气动系统的管路布置　对于单机气动设备，其管路布置较为简单，满足基本要求即可。

对于集中供气的大中型工厂和车间的气动管网，则应合理规划与布置，常用管网布置形式有以下三种。

a. 单树枝状管网。如图10-17所示，单树枝状管网中，气源由一根主管输出，根据需要再进行二级或三级分支。此种布置形式结构简单、经济性好。但是当某阀门出现故障时会影响全局。

b. 单环状管网。如图10-18所示，此种布置形式供气可靠性好，便于对阀门的维护，适于连续工作的气源，但成本较高。

c. 双树枝状管网。如图10-19所示，此管网实际上是两套单树枝状管网同时工作，增强了供气可靠性。适用于不能间断的绝对可靠的应用场合。此种布置形式成本最高。

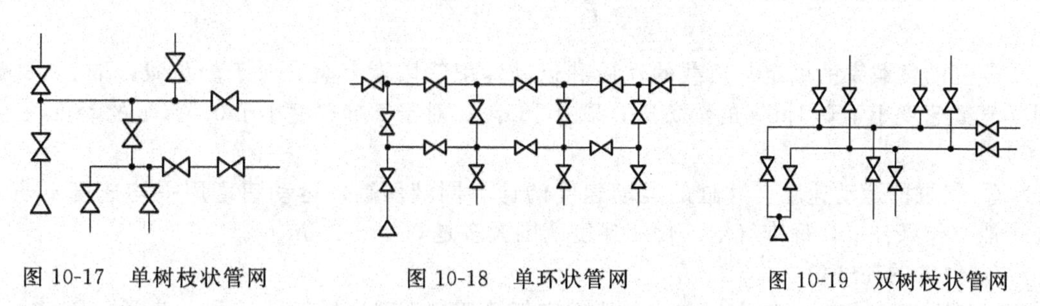

图10-17 单树枝状管网　　图10-18 单环状管网　　图10-19 双树枝状管网

(8) 密封件

气动工作介质的黏度较小，所以密封显得更为重要。气动密封件通常采用皮革或橡胶合成材料制成，也可以使用液压密封件，具体可查阅相关手册。

10.3 气动执行元件

气缸、气马达和摆动气马达是气动系统的执行元件，其功用是将气压能转换为机械能，驱动工作机构实现直线往复运动、旋转运动和摆动，输出力或转矩。与液压执行元件相比，气动执行元件工作压力低，运动速度高，适用于低输出力场合。但因气体的压缩性，使气动执行元件在速度控制、抗负载影响等方面的性能劣于液压执行元件。当需要较精确地控制运动速度、减小负载变化对运动的影响时，常需要借助气-液复合装置等实现。

10.3.1　气缸

(1) 气缸的类型和图形符号

气缸的类型繁多。按结构特征分为活塞式、膜片式和组合式。按作用方式，分为单作用式气缸和双作用式气缸。按功能，分为普通气缸和特殊气缸。活塞式普通气缸应用广泛，多用于无特殊要求的场合，其图形符号与液压缸相同。

(2) 气缸的工作特性

气缸的工作特性包括其输出力及运动速度等特性，以活塞式普通气缸为例介绍如下。

① 气缸的输出力　图 10-20 所示为气缸（双作用单活塞杆气缸）工作原理简图，图中，活塞和活塞杆直径分别为 D 和 d，无杆腔和有杆腔的有效作用面积分别为 A_1 和 A_2，缸筒两侧分别设有可通过换向阀切换的进、排气口，缸的输出推力和拉力分别为 F_1 和 F_2，计算与液压缸相同。

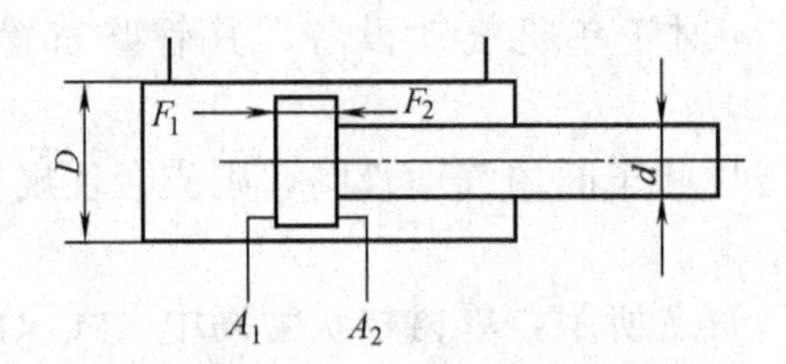

图 10-20　气缸工作原理简图

② 效率和负载率　在计算气缸实际输出力时，要考虑气缸的效率 η。η 随缸径及工作压力的增大而增大，通常 $\eta=0.8\sim0.9$。

气缸受到的实际负载阻力 F 与气缸的理论输出力 F_t 之比称为负载率，用 β 表示

$$\beta=\frac{F}{F_t}\times100\% \tag{10-39}$$

气缸的负载率的确定与负载的性质和运动速度等因素有关。对于静负载，取 $\beta\leqslant80\%$；对于气缸速度小于 0.1m/s 的动负载，取 $\beta\leqslant65\%$；对于气缸速度小于 0.5m/s 的动负载，取 $\beta\leqslant40\%$。

③ 气缸的运动速度　气缸的运动速度的计算同液压缸，运动速度用平均速度 v 表示。在一般工作条件下，标准气缸的使用速度范围大多是 0.05～0.5m/s。

④ 气缸的耗气量

a. 理论耗气量。气缸在每秒内的压缩空气消耗量为理论耗气量，用 q_t 表示

$$q_t=ALN\ (\mathrm{m^3/s}) \tag{10-40}$$

式中，A 为气缸的缸径，m；L 为气缸的有效行程，m；N 为气缸每秒往复运动次数。

b. 自由空气耗气量。为了便于选用空气压缩机，按下式将压缩空气消耗量换算为自由空气消耗量 q_z，并考虑泄漏以及从换向阀至气缸的接管的容积等因素。

$$q_z=q_t\frac{p+0.1013}{0.1013}\ (\mathrm{m^3/s}) \tag{10-41}$$

式中，p 为气缸工作压力，MPa。

(3) 其它气缸

① 膜片式气缸　图 10-21 所示为膜片式单活塞杆气缸的基本结构形式。膜片 3 在无杆腔压力气体作用下克服弹簧 4 的复位力及负载向右运动。当压力气体释放后，在弹簧力作用下复位。因膜片材料是由夹织材料与橡胶压制而成，伸缩量受到限制，气缸行程一般小于 40mm，通常碟形膜片式气缸的行程为膜片直径的 1/4，而平板膜片式气缸行程仅为膜片直径的 1/10。膜片式气缸具有结构紧凑、重量轻、成本低、维护简便等优点，广泛用于化工生产过程的调节器上。

② 气-液阻尼缸　图 10-22 所示为串联型气-液阻尼缸工作原理图。液压缸 2 和气缸 6 的活塞固定在同一活塞杆上。液压缸不用泵供油，只要充满油即可，其进出口 A_1、B_1 间装有节流阀 3、单向阀 4 及补油杯 5。当压缩空气自 A 口进入气缸右腔时，气缸克服外载荷 1 带动液压缸活塞向左运动（气缸 B 口排气），此时液压缸左腔经 B_1 口排油，因单向阀关阻，油液只能通过节流阀和 A_1 口流入液压缸右腔，从而对活塞的运行产生阻尼作用；两活塞运动速度大小可通过调节节流阀的阀口开度大小来实现。反之，压缩空气自 B 口进入气缸左腔时，活塞向右运动，液压缸右腔排油，此时单向阀开启，无阻尼作用，活塞快速向右运动。

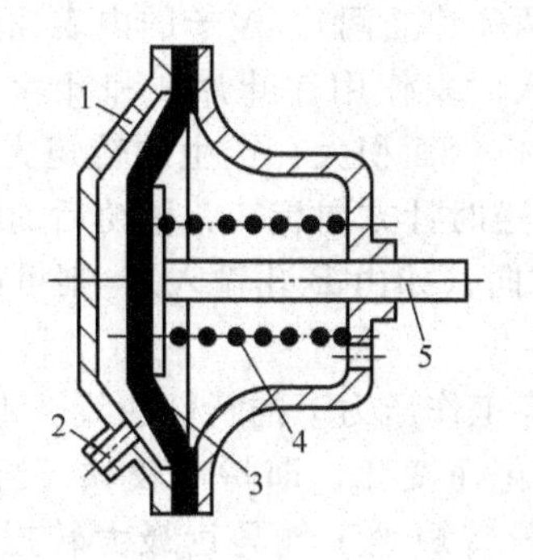

图 10-21　膜片式气缸

1—缸盖；2—气口；3—膜片；4—弹簧；5—活塞杆

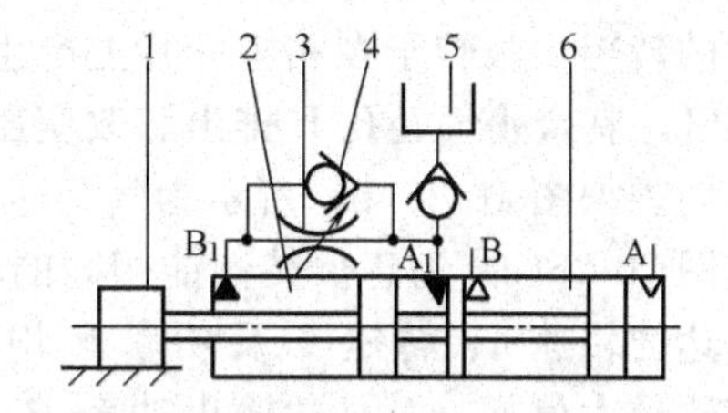

图 10-22　气-液阻尼缸

1—外载荷；2—液压缸；3—节流阀；4—单向阀；5—补油杯；6—气缸

③ 回转气缸　图 10-23 所示为回转气缸，它是通过在活塞式气缸增设相对转动的导气头体 9 和导气头芯 10 而成，导气头体 9 外接气动管路，固定不动，其缸筒 3 连同缸盖 6 及导气头芯 10（由滚动轴承 7 和 8 支撑）可被其它动力（如车床主轴）携带回转，活塞 4 及活塞杆 1 在气压作用下只能作往复直线运动。这种气缸广泛用于机床夹具和线材卷曲等装置上。

④ 无活塞杆气缸　无活塞杆气缸有钢索式和磁性等结构形式，此类气缸由于无活塞杆，故占用空间小，适用于轻负载、长行程的场合。钢索式是以柔软的、弯曲性大的钢丝绳代替刚性活塞杆的一种气缸。磁性气缸，如图 10-24 所示，是在活塞 3 上安装若干组稀土永久磁环（磁钢 5），磁力线穿过金属非导磁缸筒 2 与缸筒外部对应的磁环（装在负载连接套 4 内）相互作用，由于两组磁环极性相反，具有很强的吸力。当活塞在缸筒内被气压推动时，受磁力耦合作用，负载连接套带动负载运动。

10.3.2　气马达

气马达是将气压能转换为连续回转运动机械能的执行元件。

气马达种类繁多，按工作原理的不同，气马达可分为容积型和透平型两大类，最常用的是容积型叶片式和活塞式气马达。此处以叶片式气马达为例简要分析气马达的工作原理、主

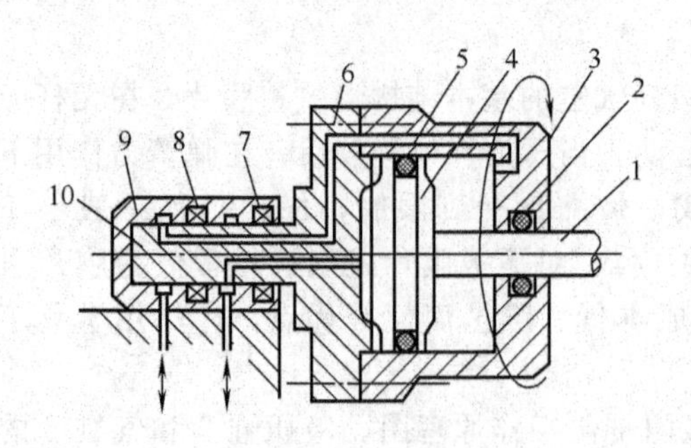

图 10-23 回转气缸

1—活塞杆；2,5—密封圈；3—缸筒；4—活塞；6—缸盖；7,8—滚动轴承；9—导气头体；10—导气头芯

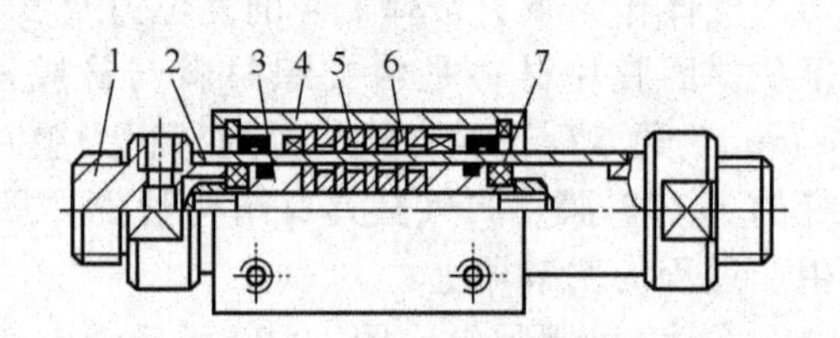

图 10-24 磁性无活塞杆气缸

1—气缸盖；2—缸筒；3—活塞；4—负载连接套；5—磁钢；6—隔磁套；7—缓冲垫

要技术性能和特点。

如图 10-25(a) 所示，双向旋转叶片式气马达由定子 1、转子 2、叶片 3 及叶片 4 等件构成。定子 1 上有进、排气用的配气孔 A、B、C，转子 2 与定子偏心安装（偏心距为 e），叶片 3、4 安装在转子的长槽内。转子的外表面、叶片（两叶片之间）、定子的内表面及两密封端盖形成若干个密闭工作容积。当压缩空气由 A 孔输入时，作用在叶片 3 和叶片 4 上，各产生相反方向的转矩，但由于叶片 3 比叶片 4 伸出长，作用面积大，产生的转矩大于叶片 4 产生的转矩，故转子在相应叶片上产生的转矩差作用下逆时针方向旋转，做功后的气体由孔 C 排出，剩余残气经孔 B 排出。改变压缩空气的输入方向（如由 B 孔输入），则可改变转子的转向。如图 10-25(b) 所示为气马达的图形符号。

图 10-25(c) 为正反转性能相同的叶片式马达在一定工作压力下的特性曲线。由图可见，气马达的转速 n、转矩 T 及功率 P 均依外加载荷的变化而变化，即特性较软。当空载时，转速达最大值 n_{max}，马达输出功率 P 为零。当外加载荷转矩等于气马达最大转矩 T_{max} 时，气马达停转，转速为零，输出功率也为零。当外加载荷转矩等于气马达最大转矩的一半（$T_{max}/2$）时，其转速为最大转速的一半（$n_{max}/2$），此时马达输出功率达最大值 P_{max}。一般而言，此即为气马达的额定功率。

叶片式气马达具有结构简单、体积小、重量轻的特点，主要用于中小容量及高速回转的场合，如矿山机械与气动工具等。

10.3.3 摆动气马达

摆动气马达又称摆动气缸，是输出轴作往复摆动的执行元件，多用于安装位置受限或转

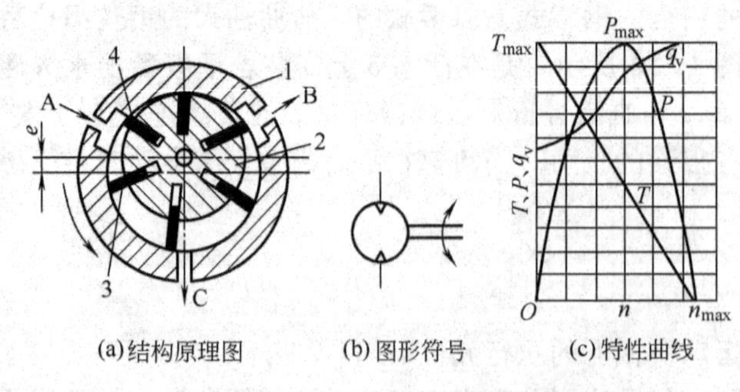

图 10-25 气马达的原理及特性曲线

1—定子；2—转子；3,4—叶片

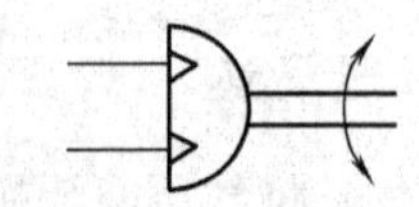

图 10-26 摆动气马达的图形符号

动角度小于 360°的回转工作部件。例如，夹具的回转、阀门的启闭及自动线上物料的转位等场合。

气动系统中应用较为广泛的是叶片式摆动气马达，它利用压缩空气驱动叶片带动输出轴往复摆动，其结构以及输出转矩、角速度与摆动液压马达类同。摆动气马达的图形符号如图 10-26 所示。

摆动气马达耐冲击性较差，故常需采用缓冲机构或安装制动器以吸收载荷突然停止等产生的冲击载荷。

10.4 气动控制元件

气动控制元件的功用是控制调节压缩空气的压力、流向和流量，使执行元件及其驱动的工作机构获得所需的运动方向、推力（转矩）及运动速度（转速）等。气动控制元件的种类繁多，按功能分为方向控制阀、压力控制阀、流量控制阀以及逻辑控制元件，其中各种气动阀的基本结构与液压阀类同，也主要是由阀芯、阀体和驱动阀芯在阀体内作相对运动的装置所组成。与液压阀类似，公称压力和公称通径是气动控制元件的两个基本性能参数，此外还有有效截面积等一些其它性能参数。

10.4.1 方向控制阀

方向控制阀种类最多，按功能分为单向型和换向型两大类。

(1) 单向型方向阀

单向型方向阀只允许气流向一个方向流动，包括单向阀、梭阀、双压阀、快速排气阀等。

① 单向阀　单向阀的功能、结构原理及图形符号与液压单向阀相同。如图 10-27(a) 所示的管式单向阀，正向进气时，进、排气口 P、A 接通；反向进气时，P、A 截止，靠阀芯 2 与阀座 5 间的密封胶垫 4 实现密封。

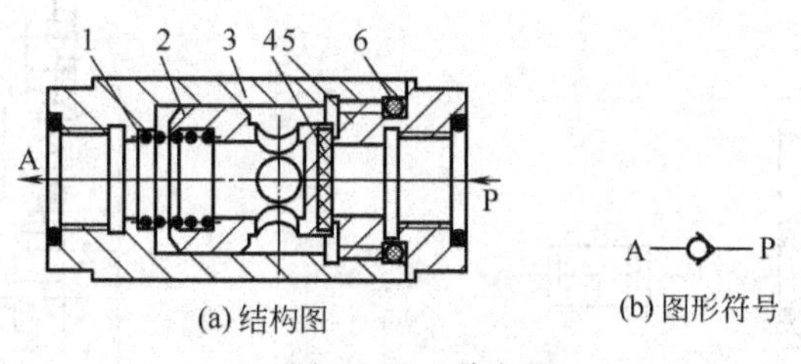

(a) 结构图　　(b) 图形符号

图 10-27　单向阀

1—弹簧；2—阀芯；3—阀体；4—密封胶垫；5—阀座；6—密封圈

② 或门型梭阀　或门型梭阀相当于反向串接的两个单向阀（共用一个双作用阀芯），故具有两个入口和一个出口，工作时具有逻辑“或”的功能。

图 10-28(a) 所示为或门型梭阀的结构原理图，当 A 口或 B 口有压力气体作用时，C 口有压力气体输出。图示状态，阀芯 2 在 A 口压力气体作用下左移，使 B 口关闭，A 口开启，气流由 C 口排出。同样，当 B 口有压力气体作用时，阀芯右移，使 B 口开启，A 口关闭，气体由 C 口排出。当 A、B 口同时有压力气体作用时，压力高者工作。通常 A、B 口只允许一个口有压力气体作用，另一口连通大气。图 10-28(b) 所示为或门型梭阀的图形符号。

或门型梭阀在逻辑回路和程序控制回路中被广泛采用。例如，图 10-29 所示的手动-自

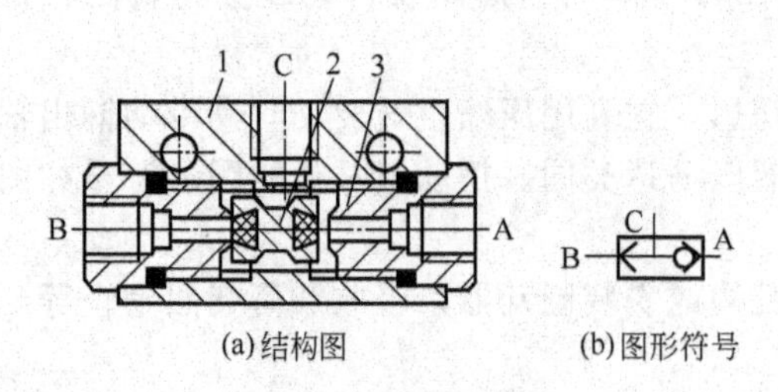

图 10-28 或门型梭阀

1—阀体；2—阀芯；3—阀座

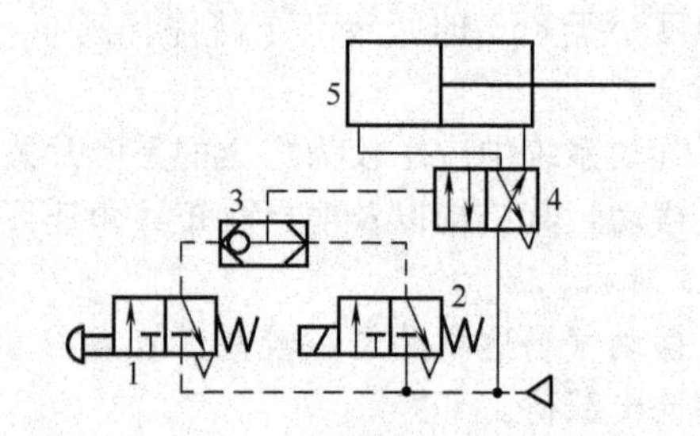

图 10-29 或门型梭阀用于手动-自动换向回路

1—手动阀；2—电磁阀；3—或门型梭阀；
4—气控阀；5—气缸

动换向回路，操作手动阀 1 或电磁阀 2 都可以通过梭阀 3 使气控阀 4 换向，从而使气缸 5 换向。

③ 与门型梭阀 与门型梭阀又称双压阀，其结构［见图 10-30(a)］与或门型梭阀相似。该阀只有 A、B 口同时输入压力气体时，C 口才有输出。当 A、B 口都有压力气体作用时，阀芯 2 处于中位，A、B、C 口连通，C 口输出压力气体。当只有 A 口输入压力气体时，阀芯左移，C 口无输出。同样，只有 B 口输入压力气体时，阀芯右移，C 口也无输出。当 A、B 口气体压力不相等时，则气压低的通过 C 口输出。图 10-30(b) 为与门型梭阀的图形符号。

与门型梭阀在有互锁要求的回路中被广泛采用，如图 10-31 所示为该阀在钻床气动控制回路中的应用。行程阀 1 为工件定位信号，行程阀 2 为夹紧工件信号。当两个信号同时存在时，与门型梭阀 3 才输出压力气体，使气控换向阀 4 切换至左位，气缸 5 驱动钻头开始钻孔加工。否则，换向阀 4 不能换向。可见，与门型梭阀对行程阀 1 和行程阀 2 起到了互锁作用。

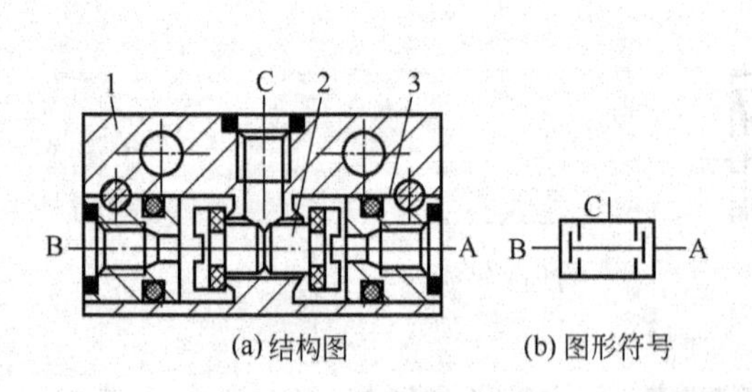

图 10-30 与门型梭阀

1—阀体；2—阀芯；3—阀座

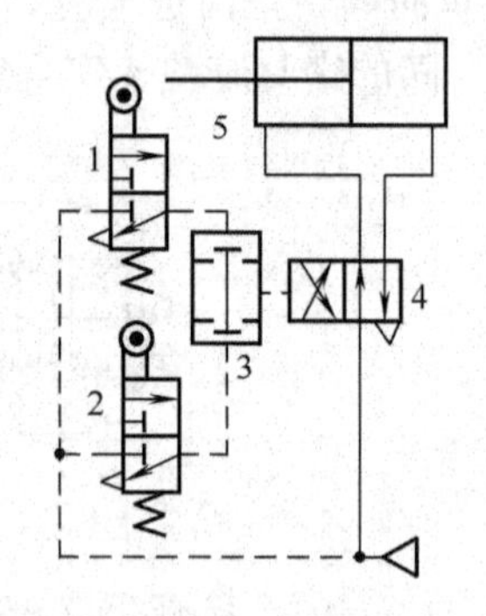

图 10-31 与门型梭阀的应用回路

1,2—行程阀；3—与门型梭阀；
4—气控换向阀；5—气缸

④ 快速排气阀（快排阀） 快速排气阀是为了加快气缸运动速度作快速排气之用。图 10-32(a) 是膜片式快速排气阀的结构，当 P 口有压力气体作用时，膜片 1 下凹，关闭 T 口，气体经膜片上的小孔 2 从 A 口排出。当 P 口的压力气体取消后，膜片在弹力和 A 口的压力气体作用下复位，P 口关闭，A 口的压力气体经 T 口排向大气。图 10-32(b) 是快速排气阀的图形符号。

快速排气阀的应用回路如图 10-33 所示。通常快速排气阀应安装在换向阀和气动执行元

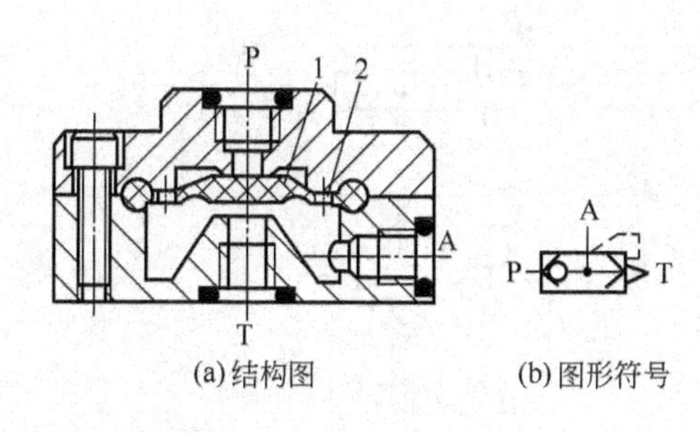

图 10-32　快速排气阀
1—膜片；2—小孔

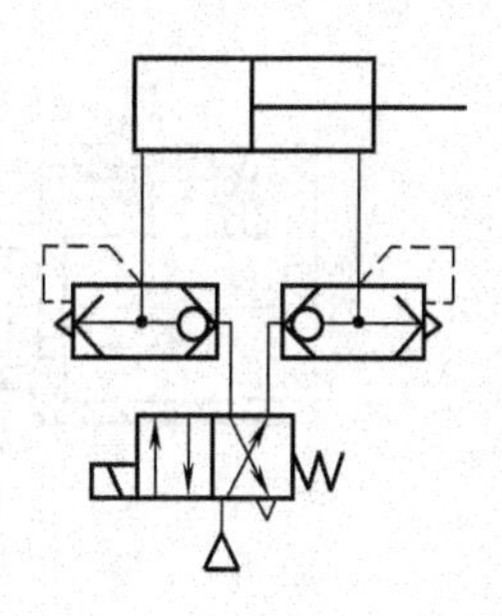

图 10-33　快速排气阀的应用回路

件之间，否则会影响快排效果。

(2) 换向型方向阀

换向型方向阀简称换向阀，用于改变气流方向，从而改变执行元件的运动方向。与液压换向阀相同，气动换向阀也由主体部分和操纵部分组成。阀的主体部分，通路数有二通、三通、四通及五通等，阀芯工作位置数有二位和三位等；阀芯结构有滑阀式和截止式。操纵控制方式有人控（手动或脚踏）、机控、电磁、气控、电-气控等多种。不同类型的换向阀，其主体部分大体相同，仅是操纵机构和定位机构有所不同而已。因此这里着重介绍气控、电磁和电-气控换向阀的原理。

① 气控换向阀　气控换向阀是利用气压信号作为操纵力使气体改变流向的。气控换向阀适于在高温易燃、易爆、潮湿、粉尘大、强磁场等恶劣工作环境下使用。气控换向阀按控制方式有加压控制、释压控制、差压控制和延时控制四种。

加压控制指气控信号压力是逐渐上升的，当气压增加到阀芯的动作压力时，阀便换向；释压控制指气控信号压力是减小的，当减小到某一压力值时，阀便换向；差压控制指阀芯在两端压力差的作用下换向；延时控制指气流在气容（储气空间）内经一定时间建立起一定压力后，再使阀芯换向。此处仅介绍典型的释压控制和延时控制换向阀。

图 10-34(a) 所示为二位五通释压控制式换向阀的结构原理图。阀体 1 上的气口 P 接压力气源，A 和 B 接执行元件，T_1 和 T_2 接大气，K_1 和 K_2 接阀的左、右控制腔 4 和 5，控制压力气体由 P 口提供；滑阀式阀芯 2 在阀体内可有两个工作位置；各工作腔之间采用软质密封（合成橡胶材料制成）。当 K_1 口通大气而使左控制腔释放压力气体时，则右控制腔内的控制压力大于左腔的压力，便推动阀芯左移，使 P→B、A→T_1 接通。反之，当 K_1 口关闭，K_2 口通大气而使右控制腔释放压力气体时，则阀芯右移换向，使 P→A、B→T_2 相通。该阀的图形符号如图 10-34(b) 所示。

图 10-35(a) 所示为二位三通延时控制式换向阀的原理图，它由延时和换向两部分组成。

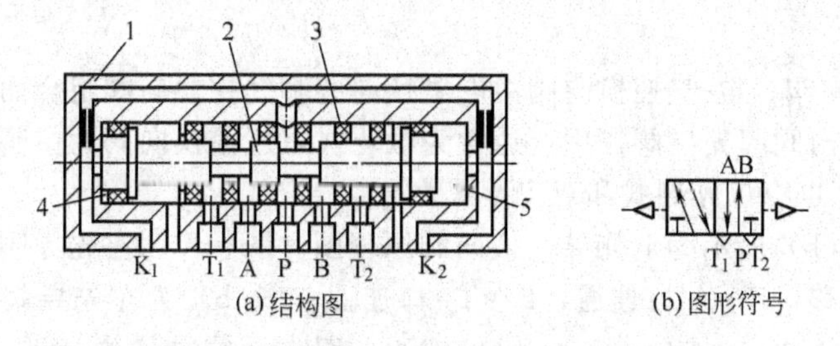

图 10-34　二位五通换向阀（释压控制）
1—阀体；2—阀芯；3—软体密封；4,5—左、右控制腔

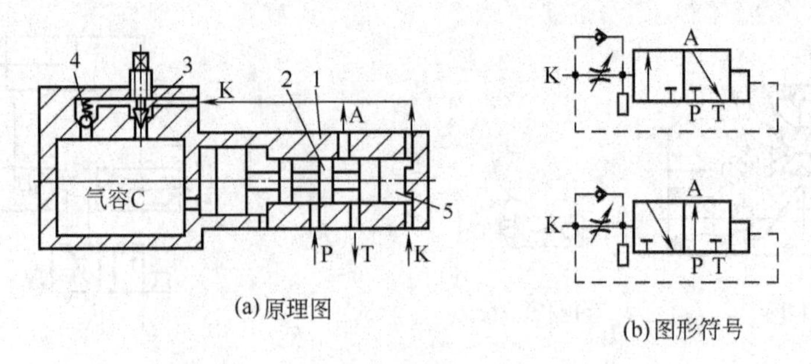

(a)原理图　(b)图形符号

图 10-35　二位三通换向阀（延时控制）

1—阀体；2—阀芯；3—软体密封；4,5—左、右控制腔

当无气控信号时，P 与 A 断开，A 腔排气；当有气控信号时，气体从 K 口输入经可调节流阀节流后到气容 C 内，使气容不断充气，直到气容内的气压上升到某一值时，使换向阀阀芯 2 右移，使 P→A 接通，A 有输出。当气控信号消失后，气容内气压经单向阀到 K 口排空。这种阀的延时时间可在 0～20s 间调整。阀的图形符号如图 10-35(b) 所示。

② 电磁换向阀　电磁换向阀简称电磁阀，它由电磁铁和阀的主体组成，利用电磁铁的吸力驱动阀芯移位进行换向。由于用电信号操纵，所以能进行远距离控制，并且响应速度快。电磁阀是方向控制阀中使用最多的形式，按电磁铁数量有单电磁铁驱动和双电磁铁驱动。

图 10-36(a)、(b) 是单电磁铁截止式二位五通换向阀原理图，图(a) 为电磁铁断电复位状态，A→T 口连通排气，P 口闭死；图(b) 为通电换向状态，P→A 口连通，T 口闭死。阀的图形符号见图 10-36(c)。

图 10-37(a)、(b)、(c) 为双电磁铁滑阀式二位五通换向阀原理图。图(a) 为电磁铁 1 通电，阀芯右移，P→A 口连通，B→T_2 口连通；图(b) 为电磁铁 2 通电状态，阀芯左移，P→B 口连通，A→T_1 口连通。阀芯在电磁铁 1、2 的交替作用下向左或向右移动实现换向，但两电磁铁不可同时通电。

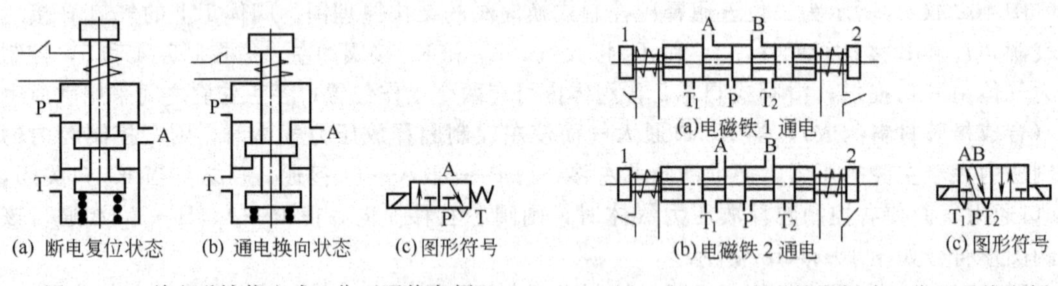

(a) 断电复位状态　(b) 通电换向状态　(c)图形符号

图 10-36　单电磁铁截止式二位五通换向阀

(a)电磁铁 1 通电　(b)电磁铁 2 通电　(c)图形符号

图 10-37　双电磁铁滑阀式二位五通换向阀

1,2—电磁铁

③ 电-气控换向阀　电-气控换向阀由电磁换向阀和气控换向阀组合而成，简称先导式换向阀。其中电磁换向阀起先导阀作用，通常为截止式；气控换向阀为主阀，有截止式和滑阀式。电-气控换向阀也有单先导式和双先导式之分。

图 10-38(a)、(b) 所示为双先导式换向阀原理图。图(a) 为左先导阀通电工作，右先导阀断电，主阀芯右移，P→A 口连通，B→T_2 口连通；图(b) 为左先导阀断电，右先导阀通电，主阀芯左移，P→B 口连通，A→T_1 口连通。双先导式电-气控换向阀的图形符号见图 10-38(c)。

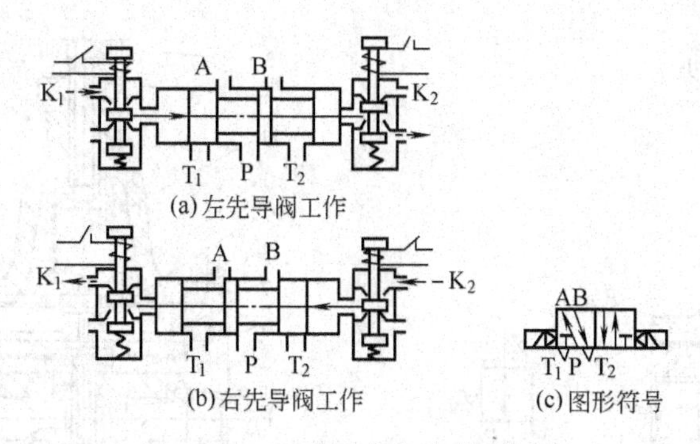

(a) 左先导阀工作　(b) 右先导阀工作　(c) 图形符号

图 10-38　双先导式电-气控换向阀

10.4.2　压力控制阀

压力控制阀主要用来控制气动系统中的压力，满足各种压力要求或用以节能。压力控制阀可分为起限压安全保护作用的溢流阀（安全阀），起降压稳压作用的减压阀，以及根据气路压力不同对多个执行元件进行顺序动作控制的顺序阀三类。这些压力控制阀都是利用空气压力和弹簧力的平衡原理来工作的。按调压方式的不同，压力控制阀又可分为利用弹簧力直接调压的直动式和利用气压来调压的先导式两种。由于气动溢流阀和顺序阀的原理(图形符号见图 10-39)与液压阀中同类型阀相似，故这里主要介绍气动减压阀的工作原理。

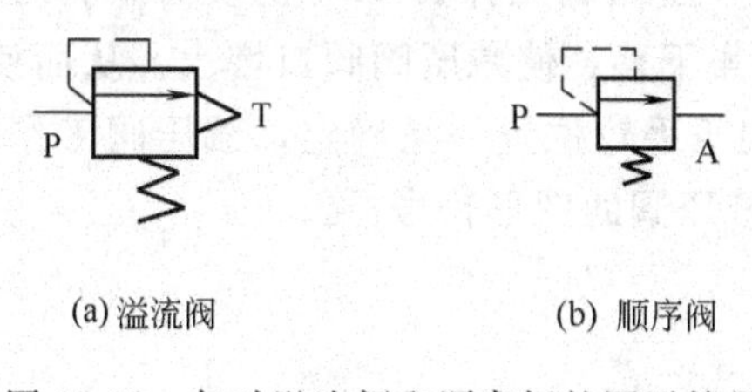

(a) 溢流阀　(b) 顺序阀

图 10-39　气动溢流阀和顺序阀的图形符号

(1) 直动式减压阀

图 10-40(a) 所示为直动式减压阀的结构图。其原理是：靠阀口 9 的节流作用减压，靠膜片 6 与调压弹簧 2、3 的力平衡作用稳定输出口 P_2 的压力；靠调整调节手柄 1 使输出压力在可调范围内任意改变。减压稳压过程为，图示位置，在调压弹簧力作用下阀口 9 开启，开度为 x，一次压力气流通过阀口 9 后压力降低，二次压力气体从输出口输出，与此同时，部分二次压力气体经反馈阻尼器 7 进入膜片 6 下腔，在膜片上产生向上的反馈作用力与调压弹簧力平衡，减压阀便有稳定的压力输出。若出口压力 p_2 随负载增大而增大时，则反馈力与弹簧力的关系被破坏，膜片向上移动。阀杆 8 及阀芯 10 在复位弹簧 11 作用下上移，减压阀阀口开度 x 减小，节流作用增强，使压力 p_2 下降，直至作用在膜片上的反馈力与调压弹簧力相平衡时，p_2 不再增高，稳定在调定值上。若输出压力 p_2 减小，则阀的调节过程与上相反，也维持输出压力稳定。图 10-40(b) 是直动式减压阀的图形符号。

(2) 先导式减压阀

图 10-41(a) 是内部先导式减压阀的结构图。它由中气室 7 以上部分的先导阀和以下部分的主阀构成。其减压稳压原理为，一级压力气体由进气口 P_1 进入主阀后，经过减压阀口 14 从输出口 P_2 输出。当出口压力 p_2 随负载增大而增大时，反馈气压作用在导阀膜片的作用力也增大。当反馈作用力大于调压弹簧 11 的预调力时，导阀膜片和主阀膜片上移，减压

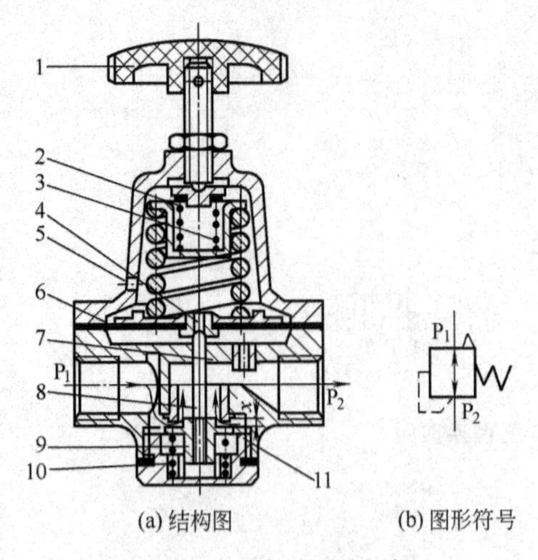

图 10-40 直动式减压阀

1—调节手柄；2,3—调压弹簧；4—弹簧座；5—排气孔；6—膜片；7—反馈阻尼器；8—阀杆；9—阀口；10—减压阀阀芯；11—复位弹簧

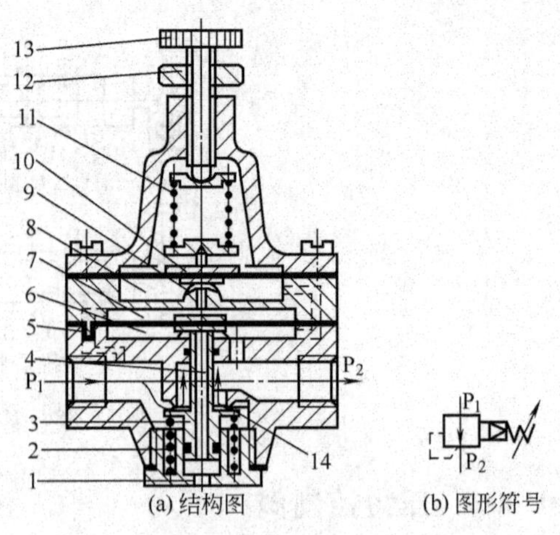

图 10-41 先导式减压阀

1—排气口；2—复位弹簧；3—减压阀芯；4—阀杆；5—固定阻尼孔；6—下气室；7—中气室；8—上气室；9—喷嘴；10—挡板；11—调压弹簧；12—锁紧螺母；13—调节手轮；14—减压阀口

阀芯 3 跟随上移，使减压阀阀口开度相应减小，直至出口压力 p_2 稳定在调定值上。当需要增大压力 p_2 时，调节手轮 13 压缩调压弹簧 11，使喷嘴 9 的出口阻力加大，中气室 7 的气压增大，主阀膜片推动阀杆 4 下移，使减压阀阀口增大，从而使输出气压 p_2 增大。反向调整手轮即可减小压力 p_2。调压手轮位置一旦确定，减压阀工作压力即确定。此即为调压原理。图 10-41(b) 是先导式减压阀的图形符号。

10.4.3 流量控制阀

流量控制阀通过控制气体流量来控制执行元件的运动速度，而气体流量的控制是通过改变阀中节流口的通流面积实现的。节流口有细长孔、短孔、轴向三角沟槽等多种形式，流量计算公式见本章第 10.1 节。常用的流量控制阀有节流阀、单向节流阀和排气节流阀等，由于节流阀和单向节流阀的原理与液压阀中同类型阀相似，故这里仅介绍排气节流阀。

图 10-42(a) 所示为排气节流阀结构原理图，通过调节手柄 5，可改变阀芯 2 的左、右位置从而改变节流口 3 的开度，即改变自 A 口来的排气量大小，节流后的气体经消声套 4 排出。图 10-42(b) 是排气节流阀的图形符号。排气节流阀常安装在换向阀的排气口处，起单向节流阀的作用。由于其结构简单，安装方便，能简化回路，故应用广泛。

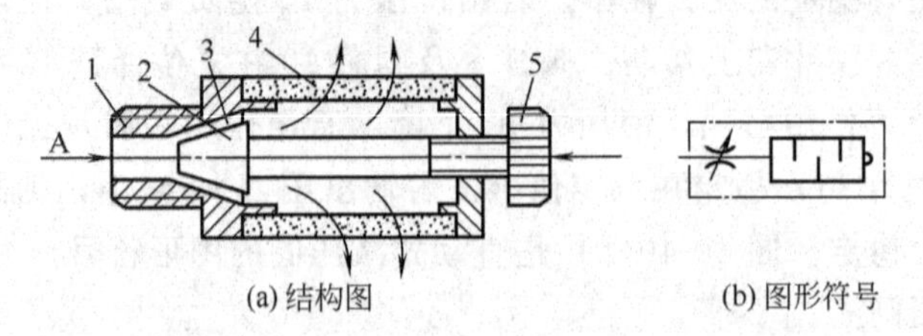

图 10-42 排气节流阀

1—阀座；2—阀芯；3—节流口；4—消声套；5—调节手柄

由于空气具有可压缩性，故用气动流量控制阀控制执行元件的运动速度，其精度远不如液压控制高，特别是在低速控制中。对于运动平稳性要求较高的场合，可采用气-液复合回路。

10.4.4 气动逻辑控制元件

气动逻辑控制元件是可用 0 或 1 来表示其输入信号（压力气体）或输出信号（压力气体）的存在或不存在（有或无），并且可用逻辑运算法求出输出结果的一类元件，它可以组成更加复杂而自动化的气动系统。

气动逻辑控制元件种类繁多，按工作压力可分为高压元件（压力为 0.2～0.8MPa）；低压元件（压力为 0.02～0.2MPa）；微压元件（压力为 0.02MPa 以下）三种。按逻辑功能可分为是门、或门、与门、非门、禁门、双稳态等。按结构形式分为截止阀式、滑阀式和膜片式等。

气动逻辑控制元件一般由控制和开关两个部分组成，前者接受输入信号并转换为机械动作，后者是执行部分，控制阀口启、闭。气动逻辑控制元件的外形尺寸比滑阀小得多，而且无相对滑动的零部件，故工作时不会产生摩擦，也不必加油雾润滑，因而在全气动控制中得到了较为广泛的应用。

气动逻辑控制元件的图形符号借用电子逻辑元件图形符号来绘制，其输入输出状态用逻辑表达式和真值表来表示。

常用气动逻辑控制元件的结构原理及特点见表 10-3。

表 10-3　常用气动逻辑控制元件的结构原理及特点

类别	结构简图及图形符号	原理描述	逻辑表达式	真值表	特点
是门	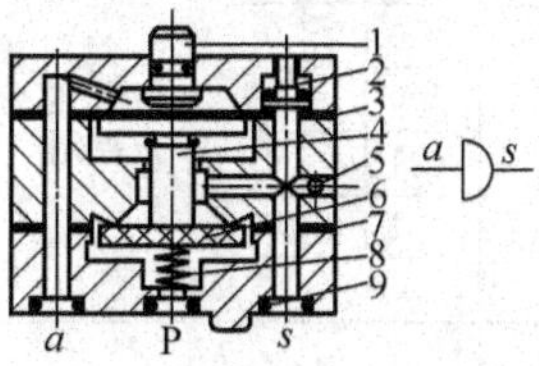 1—手动按钮；2—显示活塞；3—膜片；4—阀杆；5—球堵；6—截止膜片；7—密封垫；8—弹簧；9—O 形密封圈	a 口为输入口，s 口为输出口，P 口接气源。常态下，阀杆 4 在气压的作用下带动截止膜片 6 关闭下阀口，没有输出。当 a 口输入压力气体时，阀芯下移，开启下阀口，P 口的压力气体经 s 口输出。也就是有输入即有输出，无输入即无输出。此外，手动按钮 1 用于手动发信，即只要按下，s 口即有输出	$s=a$	a s 0 0 1 1	是门属有源元件，可用作气动回路中的波形整形、隔离、放大
或门	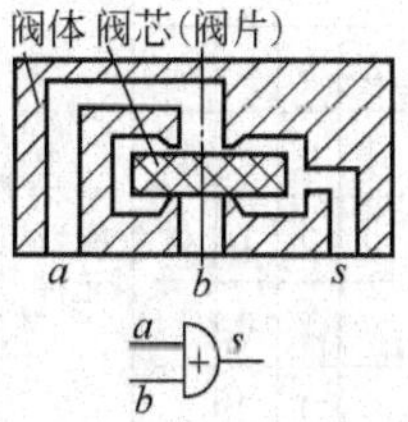 阀体 阀芯(阀片)	a 和 b 为输入口，s 为输出口。当 a 口有压力气体输入，而 b 口无压力气体输入时，膜片式阀芯下移封闭 b 口，a 口压力气体经 s 口输出。反之，a 口无压力气体输入，而 b 口有压力气体输入时，阀芯上移封闭 a 口，b 口压力气体从 s 口输出。当 a、b 口都有相等压力气体输入时，s 口也输出压力气体。可用控制活塞（图中未画出）显示输出的有无	$s=a+b$	a b s 0 0 0 1 0 1 0 1 1 1 1 1	或门属无源元件，用于多种操作形式的选择控制。如手动控制信号接 a 口，自动控制信号接 b 口，即可实现手动或自动的选择控制

续表

类别	结构简图及图形符号	原理描述	逻辑表达式	真值表	特点
与门	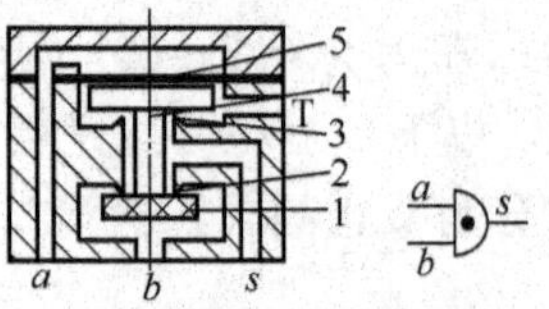 1—截止膜片；2—下阀口； 3—上阀口；4—阀杆；5—膜片	与门元件的 a 口和 b 口为输入口，s 口为输出口。当 a 口有压力气体，b 口无压力气体时，阀杆 4 下移，上阀口关闭，下阀口开启，s 口无压力气体输出。当 b 口有压力气体，a 口无压力气体时，阀杆上移关闭下阀口，开启上阀口，s 口仍无压力气体输出。只有当 a 口和 b 口同时都有等压气体输入时，s 口才有输出。这是因为在阀芯上、下有效作用面积差作用下，上阀口关闭，下阀口开启，b 与 s 口连通，故 s 口有压力气体输出	$s=a\cdot b$	a b s 0 0 0 1 0 0 0 1 0 1 1 1	与门元件也属无源元件，用于两个或多个输入信号互锁控制，起到安全保护作用。如立式冲床的操作，上料后必须双手同时按下工作台两侧的按钮后，滑块才能下行冲压工件，防止了人身事故
非门	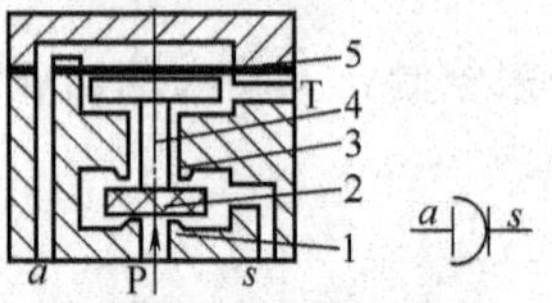 1—下阀座；2—截止膜片； 3—上阀座；4—阀杆；5—膜片	非门元件的 a 口为输入口，s 口为输出口，P 口接气源。常态下，阀杆 4 在气源压力作用下上移关闭上阀口，P 口和 s 口连通，s 口有压力气体输出。当 a 口有压力气体时，阀杆下移关闭下阀口，s 口无压力气体输出	$s=\bar{a}$	a s 0 1 1 0	非门元件也属有源元件，常用作反相控制
禁门	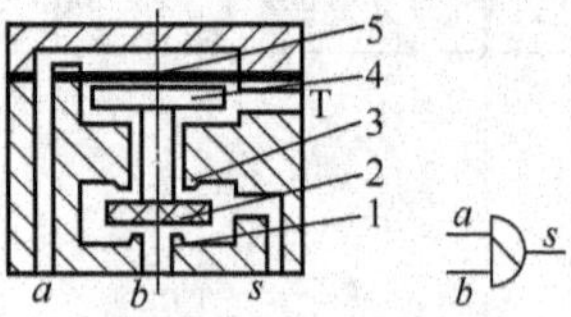 1—下阀座；2—截止膜片；3—上阀座；4—阀杆；5—膜片	禁门元件的 a 口为禁止控制口，b 口为输入口，s 口为输出口。当 a 口无压力气体时，b 口的压力气体使下阀口开启，上阀口关闭，s 口即有输出。若 a 口有压力气体输入，则阀杆 4 下移关闭下阀口，s 口无输出	$s=\bar{a}b$	a b s 0 0 0 0 1 1 1 1 0 1 0 0	禁门用于对某信号的允许或禁止控制
或非门	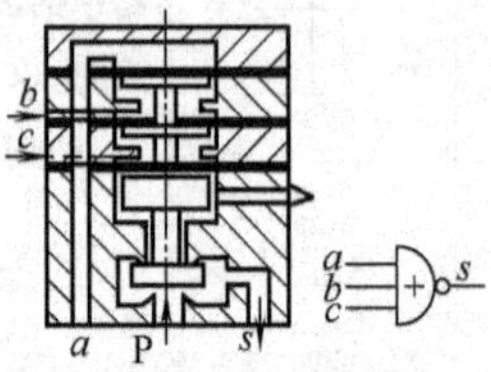	或非门元件的 a、b、c 口为输入口，s 口为输出口，P 口接气源。 或非门元件工作原理基本上和非门相同，只是增加了两个输入口。也就是只有 a、b、c 三个口都无压力气体时，s 口有输出。只要其中有一个输入口有压力气体时，s 口就无输出	$s=a+b+c$	a b c s 0 0 0 1 0 0 1 0 0 1 0 0 1 0 0 0 1 1 1 0	
双稳态	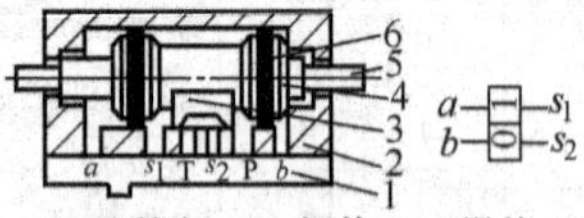 1—连接板；2—阀体；3—滑块； 4—阀芯；5—手动杆；6—密封圈	双稳态元件的结构形式很多，有截止式、滑块式等。左图为滑块式双稳态元件。其 a 口和 b 口为输入口，P 口接气源，s_1 和 s_2 为输出口，T 口为排气口。 当 a 口输入压力气体信号，b 口无信号时，阀芯 4 被推向右端（图示状态），P 口的压力气体经过内腔由 s_1 口输出，s_2 口则无输出。a 口信号消失后，仍保持 s_1 有输出，s_2 无输出状态。如果 b 口输入压力气体信号，阀芯将移至左端。P 口和 s_2 口连通，s_2 口有输出，s_1 口无输出，状态发生了翻转。即使 b 信号消失也能保持这种翻转后的状态	$s_1=K_b^a$ $s_2=K_a^b$	a b s_1 s_2 1 0 1 1 0 0 1 0 0 1 0 1 0 0 0 1	因具有记忆功能，故又称双记忆元件

10.5　气动基本回路

气动系统也是由一些回路所组成的。通常将能够实现某种特定功能的气动元件的组合称为气动基本回路。了解和掌握现有气动基本回路的构成、特点及工作原理，是分析和设计气压传动与控制系统的基础。按照作用不同，气动基本回路分为速度控制回路、压力控制回路、方向控制回路、多执行元件控制回路、安全保护与操作回路、计数回路等。

10.5.1　速度控制回路

速度控制回路有执行元件的调速、差动快速和速度换接等回路。

(1) 调速回路

气动执行元件运动速度的调节和控制大多采用节流调速原理。调速回路有节流调速回路、慢进快退调速回路、快慢速进给回路及气-液复合调速回路等。

① 节流调速回路　节流调速回路有进口节流、出口节流和双向节流调速等，而进口和出口节流调速回路的组成和工作原理与液压节流调速回路相同，故这里仅介绍双向节流调速回路。

图 10-43 是单作用缸双向节流调速回路，两个单向节流阀 1 和 2 反向串接在单作用气缸 4 的进气路上，由二位三通电磁换向阀 3 控制气缸换向。图示位置，压缩空气经电磁阀的左位、阀 1 的节流阀、阀 2 的单向阀进入气缸无杆腔，活塞杆伸出，伸出速度由阀 1 调节。当阀 3 通电切换至右位时，气缸在复位弹簧作用下退回，无杆腔由阀 2 的节流阀、阀 1 的单向阀、阀 3 的右位排气，气缸退回速度由阀 2 调节。

图 10-44 是双作用缸双向节流调速回路，采用二位五通气控换向阀 3 对气缸换向，采用单向节流阀 1、2 进行双向调速。在换向阀 3 的排气口安装排气节流阀也可实现双向调速。

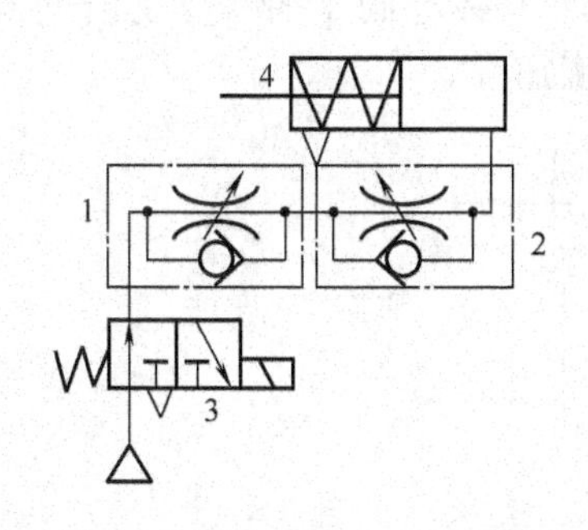

图 10-43　单作用缸双向节流调速回路
1,2—单向节流阀；3—电磁换向阀；4—单作用气缸

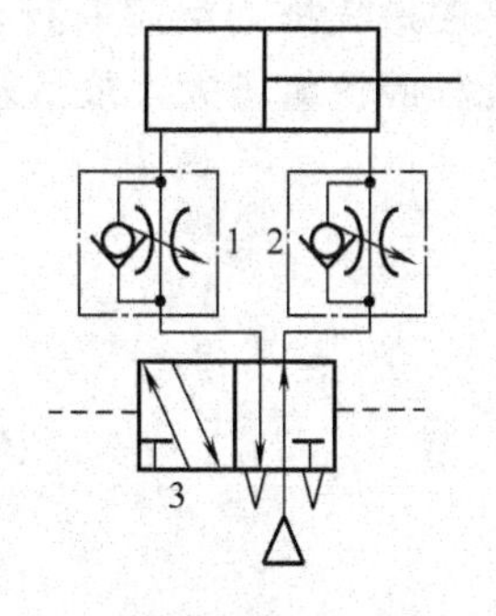

图 10-44　双作用缸双向节流调速回路
1,2—单向节流阀；3—气控换向阀

② 气-液复合调速回路　为了改善气缸运动的平稳性，工程上有时采用气-液复合调速回路。常见的回路有气-液阻尼缸和气-液转换器的两种调速回路。

图 10-45 是一种气-液阻尼缸调速回路，其中气缸 1 作负载缸，液压缸 2 作阻尼缸。当二位五通气控换向阀 3 切换至左位时，气缸的左腔进气、右腔排气，活塞杆向右伸出。液压缸右腔容积减小，排出的液体经节流阀 4 返回容积增大的左腔。调节节流阀即可调节气-液阻尼缸活塞的运动速度。当阀 3 切换至图示右位时，气缸的右腔进气、左腔排气，活塞退回。而液压缸左腔排出液体经单向阀 5 返回右腔。由于此时液阻极小，故活塞退回较快。在这种回路中，利用调节液压缸的速度间接调节气缸速度，克服了直接调节气缸流量不稳定现象。

安放位置高于气-液阻尼缸的油杯 6，可通过单向阀 7 补偿阻尼液的泄漏。

图 10-46 是一种气-液转换器的调速回路，当二位五通气控换向阀 1 切换至左位时，气-液缸 4 的左腔进气，右腔液体经单向节流阀 3 的节流阀排入气-液转换器 2 的下腔。缸的活塞杆向右伸出，伸出速度由节流阀调节。当阀 1 工作在图示右位时，气-液转换器上腔进气，推动其中活塞下行，下腔液体经单向阀进入气-液缸右腔，而气-液缸左腔排气使活塞快速退回。这种回路中使用气-液驱动的执行元件，而速度控制是通过控制气-液缸的回油流量实现的。采用气-液转换器要注意其容积应满足气-液缸的要求。同时，气-液转换器应该是气腔在上位置。必要时，也应设置补油回路以补偿油液泄漏。

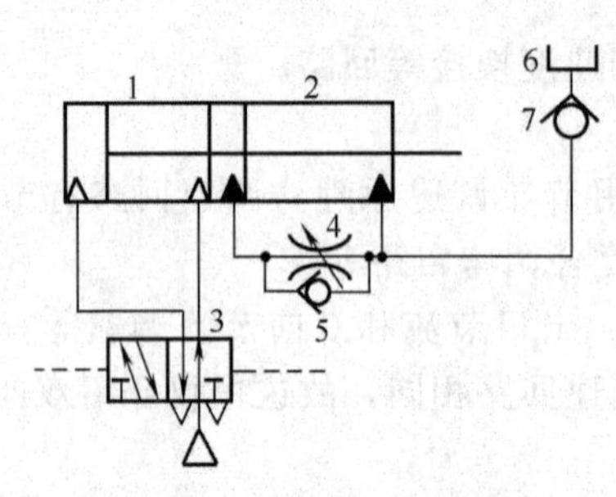

图 10-45 气-液阻尼缸调速回路

1—气缸；2—液压缸；3—气控换向阀；4—节流阀；5,7—单向阀；6—油杯

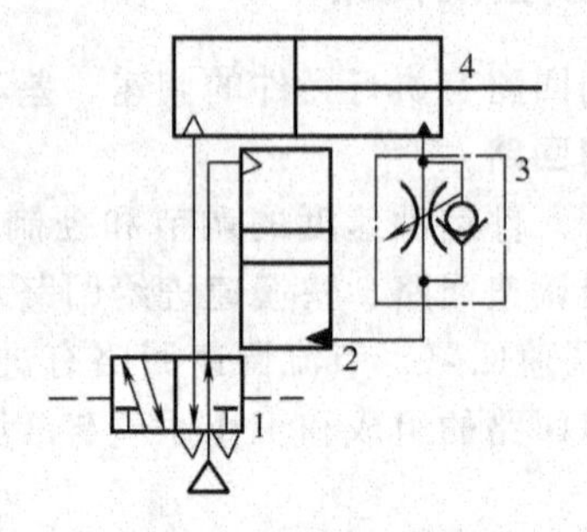

图 10-46 气-液转换器调速回路

1—气控换向阀；2—气-液转换器；3—单向节流阀；4—气-液缸

(2) 差动快速回路（增速回路）

与液压差动回路相同，气压差动回路也可在气缸结构尺寸和形式已定、不增大气源供气量的情况下实现气缸的快速运动。图 10-47 是二位三通手控换向阀的差动快进回路。图示为气缸有杆腔进气、无杆腔排气的退回状态。当压下二位三通手控换向阀 1 使其切换至右位时，气缸的无杆腔进气推动活塞右行，有杆腔排出的气体经阀 1 的右位反馈进入气缸无杆腔。由于气缸无杆腔流量增大，故活塞右行进给速度加大。

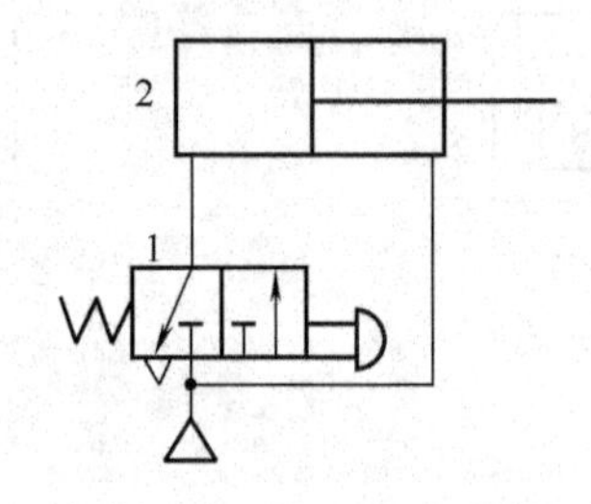

图 10-47 差动快速回路

1—手控换向阀；2—气缸

(3) 速度换接回路

速度换接回路的功用是使执行元件从一种速度转换为另一种速度。

① 用行程阀的快慢速换接回路　图 10-48 所示为用行程阀实现气缸空程快进、接近负载时转慢进的一种常用回路。当二位五通气控换向阀 1 切换至左位时，气缸 5 的无杆腔进气，有杆腔经行程阀 4 下位、阀 1 左位排气，实现快速进给。当活塞杆驱动的运动部件附带的活动挡块 6 压下行程阀时，气缸有杆腔经节流阀 2、阀 1 排气，气缸转为慢速运动。实现了快转慢速的换接控制。

② 慢进转快退回路　图 10-49 是常见的一种慢进转快退回路，当二位五通气控换向阀 1 切换至左位时，气源通过阀 1、快速排气阀 2 进入气缸 4 无杆腔，有杆腔经单向节流阀 3 和阀 1 排气，此时，气缸活塞慢速进给（右行），进给速度由阀 3 调节。当阀 1 在图示右位时，压缩空气经阀 1、阀 3 的单向阀进入气缸有杆腔，推动活塞退回。当气缸无杆腔气压增高并开启阀 2 时，无杆腔的气体通过阀 2 直接排向大气，活塞快速退回，实现了慢进快退的换接控制。

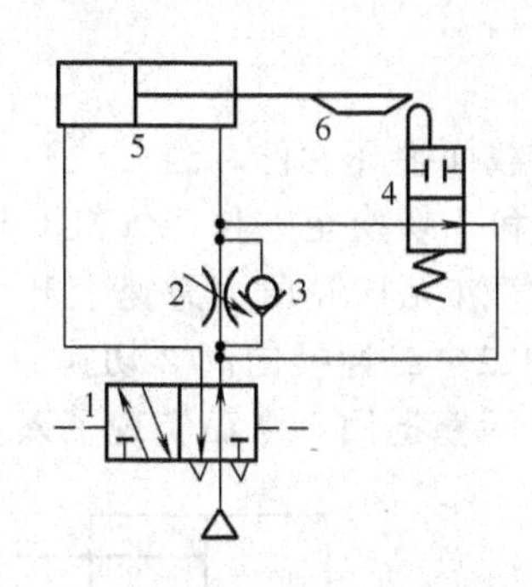

图 10-48　用行程阀的快慢速换接回路
1—气控换向阀；2—节流阀；3—单向阀；
4—行程阀；5—气缸；6—活动挡块

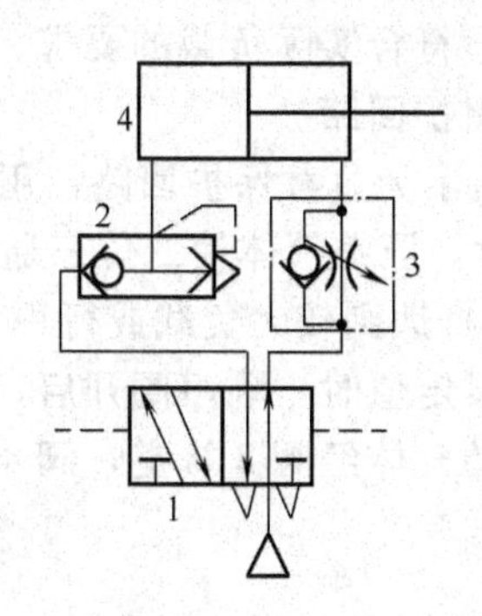

图 10-49　慢进转快退回路
1—气控换向阀；2—快速排气阀；
3—单向节流阀；4—气缸

10.5.2　压力控制回路

压力控制回路的主要功用是调节与控制气动系统的供气压力以及过载保护。

(1) 一次压力控制回路

此种回路用于控制气源的压力，使其不超过规定值，常采用的元件为外控式溢流阀。如图 10-50 所示，空压机 1 排出的气体通过单向阀 2 储存在储气罐 3 中，空压机排气压力由溢流阀 4 限定。当气罐中的压力达到阀 4 的调压值时，阀 4 开启，空压机排出的气体经溢流阀排向大气。此回路结构简单，但在溢流阀开启过程中无功、能耗较大。

(2) 二次压力控制回路

二次压力控制回路的作用是输出被控元件所需的稳定压力气体。如图 10-51 所示，它是在一次压力控制回路的出口（气罐右侧排气口）上串接带压力表 4 的气动三联件（分水过滤器 2、减压阀 3、油雾器 5）而成。但供给逻辑元件的压缩空气应自油雾器之前引出，即不要对逻辑元件加入润滑油。

(3) 高低压控制回路

高低压控制回路如图 10-52 所示。气源供给某一压力，经过两个减压阀分别调到要求的压力，当一个执行元件在工作循环中需要高、低两种不同压力时，可通过换向阀进行切换。

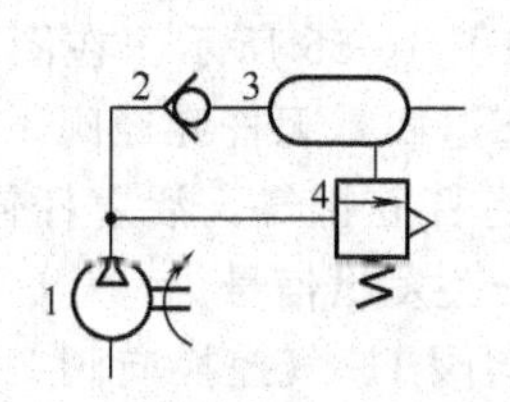

图 10-50　一次压力控制回路
1—空压机；2—单向阀；
3—储气罐；4—溢流阀

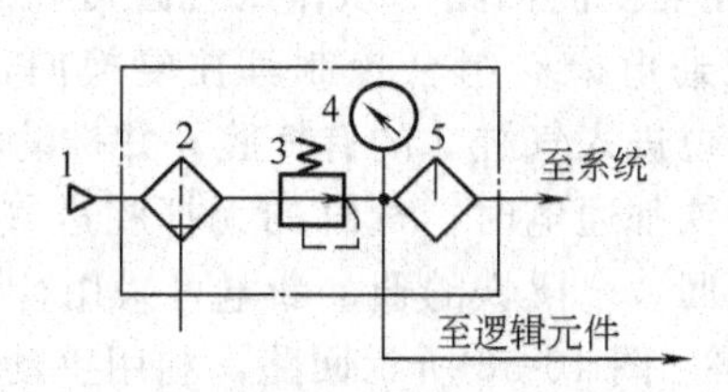

图 10-51　二次压力控制回路
1—气源；2—分水过滤器；3—减压阀；4—压力表；5—油雾器

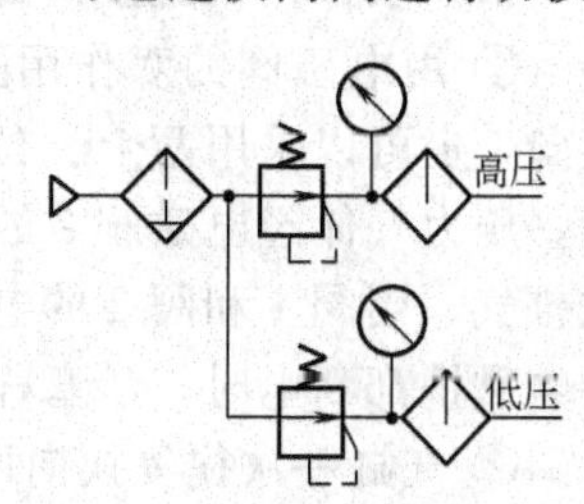

图 10-52　高低压控制回路

(4) 差压控制回路

差压控制回路如图 10-53 所示。当二位五通电磁换向阀 1 切换至上位时，一次压力气体经阀 1 进入气缸 4 的无杆腔，推动活塞杆伸出，气缸的有杆腔经快速排气阀 3 快速排气，气缸实现快速运动。当阀 1 工作在图示的下位时，一次压力气体经减压阀 2 减压后，通过快速排气阀进入缸的有杆腔，推动活塞杆退回，气缸无杆腔的气体经阀 1 排气，从而气缸在高低压下往复运动，符合实际负载的要求。

(5) 过载保护回路

图 10-54 所示为过载保护回路，用于防止系统过载而损坏元件。当二位三通手动换向阀 1 切换至左位时，压缩气体使二位三通气控换向阀 4 和 5 切换至左位，气缸 6 进给（活塞杆伸出）。若活塞杆遇到较大负载或行程到右端点时，气缸无杆腔压力急速上升。当气压升高至顺序阀 3 的设定值时，顺序阀开启，高压气体推动二位二通换向阀 2 切换至上位，使阀 4 和阀 5 控制腔的气体经阀 2 排空，阀 4 和阀 5 复位，活塞退回，从而实现了系统保护。

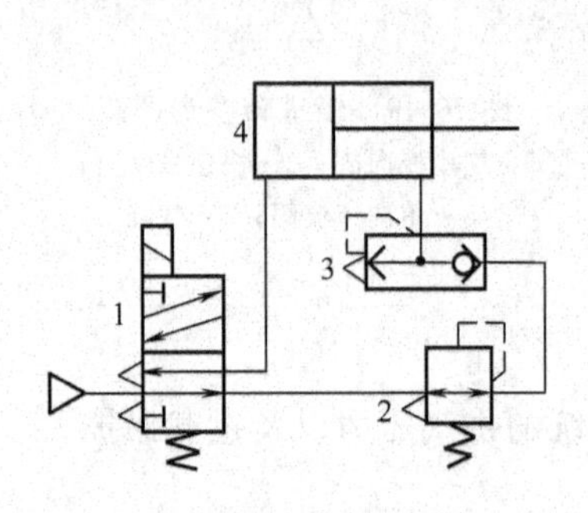

图 10-53　差压控制回路
1—电磁换向阀；2—减压阀；3—快速排气阀；4—气缸

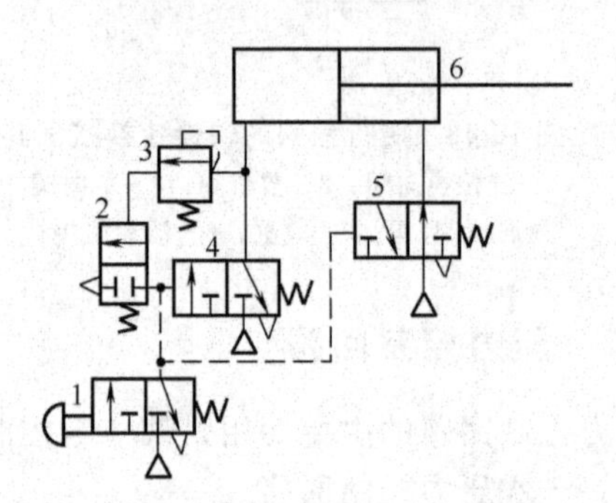

图 10-54　过载保护回路
1—手动换向阀；2,4,5—气控换向阀；3—顺序阀；6—气缸

10.5.3　方向控制回路（换向回路）

方向控制回路（换向回路）的功用是通过各种通用气动换向阀改变压缩气体流动方向，从而改变气动执行元件的运动方向。

(1) 单作用气缸换向回路

单作用气缸可直接采用二位三通电磁阀控制换向，但二位三通电磁阀控制气缸只能换向而不能在任意位置停留。如需在任意位置停留，则必须使用三位四通电磁阀或三位五通电磁阀控制。

(2) 双作用气缸换向回路

① 用电磁阀的双作用缸往复换向回路　双作用气缸可以采用一个四通电磁换向阀实现换向，也可以采用两个二位三通电磁阀组合控制其往复换向，如图 10-55 所示。在图示位置，压力气体经电磁阀 2 的右位进入气缸 3 的有杆腔，并推动活塞退回，无杆腔经阀 1 的右位排气。当阀 1 和阀 2 的电磁铁都通电时，气缸的无杆腔进气，有杆腔排气，活塞杆伸出。当电磁铁都断电时，活塞杆退回。电磁铁的通、断电可采用行程开关发出信号。

② 气缸一次往复换向回路　图 10-56 所示回路，利用手动换向阀 1、气控换向阀 2 和行程阀 3 控制气缸实现一次往复换向。阀 2 具有双稳态功能。当按下阀 1 时，阀 2 切换至左位，气缸的活塞进给（右行）。当活动挡块 5 压下阀 3 时，阀 2 右位工作，气缸有杆腔进气、无杆腔排气，推动活塞退回，从而手动阀发出一次控制信号，气缸往复动作一次。

③ 气缸连续往复换向回路　图10-57是气缸连续往复换向回路，图示状态，气缸5的活塞退回（左行），当行程阀3被活塞杆上的活动挡块6压下时，气路处于排气状态。当按下具有定位机构的手动换向阀1时，控制气体经阀1的右位、阀3的上位作用在气控换向阀2的右控制腔，阀2切换至右位，气缸的无杆腔进气、有杆腔排气，实现右行进给。当挡块6压下行程阀4时，气路经阀4上位排气，阀2在弹簧力作用下复至图示左位。此时，气缸有杆腔进气、无杆腔排气，作退回运动。当挡块压下阀3时，控制气体又作用在阀2的右控制腔，使气缸换向进给。周而复始，气缸自动往复运动。当拉动阀1至左位时，气缸停止运动。

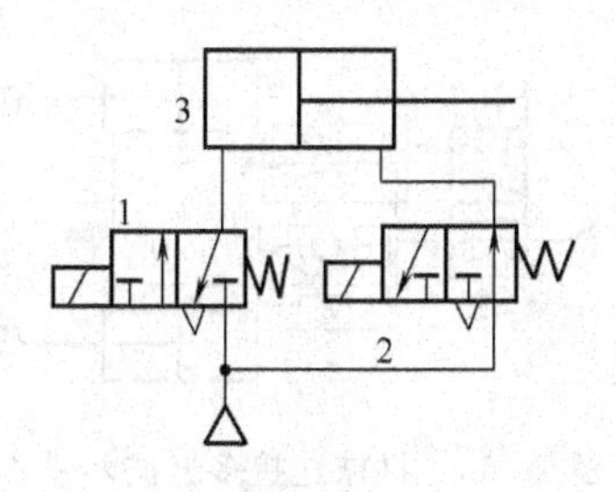

图10-55　双作用缸往复换向回路
1,2—电磁换向阀；3—气缸

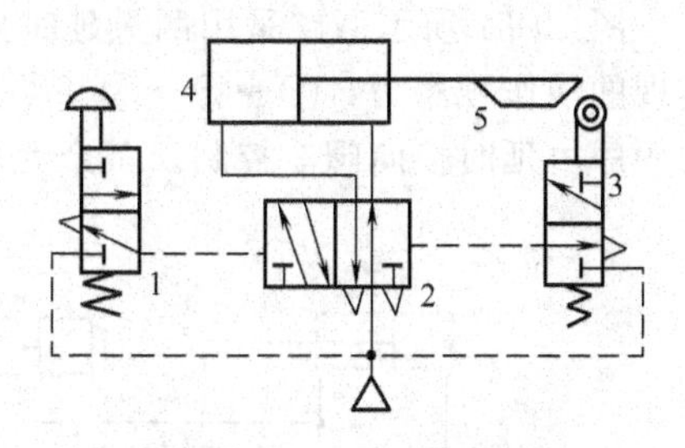

图10-56　气缸一次往复换向回路
1—手动换向阀；2—气控换向阀；3—行程阀；4—气缸；5—活动挡块

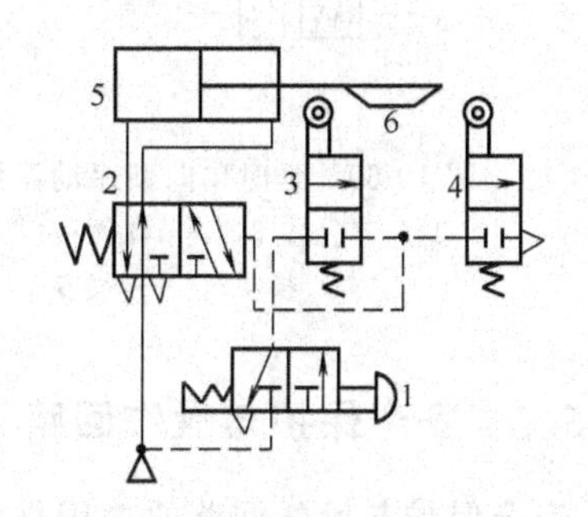

图10-57　气缸连续往复换向回路
1—手动换向阀；2—气控换向阀；3,4—行程阀；5—气缸；6—活动挡块

10.5.4　多执行元件控制回路

多执行元件控制回路有同步动作控制和顺序动作控制两类。

(1) 多缸同步动作控制回路

① 机械连接多缸同步动作控制回路　图10-58是一种机械连接多缸同步动作控制回路，通过两齿轮齿条副6和7，可实现两气缸4和5的强制同步动作。气缸4和5尺寸规格相同，气路并联，由单向节流阀2和3调节进、退速度。图示状态，两气缸的有杆腔同时进气、无杆腔排气，同步退回。当电磁换向阀1通电切换至上位时，两气缸的无杆腔进气、有杆腔排气而同步伸出。由于两齿轮刚性连接，故不论某一气缸的运动速度是快或是慢都将强制另一气缸以同等速度运动。虽然存在齿侧隙和齿轮轴扭转变形误差，但是仍有较为可靠的同步功能。

② 气-液联动同步控制回路　图10-59是采用双作用活塞式双杆气-液缸的同步回路。由于两缸几何尺寸相等，故采用两缸串联。这样，不论两缸作哪个方向的运动都能保持同步。

(2) 多缸顺序动作控制回路

多缸顺序动作控制回路主要有压力控制（利用顺序阀、压力继电器等元件）、位置控制（利用电磁换向阀及行程开关等）与时间控制三种控制方式。前两类与相应液压回路相同，故此处仅介绍时间控制顺序动作回路。

图10-60所示回路采用一只延时换向阀控制两气缸1和2的顺序动作。当二位五通气控换向阀7切换至左位时，缸1无杆腔进气、有杆腔排气，实现动作①。同时，气体经节流阀3进入延时换向阀4的控制腔及气容6中。当气容中的压力达到一定值时，阀4切换至左位，缸2无杆腔进气、有杆腔排气，实现动作②。当阀7在图示右位时，两缸同时有杆腔进气、无杆腔排气而退回，即实现动作③。两气缸进给的间隔时间可通过节流阀3调节。

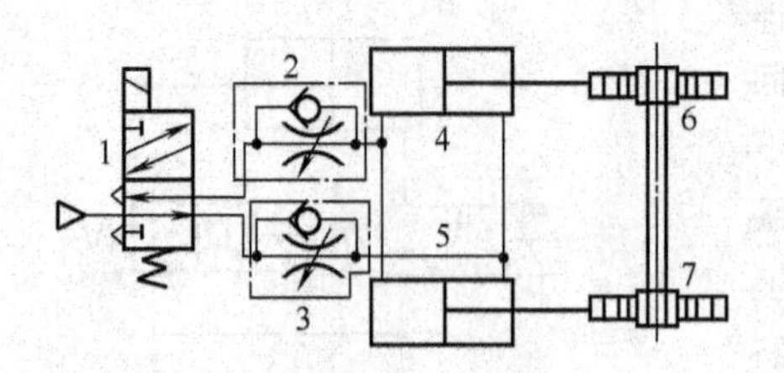

图 10-58　机械连接多缸同步动作控制回路

1—电磁换向阀；2,3—单向节流阀；4,5—气缸；6,7—齿轮齿条副

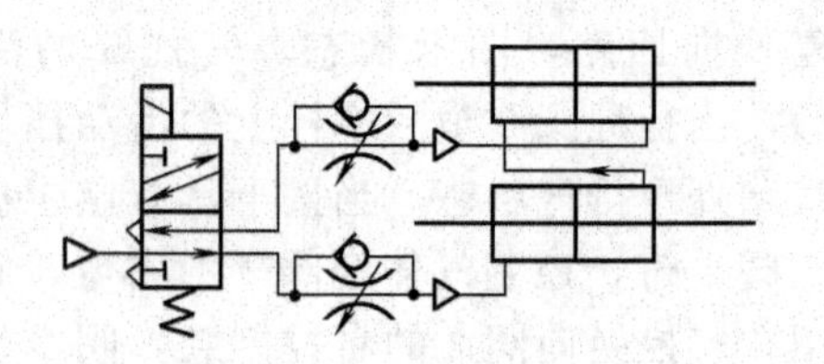

图 10-59　气-液联动同步控制回路

图 10-61 所示回路采用两只延时换向阀 3 和 4 对两气缸 1 和 2 进行顺序动作控制。可以实现的动作顺序为：①→②→③→④。动作①→②的顺序由延时换向阀 4 控制，动作③→④的顺序由延时换向阀 3 控制。其余元件的作用同上。

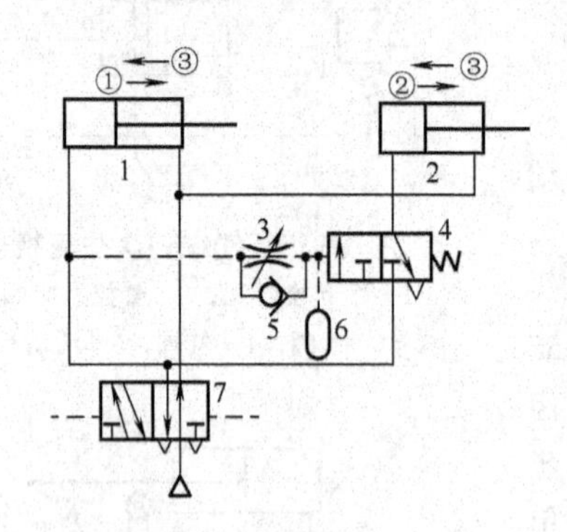

图 10-60　延时单向顺序动作控制回路

1,2—气缸；3,5—节流阀；4,7—气控换向阀；6—气容

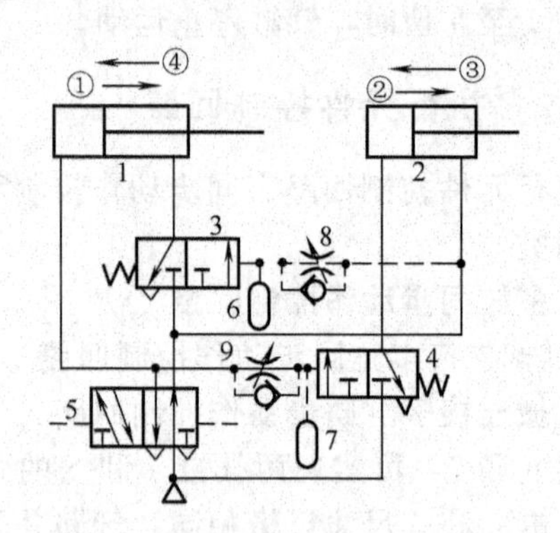

图 10-61　延时双向顺序动作控制回路

1,2—气缸；3～5—气控换向阀；6,7—气容；8,9—节流阀

10.5.5　安全保护与操作回路

安全保护与操作回路的功用是保证操作人员和机械设备的安全。

(1) 安全保护回路

图 10-62 是一种采用顺序阀的过载保护回路，当气控换向阀 2 切换至左位时，气缸的无杆腔进气、有杆腔排气，活塞杆右行。当活塞杆遇到死挡铁 5 或行至极限位置时，无杆腔压力快速增高，当压力达到顺序阀 4 开启压力时，顺序阀开启，避免了过载现象的发生。气源

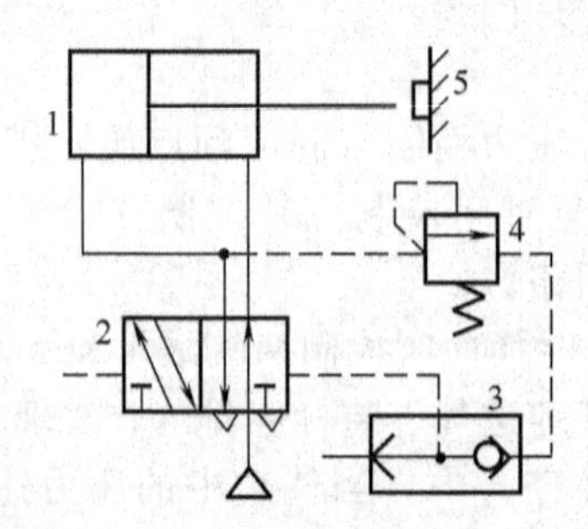

图 10-62　采用顺序阀的过载保护回路

1—气缸；2—气控换向阀；3—或门型梭阀；4—顺序阀；5—死挡铁

经顺序阀、或门型梭阀 3 作用在阀 2 右控制腔使换向阀复位，气缸退回。

(2) 互锁回路

图 10-63 所示为互锁回路，气缸 5 的换向由作为主控阀的四通气控换向阀 4 控制。而四通阀 4 的换向受三个串联的机动三通阀 1～3 的控制，只有三个都接通时，主控阀 4 才能换向，实现了互锁。

(3) 双手同时操作回路

图 10-64 所示为一种逻辑“与”的双手操作回路，为使二位主控阀 3 控制气缸 6 的换向，必须使压缩空气信号进入阀 3 的控制腔。因此必须使两个三通手动阀 1 和 2 同时换向，另外这两个阀必须安装在单手不能同时操作的距离上，在操作时，如任何一只手离开时则控制信号消失，主控阀 3 便复位，则活塞杆后退。以避免因误动作伤及操作者。气缸 6 还可通过单向节流阀 4 和 5 实现双向节流调速。

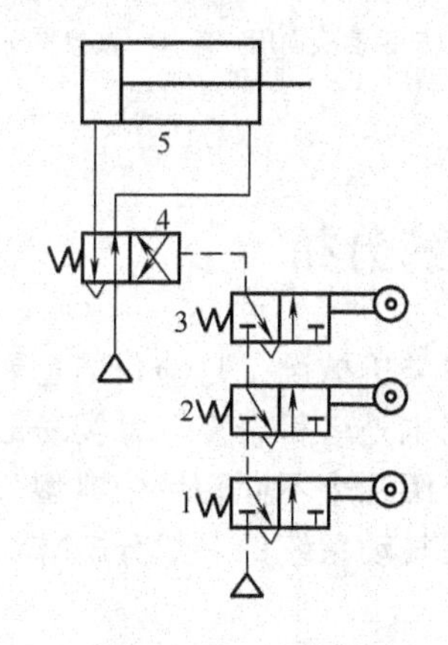

图 10-63　互锁回路

1～3—机动三通阀；4—气控换向阀；5—气缸

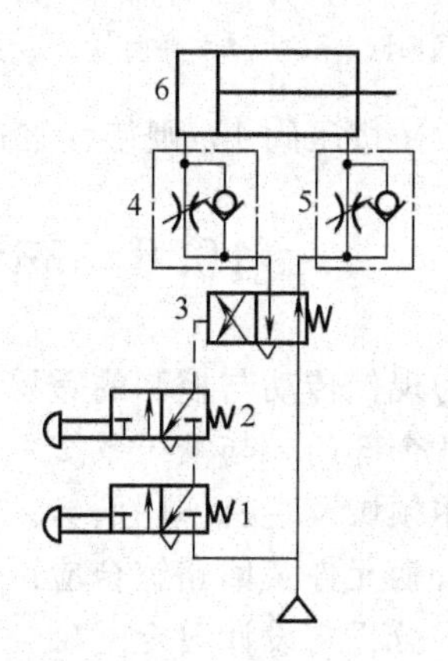

图 10-64　逻辑“与”的双手操作回路

1,2—手动换向阀；3—气控换向阀；4,5—单向节流阀；6—气缸

图 10-65 是用三位主控阀的双手操作回路，三位主控阀 1 的信号 A 作为手动阀 2 和 3 的逻辑“与”回路，亦即只有手动阀 2 和 3 同时动作时，主控制阀 1 才切换至上位，气缸活塞杆前进；将信号 B 作为手动阀 2 和 3 的逻辑“或非”回路，即当手动阀 2 和 3 同时松开时，主控制阀 1 切换至下位，活塞杆返回；若手动阀 2 或 3 任何一个动作，将使主控制阀复至中位，活塞杆处于停止状态，所以可保证操作者安全。

10.5.6　计数回路

计数回路可以组成二进制或四进制计数器，多用于容积计量及成品装箱中。图 10-66 是一种二进制计数回路。其计数原理为：按下手动换向阀 1，则气压信号经液控换向阀 2～4 的左或右控制腔使气缸的活塞杆伸出或退回。阀 4 的换向位置，取决于阀 2 的位置，而阀 2 的换位又取决于阀 3 和阀 5。如图 10-66 所示，设按下阀 1 时，气压信号经阀 2 至阀 4 的左控制腔使阀 4 切换至左位，同时使阀 5 切断气路，此时气缸向外伸出；当阀 1 复位后，原通入阀 4 左控制腔的气压信号经阀 1 排空，阀 5 复位，于是气缸无杆腔的气体经阀 5 至阀 2 左端，使阀 2 换至左位等待阀 1 的下一次信号输入。当第二次按下阀 1 后，气压信号经阀 2 的左位至阀 4 右控制腔使阀 4 切换至右位，气缸退回，同时阀 3 将气路切断。待阀 1 复位后，阀 4 右控制腔信号经阀 2、阀 1 排空，阀 3 复位并将气压导至阀 2 左端使其换至右位，又等待阀 1 下一次信号输入。这样，第 1、3、5、…次（奇数）按压阀 1，则气缸伸出；第 2、

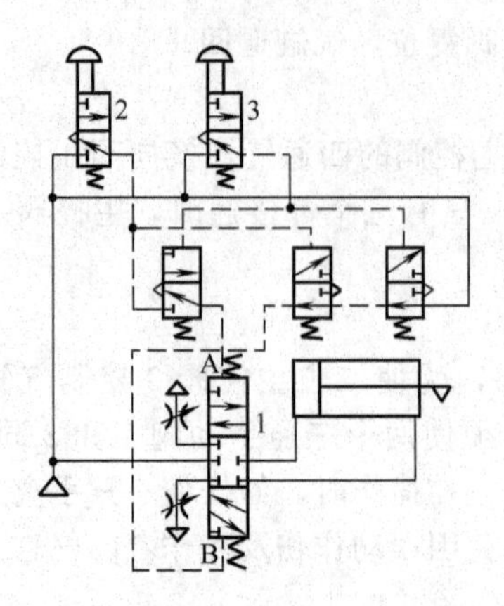

图 10-65　用三位主控阀的双手操作回路
1—液控换向阀；2,3—手动换向阀

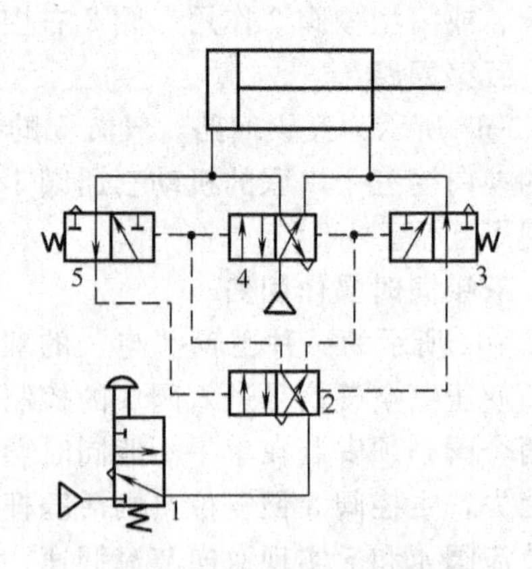

图 10-66　二进制计数回路
1—手动换向阀；2～5—液控换向阀

4、6、…次（偶数）按压阀 1，则使气缸退回。

10.6　典型气动系统分析

气动技术作为现代传动与控制的重要技术手段及各类机械设备自动化的重要方式，其应用遍及国民经济各个部门，与液压系统一样，气动系统也是名目繁多、种类纷纭，系统的构成及原理也因应用领域及主机不同而异。本节拟分析介绍几个不同领域中典型气动系统，进一步加深对各类气动元件及回路综合应用的认识，掌握气动系统的一般分析方法，为读者自己进行气动系统的分析与设计奠定基础。

10.6.1　机床夹具气动系统

机床夹具气动系统原理图如图 10-67 所示，三个夹紧缸 A、B、C 用于夹紧工件，它们的动作顺序为：缸 A 先夹紧，缸 B 和缸 C 后夹紧；松开时，缸 B 和缸 C 先松开，缸 A 后松开。

当工件定位后，踩下脚踏换向阀 1 使其切换至左位，气源的压缩空气经阀 2 中的单向阀进入缸 A 的无杆腔，缸 A 有杆腔经阀 3 中的节流阀排气，活塞杆驱动夹头下行夹紧工件。同时将行程阀 2 压至左位，气源的压缩空气经阀 6 中的节流阀使换向阀 8 工作切换至右位。此时，缸 B、C 的无杆腔进气、有杆腔排气双向夹紧工件。待工件加工完毕的同时，阀 7 控制腔的气压使阀 7 切换至右位，缸 B、C 的有杆腔进气、无杆腔排气而退回。阀 1 在控制腔气压作用下切换至图示右位，压缩空气经阀 3 的单向阀进入缸 A 有杆腔、无杆腔经阀 2 的节流阀排气，缸 A 退回。缸 A 退回后使阀 2 复位，阀 4 在弹簧力作用下也复位。至此，完成一个工作循环，换向阀 3 和 4 的延时换向时间可通过调节各换向阀控制腔的节流阀开度实现。

10.6.2　动力滑台气液驱动系统

动力滑台的功能如第 8 章所述。动力滑台除了采用机械驱动和液压驱动外，还可以采用气压驱动。此处介绍动力滑台的一种气液驱动系统，如图 10-68 所示。该系统的执行元件是气-液阻尼缸 11，该缸的缸筒固定，活塞杆与滑台相连，系统可以完成的两种工作循环及原理如下。

(1) 快进→慢进（工进）**→快退→停止循环**

当阀 4 处于图示位置时，即可实现此动作循环，其动作原理为：当阀 3 切换至右位时，

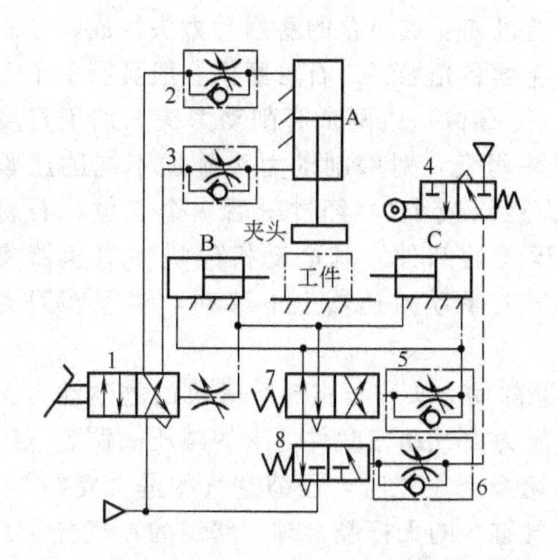

图 10-67 机床夹具气动系统原理图

1—二位四通脚踏换向阀；2,3,5,6—单向节流阀；4—二位三通行程换向阀；7,8—气控换向阀

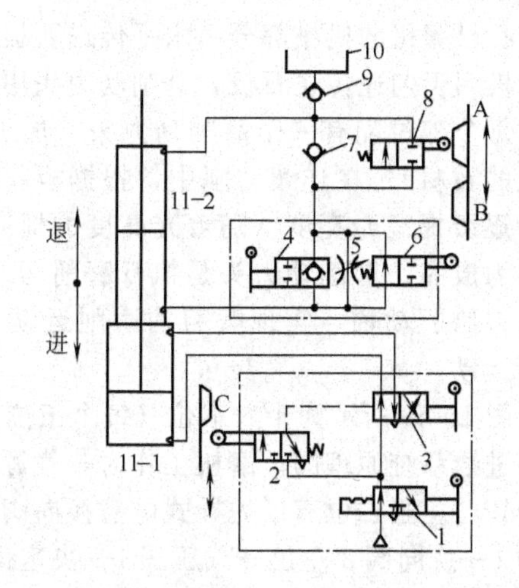

图 10-68 动力滑台气液驱动系统原理图

1—二位三通手动换向阀；2—二位三通行程阀；3—二位四通手动换向阀；4—二位二通手动换向阀；5—单向节流阀；6,8—二位二通行程阀；7,9—单向阀；10—补油箱；11—气-液阻尼缸；A～C—活动挡块

实际上就是给予进给信号，压缩空气经阀 1、阀 3 进入气-液缸的气缸 11-1 的小腔，大腔经阀 3 排气，气缸的活塞开始向下运动，而液压缸 11-2 中的下腔油液经行程阀 6 的左位和单向阀 7 进入液压缸的上腔，实现了动力滑台快进；当快进到活塞杆上的活动挡块 B 将行程阀 6 压换至右位后，液压缸 11-2 中的下腔油液只能经节流阀 5 进入上腔，活塞开始慢进（工作进给），气-液缸运动速度由节流阀 5 的开度决定；当慢进到活动挡块 C 使行程阀 2 复位时，输出气压信号使阀 3 切换至左位，这时气缸的进、排气交换方向，活塞开始向上运动。液压缸上腔的油液经阀 8 的左位和手动阀 4 中的单向阀进入液压缸下腔，实现了快退，当快退到挡块 A 切换阀 8 而使油液通道被切断时，活塞以及动力滑台便停止运动。只要改变挡块 A 的位置，就能改变“停”的位置。

(2) 快进→慢进→慢退→快退→停止循环

将手动阀 4 关闭（切换至左位）时，即可实现此双向进给程序。其动作循环中的快进→慢进的动作原理与上述循环相同。当慢进至挡块 C 切换行程阀 2 至左位时，输出气压信号使阀 3 切换至左位，气缸活塞开始向上运动，这时液压缸上腔的油液经行程阀 8 的左位和节流阀 5 进入活塞下腔，亦即实现了慢退，慢退到挡块 B 离开阀 6 的顶杆而使其复至左位后，液压缸上腔的油液就经阀 6 左位而进入活塞下腔，开始了快退，快退到挡块 A 切换阀 8 而使油液通路被切断时，活塞及滑台便停止运动。

该动力滑台的特点为：①利用了液体不可压缩的性能及液体流量易于控制的优点，可使动力滑台获得稳速运动；②带定位机构的手动阀 1、行程阀 2 和手动阀 3 组合成一只气动组合阀块，而阀 4、5 和 6 为一液压组合阀，系统结构紧凑；③为了补偿系统中的漏油，设置有补油箱 10。

10.6.3 十六工位石材连续磨机气动系统

石材连续磨机是为适应石材资源开发利用需要而发展的一种现代机械设备，用来对经过切割后的板料石材进行连续磨削，以提高其表面的光亮度。

石材磨机的机械部分由水平传送石板的带式输送机和立式布置的磨削动力头组成，带式输送机用于匀速传送石板，磨削动力头用于石板的连续磨光加工。石材磨机一般具有多个工位，每个工位配有一个磨削动力头（加工宽度较小的石材）或两个磨削动力头（加工宽度较大的石材）。在连续磨削中，根据板料的表面粗糙程度，对磨削动力头施加不同的压紧力，逐级提高光亮度（随着光亮度的提高，压紧力逐级减小），经过最后一个工位，石材磨削为成品。磨削动力头是执行磨削运动和进给运动的部件。其电动机经机械减速器将动力传给驱动轴，实现磨刀的磨削运动。同时，气缸驱动减速器上下移动，实现磨刀的进给运动。

图 10-69 所示为十六工位（每个工位各有一个磨削动力头）石材连续磨机的磨削动力头气动进给系统原理图。磨机工作时，气源 1 的供气压力由气动三联件 2 中的减压阀调定（约 0.6MPa）。当二位五通先导式电磁换向阀 3 的通电切换至左位时，压缩空气的进气路线为：气源 1→换向阀 3 左位→减压阀 4→快速排气阀 5→气缸 6 的无杆腔。排气路线为：气缸 6 的有杆腔→梭阀 8→单向节流阀 7→换向阀 3 右位的排气口。此时，气缸带动磨削动力头以较慢速度下降接近待磨石板，下降速度由节流阀开度决定。动力头接触石板后，在一定压紧力（由减压阀 4 和 9 压差值决定，大约 0.05～0.1MPa）作用下进行磨削加工。当经所有十六工位磨削完毕后，换向阀 3 的断电切换至图示右位，经此阀输出的压缩空气经阀 7 中的单向阀、梭阀 8 进入气缸的有杆腔，活塞杆带动动力头快速回程（升起），气缸无杆腔的余气经快速排气阀 5 排空。

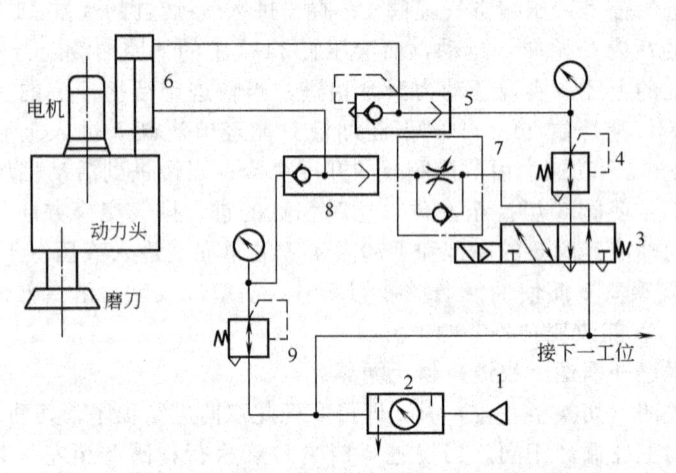

图 10-69　石材连续磨机磨削动力头气动进给系统原理图

1—气源；2—气动三联件；3—二位五通电磁换向阀；4，9—减压阀；5—快速排气阀；6—气缸；7—单向节流阀；8—梭阀

该系统的特点为：①采用气动进给系统的磨机，“绿色”无污染，介质成本低；②系统的慢速下行速度采用出口节流调速方式，有利于流体介质消散通过节流阀产生的热量，从而改善和提高工作性能；③通过高压回路设置减压阀和低压回路设置背压阀，并通过此两阀的压力差来调节和满足各工位的动力头对压紧力的不同需求，此种回路结构简单，价格低廉，调整方便；④系统中每一个动力头的进给回路，都采用一个电磁换向阀控制执行元件的运动方向（电磁阀与动力头的数量相同）。这些换向阀的电磁铁既可同时通断电，又可分别通断电，从而可以满足动力头同时升降或分别升降的需要。由于这些电磁换向阀都属于开关式控制阀，从而为采用可编程序控制器（PLC）对系统进行数字控制和整个石材磨机的机电液一体化创造了有利条件，目前国内外厂商开发和生产的石材连续磨机基本上均采用了 PLC

控制。

10.6.4　粒状物料计量装置气动系统

在工业生产中，经常要对传送带上连续供给的粒状物料进行计量，并按一定重量进行分装。图 10-70 所示即为这样一套气动计量装置。当计量箱中的物料重量达到设定值时，要求暂停传送带上物料的供给，然后把计量好的物料卸到包装容器中。当计量箱返回到图示位置后，物料再次落入计量箱中，开始下一次的计量。该装置的动作原理是：气动装置在停止工作一段时间后，因泄漏，计量气缸 A 的活塞会在计量箱重力作用下缩回。故首先要有计量准备动作使计量箱到达图示位置。随着物料落入计量箱中，计量箱的重量不断增加，气缸 A 慢慢被压缩。计量的重量达到设定值时，止动气缸 B 伸出，暂时停止物料的供给；计量气缸换接高压气源后伸出把物料卸掉。经过一段时间的延时后，计量气缸缩回，为下次计量做好准备。

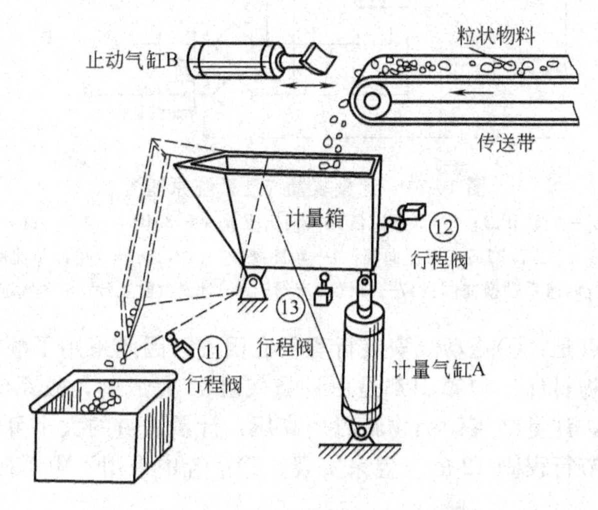

图 10-70　气动计量装置示意图

图 10-71 所示为计量装置气动系统原理图。计量装置启动时，先将手动换向阀 14 切换至左位，减压阀 1 调节的高压气体（调压值 $p=0.6\mathrm{MPa}$）使计量气缸 A 外伸，当计量箱上的凸块（见图 10-70）通过设置于行程中间的行程阀 12 的位置时，手动阀切换至右位，计量气缸 A 以排气节流阀 17 所调节的速度下降。当计量箱侧面的凸块切换行程阀 12 后，行程阀 12 发出的信号使阀 6 换至图示位置，使止动气缸 B 缩回。然后把手动阀换至中位，计量准备工作结束。

随着来自传送带的粒状物料落入计量箱中，计量箱的重量逐渐增加，此时缸 A 的主控换向阀 4 处于中位，缸内气体被封闭住而呈现等温压缩过程，即缸 A 活塞杆慢慢缩回。当重量达到设定值时，切换行程阀 13。行程阀 13 发出的气压信号使气控阀 6 切换至左位，使止动气缸 B 外伸，暂停被计量物料的供给。同时切换阀 5 至图示右位。止动气缸外伸至行程终点时，其无杆腔压力升高，顺序阀 7 打开。缸 A 的主控阀 4 和高低压切换阀 3 被切换至左位，0.6MPa 的高压空气使计量气缸 A 外伸。当缸 A 行至终点时，行程阀 11 动作，经过由单向节流阀 10 和气容 C 组成的延时回路延时后，换向阀 5 被切换至左位，其输出信号使阀 4 和阀 3 换向至右位，0.3MPa 的压缩空气进入气缸 A 的有杆腔，缸 A 活塞杆以单向节流阀 8 调节的速度内缩。单方向作用的行程阀 12 动作后，发出的信号切换气压阀 6，使止动气缸 B 内缩，来自传送带上的粒状物料再次落入计量箱中。

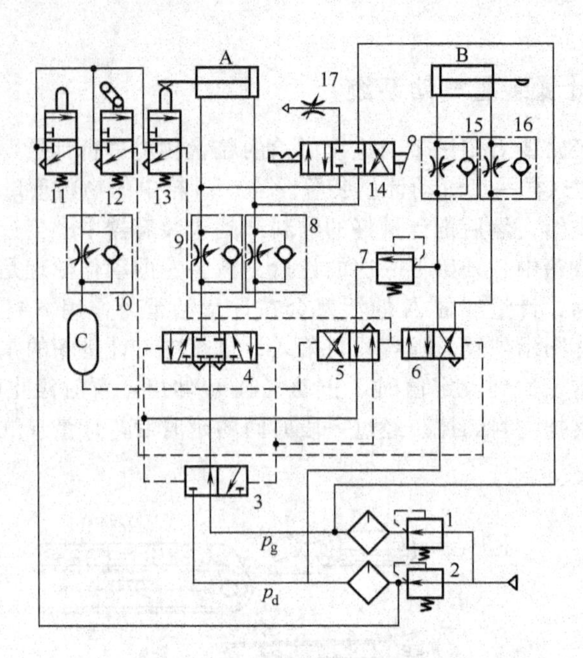

图 10-71 计量装置气动系统原理图

1—高压减压阀（调压值 p_g=0.6MPa）；2—低压减压阀（调压值 p_d=0.3MPa）；3—二位三通气压换向阀；4—三位四通气压换向阀；5,6—二位四通气压换向阀；7—顺序阀；8～10,15,16—单向节流阀；11～13—行程阀；14—三位四通手动换向阀；17—排气节流阀；A—计量气缸；B—止动气缸；C—气容

该气动系统的特点是：①止动缸安装行程阀有困难，因此采用了顺序阀发信的方式；②在整个动作过程中，物料计量和倾倒都是由计量气缸 A 完成的，故系统采用了高低压切换回路，计量时用低压，计量结束倾倒物料时用高压，计量重量的大小可以通过调节低压减压阀 2 的调定压力或调节行程阀 12 的位置来实现；③系统中采用了由单向节流阀 10 和气容 C 组成的延时回路。

10.7 气动系统的设计计算

10.7.1 设计计算流程

气动系统设计是组成一个新的能量传递系统，以完成一项专门的任务。气动系统的设计也是与主机的设计密切相关的。气动系统的设计计算与液压系统的设计流程大体相同，即根据技术要求→选定执行元件的形式和数量→进行负载分析和运动分析→选择工作压力并确定执行元件几何参数及压力和流量→回路设计，拟定气动系统原理图→选择和设计气动元件→性能验算→结构设计。整个气动系统设计中一个非常重要的内容是回路设计。回路的设计方法有卡诺图法、信号-动作（X-D）线图法等。本节着重介绍常用的信号-动作（X-D）线图法。

10.7.2 气动控制回路的设计：信号-动作（X-D）线图法

信号-动作（X-D）线图法的设计内容与步骤如图 10-72 所示。

(1) 工作行程顺序图设计

工作行程顺序图简称程序图，用于表示气动系统在完成一个工作循环中，各执行元件的

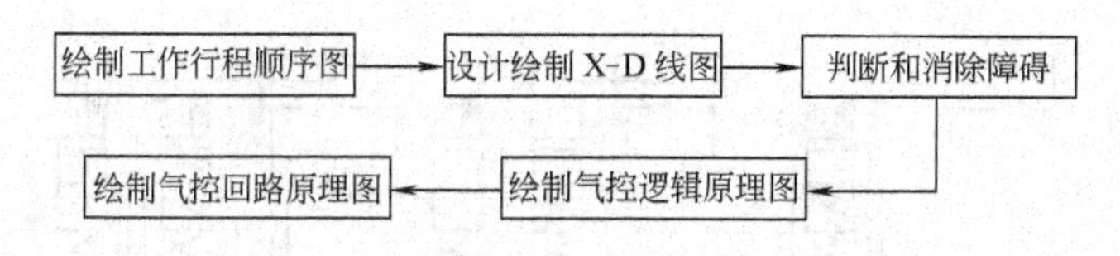

图 10-72　X-D 线图法的设计内容与步骤

动作顺序。该图是经过对生产对象及工艺过程的调查研究，明确所控制执行元件的数目、动作顺序关系以及其它控制要求（如手动、自动控制等）后用规定的符号绘制出的。

① 符号规定　执行元件用大写字母 A、B、C、…表示。

带下标的字母，例如，A_1、A_0 表示执行元件 A 的两个不同动作状态，下标“1”为气缸伸出状态（马达正转），下标“0”为气缸缩回（马达反转）。

与各执行元件相对应的小写字母 a、b、c、…表示相应的发信器（如行程阀）及其发出的信号。

控制执行元件换向的阀（简称主控阀）用 V 表示，其下标 A、B、C、…表示控制的执行元件，如 V_A 控制 A 执行元件，V_B 控制 B 执行元件，等等。

② 程序图设计　程序图的具体设计绘制方法是：每个执行元件都有其各自的号码（如缸 A、B、…）；每个执行元件的每个动作都作为一个工作程序写出来（如 A_0、A_1、…）；程序之间，即每个动作的工作状态之间用带控制箭头“→”的连线连接，箭头指向表示动作程序运行的方向，箭头线上对应于执行元件的发信器输出信号，用小写字母表示（如 a_0、a_1、…）。

例如，某钻床的工艺过程要求的动作顺序关系为：送料→夹紧、送料退回→钻孔→松夹。

根据上述工艺过程要求，钻床的气动系统可设置送料缸 A、夹紧缸 B 和钻孔缸 C 三个气缸，绘制出的程序图如图 10-73 所示。其含义为：缸 A 进给（A_1）送料，当缸 A 活塞杆压下发信行程阀，产生信号 a_1 后，控制缸 B 进给（B_1）夹紧工件；当缸 B 活塞杆压下行程阀产生 b_1 信号后，使缸 A 退回（A_0），并使缸 C 进给（C_1）钻孔；当缸 C 活塞杆压下行程阀发出 c_1 信号后，使缸 C 退回（C_0）；当缸 C 退回压下行程阀产生 c_0 信号后，使缸 B 退回松夹（B_0）；当缸 B 退回压下行程阀后，发出 b_0 信号使缸 A 进给……图中 $\begin{matrix}A_0\\C_1\end{matrix}$ 为并列动作，故称为并列程序。如把程序箭头以及行程阀所发信号省略，则可使工作行程顺序图简化为图 10-74 所示的形式。

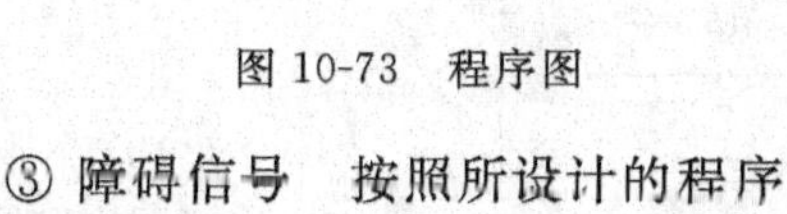

$$\rightarrow A_1 \xrightarrow{a_1} B_1 \xrightarrow{b_1} \begin{matrix}\nearrow A_0\\C_1\end{matrix} \xrightarrow{c_1} C_0 \xrightarrow{c_0} B_0 \xrightarrow{b_0}$$

图 10-73　程序图

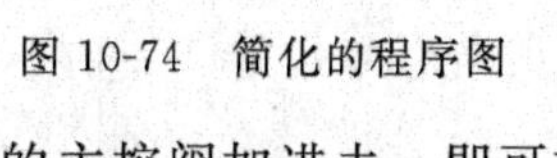

$$A_1 \quad B_1 \quad \begin{matrix}A_0\\C_1\end{matrix} \quad C_0 \quad B_0$$

图 10-74　简化的程序图

③ 障碍信号　按照所设计的程序图，并把各执行元件的主控阀加进去，即可初步绘出气动程序回路图。例如，图 10-75 所示为将主控阀（二位五通气控换向阀）V_A、V_B、V_C 加进去，绘出的钻床气动程序回路图，图中的发信器为二位三通行程阀信号。

但实际上由此连成的回路能否正常工作尚不清楚。原因是回路中有可能存在障碍待查。所谓障碍是指同一时刻主控阀两个控制侧同时存在气控信号，使主控阀换向存在障碍，而此障碍妨碍主控阀按预定程序换向的信号称障碍信号。

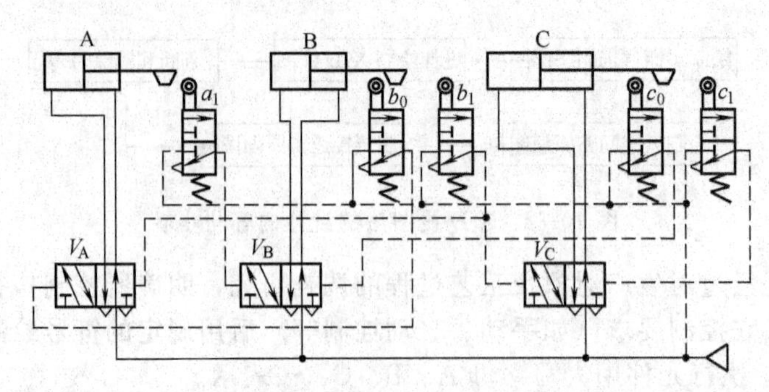

图 10-75 钻床气动程序回路图

例如，图 10-75 所示的钻床气动程序回路图，就存在不能使其正常工作的障碍。说明如下：由前述程序图可知，系统在待命状态时，三个缸均为退回位置。当缸 C 压下 c_1 后，主控阀 V_C 两控制侧分别受到（b_1 和 c_1）控制，故缸 C 不能执行退回，因而缸 B 也不能执行退回，此即为所产生的障碍信号，故系统将不能正常工作。

要保证行程程序回路按预定程序协调地动作，就必须找出并消除障碍信号。障碍信号在信号-动作线图法中，主要是由线图中的线段来判断。

(2) 设计绘制信号-动作线图（X-D 线图）

X-D 线图是一种图解法，它可以将各个控制信号的存在状态和执行元件的工作状态清楚地用图线表示出来，从图中还能分析出系统是否存在障碍信号及其状态，以及消除信号障碍的各种可能性。根据 X-D 线图可以准确迅速地绘出气动回路图。下面以图 10-75 所示程序为例，说明 X-D 线图的设计绘制要点。

① 绘制方格图 如图 10-76 所示，绘制 X-D 线图首先应画出方格图，其次填写程序及信号动作。根据工作程序及顺序，在图的第一行和第二行由左至右依次分别填上动作状态程序的序号 1、2、…及相应动作状态。

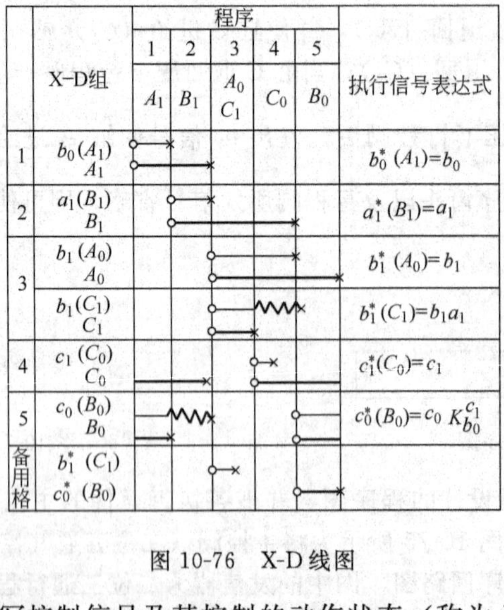

	X-D组	程序					执行信号表达式
		1	2	3	4	5	
		A_1	B_1	A_0 C_1	C_0	B_0	
1	$b_0(A_1)$ A_1						$b_0^*(A_1)=b_0$
2	$a_1(B_1)$ B_1						$a_1^*(B_1)=a_1$
3	$b_1(A_0)$ A_0						$b_1^*(A_0)=b_1$
	$b_1(C_1)$ C_1						$b_1^*(C_1)=b_1a_1$
4	$c_1(C_0)$ C_0						$c_1^*(C_0)=c_1$
5	$c_0(B_0)$ B_0						$c_0^*(B_0)=c_0\ K_{b_0}^{c_1}$
备用格	$b_1^*(C_1)$ $c_0^*(B_0)$						

图 10-76 X-D 线图

在图的最左边一列填写控制信号及其控制的动作状态（称为 X-D 组）的序号及其相应的 X-D 组。每一 X-D 组包括上、下两部分：上面为控制该动作状态的行程信号状态，如 b_0（A_1）、a_1（B_1）、…；下面为该信号控制的动作状态，如 A_1、B_1、…，各占一行，b_0（A_1）

表示控制 A_1 动作的信号 b_0，$a_1(B_1)$ 表示控制 B_1 动作的信号 a_1。在图的最右边一列作为执行信号表达式。

由于程序是循环执行的，因此程序1左端竖线与程序5右端竖线可视为同一条线。

最下一行是为消除障碍找出执行信号进行逻辑运算的备用格。

② 绘制动作状态线（D线）　在方格图上，动作状态线用横粗实线表示，画在相关方格内，起点画“○”，终点画“×”。起点是该动作状态程序开始处，即起点是行、列所对应大写字母及下标都相等的左边竖线；终点是该动作状态变换开始处，即终点是行、列所对应字母相同，而下标不同的左边竖线。例如，A_1 动作状态线 (A_1, A_1)-(A_1, A_0)。动作状态线表示缸A进给动作延续到缸B进给时结束。

③ 绘制信号状态线（X线）　在方格图上，信号状态线用横细实线表示，起点用小圆圈“○”表示，终点用“×”表示。起点和动作状态线的起点为同一竖线；终点是行、列符号相同且不论大小写，但下标不同的左边竖线。例如，$b_0(A_1)$ 信号线，起点和动作状态线起点 (A_1, A_1) 是同一竖线；终点是 (b_0, B_1)。

(3) 用X-D线图判别障碍

判别方法很简单，信号线比所控制的动作状态线短是非障碍信号，因为动作结束换向时，前一控制信号早已消失。非障碍信号要在其右上角标注“*”以便区别。

相反，信号线比所控制的动作状态线长为有障碍信号，这表明某行程段有两个控制信号同时作用于一个主控阀，信号线比动作状态线长出部分为妨碍反相动作的障碍段，障碍段用波浪线“〰”表示，必须进行消除，否则不能正常工作。

有时信号线与动作状态线基本等长，只是信号线比所控制的动作状态线多一出头部分，这一小部分称为滞消障碍，可根据系统对时序的精确程度考虑是否消除。

(4) 障碍信号的消除

在X-D线图中，凡是信号线长于动作线的障碍信号属Ⅰ型障碍，Ⅰ型障碍一般出现在多执行元件单往复气动系统中；有信号线而无动作线或信号重复而引起的障碍称为Ⅱ型障碍，Ⅱ型障碍一般出现在多执行元件多往复气动系统中。两者消障方法不同，但原理都是将控制信号线缩短到小于动作线。

① Ⅰ型障碍的消除

a. 脉冲信号法　脉冲信号法就是将有障碍信号变为脉冲信号。这样，使主控阀换向后，控制信号立即消失。脉冲信号法可以消除任何Ⅰ型障碍。脉冲信号可用机械法、脉冲回路法产生。

机械法是利用气缸活塞杆头部（或运动部件上）装有可翻转的机械活络挡块或通过式行程阀发出的脉冲信号来消障，前者如图10-77(a) 所示，当活塞杆伸出时行程阀发出脉冲信号，而活塞杆缩回时不发信号；后者如图10-77(b) 所示，当活塞杆伸出时压下行程阀发出脉冲信号，而活塞杆缩回时因行程阀头部具有可折性，故未把阀压下，阀不发信号。机械法消除障碍用于定位精度不高的场合，而且不能将行程阀用于限位，因为不可能将此类行程阀

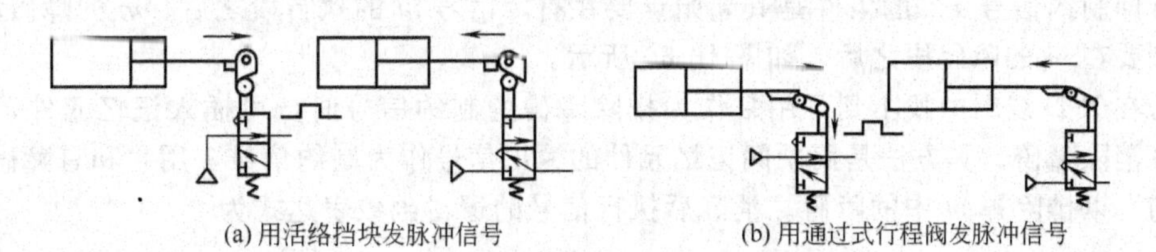

(a) 用活络挡块发脉冲信号　(b) 用通过式行程阀发脉冲信号

图10-77　机械法产生脉冲信号

安装在活塞杆行程末端，而必须保留一段行程以便使挡块或凸轮通过行程阀。

脉冲回路法是利用延时换向阀组成控制回路将有障碍信号变为脉冲信号，如图 10-78 所示，当活动挡块压下行程阀时，从延时换向阀 K 立即有信号 a 输出。同时信号 a 又经气阻气容延时，当阀 K 控制端的压力上升到切换压力后，输出信号口即被切断，从而使其变为脉冲信号，调节节流阀可以调节脉冲宽度。

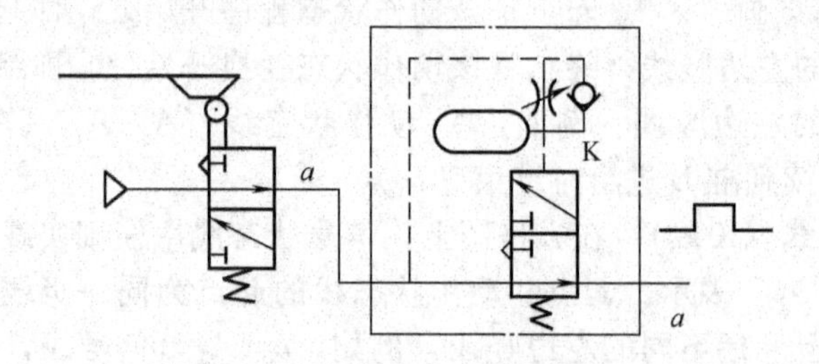

图 10-78　脉冲回路原理

b. 逻辑回路法　逻辑回路法是利用逻辑门的性质，将长信号变成短信号，从而排除障碍信号。逻辑回路法有逻辑“与”、逻辑“非”。

逻辑“与”消障法如图 10-79(a) 所示，为了排除障碍信号 m 中的障碍段，可以引入一个辅助信号（制约信号）x，把 x 和 m 相“与”而得到消障后的无障碍信号（执行信号）$m^*=m\cdot x$。制约信号 x 的选用原则是要尽量选用系统中某原始信号，这样可不增加气动元件，但原始信号作为制约信号 x 时，其起点应在障碍信号 m 开始之前，其长短应包括障碍信号 m 的执行段，但不包括其障碍段。逻辑“与”的关系，可以用一个单独的逻辑“与”元件来实现，也可用一个行程阀两个信号的串联或两个行程阀的串联来实现，分别如图 10-79(b)、(c)、(d) 所示。例如，图 10-76 中的信号 b_1 可采用逻辑“与”消障，$b_1^*=b_1\cdot a_1$。

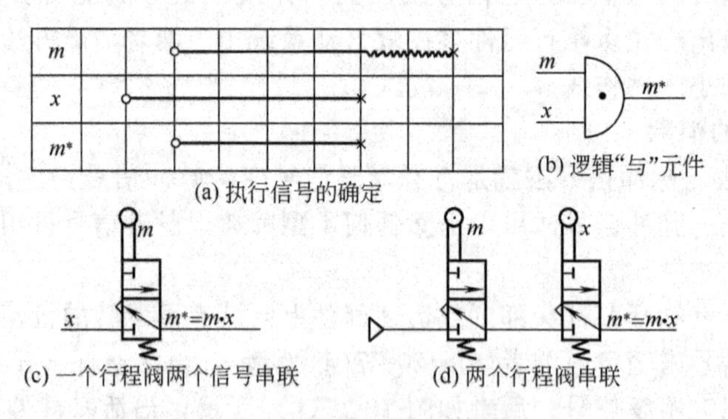

图 10-79　逻辑“与”消障

逻辑“非”消障法是用原始信号经逻辑非运算得到反相信号排除障碍，原始信号做逻辑“非”（即制约信号 x）的条件是其起始点要在有障信号 m 的执行段之后、m 的障碍段之前，终点则要在 m 的障碍段之后，如图 10-80 所示。

若在 X-D 线图中找不到可用来作为排除障碍的制约信号时，可插入记忆元件，借助其输出来消除障碍。其方法是用中间记忆元件的输出信号作为制约信号，用它和有障碍信号 m 相“与”以排除掉 m 中的障碍。消障后执行信号的逻辑函数表达式为

$$m^*=m\cdot K_{x_0}^{x_1} \tag{10-42}$$

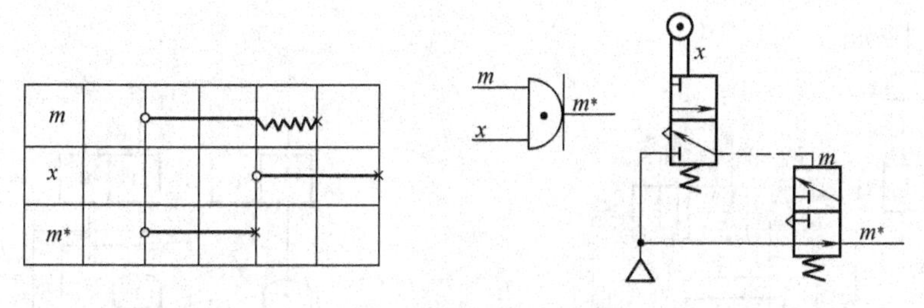

图 10-80　逻辑“非”消障

图 10-81(a) 所示为插入记忆元件消除障碍的逻辑原理图，图(b) 为记忆元件控制信号的选择，图(c) 为回路原理图。图中 K 为记忆元件即双气控两位三通阀，其输出信号为 $K_{x_0}^{x_1}$；并以 $K_{x_0}^{x_1}$ 作为制约信号；上标 x_1 为 K 阀“通”控制信号，下标 x_0 为 K 阀“断”控制信号；x_1 有气时，K 阀有输出，和 m 相“与”得 m^*；x_0 有气时，K 阀无输出。因此，K 阀信号状态线应为自 x_1 的起点到 x_0 的起点的连线。

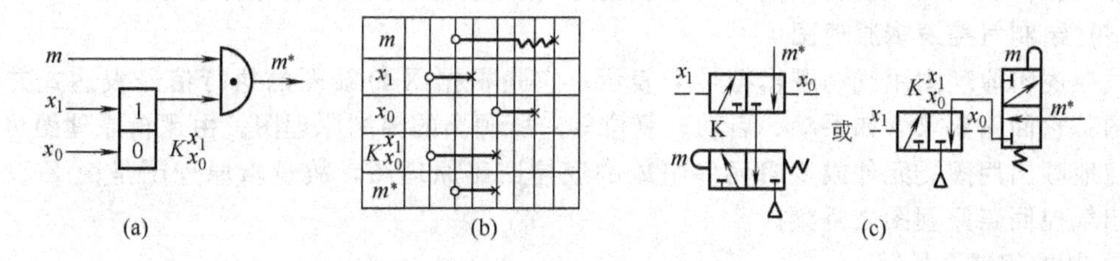

图 10-81　插入记忆元件消障图

选择 x_1 或 x_0 原始信号的原则是 x_1 信号的起点应选在 m 的无障段之前或与 m 同时开始，其终点应选在 m 的无障段；x_0 信号的起点应选在 m 的起点之后，而到障碍段开始之前，其终点应选在 x_1 起点之前，并且应使 x_0 的终端长于 x_1 的终端。

例如，图 10-76 中的信号 $c_0(B_0)$ 可采用插入记忆元件法消障，根据 x_1 和 x_0 的选择原则，选择 $c_1=x_1$，$b_0=x_0$。代入式(10-42) 得可执行控制信号

$$c_0^*(B_0)=c_0K_{b_0^1}^{c_1}$$

② Ⅱ型障碍的消除　由于Ⅱ型障碍的实质是重复出现的信号在不同的 X-D 组内控制不同的动作，因此消除Ⅱ型障碍的根本方法是对重复信号给以正确的分配，或是采用双稳态元件或计数触发元件等中间记忆元件。

例如，某控制程序 A_1 B_1 B_0 B_1 B_0 A_0，其中 B 连续往复运动两次。程序中控制信号 b_0 出现两次。第一个 b_0 控制 B_1 动作，第二个 b_0 控制 A_0 动作。为了正确分配 b_0 控制信号，应在两个 b_0 信号之前确定两个辅助信号作为制约信号。这里选择 a_0 和 b_1 信号。因为 a_0 是出现在第一个 b_0 信号前的独立信号，而 b_1 虽不是独立信号，但却是两个重复信号间的唯一控制信号。图 10-82(a) 是其重新分配 b_0 信号的逻辑图，图中“与”门 Y_3 和单输出记忆元件 R_1 是为提取第二个 b_1 信号作制约信号设置的元件。信号分配原理是：a_0 信号首先输入，使双输出记忆元件 R_2 置 0，为第一个 b_0 信号提供制约信号，同时也使单输出记忆元件 R_1 置 0，使它无输出。当第一个 b_1 输入后，“与”门 Y_3 无输出（R_1 置 0），而第一个 b_0 输入后，“与”门 Y_2 输出执行信号 $b_0^*(B_1)$，去控制 B_1 动作，同时使 R_1 置 1，为第二个 b_0 信号提供制约信号。在第二个 b_0 到来时，“与”门 Y_3 输出使 R_2 置 1，为第二个 b_0 提供制约信号，第二个 b_0 输入后，“与”门 Y_1 输出执行信号 $b_0^*(A_0)$，去控制 A_0 动作。至此完成了重

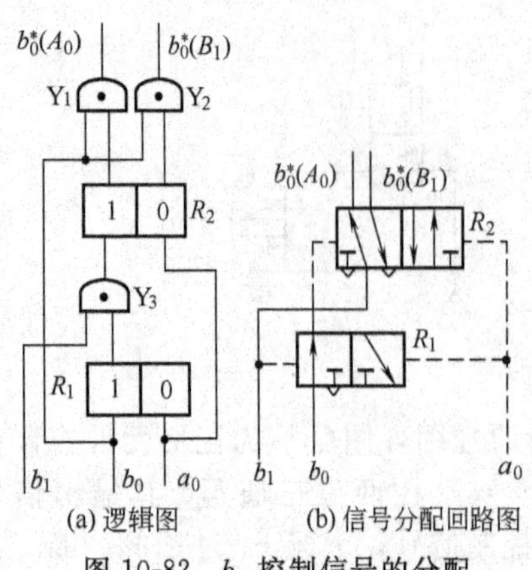

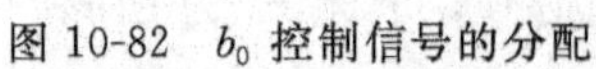

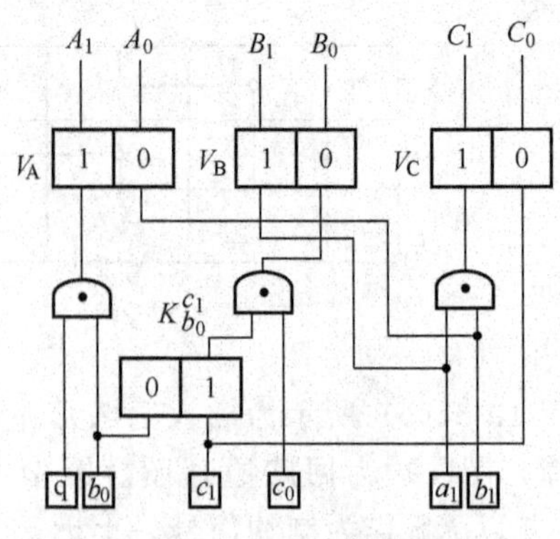

图 10-82　b_0 控制信号的分配

图 10-83　气控逻辑原理图

复信号 b_0 的分配。图 10-82(b) 即为信号分配回路图，由图可见，回路变得很复杂。因此可采用辅助机构和辅助行程阀或定时发信装置完成多执行元件多次重复信号的分配。

(5) 绘制气控逻辑原理图

气控逻辑原理图用气动逻辑符号来表示，它是根据 X-D 线图的执行信号表达式并考虑必要的其它回路要求（如手动、启动、复位等）所画出的控制原理图。由逻辑原理图可以方便快速地画出用阀类元件或逻辑元件组成的气控回路原理图，故逻辑原理图是由 X-D 线图绘制出气控回路原理图之桥梁。

① 基本组成及符号

a. 逻辑控制回路主要有“是”、“与”、“非”、“或”、“记忆”等逻辑功能，用相应符号来表示。这些符号应理解为逻辑运算符号，它不一定就代表一个确定的元件。因此，由逻辑原理图具体化为气动原理图时可有多种方案。例如，“与”逻辑符号在逻辑元件控制时可为一种逻辑元件，而在气阀控制时可只表示两个气阀串联而成。

b. 执行元件的操纵阀主要是主控阀，由于其通常具有记忆能力，故常以记忆元件的逻辑符号 [1|0] 来表示；而执行元件（如气缸、马达等），则通常只以其状态符号（如 A_0、A_1）表示与主控阀相连（如 $\overset{A_1\ \ A_0}{[1|0]}$）。

c. 行程发信装置主要是行程阀，也包括外部输入信号装置，如启动阀、复位阀等。这些信号符号加以方框，如 [a_1]、[a_0]、…表示各种原始信号，而对其它手动阀及按钮阀等分别在方框上加相应的符号来表示，见图 10-83 左下部方框内标有 q 的符号即为手动启动阀。

② 绘制方法　根据 X-D 线图上执行信号栏的逻辑表达式，利用上述规定符号，按下列步骤绘制气控逻辑原理图。

a. 把系统中每个执行元件的两种状态（正动、逆动）分别与各自的主控阀相连后，自左而右一个个画在逻辑原理图的上侧，如 $\overset{A_1\ \ A_0}{[1|0]}$ …

b. 把发信器（如行程阀等）大致对应于其所控制的执行元件一个个列于逻辑原理图的最下边，见图 10-83 中下边的 q、b_0、…等。

c. 按执行信号的逻辑表达式，并考虑必要的操作要求增加的控制元件，如启动阀 q 等，把相关元件按逻辑关系连接，逐项画出逻辑原理图。

图 10-76 中 X-D 图转换成的气控逻辑原理图如图 10-83 所示。

(6) 绘制气控回路原理图

气控回路原理图是用气动元件图形符号对逻辑控制原理图进行等效置换所表示的原理图。与逻辑原理图相对应，气控回路原理图由如下三个基本部分组成：①执行元件及主控阀部分；②各种行程发信装置（如行程阀）；③控制部分，可根据具体情况而选用气阀元件、逻辑元件来实现。

绘制气控回路原理图时，一般将系统中全部执行元件（如气缸、气马达等）水平排列（也可以垂直排列），相应地在执行元件的下面画上对应的主控阀；而把发信器（行程阀）较为直观地画在各气缸活塞杆伸、缩状态对应的水平位置上。

回路原理图的原始（静态）位置，一般规定为行程程序图上最后行程终了时刻的位置。因此，回路原理图上各元件（如气缸及其控制阀等）的状态及连接位置都是指在回路初始静态时的状态及连接位置。

图 10-84 即为在图 10-83 所示逻辑原理图基础上绘制出的气控回路原理图，由于原来的障碍均已消除，故当按下启动阀 q 后，即可无障碍地自动运行。图中的缸 C 采用了气-液阻尼缸，以满足其速度精度较高的要求。

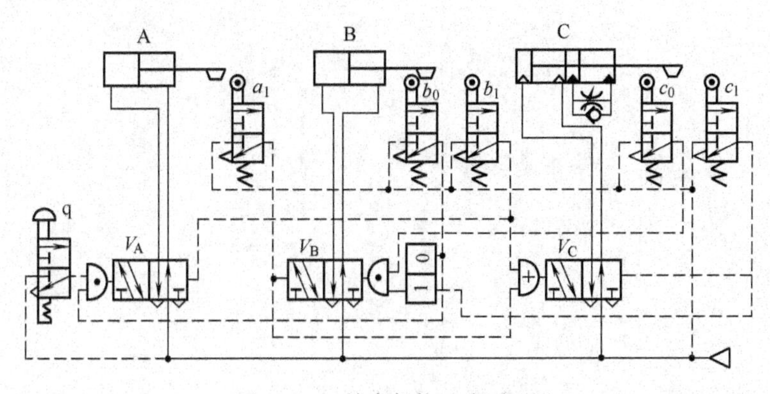

图 10-84　钻床气控回路原理图

在气控回路原理图基础上，再根据需要配上调压、调速及气源处理之类的元件即可将它们组合为一个完整的气动系统了。

思考题与习题

10-1　为什么气体的可压缩性大？

10-2　什么称为空气的相对湿度？

10-3　将温度为 20℃、体积为 $1m^3$ 的自然空气压缩到体积为 $0.2m^3$，压缩后空气的温度为 30℃，试求压缩后的空气压力。（答：0.45MPa）

10-4　空压机的原理与液压泵的是否相同？空压机的两个主要参数是什么？

10-5　简述油水分离器、分水滤气器的工作原理和性能。

10-6　简述气-液阻尼缸的原理。

10-7　双作用气缸的活塞直径 $D=50$mm，活塞杆直径 $d=32$mm，工作行程 $L=500$mm，前进时需时 $t_1=2$s，退回时需时 $t_2=1.5$s，前进和后退时的工作压力 $p=0.7$MPa，不考虑气缸的泄漏，试求该气缸的自由耗气量。（答：最大行程时的耗气量为 $0.0038m^3/s$，回程时的耗气量为 $0.0030m^3/s$，总耗气量为 $0.0088m^3/s$）

10-8　简述减压阀在气动系统中的作用。

10-9　气动方向控制阀有哪几类？

10-10 常用气动逻辑元件有哪些？其工作原理和作用是什么？

10-11 试绘制一个可使双作用气缸快速退回的回路。

10-12 什么是障碍信号？应如何判别和消除？

10-13 画出 $A_1B_1A_0B_0$ 原始气动控制回路图并判别是否存在障碍信号。

10-14 简述 X-D 线图的绘制方法。

10-15 程序 $A_1B_1B_0A_0$ 与 $A_1B_1B_0B_1B_0A_0$ 各表示何种控制系统？

10-16 试用 X-D 线图设计法设计程序为 $A_1B_1A_0B_0$ 的行程程序控制系统。

附　　录

附录Ⅰ　液压气动技术常用物理量单位及换算（附表1）

附表1　液压技术常用物理量单位及换算

物理量	单　位	符　号	单　位　换　算	备注
长度	米	m	$1m=10^2cm=10^3mm$	√
	英寸	in	$1in=0.0254m=25.4mm$	
面积	平方米	m^2	$1m^2=10^4cm=10^6mm$	√
	平方英寸	in^2	$1in^2=6.4516\times10^{-4}m=6.4516cm^2=645.16mm^2$	
容积	立方米	m^3	$1m^3=10^6cm^3=10^9mm^3$	√
	升	L	$1L=10^3mL=10^{-3}m^3=10^3cm^3=10^6mm^3$	√
	立方英寸	in^3	$1in^3=1.63871\times10^{-5}m^3=16.3871mL=16.3871cm^3$	
时间	秒	s		√
	分	min	$1min=60s$	√
	小时	h	$1h=60min=3600s$	√
速度	米每秒	m/s	$1m/s=100cm/s=60m/min$	√
	米每分	m/min	$1m/min=0.0166667m/s=1.6666667cm/s$	√
	英寸每秒	in/s	$1in/s=0.0254m/s$	√
加速度	米每二次方秒	m/s^2		√
旋转速度	弧度每秒	rad/s		√
	转每分	r/min	$1r/min=(\pi/30)rad/s$	√
质量	千克	kg		√
	吨	t	$1t=1000kg$	√
力	牛	N	$1N=10^{-3}kN=10^{-6}MN$	√
	公斤力	kgf	$1kgf=9.80665N$	
	磅力	lbf	$1lbf=4.44822N$	
压力	帕	Pa	$1Pa=1N/m^2=10^{-6}MPa$	√
	工程大气压	at	$1at=98066.5Pa=14.695949lbf/in^2$	
	磅力每平方英寸	lbf/in^2	$1lbf/in^2=6894.757293Pa=0.068at$	
排量	毫升每转	mL/r	$1mL/r=10^{-3}L/r$	√
流量	立方米每分	m^3/min	$1m^3/min=1000L/min$	√
	升每分	L/min	$1L/min=0.001m^3/min=16.66667mL/s$	√
	美加仑每分	USgal/min	$1USgal/min=0.0037854m^3/min=3.785413L/min$	
	立方英寸每小时	in^3/h	$1in^3/h=4.55196\times10^{-6}m^3/s$	
动力黏度	帕秒	Pa·s		√
	厘泊	cP	$1cP=10^{-3}Pa\cdot s$	
运动黏度	二次方米每秒	m^2/s		√
	厘斯	cSt	$1cSt=10^{-6}m^2/s$	
转矩	牛米	N·m		√
	公斤力米	kgf·m	$1kgf\cdot m=9.80665N\cdot m$	
功率	瓦	W	$1W=10^3kW$	√
	马力	PS	$1PS=735.499W$	
	英马力	HP	$1HP=745W$	
频率	赫兹	Hz	$1Hz=1/s$	√

注：备注中带√者为法定计量单位。

附录Ⅱ 常用液压气动图形符号（附表2）

附表2 常用液压气动图形符号（摘自GB/T 786.1—1993）

1. 符号要素

名称	符号	用途或符号解释	名称	符号	用途或符号解释
实线	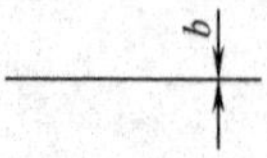 b 图线宽度 b 符合 GB 4457.4 规定	工作管路，控制供给管路，回油管路；电气线路	正方形	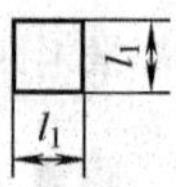 l_1 l_1	控制元件——除电动机外的原动机
虚线	 ≈1/3b	控制管路，泄油或放气管路，过滤器，过渡位置	正方形	 l_1 l_1	调节元件（过滤器、分离器、油雾器和热交换器等）
点划线	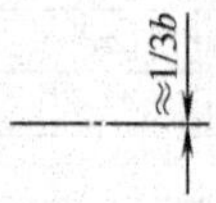 ≈1/3b	组合元件框线	长方形	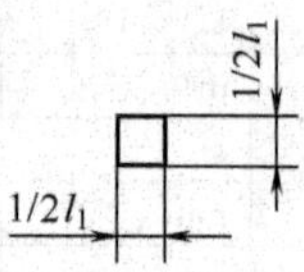 $1/2l_1$ $1/2l_1$	蓄能器重锤
双线	 $1/5l_1$	机械连接的轴、操作杆、活塞杆等	长方形	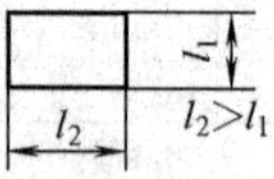 l_1 l_2 $l_2>l_1$	缸、阀
大圆	 l_1	一般能量转换元件（泵、马达、压缩机等）	长方形	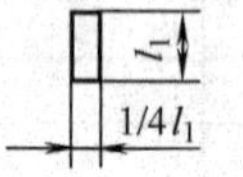 l_1 $1/4l_1$	活塞
中圆	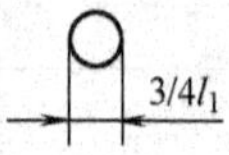 $3/4l_1$	测量仪表	长方形	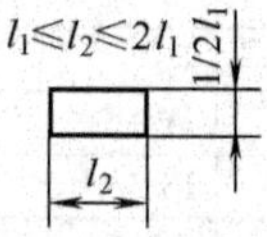 $l_1 \leqslant l_2 \leqslant 2l_1$ $1/2l_1$ l_2	某种控制方法
小圆	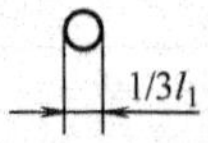 $1/3l_1$	单向元件、旋转接头、机械铰链、滚轮	长方形	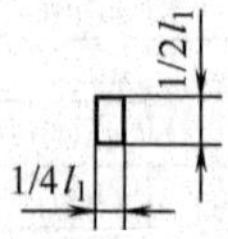 $1/2l_1$ $1/4l_1$	执行元件中的缓冲器
圆点	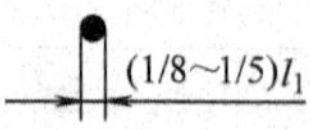 $(1/8\sim1/5)l_1$	管路连接点，滚轮轴	半矩形	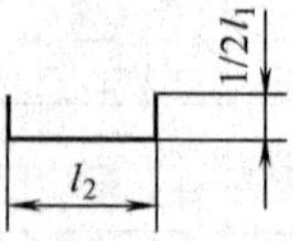 $1/2l_1$ l_2	油箱
半圆	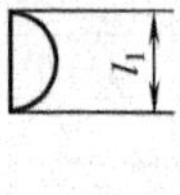 l_1	限定旋转角度的马达或泵	囊形	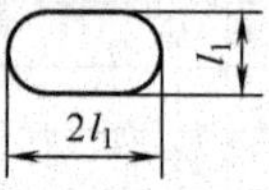 l_1 $2l_1$	压力油箱、气罐、蓄能器，辅助气瓶

续表

2. 管路及其连接、油箱			
名　称	符　号	名　称	符　号
连接管路		连续放气装置	
交叉管路		间断放气装置	
柔性管路		单向放气装置	
带连接排气措施的		直接排气	
带单向阀快换接头		管口在油箱液面以上	
不带单向阀快换接头		管口在油箱液面以下	
单通路旋转接头		管端接于油箱底部	
三通路旋转接头		密闭式油箱	

3. 控制机构和控制方法			
名　称	符　号	名　称	符　号
按钮式人力控制		单向滚轮式机械控制	
手柄式人力控制		单作用电磁控制	不可调　可调
踏板式人力控制		内部压力控制	
顶杆式机械控制		外部压力控制	
弹簧控制		气压先导控制	
滚轮式机械控制		液压先导控制	

续表

3. 控制机构和控制方法

名称	符号	名称	符号
二级液压先导控制		旋转运动电气控制	M
气-液先导控制		加压或泄压控制	
电-液先导控制		液压先导控制（外部压力控制）	
电-气先导控制		差动控制	2 1
双作用电磁控制	不可调 可调		

4. 泵、马达和缸

名称	符号	名称	符号
单向定量液压泵		变量液压泵-马达（双向）	
双向定量液压泵		液压整体式传动装置	
单向变量液压泵		摆动马达	气动 气动
双向变量液压泵		单作用弹簧复位缸	详细符号 简化符号
单向定量马达	液压马达 气马达	单作用伸缩缸	
		双作用单活塞杆缸	
双向定量马达	液压马达 气马达	双作用双活塞杆缸	

续表

4. 泵、马达和缸			
名　称	符　号	名　称	符　号
单向变量马达	液压马达　气马达	单向缓冲缸	不可调　可调
双向变量马达	液压马达　气马达	双向缓冲缸	不可调　可调
		双作用伸缩缸	液压　气动
定量液压泵-马达		增压器	

5. 控制元件			
名　称	符　号	名　称	符　号
一般符号或直动型溢流阀		卸荷溢流阀	
先导型溢流阀		双向溢流阀	
先导型比例电磁溢流阀		一般符号或直动型减压阀	
一般符号或直动型顺序阀		先导型减压阀	
先导型顺序阀		溢流减压阀	
单向顺序阀(平衡阀)		先导型比例电磁式溢流阀	

续表

5. 控制元件			
名　称	符　号	名　称	符　号
定比减压阀	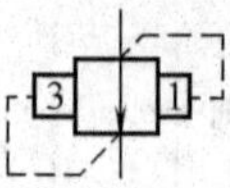 3 1	单向调速阀	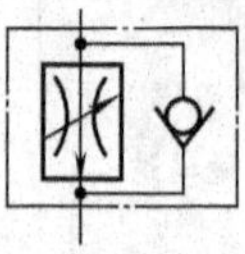
定差减压阀	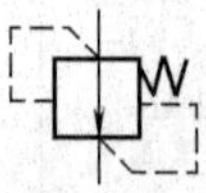	分流阀	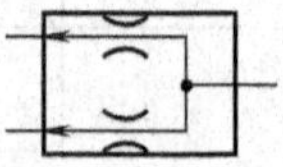
一般符号或直动型卸荷阀	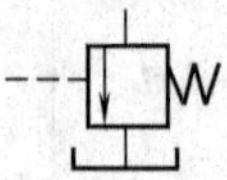	集流阀	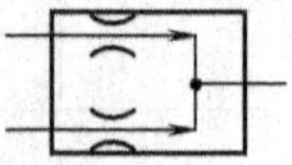
制动阀	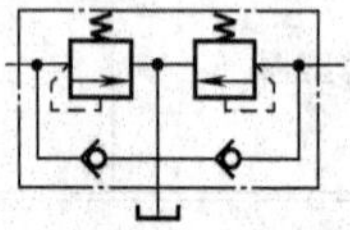	分流集流阀	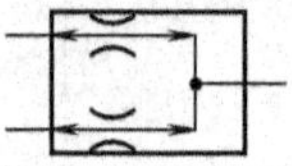
不可调节流阀		单向阀	
可调节流阀		液控单向阀	
可调单向节流阀		液压锁	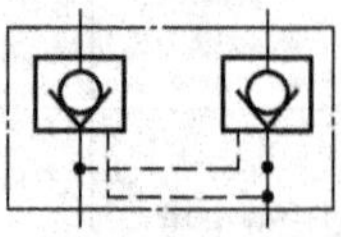
减速阀(滚轮控制可调节流阀)	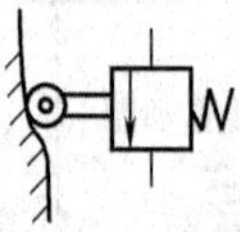	或门型梭阀	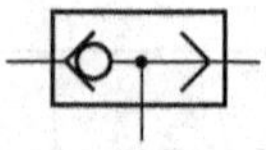
带消声器的节流阀	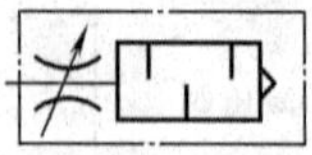	与门型梭阀	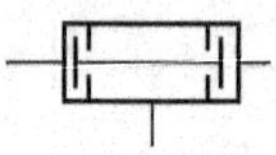
调速阀	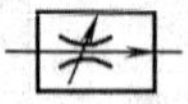	快速排气阀	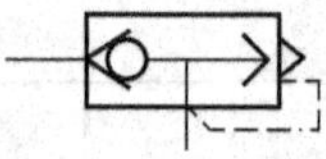
温度补偿调速阀	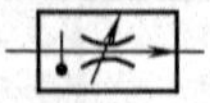	二位二通换向阀	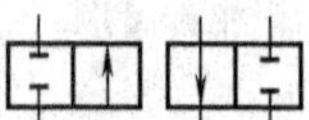 常闭　常开
旁通型调速阀	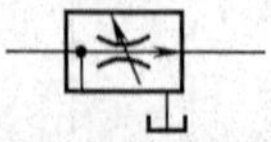		

续表

5. 控制元件

名　称	符　号	名　称	符　号
二位三通换向阀	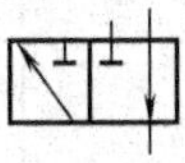	三位四通换向阀	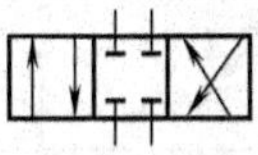
二位四通换向阀	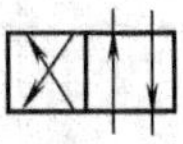	三位五通换向阀	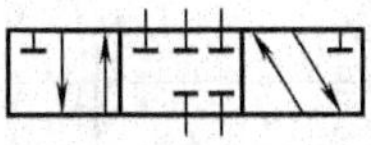
二位五通换向阀		四通电液伺服阀	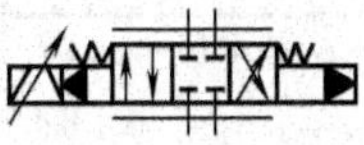

6. 辅助元件及动力源

名　称	符　号	名　称	符　号
过滤器	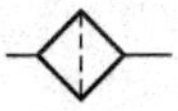	液面计	
磁性过滤器		空气过滤器	  人工排水　自动排水
带污染指示过滤器	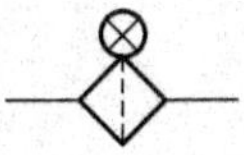	除油器	  人工排水　自动排水
分水排水器	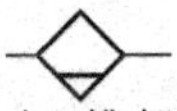  人工排水　自动排水	空气干燥器	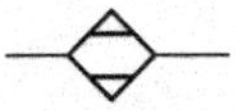
气源调节装置		油雾器	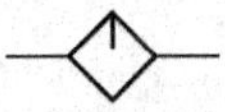
冷却器		温度计	
加热器	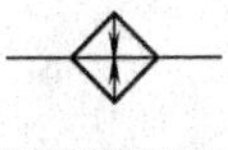	流量计	
蓄能器(一般符号)		压力继电器	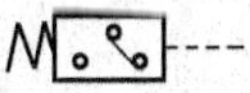
气罐		消声器	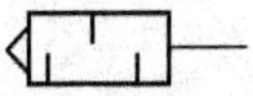
压力计			

续表

6. 辅助元件及动力源			
名　称	符　号	名　称	符　号
液压源		原动机	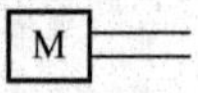
气压源	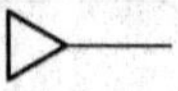		
电动机	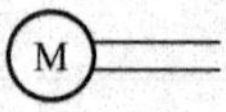	气-液转换器	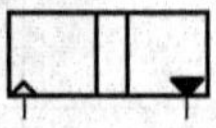

注：l_1 基本尺寸。

参 考 文 献

[1] 张利平．液压传动与控制．西安：西北工业大学出版社，2005

[2] 雷秀．液压与气压传动．北京：机械工业出版社，2005

[3] 章宏甲，黄谊．液压传动．北京：机械工业出版社，1993

[4] 张利平．液压传动系统及设计．北京：化学工业出版社，2006

[5] 明仁雄，万会雄．液压与气压传动．北京：国防工业出版社，2003

[6] 张利平．液压阀原理、使用与维护．北京：化学工业出版社，2004

[7] 许福玲，陈尧明．液压与气压传动．北京：机械工业出版社，1997

[8] 官忠范．液压传动系统．北京：机械工业出版社，1989

[9] 盛敬超．工程流体力学．北京：机械工业出版社，1988

[10] 左建民．液压与气压传动．第3版．北京：机械工业出版社，2005

[11] 姜继海．液压与气压传动．北京：高等教育出版社，2005

[12] 路甬祥，胡大纮．电液比例控制技术．北京：机械工业出版社，1988

[13] 王春行．液压控制系统．北京：机械工业出版社，2004

[14] 李壮云．液压元件与系统．第2版．北京：机械工业出版社，2005

[15] 拉塞尔．W．亨克．流体动力回路及系统导论．北京：机械工业出版社，1985

[16] Anthony Esposito. Fluid Power with Application. Prentice-Hall, Inc., Englewood Cliffs, New Jersey, 1980

[17] 徐文灿．气动元件及系统设计．北京：机械工业出版社，1995

[18] 王孝华．气动元件及系统的使用与维修．北京：机械工业出版社，1996

[19] 张利平．液压控制系统及设计．北京：化学工业出版社，2005

[20] 路甬祥．液压气动技术手册．北京：机械工业出版社，2002

[21] 宋学义．袖珍液压气动手册．北京：机械工业出版社，1995

[22] 张利平．液压气动系统设计手册．北京：机械工业出版社，1997

[23] 雷天觉．新编液压工程手册．北京：机械工业出版社，1998

[24] 张利平．现代液压技术应用220例．北京：化学工业出版社，2004

[25] 成大先．机械设计手册：液压传动．北京：化学工业出版社，2004

[26] 成大先．机械设计手册：液压控制．北京：化学工业出版社，2004

[27] 张利平．液压站设计与使用．北京：海洋出版社．2004

[28] 张利平．液压气动技术速查手册．北京：化学工业出版社，2007

[29] 路甬祥．流体传动与控制技术的历史进展与展望．机械工程学报，2001（10）

[30] Zhang Liping. Study And Development To Archit-Bricking Testing Machine (ABTM) With Electro-Hydraulic Proportion Intelligence. Proceedings of The 3rd International Conference of Fluid Power Transmission and Control (93 ICFP). 172～173. Beijing: International Academic Publishers, 1993

[31] 张利平．液压气动系统原理图CAD软件HP-CAD的开发研究．河北科技大学学报，2001（1）

[32] 马忠．液压阀的选型与替代．液压与气动，1995（4）

[33] 张利平．新型电液数字溢流阀的开发研究．制造技术与机床，2003（8）

[34] 张利平．石材连续磨机的流体传动进给系统．工程机械，2003（9）

[35] 张利平．气动胀管机．机床与液压，1995（4）

[36] 刘媛媛．PTC Asia 2006观展随笔．MC现代零部件，2006（11）